超超临界机组
化学技术监督实用手册

国家电投集团河南电力有限公司沁阳发电分公司　编

中国电力出版社
CHINA ELECTRIC POWER PRESS

内 容 提 要

为进一步加强火力发电机组技术监督管理工作，保障发供电设备安全、可靠、经济、环保运行，国家电投集团河南电力有限公司沁阳发电分公司组织编写《超超临界机组化学技术监督实用手册》一书。本书根据国家及行业现行标准，结合电力生产实际，着重介绍了超超临界机组化学技术监督的标准和方法，涵盖了专业技术知识、水汽监督、油气监督、燃料监督、环保监督等内容。

本书可供超超临界机组各级化学监督人员以及相关专业运行、检修人员的培训、学习使用，也可以作为化学监督工作的技术参考用书。

图书在版编目（CIP）数据

超超临界机组化学技术监督实用手册/国家电投集团河南电力有限公司沁阳发电分公司编 . —北京：中国电力出版社，2020.12

ISBN 978-7-5198-5132-3

Ⅰ.①超… Ⅱ.①国… Ⅲ.①超临界机组—电厂化学—技术监督—技术手册 Ⅳ.①TM621.8-62

中国版本图书馆 CIP 数据核字（2020）第 214822 号

出版发行：中国电力出版社
地　　址：北京市东城区北京站西街 19 号（邮政编码 100005）
网　　址：http：//www.cepp.sgcc.com.cn
责任编辑：赵鸣志（010－63412385）　马雪倩
责任校对：黄　蓓　李　楠
装帧设计：王红柳
责任印制：吴　迪

印　　刷：三河市百盛印装有限公司
版　　次：2020 年 12 月第一版
印　　次：2020 年 12 月北京第一次印刷
开　　本：787 毫米×1092 毫米　16 开本
印　　张：21
字　　数：511 千字
印　　数：0001—1500 册
定　　价：88.00 元

版权专有　侵权必究
本书如有印装质量问题，我社营销中心负责退换

编委会

主　任　岳乔

副主任　李　斌　乔永生

委　员　罗　瑞　赵利民　沈翔宇

主　编　沈翔宇

副主编　胡　坤　李延伟　郭光伟　刘亚平

参　编　毋双庆　郝红利　刘定利　李晓明　常　佳

前　言

超超临界火力发电技术经几十年的发展，在不少国家推广应用并取得了显著的节能和改善环境的效果。目前实际应用的主蒸汽压力已经达到 31MPa，主蒸汽温度达到 610℃。与同容量的亚临界火力发电机组相比，发电效率在理论上采用超临界参数可以提高 2％～2.5％，采用超超临界参数可提高 4％～5％。目前世界上先进的超超临界机组的发电效率已经超过50％。同时，先进的大容量超超临界机组具有良好的运行灵活性和适应性，大大降低了 CO_2、粉尘和有害气体（主要为 SO_x、NO_x）等污染物的排放，具有显著的环保、洁净的特点。

正是因为如此，近年来，一大批额定容量达到 1000MW、运行参数达到超超临界、环保排放指标低于国家超低排放标准的发电机组逐步投入商业化运营。随着机组容量和参数的不断提高，对机组的化学技术监督要求也越来越严格，随着超超临界机组的不断投产，针对机组运行过程中出现的实际问题，这些年有大量的国家标准和电力行业标准进行发布和更新，由于这些标准分散在大量的标准文件中，对广大从事电厂化学监督工作的基层人员开展最新标准的执行造成非常大的难度。本书针对超超临界机组化学监督的现场需求，以承担电厂化学监督工作最基层单位——电厂化验室化验员的实际工作出发，将电厂化验室日常对超超临界机组进行化学技术监督所使用的标准和方法进行汇总，以达到方便化学监督基层人员使用的目的。

本书分为三篇，第一篇发电厂化学监督基础对电厂化学监督相关的基础知识进行介绍，重点对化学监督中所涉及的各项监督指标进行详细讲解；第二篇发电厂化学监督标准，对超超临界机组化学技术监督所涉及的常用国家标准和电力行业标准进行汇总；第三篇发电厂化学监督方法，主要是对各项化学监督指标的化验方法进行介绍。

本书可以作为超超临界机组化学相关专业的培训教材，也可以作为化学监督工作的技术参考用书。因编者水平所限，书中难免出现不足之处，望各位读者批评指正！

编者

2020 年 10 月

目　录

第三篇　发电厂化学监督方法

第一篇

发电厂化学监督基础

第一章

发电厂化学基础知识

第一节 化学反应类型

一、中和反应

1. 阿仑尼乌斯酸碱定义

阿仑尼乌斯从他的电离学说观点出发，把在水中能电离出氢离子的化合物叫作酸，而把在水中能电离出氢氧根离子的化合物叫作碱。按照这个定义，我们知道如 HCl、HNO_3、H_2SO_4 等都是酸，而 $NaOH$、KOH、$Fe(OH)_2$ 等都是碱。

2. 酸碱反应的实质

首先观察下列反应：

$$HCl + NaOH = NaCl + H_2O$$

可以发现，酸和碱的反应实质上是 H^+ 和 OH^- 之间的反应。因为 HCl 是强电解质，在水溶液中全部以离子的形式存在，其中 Na^+ 在反应前后没有变化，酸碱中和反应的实质就是 H^+ 和 OH^- 化合生成水的反应。

上述反应可用一个离子方程式表示，即：

$$H^+ + OH^- = H_2O$$

其他有关酸碱反应，都可以认为是 H^+ 和 OH^- 的反应。酸碱中和反应的观点得到了实验有力的证明，因为完全电离的酸和碱中和时生成 $1mol$ 水所放出的热量都是相同的，与酸中的阴离子物质或碱中的阳离子物质的种类无关。

二、沉淀反应

在科学实验和生产中经常要利用沉淀反应来制取难溶化合物，进行离子分离，除去溶液中的杂质以及作重量分析等。怎样判断沉淀反应是否发生、沉淀能否溶解；如何使沉淀更加完全；如果溶液中有几种离子，又如何创造条件使指定的那种离子沉淀等，都是实际工作中常常遇到的问题。

1. 溶度积和溶解度

严格说来，物质的溶解度只有大小之分，没有在水中绝对不溶解的物质。习惯上把溶解度小于 $0.01g/100g$ 水的物质叫作"不溶物"，确切地说应叫作"难溶物"，其溶解的部分是完全电离的，所以称这样的物质为难溶电解质。

难溶电解质在水中的溶解情况怎样呢？现以 $BaSO_4$ 为例来进行说明，在一定温度下，把难溶的 $BaSO_4$ 放在水中，由于极性水分子的作用，固体 $BaSO_4$ 中的 Ba^{2+} 和 SO_4^{2-} 脱离固体表面扩散到水中，成为能自由运动的离子，这个过程称为溶解；与此同时，已溶解的 Ba^{2+} 和

SO_4^{2-} 在溶液中不断地运动，当碰到未溶解的固体时，又被吸引到固体表面重新析出，这个过程叫沉淀。当溶解的速度等于沉淀的速度时，未溶解的固体与离子之间便达到了动态平衡，溶液中的 Ba^{2+} 和 SO_4^{2-} 均已饱和，浓度不再改变。

2. 沉淀的生成和溶解条件

难溶电解质的沉淀与溶解是一个动态平衡，是有条件的、暂时的。如果外界条件发生变化，平衡就会被破坏，就会使沉淀继续溶解，或使离子生成沉淀，从溶液中析出。

对一给定的难溶电解质来说，在一定条件下沉淀能否生成或溶解，可以从溶度积概念来判断。当溶液中某难溶电解质的离子浓度的乘积大于其溶度积时，就会产生沉淀，此时由于沉淀析出，离子的浓度减少，直到离子浓度的乘积等于其溶度积为止。如溶液中离子浓度乘积等于溶度积，则溶液是饱和的。若溶液中的离子浓度乘积小于其溶度积，就没有沉淀生成。如果用任何一种办法来降低含有固体难溶电解质的饱和溶液中阴离子或阳离子的浓度，使离子积小于它的溶度积，那么沉淀＋溶解平衡就会向溶解的方向移动。

三、氧化还原反应

化学反应可分为两大类：一类是在反应过程中，反应物中的原子或离子没有氧化数的变化，例如酸碱反应、沉淀反应、一般络合反应等；另一类是在反应过程中，反应物中的原子或离子有氧化数的变化，这样的反应叫氧化还原反应。

1. 氧化数的概念

氧化数是假设把化合物中成键的电子都归电负性更大的原子，从而求得原子所带的电荷数，此电荷数即为该原子在该化合物中的氧化数。例如在 NaCl 中，氯元素的电负性比钠元素大，因而 Na 的氧化数为＋1，Cl 的氧化数为−1。

确定元素原子氧化数的规则有：

（1）单质的氧化数为零。

（2）所有元素的原子，其氧化数的代数和在多原子的分子中等于零；在多原子的离子中等于离子所带的电荷数。

（3）氢在化合物中的氧化数一般为＋1。但在活泼金属的氢化物（如 NaH、CaH_2 等）中，氢的氧化数为−1。

（4）氧在化合物中的氧化数一般为−2。但在过氧化物（H_2O_2）中，氧的氧化数为−1；在超氧化合物（如 KO_2）中，氧化数为−1/2（注意氧化数可以是分数）；在 OF_2 中，氧化数为＋2。

2. 氧化还原反应的实质

观察下面反应：

$$\overset{0}{Zn}+\overset{+2}{Cu}\overset{-2}{SO_4}\Longrightarrow\overset{+2}{Zn}\overset{-2}{SO_4}+\overset{0}{Cu}$$

反应前后铜元素和锌元素的氧化数发生改变，属于氧化还原反应。铜元素的氧化数由＋2降到0，锌元素的氧化数由0升到＋2，因此氧化还原反应的实质是反应物之间发生了电子转移，而氧化数的改变只是外观形式。所以在化学上，把有电子转移的化学反应叫氧化还原反应，失去电子的过程叫氧化，得到电子的过程叫还原。在上述反应中，Zn 失去电子被氧化，Cu^{2+} 得到电子被还原，Zn 把电子转移给了 Cu^{2+}。

在一个化学反应中，一种元素失去电子，必然有另一种元素得到电子。就是说氧化、还原反应同时发生，某一物质被氧化，同时必有另一种物质被还原，而且在反应中得失电子总数必然相等。

3. 氧化剂和还原剂

在氧化还原反应中，若一种反应物的组成原子或离子的氧化数升高（氧化），则必有另一种反应物的组成原子或离子的氧化数降低（还原），氧化数升高的物质叫还原剂，还原剂是使另一种物质还原，本身被氧化，它的反应产物叫作氧化产物。氧化数降低的物质叫氧化剂，氧化剂是使另一种物质氧化，本身被还原，它的反应产物叫作还原产物。

4. 氧化性和还原性

物质具有获得电子的能力叫作氧化性。某物质越易获得电子，其氧化性越强，是较强的氧化剂。物质具有失去电子的能力叫还原性。某物质越易给出电子，其还原性越强，是较强的还原剂。根据元素氧化数的高低可以判断其是否具有氧化性或还原性：最高价态的物质只有氧化性，而无还原性；处于最低价态的物质只有还原性，而无氧化性；处于中间价态的物质既具有氧化性，又具有还原性。

四、络合反应

络合物在我们周围存在极为广泛，绝大多数无机化合物都是以络合物的形态存在的。在水溶液中，可以认为根本不存在什么简单的金属离子，特别是由于很多络合物的组成中包含着有机化合物（通常称作配位体）。

1. 络合物的定义

例如1个氯原子和1个氢原子化合成1个氯化氢分子，1个氧原子和两个氢原子化合成1个水分子等，这些符合化合价理论的化合物一般叫作简单化合物。但是也有许多无机化合物并不那么简单。以 $CoCl_3 \cdot 6NH_3$ 为例，尽管它的含氨量很高，但它的水溶液还是呈中性反应或微弱的酸性反应。在一般温度下，加入强碱后并不发生反应，只有当加热至沸腾时，才有氨气放出并析出三氧化二钴沉淀，即：

$$2(CoCl_3 \cdot 6NH_3) + 6KOH = Co_2O_3 + 12NH_3 + 6KCl + 3H_2O$$

$CoCl_3 \cdot 6NH_3$ 的水溶液用碳酸盐或磷酸盐检测，也检查不出钴离子的存在，证明了该化合物中的钴和氨并不是自由的钴离子和氨离子。但是如采用 $AgNO_3$，则立刻生成 $AgCl$ 沉淀，而且所析出的沉淀量相当于该化合物中的含氯总量，即：

$$CoCl_3 \cdot 6NH_3 + AgNO_3 = 3AgCl + Co(NO_3)_3 \cdot 6NH_3$$

显然该化合物中的氯离子都是自由的。经实验检测表明，每一个 $CoCl_3 \cdot 6NH_3$ 分子在水中能电离成4个离子，其中3个 Cl^- 离子，1个是由1个 Co^{3+} 同6个 NH_3 分子结合在一起的复杂离子，即 $[Co(NO_3)_6]^{3+}$。显然这样的复杂离子的存在是不能用经典的化合价理论来解释的。

由一个正离子或原子和一定数目的中性分子或负离子以配位键结合形成的、能稳定存在的复杂离子或分子叫络离子，如 $[Co(NO_3)_6]^{3+}$。含有络离子的化合物叫作络合物，这种有络离子或络分子生成的反应叫作络合反应。

2. 络合物的组成

络离子是络合物的特征组成部分，它的结构与一般的简单离子不同，因此常将络离子用方括号括起来，方括号内是络合物的内界，方括号外是络合物的外界，内界和外界是以离子键组成的。络离子的内界指络离子或络分子，络离子又分为络阴离子和络阳离子。

络离子通常由 1 个简单的正离子或原子与一定数目的中性分子或负离子组成，这些复杂的离子中，带正电荷的离子称为形成体，也称中心离子。

在络离子内与中心离子（或原子）结合的负离子或中性分子叫作配位体。在每一个配位体中，直接与中心离子结合的具有孤电子对的原子叫作配位原子，在络离子中直接与中心离子结合的配位原子的数目叫作该种离子的配位数。如一个配位体中只含有 1 个配位原子，则：

$$配位体数＋配位原子数＝配位数$$

3. 电厂化学分析中常见的络合反应

乙二胺四乙酸二钠盐（EDTA）是最常用的络合剂，它能同许多金属离子形成稳定的络合物，并且络合摩尔比均为 1：1，因此在分析化学等许多领域得到应用。

通常以 H_2Y^{2-} 表示 EDTA，以 Me^{n+} 表示金属离子，它们在溶液中的络和反应为：

$$H_2Y^{2-}＋Me^{n+} \rightleftharpoons McY^{n-4}＋2H^+$$

除将 EDTA 用于络合滴定外，在比色分析中也常用到络合反应。另外，在循环冷却水处理中，有许多水处理药剂的作用原理就是与水中的一些易于结垢的金属离子进行络合（或螯合）的。

第二节　溶　　液

物质以分子、原子或离子状态分散于另一种物质中所构成的均匀而又稳定的体系叫作溶液。溶液有液态溶液、气态溶液、固态溶液。水溶液是我们最常见的一种以水为溶剂的溶液。在一定温度下，溶液里所溶解的某种溶质达到不能再增加的程度就是饱和溶液；反之，则为不饱和溶液。

一、溶液浓度的表示方法

1. 质量百分浓度

每 100 份质量的溶液里所含溶质的质量份数，称为该溶液的质量百分浓度，用百分数（％）表示。这种表示方法常用于溶质是固体时的一般溶液（非标准滴定液或非基准溶液）。如：$w(NaCl)＝10\%$，表示 100gNaCl 溶液中含有 10gNaCl（即 10gNaCl＋90gH_2O）。

$$溶液的质量浓度（\%）＝\frac{溶质的质量}{溶液的质量}×100\%$$

2. 物质的量浓度

摩尔是国际单位制中的基本单位，用来表示物质的量。如果一个物系中所含物质的基本原体的数目为 $6.022×10^{23}$ 个时，那么这个数量就叫作 1 个摩尔，符号是 n，单位为 mol。摩尔的基本原体可以是分子、原子、离子、电子和粒子。

1mol 物质的质量称为"摩尔质量"，单位常用 g/mol 表示。任何元素原子的摩尔质量单位为 g/mol 时，数值上等于其原子相对质量，同理可以推广到分子、离子等微粒。物质的量、质量和摩尔质量三者的关系为：

$$物质的量（mol）＝\frac{溶质的物质的量（mol）}{溶液的体积（L）}$$

用 1L 溶液中所含溶质的物质的量来表示的浓度称为物质的量浓度，符号为 c，单位为 mol/L。一般表示标准滴定液、基准溶液的精确浓度，也可表示水质分析中被测组分的含量。

如：$c(HCl)=0.100\,0mol/L$、$c(H_2SO_4)=0.100\,3mol/L$ 或 $c(1/2H_2SO_4)=0.200\,6mol/L$。

$$物质的量浓度（mol/L）=\frac{溶质的物质的量（mol）}{溶液的体积（L）}$$

3. 摩尔分数溶质的摩尔分数

$$摩尔分数溶质的摩尔分数（x）=\frac{溶质的摩尔数}{溶质和溶剂的总摩尔数}$$

摩尔分数通常用小数表示。溶质的摩尔分数和溶剂的摩尔分数之和等于 1。

4. 质量浓度

溶质或成分质量除以混合物的体积，即为质量浓度，符号为 ρ，单位为 g/L。质量浓度主要用以表示物质标准溶液、基准溶液的质量浓度，也常用来表示一般溶液的质量浓度和水质分析中各组分的含量。一般当溶质为固体时，用它表示较为简便，如 $\rho(NaCl)=50.0g/L$。在电厂水质指标中由于杂质含量的具体情况，常用 μg/mL，如 $\rho(SiO_2)=5.8μg/L$，数值较大时常用 mg/L。

5. 体积比浓度

两种溶液分别以 V_1 体积与 V_2 体积相混时溶液浓度的表示法，常用于较浓的溶液。如 HCl(1+2) 表示 1 体积的 HCl 和 2 体积的水相混合的溶液。

二、电解质溶液

在水溶液中或熔融状态下能够导电的物质叫作电解质，不能导电的物质叫作非电解质。例如氯化钠、硝酸钾、氢氧化钠、硫酸等都是电解质；蔗糖、酒精、四氯化碳等都是非电解质。电解质在水溶液中或熔融状态下，离解成自由移动的离子的过程称为电离。

1. 强电解质和弱电解质

虽然所有的电解质溶液都能导电，但在相同温度、相同浓度的条件下，导电能力却不相同，甚至相差很大。人们常常根据电离度（电离的百分率，以 α 表示）的大小把电解质相对地分为强电解质（电离度大的）、中强电解质（电离度居中的）和弱电解质（电离度小的），这是一种很粗略的分类，因为在它们之间没有严格、明确的界限。如 NaCl、HCl、NaOH 是强电解质，氨水（$NH_3 \cdot H_2O$）、醋酸（HAc）是弱电解质。

从结构的观点来看，强电解质不仅包括典型的离子键型化合物（如大多数盐类和苛性碱），而且还包括那些在水分子作用下能够完全离子化的极性键型化合物（如大部分一元酸）。既然这样，认为强电解质在水中能 100% 电离是有道理的。至于弱电解质，它是那些在水分子作用下只能部分离子化的极性键型化合物（如大部分多元酸）。

2. 酸碱性

由于水（H_2O）是一种弱电解质，它能微弱电离成 H^+ 和 OH^-，因此不管是什么水溶液，都总存在 H^+ 和 OH^-，两者相对浓度的大小决定溶液呈现中性、酸性或碱性。中性是指 $[H^+]=[OH^-]$，如纯水、NaCl 溶液是中性；酸性是指 $[H^+]>[OH^-]$，如 HCl、H_2SO_4、醋酸（HAc）溶液是酸性；碱性是指 $[H^+]<[OH^-]$，如 NaOH 溶液、氨水（$NH_3 \cdot H_2O$）是碱性。

3. pH 值

在酸或碱的稀溶液中，H^+ 的浓度都很小，用 10^{-n} 表示很不方便，因此常采用氢离子浓度的负对数，即 $pH=\lg[H^+]$ 来表示溶液的酸碱性。pH=7：显中性；pH<7：显酸性；

pH＞7：显碱性，pH 范围在 1～14 之间。

第三节　水质分析基础知识

一、样品的称量方法

称量样品通常采用分析天平。常用的称量法，是把被称物体（或包括盛器）放在天平的左盘，右盘加上砝码使之平衡。根据物体或试样要求的不同，又分直接称量法、差减称量法、固定重量法三种称量方法。

1. 直接称量法

直接称量法是把要称量的物体（如蒸发皿、坩埚等）直接放在左盘上，右盘按砝码大小顺序加入 10mg 以下砝码，则以游码平衡（阻尼天平）或由投影屏上读出（电光天平）。

2. 差减称量法

差减称量法常用于称取试样或基准物。称量前将称量物置于称量瓶中，先称出它们的重量，然后倒出试验所需某范围重量的试剂，最后再称一次，两次重量之差，即为倒出试样的重量。差减称量法适于称量那些易吸湿、易氧化极易与 CO_2 反应的物质。

3. 固定重量法

固定重量法常用于配制一定浓度的标准液。固定重量法的操作要领为：①在天平上准确称出容器的质量，容器可以是小表面皿、不锈钢小簸箕、碗形容器等。②在天平上增加欲称取质量数的砝码，用药勺盛试样，在容器上方轻轻振动，使试样徐徐落入容器，数次半开天平、进行试重。若试样过重，休止天平后用药勺取出部分试样，再试重，增减试样直至达到指定质量。③称量完毕，将试样全部无损地转移入实验容器中。固定重量法还适用于称取固定试样。通常对于那些在空气中稳定和不吸湿的试剂或试样的称重，以及准确度要求不很高但又要分析较多的试样的称重也采用固定重量法。

二、水样的采集及保管

水、汽样品的采集和保管是保证分析结果准确性极为重要的一个步骤，必须使用设计合格的取样器，选择有代表性的取样点，并严格遵守有关采样和保管的规定。

1. 水样容器

（1）硬质玻璃磨口瓶是常用的水样容器之一，但不宜存放测定痕量硅、钠、钾、硼等成分的水样。

（2）聚乙烯瓶是使用最多的水样容器，但不宜存放测定重金属、铁、铜、有机物等成分的水样。

（3）有些特定成分测定，需要使用特定的水样容器，应遵守有关标准的规定，如溶解氧、含油量等。

2. 水样的采集

（1）采集天然水样时，应根据试验目的，选用表面取样器、不同深度取样器以及泵式取样器进行取样。

（2）采集地表水或普通井水水样时，应将取样瓶浸入水面下 0.5m 处取样，并在不同的点采样混合成供分析用的水样。

（3）根据试验要求，需要采集不同深度的水样时，应对不同部位的水样分别采集。

（4）管道或工业设备中采集水样时，打开取样阀门，充分冲洗采样管道，必要时采用变流量冲洗。取样时将水样流速调至约700mL/min进行取样。

（5）高温、高压装置或管道中取样时，必须加装减压和冷却装置，保证水样温度不得高于40℃。

（6）测定水样中不稳定成分时，应随取随测，或应将不稳定成分转化为稳定状态再测定。

（7）测定水样中的有机物时，水样采集应使用玻璃瓶，取样后应尽快测定，否则应将水样加入硫酸调节至pH值小于2后保存。

（8）测定水样中的铜、铁、铝时，水样采集时应使用专用磨口玻璃瓶，并将其用盐酸（1＋1）浸泡12h以上，再用一级试剂水充分洗净，然后向取样瓶内加入优级纯浓盐酸（每500mL水样加浓盐酸2mL），直接采取水样，并立即将水样摇匀。

（9）测定水样中的联氨时，水样采集应使用专用磨口玻璃瓶，每取100mL水样预先加入浓盐酸1mL，水样应充满取样瓶。

（10）采集水样数量应满足试验和复核需要。供全分析用的水样不应少于5L，若水样混浊时应分装两瓶。供单项分析用的水样不应少于0.5L。

（11）采集供全分析用的水样，应粘贴标签，注明水样名称、取样方法、取样地点、气候条件、取样人姓名、时间、温度及其他注意事项，若采集供现场控制试验的水样时，应使用明显标记的固定取样瓶。

3. 水样的保管

水样在放置过程中，由于种种原因，水样中某些成分的含量可能发生很大的变化。原则上说，水样采集后应及时化验，存放与运送时间应尽量缩短。有些项目必须在现场取样测定，有些项目可以取样后在实验室内测定。

（1）水样的存放时间。水样的存放时间受其性质、温度、保存条件及试验要求等因素影响，采集水样后应及时分析，如遇特殊情况存放时间不宜超过72h。

（2）水样的运送条件。水样运送与存放时，应注意检查水样瓶是否封闭严密，并应防冻、防晒。经过存放或运送的水样，应在报告中注明存放时间或温度等条件。

三、定量分析中误差的分类和原因

1. 误差

产生误差的原因很多，一般分为两类：系统误差和偶然误差。

（1）系统误差。系统误差是指由于某种经常性原因所造成的比较恒定的误差，使测定结果系统偏高或偏低。当重复进行测量时，它会重复出现。系统误差的大小、正负是可以测定的，至少在理论上说是可以测定的，所以又称为可测量误差，系统误差的来源主要是：方法误差，仪器误差，试剂误差和主观误差。

（2）偶然误差。由偶然原因引起的误差称为偶然误差。偶然误差因其偶然性使它是可变的，有时大，有时小，有时正，有时负，所以偶然误差又称非确定误差。

偶然误差在分析操作中是无法避免的。根据误差理论，在消除系统误差的前提下，如果测定次数越多，则分析结果的算术平均值越接近于真实值。也就是说，采用"多次测定、取平均值"的方法，可以减小偶然误差。

2. 误差的表示方法

（1）准确度与误差。准确度是指测定值与真实值相接近的程度，它说明测定值的正确性，用误差的大小来表示。误差的表示方法有两种，即绝对误差和相对误差。

$$绝对误差 = 测定值 - 真实值 \qquad 相对误差(\%) = \frac{绝对误差}{真实值} \times 100\%$$

绝对误差和相对误差都有正负之分，正值表示分析结果偏高，负值表示分析结果偏低。绝对误差与测量值的单位相同。

（2）精密度与偏差。精密度是指在相同条件下，一组平行测定结果之间相互接近的程度，它说明测定数据的再现性，用偏差的大小表示，偏差也有绝对偏差和相对偏差。

$$绝对偏差 = 某次测定值 - 测定结果的算术平均值$$

$$相对偏差 = (绝对偏差/算术平均值) \times 100\%$$

（3）标准偏差。标准偏差是将单次测定结果的偏差加以平方，可以避免各次测量偏差相加时的正负抵消，能将较大偏差对精密度的影响反映出来。标准偏差 S 为：

$$S = \sqrt{\frac{各次测定的绝对误差平方之和}{测定次数 - 1}}$$

$$相对标准偏差 = \frac{标准偏差}{n\ 次测定结果的算术平均值} \times 100\%$$

标准偏差与相对标准偏差无正负号，但标准偏差有与测定值相同的单位，而相对标准偏差用百分率或千分率表示。

3. 分析数据的处理

（1）有效数字的意义。有效数字是分析测定中实际能测量到的数字。在有效数字中，只有最后一位是可疑的数字。例如，一般滴定管的最小刻度为 0.1mL，因此它的读数只能是小数点后两位有效数字，如 17.25mL，而末位 5 就是估计出来的，因为滴定管不能读出 0.01mL 来；又如，用万分之一天平称量物质时，由于天平的准确度限制，只能保证小数点后 3 位是准确的，而第 4 位则是可疑的；如 5.326 7g 这个称量结果中，最后一位 7 是可疑的，虽然最后一位数字是可疑的，但它不是臆造的，也有一定的实际意义。因此，有效数字是除最末一位数不准确而其余位数都是准确的数字。

有效数字和仪器的准确程度有关。如用分析天平称量物质的质量，可以保证小数点后 3 位都是准确的，可以记录到小数点后第 4 位；但若用托盘天平称量同一物质时，只能记录到小数点后 1 位。可以明显看出，有效数字不仅表明数量的大小，而且也反映出测量的准确度。

（2）有效数字修约规则。在对分析测量结果进行处理时，都要进行运算，但各种测量结果的有效数字的位数往往不同。为避免运算中无意义的工作，应先将各有关测定结果的有效数字修约到误差接近的有效位数后再进行运算。

依据 GB/T 8170—2008《数值修约规则与极限数值的表示和判定》，对数字的修约采用"四舍六入五成双"法则。所谓"四舍"就是当尾数小于或等于 4 时，舍去；"六入"就是当尾数大于或等于 6 时进位；当尾数等于 5 时，若 5 后有数就进一，5 后没数看单双。例如有三个测定值分别为 2.451、10.05 及 5.35，若均要求修约为两位有效数，则结果应分别为 2.5、10.0 及 5.4。应注意的是，若要舍去几位数字时，应一次进行（即 1 次修约），不能连续修约。

第四节　分析化学分析方法的分类

按照测量原理、分析方法可分为化学分析和仪器分析。化学分析是以物质的化学反应为基础的分析方法，是分析化学的基础。化学分析可分为定性分析和定量分析。定性分析是根据反应产物的外部特征确定待测物质的组分；定量分析可分为滴定分析、称量分析和气体分析。

一、滴定分析

滴定分析又称容量分析。滴定分析是指将已知准确浓度的试剂溶液，滴加到待测物质溶液中，在化学计量点时，加入试剂的物质的量与待测组分物质的量相等，根据试剂溶液的准确浓度及用量可以计算出待测组分的含量。

这种已知准确度浓度的试剂溶液叫作标准溶液（也叫作滴定剂），将标准溶液从滴定管加到被测物质溶液（也叫作试液）中的过程叫作滴定，当加入的标准溶液与被测物质定量反应完全时，反应到达等量点（或理论终点）。为了显示等量点的达到，常选用一种在等量点附近，在溶液中能变色的物质来指示等量点，这种物质称为指示剂。在滴定过程中，指示剂正好发生颜色变化的转变点叫作滴定终点。滴定终点与等量点不一定恰好符合，由此而造成的分析误差叫作滴定误差（或终点误差）。

滴定分析多用于常量组分分析，测定的相对误差一般小于 0.1%。

滴定分析按照反应类型的不同可分为：酸碱滴定法、络合滴定法、沉淀滴定法、氧化还原滴定法。

1. 酸碱滴定法

酸碱滴定法又叫作中和法，它是以酸碱反应（中和反应）为基础的滴定分析法。在酸碱滴定中，滴定剂一般都是强酸或强碱，如 HCl、H_2SO_4、$NaOH$ 和 KOH 等；被滴定的是各种具有碱性或酸性的物质，如 $NaOH$、NH_3、H_3PO_4 等。

在酸碱滴定中，为了指示滴定终点的到达要用指示剂，这类指示剂称为酸碱指示剂。酸碱指示剂主要有硝基苯酚类、酚酞类、磺代酚酞类、偶氮化合物类四类。

2. 络合滴定法

络合滴定法是以络合反应为基础的滴定分析方法，滴定用的配位剂可分为无机配位剂和有机配位剂。由于无机配位剂存在着某些缺陷，使得它在络合滴定中基本被淘汰；有机配位剂的一个分子中含有多个原子提供孤电子对，能形成多个配位键，其空间结构为环状，使得它的性质很稳定，因此目前被广泛应用于络合滴定分析法中。通常我们把这类环状结构的配合物又称为螯合物。EDTA 溶液能与很多金属离子形成稳定的螯合物，因此它在发电厂中被广泛使用。

络合滴定指示剂俗称金属指示剂，它本身就是一种络合剂，人们利用它游离态时的颜色与配位态时的颜色的不同来指示终点。常用的金属指示剂由络黑 T、二甲酚橙、PAN、酸性络蓝 K。

3. 沉淀滴定法

沉淀滴定法是以沉淀反应为基础的滴定分析法。虽然能够生成沉淀的反应很多，但并非所有的沉淀反应都能用来做滴定，能用于沉淀滴定的反应，必须符合下列条件：

（1）反应相当迅速，而且沉淀的溶解度要小。

（2）反应要能定量地进行，不应有其他副反应发生，也不应有严重的吸附、吸留或共沉淀现象发生。

（3）要有适当的指示剂或其他方法来确定滴定终点。

由于上述条件的限制，目前生产上应用较广的反应是生成难溶性银盐的反应，如：

$$Ag^+ + Cl^- \Longrightarrow AgCl$$

利用生成难溶性银盐的沉淀滴定法，称为银量法，沉淀滴定法实质上就只讨论银量法，用银量法可以测定 Cl^-、Br^-、I^-、Ag^+ 等。

沉淀滴定法有直接滴定法和反滴定法两种。

4. 氧化还原滴定法

氧化还原滴定法是以氧化还原为基础的滴定分析法。按分析中所用标准溶液的不同，氧化还原滴定法可分为高锰酸钾法、重铬酸钾法、碘量法等。

二、称量分析

称量分析又称重量分析，通过加入过量的试剂，使待测组分完全转化为一难溶的化合物，经过滤、洗涤、干燥、灼烧等一系列步骤得到组成固定的产物，称量固定产物的质量，就可计算出待测组分的含量。

重量分析法直接用分析天平称量而获得结果，不需要标准试样或基准物质进行比较。重量分析法的优点是准确度高，相对误差 0.1%～0.2%。日常在电厂进行生水和各种垢的全分析中，有些项目就是用重量分析法测定的。重量分析法虽有上述优点，但也有它的缺点，即分析操作烦琐、耗时较长，也不适用于微量和痕量组分的测定。

根据被测组分与试样中其他组分分离的方法不同，可将重量分析法分为沉淀法、气化法、提取法和电解法。

1. 沉淀法

沉淀法是重量分析法中应用最广的方法。沉淀法是将被测组分以微溶化合物的形式沉淀出来，再将沉淀过滤、洗涤、烘干或灼烧，最后称重，计算其含量。例如测定试样中的钡时，可以在制备好的溶液中，加入过量稀 H_2SO_4，使生成 $BaSO_4$ 沉淀，根据所得沉淀的重量，即可求出试样中钡的百分含量。

2. 气化法

气化法一般是通过加热或其他方法使试样中的被测组分挥发逸出，然后根据试样重量的减轻计算该组分的含量；或者当该组分逸出时，选择一吸收剂将它吸收，然后根据吸收剂重量的增加计算该组分的含量，例如 CO_2 的测定，可用碱石灰为吸收剂进行吸收。气化法只适用于测定可挥发性物质。

3. 提取法

提取法是采用有机溶剂将被测组分提取出来，然后将被测组分和有机溶剂分离，通过称量提取物的质量来计算被测组分的含量。

4. 电解法

电解法是利用电解原理，使被测组分在电极上溶解或析出，根据电极的质量改变来计算被测组分的含量。

三、气体分析

气体分析是利用气体的某些化学特性，当气体混合物与特定的吸收剂接触时，吸收剂有选择性地定量吸收混合气体中的待测组分。若吸收前后的温度和压力不变，则吸收前后气体的体积之差，即为待测组分的体积，从而计算出待测组分的含量。

四、仪器分析

以被测物质的物理性质和物理化学性质为基础的分析方法，称为物理或物理化学分析法，这类方法通常要使用特殊的仪器，故又称为仪器分析法。仪器分析法的优点是：操作简便快速灵敏。但同时仪器分析是以化学分析为基础的。

第二章

水 汽 监 督

在电厂化学监督中，水汽监督不仅涉及面广、对电力生产影响大，而且系统性强、技术复杂，故它在化学监督中占有特殊地位。

电厂锅炉用水是在水汽系统中循环运行的，而整个水汽系统又由若干子系统所组成，其各子系统的循环顺序为：原水（生水）、补给水、给水、炉水、蒸汽、凝结水、返回给水系统。在水汽循环系统的运行过程中，根据不同水质的变化情况，防止锅炉及热力系统产生结垢、腐蚀与积盐，以确保其安全经济运行，这也就是火力发电厂水汽监督的主要作用。

第一节 水汽监督的任务

水汽监督的主要任务在于对水处理方法与效果的监督、水汽质量的检测监督以及节水监督，更多地采用新方法、新工艺、新材料、新技术，不断提高水汽监督质量与监督水平。

1. 对水处理方法与效果的监督

电厂水汽系统中，不同阶段的水具有不同的水质要求，不同参数的机组对水质要求也不完全相同，因而处理方法与工艺多种多样。有的凭借不同的水处理设备及工艺处理，有的则纯粹采用加药处理，有的则二者均有。对各种水处理方法与效果的监督，是电厂水汽监督的基本任务之一。

电厂所用原水，首先要经过澄清过滤，以除去悬浮物、有机物、泥沙等，然后还得经过离子交换除盐处理，以去除水中硬度及含盐量。水汽监督也就必须监督上述设备的运行情况，通过水质检测结果来分析处理效果，为调整并寻求最佳的水处理设备运行条件提供依据。又如给水、炉水等，全是靠加药处理，因而通过监督如何更好地控制加药条件、加药量、加药方式、加药浓度、加药时间等就显得特别重要，而在一定条件下的处理效果，也是根据水汽质量检测来加以分析判断的。

2. 水汽质量的检测监督

对水汽系统中水汽质量的检测监督，是电厂水汽监督的另一项基本任务，而且这对水汽监督人员来说，是更为主要的任务，是每天必须进行的工作。水汽质量监督工作对不同岗位上的工作人员有着不同的要求。

对从事水汽质量检测的化验人员来说，水汽质量监督工作要求他们遵循有关标准的规定，完成水汽的采样与检测工作，精心操作，正确计算，保证检测结果的精密度与准确度符合有关标准规定的要求。

对从事水汽质量检测的技术管理人员来说，水汽质量监督工作要求他们一方面既要熟悉有关标准与规定，能指导化验员的检测工作，及时纠正检测中存在的问题；另一方面，也是更为重要的，即能对检测结果加以分析判断，水汽系统中是否产生了结垢与腐蚀，应采取何种对策来改进水的处理方法与条件，目的是提高处理效果，确保能及时发现各种异常现象，以防止事故的发生。

3. 将节水监督列为水汽监督的长期任务

我国是淡水资源短缺的国家，有的地方因水源紧张而无法建厂。各电厂要认识到节水不是权宜之计，而是水汽监督方面的长期任务。由于冷却水通常占电厂用水量的 70%～80%，因而如何节约冷却水就成为电厂节水的主攻方向。

节约冷却水量，一般可以从两个方面考虑：一是提高循环冷却水的浓缩倍率，少排污甚至不排污；二是大力推广使用城市中水作为冷却水，以节约淡水。电厂循环冷却水浓缩倍率的增加，意味着循环冷却水水质变差，冷却水系统结垢与腐蚀的可能性增大。故节水有一个前提，就是应在保证冷却水系统安全经济运行的条件下，即不发生结垢与腐蚀的情况下，去实现循环水浓缩倍率的增高，从而达到节水的目的。

4. 加强水处理新方法、新工艺、新材料、新技术的应用与研究

随着机组日益高参数化，对水汽质量要求也越来越高。一些传统的水处理方法、工艺、材料、技术逐渐为新的所代替，而且这种更新速度还将越来越快。例如新型的稳定剂、缓蚀剂正在取代传统的药剂；凝结水采用新处理方法与工艺等。对这些新方法、新工艺、新材料、新技术的试验研究，理应纳入电厂的水汽监督任务之中。

第二节 补给水监督指标

电厂锅炉补给水所用水源选用淡水。在我国北方地区，多使用水库水及地下水；而在南方地区，则多用江河湖泊水。这些天然水中含有多种杂质，当采用各种方法净化处理后，再经过除盐处理，可用作补充电厂生产过程中的汽水损失量，这种水则称为锅炉补给水。

补给水量与电厂的锅炉机组容量、设计参数、运行工况、排水重复利用率等多种因素有关。通常，补给水量不超过电厂用水量的 5%。

一、天然水水质与特点

无论是江河湖泊、水库、地下水，还是雨雪，均含有各种杂质。一般说来，地表水中悬浮物、有机物含量高，地下水中含盐量较多。由于污染导致雨雪中含硫、含尘量较高，且多呈酸性等。因此为了满足电厂生产，保证机组经济运行以及环保要求，就必须对天然水源进行选择。

1. 天然水中的杂质

天然水中的杂质种类很多，但在一般情况下，都是十几种元素所组成的一些常见的化合物；只有少量的杂质以单质或者其他更为复杂的化合物形态存在于水中。杂质在水中有各种存在形态，因为同一分散体系的杂质其处理工艺往往相同，所以在水处理中应根据杂质的分散体系对杂质进行分类。

分散体系是以杂质颗粒大小为基础建立的，按照杂质的颗粒半径由大到小将杂质分为悬浮物、胶体和溶解质三部分：颗粒半径大于 $0.1\mu m$ 的杂质为悬浮物；半径介于 $0.1\sim0.001\mu m$ 的杂质为胶体；半径小于 $0.001\mu m$ 的已经完全溶解于水中，所以这部分为溶解质。

2. 天然水中的溶解物质

天然水中的溶解物质主要包括无机盐和气体两类。

无机盐溶解于水后会发生电离而形成离子态的杂质，包括阳离子和阴离子。水中常见的阳离子有 Ca^{2+}、Mg^{2+}、Na^+、K^+、Fe^{3+}、Mn^{2+}、Cu^{2+}、Al^{3+} 等；阴离子有 HCO_3^-、Cl^-、SO_4^{2-}、F^-、CO_3^{2-} 等。

常见的气体杂质有 O_2、CO_2、H_2S、SO_2、NH_3 等。

3. 天然水中的有机物

水中的有机物的存在形式包括悬浮物、胶体和分子态。天然水中的有机物种类很多，无法用一种确定的分子式来表示，因此要分别测定有机物十分困难。过去在水处理中，讨论的重点往往是腐殖酸、富里酸、木质磺酸等天然有机物；但近年来因为工业废水污染严重，地表水中存在的有机物主要是工业污染物。因此，有机物的组成更为复杂。

在水处理中，目前只能用有机物的总量来表示其含量的高低，而不再细分有机物的组成。有机物的含量表示方法很多，在火电厂，一般用化学需氧量（COD）、生化需氧量（BOD）和总有机碳（TOC）来表示。

4. 天然水中的硅化合物

硅酸是一种十分复杂的化合物，在水中的形态包括离子态、分子态和胶体。硅酸分子在水中有多中存在形式，因此天然水中的硅酸化合物是以何种形态存在还没有定论。

硅酸化合物在水中的形态与其本身含量、pH 值、水温以及其他离子的含量有关。硅酸含量太大时会从水中以胶体形式析出。水的 pH 值越高，硅酸的溶解度越大，根据硅酸化合物的电离情况和其盐类的溶解度，一般认为当 pH 较低时，硅酸以游离态的分子或胶溶态的钙镁硅酸盐存在。只有当 pH 较高时，水中才会出现 SiO_3^{2-}。另外，高 pH 条件下，如果水中不含 Ca^{2+} 或者 Mg^{2+}，则硅酸呈真溶液状态，以 $HSiO_3^-$ 的形式存在；如果水中同时存在 Ca^{2+} 和 Mg^{2+}，则容易形成胶融状态的钙镁硅酸盐。

5. 天然水中的 CO_2

CO_2 溶于水后形成碳酸，碳酸是二元酸，在水可以进行多级电离形成两种酸根：HCO_3^- 和 CO_3^{2-}。由于该电离反应的存在，使得碳酸盐平衡成为天然水中最重要的化学平衡之一，该平衡控制着天然水的 pH 值，还可以与水中的其他组分进行中和反应和沉淀反应。碳酸盐在水中有以下四种存在形式：

（1）溶于水的 CO_2 分子，通常写作 CO_2（aq）。

（2）碳酸分子，即 H_2CO_3，CO_2 和 H_2CO_3 又合称为游离二氧化碳。

（3）碳酸氢根，HCO_3^-，是构成天然水碱度的主要物质，HCO_3^- 又称为半结合二氧化碳。

（4）碳酸根，即 CO_3^{2-}，是构成天然水碱度的物质，又称为结合二氧化碳。

二、天然水控制指标

1. 悬浮物

悬浮物是指悬浮于水中的微粒，但颗粒大小差异很大。其中较轻的微粒常常漂浮于水面上，它们主要是一些有机物；而较重较大的微粒则在静止时沉入水底，它们主要是黏土、细砂之类的无机物。

悬浮物在水中稳定性较差，通常可以通过静止、过滤、吸附、凝聚等处理方式去除。地表水，如黄河水或雨水过后的江河湖泊中的水，往往悬浮物含量很高。而地下水由于经过土壤层的过滤作用，没有或很少有悬浮物，因而是清澈透明的；但地下水经由土壤及岩石层时，因溶入较多的可溶盐类，致使地下水含盐量大大高于地表水。

悬浮物可用质量分析法测定，即取 1000mL 经定量滤纸过滤的水样，再另外取 1000mL 原水样，两水样注入已恒重的蒸发皿中，在水浴锅蒸干，于 $105\sim110℃$ 下烘干称重，所得的残渣量之差即是悬浮物，以 mg/L 表示。

2. 浊度

由于悬浮物分析时间较长，常用浊度表示水中悬浮物的含量。反映水中微量物质所产生的光效应的物理量称为浊度，浊度的测定是用分光光度计，通过测量水中悬浮颗粒所产生一定强度的散射光的原理来测量悬浮物的含量。

水的浊度是一种表示水样的透光性能的指标，是由于水中泥沙、黏土、微生物等细微的无机物和有机物及其他悬浮物使通过水样的光线被散射或吸收而不能直接穿透所造成的。一般以每升蒸馏水中含有 1mg SiO_2（或硅藻土）时对特定光源透过所发生的阻碍程度为 1 个浊度的标准，称为杰克逊度，以 JTU 表示。

浊度计是利用水中悬浮杂质对光具有散射作用的原理制成的，其测得的浊度是散射浊度单位，以 NTU 表示。水的浊度不仅与水中存在的颗粒物质的含量有关，而且和这些颗粒的粒径大小、形状、性质等有密切的关系。

3. 硬度

硬度是多价金属离子的总浓度，由于天然水体中其他多价金属离子很少，因此人们通常把钙镁离子的总和称为硬度。水的硬度一般用 mmol/L 或 μmol/L 表示。为了与计量法中规定的单位一致，不采用当量浓度这一概念，将硬度定义为：

$$H=c\left(\frac{1}{2}Ca^{2+}\right)+c\left(\frac{1}{2}Mg^{2+}\right)$$

式中　　$c\left(\frac{1}{2}Ca^{2+}\right)$、$c\left(\frac{1}{2}Mg^{2+}\right)$——以 $\left[\frac{1}{2}Ca^{2+}\right]$ 和 $\left[\frac{1}{2}Mg^{2+}\right]$ 为基本单元的物质的量，mmol/L 或 μmol/L。

硬度又可分为碳酸盐硬度及非碳酸盐硬度两大类。碳酸盐硬度主要是指水中钙、镁的碳酸氢盐和碳酸盐含量；水的总硬度与碳酸盐硬度之差，则称为非碳酸盐硬度。

碳酸盐硬度近似于所谓暂时硬度，通过煮沸，这部分硬度可以去除；而非碳酸盐硬度近似于永久硬度，也就是通过煮沸无法去除的硬度。通常雨水通过土壤层后易融入可溶性盐类，故地下水硬度大，而地表水硬度要小得多。

4. 酸碱度

酸度是水中能被强碱中和的物质总量。这些物质包括：①强酸，如 H_2SO_4、HNO_3 等；②酸式盐和强酸弱碱盐，如 $FeCl_3$ 等；③弱酸，如 H_2CO_3、H_2S 及各种有机酸。天然水中一般只含碳酸和碳酸氢盐酸度，氢离子交换器出来的水溶液的酸度是强酸酸度，如 HCl、H_2SO_4、HNO_3 等。以甲基橙作指示剂，用 NaOH 标准溶液滴定水样的酸度，终点的 pH 值约为 4.2，单位为 mol/L。经常用 pH 值来表示酸度。

碱度则是水中能被强酸中和的物质总量。这些物质包括有：OH^-、CO_3^{2-}、PO_4^{3-}、

HCO_3^- 和腐植酸盐等，都是水中常见碱性物质。碱度是用酸中和的方法来测定，采用的酸碱指示剂不同，消耗的酸量也就不同。用 H_2SO_4 标准溶液滴定水样的碱度，用酚酞指示剂时，其终点 pH 值约为 8.3，称为酚酞碱度；用甲基橙作指示剂时，其终点 pH 值约为 4.3，称为甲基橙碱度或全碱度。碱度单位为 mol/L。

纯水的 pH 值为 7，即呈中性。天然水的酸碱度随水源所处的地质条件而异，且它受环境因素的影响很大，由于酸雨的形成及日益严重，某些江河湖泊的地表水的酸度呈上升（pH 值下降）趋势。

5. 有机物

天然水中有机物种类很多，性质各异，但它们有一个共同点，就是利用需氧量的多少来表示水中有机物含量。在一定条件下，常用氧化剂重铬酸钾及高锰酸钾来处理水样，将在与有机物反应中所消耗的氧化剂量换算成氧来表示。其中重铬酸钾较高锰酸钾更易使有机物氧化完全，在水分析中，多用重铬酸钾法来测定需氧量，通常称为化学需氧量，以 O_2(mg/L)来表示。

化学需氧量的高低是天然水、特别是地表水的重要水质指标，而地下水通常含有机物相对较少，故化学需氧量值相对较低。

三、补给水监测项目与控制指标

电厂所用原水即为补给水系统的入口水，经处理后，补给水系统的出口水质应达到相关标准所规定的要求。电厂补给水系统的入口水，也就是电厂供水水源的原水，均含有多种多样的杂质，不同水源因其水质差异，列为检测的项目也不尽相同。

1. 地表水

不同水源的地表水所含杂质各不相同，即使同一水源，在丰水期与枯水期水质也有较大差异；有时因一场大雨过后或水体受到污染，水质也会出现显著的变化。一般列为补给水的检测项目除了 pH、硬度、悬浮物外，还需检测下列指标：

（1）电导率。溶解于水的酸、碱、盐类等电解质，离解出正负离子，使水具有了导电能力，其导电能力的大小用电阻率（$\Omega \cdot cm$）的倒数，即电导率（S/cm）来表示。因电导率与温度有关，故水的电导率是指 25℃时的电导率值。

水中离子导电能力的大小，通常反映了水中含盐量的多少。对同一种水，电导率越大，含盐量就越多，水质就越差；反之，则水质就越好。水的电导率是重要的水质特性指标，是补给水系统出水应控制的指标之一。

（2）化学需氧量。地表水中有机物种类很多，单一或总的有机物含量均难以测定，通常利用有机物可氧化的特征，按与有机物反应消耗的氧化剂中的氧量即需氧量来表征水中的有机物量。

常用的氧化剂有高锰酸钾（$KMnO_4$）及重铬酸钾（$K_2Cr_2O_7$），前者不能使水中有机物充分氧化，而后者则可以将有机物氧化较为完全。用高锰酸钾或重铬酸钾测得的需氧量，称为化学需氧量，以 $(COD)_{Mn}$ 或 $(COD)_{Cr}$ 表示，其单位为 mg/L（以氧计）。

（3）全硅。在地表水中，硅酸化合物是最常见的杂质，通常它以通式 $x SiO_2 \cdot y H_2O$ 来表示。

$x=y=1$ 即 H_2SiO_3，称为偏硅酸；$x=1$，$y=2$，即 H_4SiO_4，称为正硅酸；$x>1$，则硅酸呈聚合状态，称为多硅酸。

SiO_2在水中的存在形态十分复杂，它受 pH 值的影响很大。SiO_2在水中的溶解度也难以测定。

通常水中硅酸化合物采用钼酸铵作反应剂进行比色测定。对于能直接用比色法测得的SiO_2，则称为活性 SiO_2 或称为活性硅；而不能用比色法直接测得的 SiO_2，则称为非活性 SiO_2 或非活性硅。全硅含量减去活性硅含量，即为非活性硅含量。

补给水中的 SiO_2 含量与电导率一样，是补给水系统出水中应控制的指标之一。故补给水系统对地表水处理的重点就是最大限度地降低非活性硅，以减小水中的全硅含量。

2. 地下水

地下水一般清澈透明，悬浮物及有机物含量较低，故正常情况悬浮物及化学需氧量不列入检测项目，其他检测项目则同地表水。

3. 中水

电厂回用的城市中水基本上是各工业用户排放的工业废水经过污水处理厂进行深度处理的回用水，因此其控制指标与地表水有非常大的区别，除了检测地表水正常监视项目外，还需要检测以下指标：

（1）总磷。污水中磷的含量一般为 2~20mg/L，其中有机磷 1~5mg/L，无机磷为 1~15mg/L。污水处理厂接收的工业废水中磷的含量差别很大，有的工业废水中磷的含量极低，因此需要利用生物法进行处理，投加磷肥以补充微生物所需的磷含量；而出水中磷的含量过高时，又需要进行除磷处理，以防止受纳水体出现富营养化现象。

（2）余氯。余氯是水经加氯消毒接触一定时间后余留在水中的氯，其作用是保持持续的杀菌能力。从水进入管网到用水点之前，必须维持水中消毒剂的作用，以防止可能出现的病原体危害和再增殖。这就要求向水中投加的消毒剂，其投加量不仅能满足杀灭水中病原体的需要，而且还要保留一定的剩余量防止在水的输送过程中出现病原体的再增殖，如果使用氯消毒，那么超出当时消毒需要的这部分消毒剂就是余氯。

余氯有游离性余氯（Cl_2、HOCl 和 OCl^-）和化合性余氯（NH_2Cl、$NHCl_2$ 和 NCl_3）两种形式，这两种形式能同时存在于同一水样中，两者之和称为总余氯。游离性余氯杀菌能力强，但容易分解；化合性余氯杀菌能力较弱，但在水中持续的时间较长。一般水中没有氨或铵存在时，余氯为游离性余氯；而水中含有氨或铵时，余氯通常只含有化合性余氯，有时是余氯和化合性余氯共存。余氯量必须适当，过低起不到防治病原体的作用，过高则不仅造成消毒成本的增加，而且在人体接触时可能造成对人体的伤害。

从概念上看，余氯是针对氯气及氯系列消毒剂而言的，当使用二氧化氯等其他非氯类消毒剂时，就应该将余氯理解为接触一定时间后留在水中的剩余消毒剂。

（3）氨氮。常用的代表水中氮素化合物的水质指标有总氮、凯氏氮、氨氮、亚硝酸盐和硝酸盐等。氨氮是水中以 NH_3 和 NH_4^+ 形式存在的氮，它是有机氮化物氧化分解的第一步产物，是水体受污染的一种标志。氨氮在亚硝酸盐菌作用下可以被氧化成亚硝酸盐以NO_2^-表示），而亚硝酸盐在硝酸盐菌的作用下可以被氧化成硝酸盐（以NO_3^-表示）。硝酸盐也可以在无氧环境中在微生物的作用下还原为亚硝酸盐。当水中的氮主要以硝酸盐形式为主时，可以表明水中含氮有机物含量已很少，水体已达到自净。

有机氮和氨氮的总和可以使用凯氏（Kjeldahl）法测定（GB/T 11891—1989《水质 凯氏氮的测定》），凯氏法测得的水样氮含量又称为凯氏氮，因而通常所称的凯氏氮是氨氮和有机氮之和。将水样先行除去氨氮后，再以凯氏法测定，其测得值即是有机氮；如果分别对水样测定凯氏氮和氨氮，则其差值也是有机氮。凯氏氮可作为污水处理装置进水氮含量的控制指标，还可以作为控制江河湖海等自然水体富营养化的参考指标。

总氮为水中有机氮、氨氮、亚硝酸盐氮和硝酸盐氮的总和，也就是凯氏氮与总氧化氮之和。总氮、亚硝酸盐氮和硝酸盐氮都可使用分光光度法测定，亚硝酸盐氮的分析方法见 GB/T 7493—1987《水质 亚硝酸盐氮的测定 分光光度法》，硝酸盐氮的分析方法见 GB 7480—1987《水质 硝酸盐氮的测定 酚二磺酸分光光度法》，总氮分析方法见 GB 11894—1989《水质总氮的测定 碱性过硫酸钾消解紫外分光光度法》。总氮代表了水中氮素化合物的总和，是自然水体污染控制的一个重要指标，也是污水处理过程中的一个重要控制参数。

（4）生化需氧量。生化需氧量全称为生物化学需氧量（biochemical oxygen demand，BOD），它表示在温度为 20℃和有氧的条件下，由于好氧微生物分解水中有机物的生物化学氧化过程中消耗的溶解氧量，也就是水中可生物降解有机物稳定化所需的氧量，单位为 mg/L。

BOD 不仅包括水中好氧微生物的增长繁殖或呼吸作用所消耗的氧量，还包括了硫化物、亚铁等还原性无机物所耗用的氧量，但这一部分的所占比例通常很小。因此，BOD 值越大，说明水中的有机物含量越多。

在好氧条件下，微生物分解有机物分为含碳有机物氧化阶段和含氮有机物的硝化阶段两个过程。在 20℃的自然条件下，有机物氧化到硝化阶段、即实现全部分解稳定所需时间在 100d 以上，但实际上常用 20℃时 20d 的生化需氧量 BOD_{20} 近似地代表完全生化需氧量。

生产应用中仍嫌 20d 的时间太长，一般采用 20℃时 5d 的生化需氧量 BOD_5 作为衡量污水有机物含量的指标。经验表明，生活污水和各种生产污水的 BOD_5 约为完全生化需氧量 BOD_{20} 的 70%～80%。

BOD_5 是确定污水处理厂负荷的一个重要参数，可用 BOD_5 值计算废水中有机物氧化所需要的氧量。含碳有机物稳定化所需要的氧量可称为碳类 BOD_5，如果进一步氧化，就可以发生硝化反应，硝化菌将氨氮转化为硝酸盐氮和亚硝酸盐氮时所需要的氧量可成为硝化 BOD_5。一般的二级污水处理厂只能去除碳类 BOD_5，而不去除硝化类 BOD_5。由于在去除碳类 BOD_5 的生物处理过程中，硝化反应不可避免地要发生，因此使得 BOD_5 的测定值比实际有机物的需氧量要高一些。BOD 测定时间较长，常用的 BOD_5 测定需要 5d 时间，因此一般只能用于工艺效果评价和长周期的工艺调控。对于特定的污水处理场，可以建立 BOD_5 和 COD_{Cr} 的相关关系，用 COD_{Cr} 粗略估计 BOD_5 值来指导处理工艺的调整。

4. 补给水

补给水控制指标，是指原水经补给水系统处理后出水应控制的指标。补给水控制指标有 SiO_2 及电导率两项。

选择 SiO_2 作为补给水质量控制指标的原因之一，首先在于应用树脂去除水中的有害阴离子如 Cl^-、SO_4^{2-}、CO_3^{2-}、SiO_3^{2-} 等时，是按不同顺序吸收的，其中 SiO_3^{2-} 最难除去，因而只要 SiO_3^{2-} 含量达到标准要求，则水中其他阴离子则更少，不至于对水质产生什么影响。

蒸汽中多多少少含有一些杂质，这是由于锅炉给水中所含的杂质，这些杂质随给水进入锅炉中也就转至炉水中，因为炉水的加热浓缩，其含盐量要比给水高得多。饱和蒸汽在压力较高时，对某些盐类有溶解携带，造成蒸汽含盐量的增加。蒸汽中含有的盐分，可能有一部分沉积在过热器中，这将影响蒸汽的通过和传热，并使过热器管金属温度升高；过热蒸汽中含有的盐分则有可能沉积在管道、阀门、汽轮机调节阀及叶片上，从而导致阀门动作失调，降低汽轮机效率，还会增大蒸汽的流动阻力，降低汽轮机效率。当积盐分布不均，还将影响转子的平衡，以致造成严重事故。

汽轮机沉积盐分的成分，一般为硫酸钠、磷酸钠、硅酸钠、氯化钠等，其中硅酸盐在蒸汽中的溶解度较大，随着压力降低溶解度渐渐减小，因此，往往在汽轮机的低压缸内形成不溶于水、质地坚硬的二氧化硅沉积物。

因此，在电厂汽水质量监督中，从一开始，即从补给水处理系统出水开始，就应严格控制二氧化硅含量及电导率这两项重要的水质指标，使其达到标准规定的要求，这对电厂整个水汽循环系统的水质保证，减少锅炉及汽轮机的结垢、积盐与腐蚀有直接的影响。

第三节　给水监督指标

对给水监督指标的重点：一是保证给水质量符合锅炉参数的要求，给水直接影响炉水及蒸汽品质，故务必要严加控制；二是要严格监督给水系统中各设备的运行，特别是应最大限度地降低给水中的溶氧，并控制好给水的 pH 值，以防给水系统的金属腐蚀，特别是对省煤器的腐蚀，确保锅炉的安全经济运行。

由于给水直接进入锅炉，其质量问题可能对锅炉造成直接危害，因此，影响炉水及蒸汽质量的一些成分的监测均列入给水的监测项目之中。

1. 溶氧

给水系统的管道、设备主要为钢铁制品，同时也有少量设备为铜制品。水中溶氧是造成给水系统铁腐蚀的主要因素。给水系统中受氧腐蚀的部位及其严重程度，随给水中溶氧含量及除氧设备的运行条件与效果而异。一般说来，给水管道及省煤器，特别是省煤器入口部分，因处于较高温度，即使在含氧量不太高的情况下也会受到腐蚀。

因此，对给水中的溶氧及除氧设备的除氧效果就必须严格加以监督，它不仅关系到锅炉机组是否受到溶氧的腐蚀，也是监督除氧器运行状态的重要指标，从而为分析存在的问题、采取相应的技术措施、提高除氧效果提供了依据。

2. 铁、铜

给水中的铁、铜进入锅炉，与锅炉受热面长时间接触，就会形成水垢。水垢的化学组成十分复杂，其中往往以铁、铜的氧化物 Fe_2O_3 及 CuO 为主。

由于水垢导热性很差，分布及厚度又很不均匀，传热不良就会导致管壁温度升高，当超过一定限度时就会发生爆管事故。特别是在高参数大容量锅炉内很容易形成氧化铁垢，给水含铁量越高，形成氧化铁垢的速度也越快。在各种压力的锅炉中均可形成铜垢，这些结垢物如得不到彻底清除，它们长时间与金属表面相接触，还会造成垢下腐蚀。

产生铁垢、铜垢的主要原因之一，就是给水中的铁铜含量过高所致，必须严格加以控制。同时锅炉水循环系统中的补给水、炉水及凝结水等均应力求降低铜、铁含量。

3. 二氧化硅

一般认为，给水中硅、铜、铁含量较高时，在热负荷很高的锅炉炉管内易形成硅酸盐水垢，天然地表水中含硅化合物较多，如果对电厂水处理不当或效果欠佳，则较多的含硅化合物会作为给水中的杂质进入锅炉。另外凝汽器的渗漏、甚至泄漏，使冷却水侧中的含硅杂质进入凝结水，而后经过凝结水混床的处理（有些机组部分处理，有些甚至得不到处理），又补充作为给水，这样就很易形成硅酸盐垢。

为了保证给水水质，必须对补给水进行有效的除盐处理，并且要尽可能防止凝汽器管的泄漏。给水中的硅进入炉水，由于蒸汽的携带，产生的硅酸盐最终沉积在汽轮机通流部位上，故在给水质量监督中，二氧化硅不仅是检测对象，而且也是作为控制指标要予以重视。

4. pH 值

给水中的含氧量是造成金属腐蚀的主要原因，但是在不同的 pH 值条件下，金属受腐蚀情况的差异还是很大的。一方面，铁的腐蚀随给水 pH 值的增高而降低；另外，给水 pH 值大于 9 时，则铜的腐蚀随 pH 值增大而增大。一般对给水 pH 值控制在 8.8～9.3 范围内；而对无铜系统来说，pH 值还可适当提高，控制在 9.2～9.6 范围内。

因而对给水质量检测，pH 值也是一个重要检测项目，并且应达到规定的控制范围。

5. 电导率

电导率是反映水中含盐量高低的指标，锅炉金属面上沉积的各种水垢有碳酸盐垢、硫酸盐垢、硅酸盐垢等，水中含盐量高，是造成结垢的根本原因。为了防止锅炉金属表面的结垢（在结垢的同时，往往在垢下就造成腐蚀），需严格控制给水含盐量，即降低给水电导率，一般说来，给水电导率应小于或等于 $1.0\mu S/cm$。

6. 氯离子

如氯离子含量过高，则可能破坏锅炉受热面的保护膜而发生晶间腐蚀，同时蒸汽所携带的氯离子也将对汽轮机钢材造成点蚀及应力腐蚀。

7. 总有机碳（total organic carbon，TOC）和总有机碳离子（total organic carbon i，TOCi）

（1）总有机碳。总有机碳指水中有机物中总的碳含量。由于有机物主要是由碳水化合物组成，从水中 TOC 含量可反映出水受有机物污染的程度。

所有总有机碳测定仪都是基于水中有机物在通过氧化器后发生如下反应而设计的：

$$C_xH_yO_z \longrightarrow CO_2 + H_2O$$

有机物氧化后产生的二氧化碳与水中总有机碳含量成正比关系，通过测定氧化器进出口二氧化碳值的变化就可计算出有机物中的碳含量。

（2）总有机碳离子。当有机物中含有较大量的硫、氯、氮等杂离子时，TOCi 测定值大于 TOC 测定值，此时有机物被氧化后产物如下：

$$C_xH_yO_zX \longrightarrow CO_2 + H_2O + X^-$$

当水中有机物主要由碳氢化合物组成时，测出的 TOC 含量与 TOCi 含量一致。当离子交换树脂溶出物比较严重或水体中有机物含有较多杂离子时，测出的 TOCi 含量高于 TOC 含量，这是因为有机物氧化后除产生二氧化碳与水外，还会产生氯离子、硫酸根、硝酸根等阴离子，这时通过测定氧化器进出口水中电导率的变化，折算为二氧化碳值的变化反映出有机物中所有杂离子的总量 TOCi 含量，而仅测定产生的二氧化碳含量得出的是有机物中的碳含量（TOC含量）。

1）水汽中有机物含量偏高对蒸汽氢电导率及离子交换出水品质都会有较大的影响，绝大多数出现蒸汽氢电导率超标现象的电厂都与其水汽中有机物含量过高有直接关联。有机物本身大多以分子状态存在，对电导基本没有影响，但分解产物甲酸、乙酸或二氧化碳会对电导产生较大的影响，因此严格控制水中有机物含量对保证热力设备的安全经济运行具有重要意义。

2）当水质正常的情况下，有机物主要由碳氢氧组成，S、N、Cl等杂原子含量很低，因此TOC及TOCi测量值基本一致，都可来表征水中有机物含量；但当水质发生异常，尤其是阳树脂溶出的磺酸盐类物质偏高时，有机物中杂原子含量变大，TOC与TOCi的测定结果就会产生较大的差异，TOCi的测量结果更能反映出水体受有机物污染的程度。

3）补给水中有机物含量对供热机组和非供热机组的影响是有差别的，供热机组对补给水中有机物要求更严格，应采用更接近有机物实际含量的TOCi这一指标来控制补给水中有机物含量。

4）水汽中的有机物在含有杂原子（例如卤素，硫，磷）时最容易引起设备的腐蚀，因此控制水汽系统有机物含量是非常必要的。

8. 氢电导率（CC）

氢电导率就是将检测水样先通过一个阳离子交换柱，水样中的阳离子被离子交换树脂中的氢交换。通过交换柱的水样留有阴离子和交换下来的氢离子，然后再测定电导率。

火力发电厂热力系统中为了防止金属腐蚀，普遍采用给水加氨处理。氨是挥发性物质，除了与碳酸反应消耗一部分外，其余的基本留在热力系统循环，系统中氨含量在1~3mg/L。而机组正常运行时，在除盐水、凝结水、蒸汽中的其他杂质成分含量也基本上是微克级，这毫克级的氨造成普通电导率检测不能反映其他杂质成分，所以通过阳离子交换柱将铵根除去后，检测电导率就能准确反映水汽中阴离子的含量。

当水汽中阴离子如氯离子、硫酸根、乙酸根等的含量发生变化时，电导率能迅速直接地反映出来。而这些阴离子也正是水汽监督的对象。

（1）氢电导率能准确反映凝汽器泄漏。

（2）能间接反映机组启动阶段的水质情况。机组启动阶段，因为各种原因，热力系统的水汽品质比较差，各种杂质成分多而杂，有些项目没有在线仪表，运行人员无条件检测，试验室化验时间长，不利于启动各阶段的水汽品质的控制。但是，通过对氢电导率和其他杂质的关系试验，氢电导率能间接反映水汽质量，运行人员可以从氢电导率的变化中，判断水质变化，对启动过程进行监督。

（3）能灵敏反应锅炉水的氯根等阴离子的变化。当凝结水精除盐混床树脂失效微量漏氯离子或凝汽器微漏或无精除盐混床，从凝结水到给水因含量变化小，仪表反应变化不明显。而在炉水氯离子浓缩后，检测炉水氢电导率就会有明显变化。

（4）能直接反应蒸汽中低分子有机酸的变化。当精除盐破碎树脂进入锅炉，或含油轴封疏水进入锅炉，或采用有机酸酸洗后锅炉内有残留的洗液等种种原因，使热力系统水汽中含有一定的有机酸，在其他杂质成分正常的情况下，氢电导能直接反映有机酸的变化。

第四节　蒸汽与凝结水监督指标

一、蒸汽监督指标

蒸汽监督是电厂水汽监督的重要组成部分，保证蒸汽品质对汽轮机的安全运行有着很大影响。蒸汽中含有杂质，就称为蒸汽污染。蒸汽中的杂质包括气体及非气体两类，O_2、NH_3、CO_2等是最常见的气体杂质，它们均可能导致或加剧金属的腐蚀或结垢；非气体杂质，如钠、二氧化硅、铁、铜等，它们一般以盐类形式存在于蒸汽中，故将它们称为蒸汽溶盐，溶盐量多少则以电导率来表示。

蒸汽中所含盐分，一部分沉积于过热器中，影响蒸汽的流动与传热，并使过热器管温度升高；另一部分则沉积于汽轮机通流部位，如叶片、管道、阀门上。这些都将对汽轮机正常运行产生不利影响，最直接的影响是降低效率，而后还产生腐蚀。当附着在汽轮机周围的积盐不均时，可能影响汽轮机转子（指大轴、叶片、叶轮等转动部分）的平衡，甚至酿成事故。

在高参数锅炉中，某几种钠盐（如 NaCl）以及硅酸，在蒸汽中溶解度均比较大，故在汽轮机通流部位很容易沉积下来。对一些机组汽轮机沉积物的检查分析，也证实了这一点。所以蒸汽质量必须符合有关规定的指标值。蒸汽的控制指标包括钠、二氧化硅、电导率、铜、铁等。

二、凝结水监督指标

蒸汽进入汽轮机后，高速流动冲动汽轮机转子，带动发电机发电。在膨胀过程中，蒸汽压力与温度不断降低，最后排入凝汽器。在凝汽器中，做完功的蒸汽被冷却水冷却而凝结成水，即凝结水，它是锅炉给水的主要来源。按理说经过汽包蒸发，蒸汽的纯度是比较高的，但是由于凝汽器的渗漏，或凝汽器管的腐蚀泄漏，凝结水质会受到不同程度的污染，故必须加强对凝结水的处理与监督，使整个机组的水汽系统处于良好的运行状态。

硬度是造成结垢的主要原因，在高参数机组的凝结水中硬度应为 0，以保证凝结水与给水系统中尽可能不致形成结垢；溶氧与电导率均为导致金属腐蚀的主要因素，其值越低越好；钠、二氧化硅、铁、铜等杂质由凝结水进入给水，由给水进入炉水，因蒸发浓缩，一部分被蒸汽携带进入汽轮机，造成汽轮机通流部位积盐，而相当大的一部分则沉积于炉管中，不仅影响传热与汽水循环，而且严重时还会发生爆管事故。这些都是凝结水的监督内容。

第五节　循环水监督指标

在电厂的各种用水中，作为冷却介质的冷却水用量最大，通常约占全电厂用水量的80％。所谓循环水冷却系统，是指以水作冷却介质，由凝汽器、冷却塔、循环水泵、管道及其他相关设备组成，并可循环使用的一种水系统。

电厂冷却水主要作用是：将做完功的汽轮机排汽通过凝汽器，在凝汽器管外的蒸汽与管内的冷却水发生热交换后，使蒸汽凝结下来成为凝结水，再回到锅炉给水系统；升温后的热水通常通过冷却塔使其降温，再由循环水泵打入凝汽器重复使用。

由于各电厂采用的冷却水水源不同，其水质的检测项目也不尽相同，无论应用海水、淡水或其他水源的水作为冷却水，都是围绕水中杂质是否会对冷却水系统及凝汽器管产生黏泥、结垢、腐蚀这三个方面来进行的。此外，循环冷却水的水质检测，还应确定浓缩倍率、极限碳酸盐硬度等重要指标。

一、易形成黏泥的成分

1. 浊度

循环冷却水的浊度对换热设备的污垢热阻和腐蚀速率影响很大，所以要求越低越好。对于电厂凝汽器，因其传热管内循环冷却水的流速一般均大于 1.5m/s，另外凝汽器均设有胶球清洗设施，因此电厂凝汽器内循环冷却水的浊度指标可适当放宽。悬浮物和浊度虽然两者都是表示水中悬浮固体含量，但是两者所表示的悬浮颗粒直径却不相同，悬浮物所表示的颗粒粒径为 1μm 以上，而浊度所表示的颗粒粒径为 1nm～1μm，即通常所说的胶体物质，而且两者的测试方法也不同，前者是过滤法测定，后者是利用光学原理测定。两者并没有换算关系。因为胶体物质对循环冷却水产生污垢、菌藻孳生起着至关重要的作用，所以循环水中应使用浊度作为监测指标。

2. 溶解固形物

溶解固形物近似反映水中含盐量的高低。

3. 化学需氧量

由于有机物具有可氧化的特性，故可用需氧量来表示有机物含量的高低。常用的氧化剂有高锰酸钾及重铬酸钾，其中以重铬酸钾作氧化剂所测得的需氧量 COD_{Cr} 比较接近有机物完全氧化的需氧量，故常用 COD_{Cr} 来表示有机物含量。有机物是微生物的营养源，有机物含量增多将导致细菌大量繁殖，从而产生猫泥沉积、垢下腐蚀等一系列恶果。根据试验资料，$COD_{Cr} > 100mg/L$ 时，则腐蚀加剧。

二、易于产生结垢的成分

1. 硬度

硬度有碳酸盐硬度及非碳酸盐硬度之分。碳酸盐硬度是产生结垢的主要成分，特别是在碱度较大的情况下，易形成碳酸盐垢。硬度主要表示 Ca^{2+} 和 Mg^{2+} 的含量。

2. 碱度与 pH 值

碱度表示水中所含 pH 及除弱酸弱碱盐以外的弱酸盐类，由于其水解作用而其水溶液均呈碱性，它们可用酸来中和，根据所用指示剂的不同，可分为甲基橙碱度及酚酞碱度。如不作特别说明，则是总碱度（甲基橙碱度）。

水中碱度与 pH 值有一定的关系，水中碱度大，也就意味着 pH 值高，故它与 pH 值可选其中一项来加以检测。

三、易产生腐蚀的成分

1. 含盐量

含盐量表示水中各种盐类的总和，它通常用电导率来表示，也可以用溶解固形物含量近似表示含盐量的高低。水中含盐量越高，则对金属的腐蚀性倾向越大，故对特别缺水或特殊需要的情况下，冷却水要实现零排污，得加装弱酸树脂等除盐设备，以减少结垢，从而有助于减缓腐蚀。电导率及溶解固形物都是常规检测项目。如果不采用除盐处理，则其检测结果反映了水中含盐量情况；如采用除盐处理，对处理设备前后水质的检测，也可以评价除盐设施的处理效果。

2. 总 Fe

据资料介绍，水中有 2mg/L 的 Fe 存在时，会使碳钢换热器年腐蚀速率增加 6～7 倍，且局部腐蚀加剧。铁离子含量高会给铁细菌的繁殖创造有利条件。此外，当采用聚磷酸盐作为缓蚀剂时，铁离子还会干扰聚磷酸盐在缓蚀方面的作用，同时还可能导致坚硬的磷酸铁垢。如果循环冷却水中 Fe 含量也不断升高则表明设备被腐蚀。

3. 氯离子

氯离子对不锈钢的腐蚀有影响，但不是唯一因素。不锈钢设备在循环冷却水中的腐蚀与设备的结构形式、应力情况、使用温度、水的流速、污垢沉积等有密切关系，氯离子只是在一定条件下起催化作用。不锈钢设备的腐蚀损坏首先是由于设备本身存在一些缺陷，冷却水中的氯离子在缺陷部位富集导致设备的损坏。

4. 氨氮

氨的存在促使硝化菌群的大量繁殖，导致系统 pH 值降低，腐蚀加剧，同时也消耗大量的液氯，严重时使其失去杀菌作用，因而使系统中各类细菌数量和黏泥量猛增，COD_{Cr} 及浊度增加，水质发黑变臭，后果是相当严重的。

5. 硫酸根及磷酸根离子

通常电厂循环冷却水都得进行加硫酸、加缓蚀剂处理，故检测水中的硫酸根、磷酸根是必要的。这些阴离子含量的增多，意味着水中含盐量增大，将对金属的腐蚀不利，水中硫酸根还易侵蚀冷却塔的水泥材料。

第三章

燃 料 监 督

第一节　燃 煤 监 督

随着风力发电、太阳能发电、核能发电等可再生能源的装机容量不断提升，燃煤火电机组装机占比逐年降低。但是我国是一个煤炭大国，煤炭作为最主要的一次能源，在国民经济中占有特殊重要的地位，而且这种基本格局短期内将不会改变。近年来随着火电厂装机容量不断扩大，电力用煤量及费用激增，煤炭费用约占发电成本的70%以上，并有继续增高的趋势；另一方面，电力生产对煤炭质量的要求也越来越高，因而对火电厂的煤质监督也就提出了更高的要求。

煤质监督贯穿于电力生产全过程，而且它与环保监督密切相关。煤质监督的基本任务就是从选定锅炉设计煤质开始，做好入厂煤质检验，加强煤场管理监督，控制入炉煤质以符合锅炉设计的要求，确保锅炉机组的安全环保经济运行。

一、煤的分类

远在几亿年前的古生代、中生代和几千万年前的新生代，由于地壳运动，大量植物的遗体经过复杂的生物化学和物理化学作用转变为煤，这个过程称为成煤过程。成煤过程分为两个阶段。第一阶段，植物在浅海、湖泊和沼泽中大量繁殖，这些植物死后沉于水下，经微生物的生物化学作用，使低等植物称为腐泥，高等植物成为泥炭；第二阶段由于地壳运动，泥炭和腐泥下沉或被矿物岩石掩盖在底下，受地质因素的作用，即长期受高温高压作用而形成煤，这一阶段也称为煤化阶段。随着煤化阶段的深入，泥炭转为褐煤、烟煤和无烟煤。

常用作动力用煤的有无烟煤、贫煤、贫瘦煤、不黏煤、弱黏煤、长焰煤和褐煤等，另外还有含硫高而又难洗选的一些炼焦用煤等见表3-1。

表3-1　　　　　　　　　　　　　　煤的变质程度及煤质　　　　　　　　　　　　　（%）

项　目	煤　种						
	无烟煤	贫煤	贫瘦煤	弱黏煤	不黏煤	长焰煤	褐煤
挥发分 V_{daf}	≤10	10~20	10~20	22~37	20~37	>37	37
含碳量 FC_{daf}	>90	90	<90				
含氢量 H_{daf}	<4	4~4.5	<4				
水分 M_{daf}					高	<45	
煤化程度	最高	烟煤中最高	烟煤中较高	低到中等	较低	最低	
燃烧特性	不易着火	燃点高	近于贫煤	易着火	易着火	易着火	

二、煤在火力发电厂中的应用

煤是火力发电厂的主要燃料，它占整个电厂生产成本的 70% 以上，一座装机容量 2000MW 的火力发电厂，一昼夜燃烧的标准煤在 15 000t 以上（标准煤是指低位发热量为 29 307.6kJ/kg 的煤）。

煤通过燃烧将化学能转化为热能，热能通过锅炉、汽轮机转化为机械能，最后经发电机转变为电能。因此，火力发电厂实质是能量转化的工厂。能量转化的过程中，由于诸多因素的影响，总是有损失的，通常用"煤耗"这一指标来说明煤中化学能的利用率，所谓煤耗，就是每提供 1kWh 电能所消耗标准煤的千克数。

为了降低煤耗，提高热效率，必须了解煤的成分和特性。通过对煤质的分析，便可为锅炉的合理燃烧提供科学依据，为电厂的经济核算、锅炉热效率和煤耗的计算，提供基础资料。

三、煤的组成及分析项目

1. 煤的组成

煤的成分组成分工业分析组成和元素分析组成。工业分析组成是在人为条件下，将分成几个不同的组成成分，从而判断其中有机质的含量和性质，帮助人们粗略的认识煤的工艺性质的方法，该组成可给出煤中可燃成分和不可燃成分的含量；元素分析组成是用元素分析法得出煤的化学元素组成，并给出某些可燃元素的含量。

$$
煤 \begin{cases} 无机物 \begin{cases} 水分：包括外在水分和内在水分。\\ 灰分：主要指 Ca、Mg、Al、Si、Fe 等元素的无机物质。\end{cases} \\ 有机物 \begin{cases} 挥发分：由 C、H、O、N、S 等元素组成的气态物质。\\ 固定碳：由 C 元素组成的固态物质。\end{cases} \end{cases}
$$

灰分、挥发分和固定碳并非原来存在于煤中的原有形态，而是在高温下受热分解的产物。如灰分是煤在 800℃ 完全燃烧后的残留物质。挥发分是指煤与空气隔绝，800℃ 下受热 7min，其中有机质分解出的气态物质；而固定碳是残留下来的不挥发固体（称为焦饼）此时灰分全部转入焦饼，把焦饼质量减去灰分质量则得出固定碳质量。所以水分、灰分、挥发分和固定碳的百分数相加应该等于 100%。

2. 煤的分析项目

（1）工业分析。煤的工业分析项目包括测定煤的水分（M）、灰分（A）、挥发分（V）和计算固定碳（FC）。其中水分代表煤中水分的含量，灰分代表矿物质的含量。从灰分、水分的数据可初步判断煤中有机质含量（有机质含量＝100%－水分－灰分）。工业分析对煤燃烧过程的稳定性和经济性都有直接的参考价值。

（2）元素分析。元素分析就是测定组成煤中有机物的碳、氢、氧、氮、硫等元素的含量，以上 5 种元素的含量是用一定的化学方法将其组分的高分子化合物分解转化而得的。

（3）发热量的测定。动力用煤的一项极为重要的指标就是发热量，发热量可以用来计算炉膛热负荷和选择磨煤机的容量。在锅炉运行时，发热量可以用来计算发电煤耗、供电煤耗，煤耗是火力发电厂考核的重要经济指标。在煤炭供需上，发热量可用来作为动力用煤计价的主要依据。

3. 代表煤质分析项目的符号

煤质分析的各项成分，通常用规定的符号表示，见表 3-2。

表 3-2 煤质分析中各项目代表的符号

名称	工业分析				元素分析					发热量
	水分	灰分	挥发分	固定碳	碳	氢	氧	氮	硫	
符号	M	A	V	FC	C	H	O	N	S	Q

煤质分析项目角标符号见表 3-3。

表 3-3 煤质分析项目角标符号

符号意义	符号	符号意义	符号	符号意义	符号
全（水分、硫、……）	t	硫铁矿（硫）	p	空气干燥基（分析基）	ad
外在（水分）	f	弹筒（发热量）	b	干燥基	d
内在（水分）	inh	高位（发热量）	gr	干燥无灰基（可燃基）	daf
有机（硫）	o	低位（发热量）	net	恒温无灰基	maf
硫酸盐（硫）	s	收到基（应用基）	ar		

四、煤炭的分级

1. 煤炭灰分分级

煤炭的灰分分级，见表 3-4。

表 3-4 煤炭的灰分分级 （%）

序号	级别名称	代　号	灰分 A_d 范围
1	特低灰煤	SLA	≤5.00
2	低灰分煤	LA	5.00~10.00
3	低中灰煤	LMA	10.00~20.00
4	中灰分煤	MA	20.00~30.00
5	中高灰煤	MHA	30.00~40.00
6	高灰分煤	HA	40.00~50.00

2. 煤炭硫分分级

煤炭的硫分分级，见表 3-5。

表 3-5 煤炭的硫分分级 （%）

序号	级别名称	代　号	硫分 $S_{t,d}$ 范围
1	特低硫煤	SLS	≤0.50
2	低硫分煤	LS	0.50~1.00
3	低中硫煤	LMS	1.00~1.50
4	中硫分煤	MS	1.50~2.00
5	中高硫煤	MHS	2.00~3.00
6	高硫分煤	HS	>3.00

3. 煤炭发热量分级

按煤的收到基低位发热量 $Q_{net,ar}$ 分级，详见表 3-6。

表 3-6	煤炭的发热量分级		(MJ/kg)
序号	级别名称	代　号	发热量 $Q_{net,ar}$ 范围
1	低热值煤	LQ	8.50～12.50
2	中低热值煤	MLQ	12.50～17.00
3	中热值煤	MQ	17.00～21.00
4	中高热值煤	MHQ	21.00～24.00
5	高热值煤	HQ	24.00～27.00
6	特高热值煤	SHQ	＞27.00

4. 煤炭的全水分分级

煤炭的全水分分级，详见表 3-7。

表 3-7	煤炭的全水分分级		(%)
序号	级别名称	代　号	全水分 M_t 分级范围
1	特低全水分煤	SLM	≤6.0
2	低全水分煤	LM	6.0～8.0
3	中等全水分煤	MLM	8.0～12.0
4	中高全水分煤	MHM	12.0～20.0
5	高全水分煤	HM	20.0～40.0
6	特高全水分煤	SHM	＞40.0

5. 煤炭的挥发分分级

煤炭的挥发分分级，详见表 3-8。

表 3-8	煤炭的挥发分分级		(%)
序号	级别名称	代　号	挥发分 V_{daf} 分级范围
1	特低挥发分煤	SLV	≤10.00
2	低挥发分煤	LV	10.00～20.00
3	中等挥发分煤	MV	20.00～28.00
4	中高挥发分煤	MHV	28.00～37.00
5	高挥发分煤	HV	37.00～50.00
6	特高挥发分煤	SHV	＞50.00

五、煤的分析基准

煤由可燃成分和不可燃成分组成。不可燃成分为水分和灰分；可燃成分如按工业分析计算，应为挥发分和固定碳，按元素分析计算，则为碳、氢、氧、氮和一部分硫。可燃成分和不可燃成分都是以重量百分含量计算的，其总和应为 100%。

由于煤中不可燃成分的含量，易受外部条件如温度和湿度的影响而发生变化，故可燃成分的百分含量也要随外部条件的变化而改变。例如，当水分含量增加时，其他成分的百分含量就相对减少；水分含量减少，其他成分的百分含量就相对增加。有时为了某种使用目的或研究的需要，在计算煤的成分的百分含量时，可将某种成分（如水分或灰分）不计算在内，这样按不同的"成分组合"计算出来的成分百分含量就有较大的差别。这种根据煤存在的条件或根据需要而规定的"成分组合"称为基准。如所取的基准不同，同一成分的含量计算结果也不同。

常用的燃煤基准有收到基（应用基）、空气干燥基（分析基）、干燥基、干燥无灰基（可燃基）四种。

1. 收到基

收到基也称工作基，是指收到状态供实际使用的煤，也叫作原煤。火力发电厂中的进厂煤和存煤都是收到基煤。这些煤除含有一切有机和无机成分外，还有全部水分（内在水分和外在水分）。以收到状态的煤为基准，表示煤中各组成含量的百分比。

$$工业分析：M_{ar}+A_{ar}+V_{ar}+FC_{ar}=100\%$$

$$元素分析：C_{ar}+H_{ar}+N_{ar}+S_{ar}+O_{ar}+A_{ar}+M_t=100\%$$

式中　S_{ar}——煤中可燃硫。

2. 空气干燥基

除去外在水分的煤就是空气干燥基状态的煤。煤中的外在水分（又称湿分）是最容易变化的，一般用空气干燥的方法除去。用空气干燥状态的煤为基准，表示煤中各组成成分的百分比。

$$工业分析：M_{ad}+A_{ad}+V_{ad}+FC_{ad}=100\%$$

$$元素分析：C_{ad}+H_{ad}+N_{ad}+S_{ad}+O_{ad}+A_{ad}+M_{ad}=100\%$$

3. 干燥基

除去全部水分的煤，称为干燥基煤。以无水状态的煤为基准，表示煤中各组分的百分比含量。

$$工业分析：A_d+V_d+FC_d=100\%$$

$$元素分析：C_d+H_d+N_d+S_d+O_d+A_d=100\%$$

4. 干燥无灰基

干燥无灰基是指煤中的可燃部分，它包括有机部分和部分可燃硫（有机硫和硫铁矿硫），其中氮、氧虽然不能燃烧，但它是有机组成成分，故也应作为干燥无灰基成分。用假想无水、无灰状态的煤为基准，来表示煤中各组成含量的百分比。

$$工业分析：V_{daf}+FC_{daf}=100\%$$

$$元素分析：C_{daf}+H_{daf}+N_{daf}+S_{daf}+O_{daf}=100\%$$

5. 各基准间的相互换算

使用燃煤基准必须根据生产和科研的需要加以选择。实验室用分析试样测定各种组成的含量时，其计算结果为空气干燥基。空气干燥基的组成含量是换算其他各种基准的基础。对于燃油，因为所含水分和灰分甚少，故各基准表示同一组成时相差很小，在非精确的计算中可以忽略。

分析结果要从一个基准换算为另一个基准时，计算公式为：

$$Y=KX_0$$

式中　X_0——按原基准计算的某一组成含量的百分比，%；

　　　Y——按新基准计算的同一组成含量的百分比，%；

　　　K——基准换算比例系数（见表3-9）。

表 3-9 基准换算比例系数

基准换算 X_0	Y K	收到基	空气干燥基	干燥基	干燥无灰基
收到基		1	$\dfrac{100-M_{ad}}{100-M_{ar}}$	$\dfrac{100}{100-M_{ar}}$	$\dfrac{100}{100-M_{ar}-A_{ar}}$
空气干燥基		$\dfrac{100-M_{ar}}{100-M_{ad}}$	1	$\dfrac{100}{100-M_{ad}}$	$\dfrac{100}{100-M_{ad}-A_{ad}}$
干燥基		$\dfrac{100-M_{ar}}{100}$	$\dfrac{100-M_{ad}}{100}$	1	$\dfrac{100}{100-A_d}$
干燥无灰基		$\dfrac{100-M_{ar}-A_{ar}}{100}$	$\dfrac{100-M_{ad}-A_{ad}}{100}$	$\dfrac{100-A_d}{100}$	1

六、煤的性质

作为动力用煤的主要性质及其定义、符号、计量单位如下。

1. 发热量

发热量的定义为，单位质量的煤完全燃烧时释放出的热量，符号为 Q，计量单位为 kJ/g 或 MJ/kg。它是动力用煤最重要的特性，它决定煤的价值，同时也是进行热效率计算不可缺少的参数。

2. 可磨性

煤的可磨性是表示煤在研磨机械内磨成粉状时，其表面积的改变（即粒度大小的改变）与消耗机械能之间的关系的一种性质，用可磨性指数表示，符号为 HGI（哈氏指数）。它具有规范性、无量纲的特点。其规范为规定粒度下的煤样，经哈氏可磨仪，用规定的能量研磨后，在规定的标准筛上筛分，称量筛上煤样质量，并用已知哈氏指数标准煤样绘制的标准曲线上查得该煤的哈氏指数。它是设计和选用磨煤机的重要依据。

3. 煤粉细度

煤粉细度是表示煤粉中各种大小尺寸颗粒煤的质量百分含量。它可用筛分法确定，即使煤粉通过一定孔径的标准筛，计量筛上煤粉质量占试样重量的百分数。煤粉细度符号为 R_x，下标为标准筛的孔径。在一定的燃烧条件下，它对磨煤能量耗损和燃烧过程中的热损失有较大的影响。

4. 煤灰熔融性

煤灰是煤中可燃物质燃尽后的残留物，它由多种矿物质转化而成，没有确定的熔点。当煤灰受热时，它由固态逐渐向液态转化而呈塑性状态，其黏塑性随温度而异。熔融性就是一表征煤灰在高温下转化为塑性状态时，其黏塑性变化的一种性质。煤灰在塑性状态时，易粘在金属受热面或炉墙上，阻碍热传导，破坏炉膛的正常燃烧工况。所以，煤灰的熔融性是关系锅炉设计、安全经济运行等问题的重要性质。表示熔融性的方法具有较强的规范性，它是将煤灰制成三角锥体的试块，在规定条件下加热，根据其形态变化而规定的三个特征温度：即变形温度、软化温度和流动温度，符号各为 DT、ST 和 FT，单位为℃。

5. 真（相对）密度、视（相对）密度和堆积密度

煤的真密度定义为20℃时煤的质量与同温度、同体积（不包括煤的所有孔隙）水的质量之比，符号为 TRD，无量纲。

煤的视密度定义为，20℃时煤的质量与同温度、同体积（包括煤的所有孔隙）水的质量比，符号为 ARD，无量纲。

煤的堆积密度是指单位容积所容纳的散装煤（包括煤粒的体积和煤粒间的空隙）的重量，单位为 t/m³，目前尚未有法定符号。

在涉及煤的体积和重量关系的各种工作中，都需要知道密度这一参数。真密度用于煤质研究、煤的分类、选煤或制样等工作。视密度用于煤层储量的估算。而堆积密度在火电厂中，主要用于计算进厂商品煤装车量以及煤场盘煤。

6. 着火点

煤的着火点是在一定条件下，将煤加热到不需外界火源，即开始燃烧时的初始温度单位为℃，无法定符号。它的测定具有规范性，使用不同的测试方法，对同一煤样，着火点的值会不同，着火点与煤的风化、自燃、燃烧、爆炸等有关，所以它是一项涉及安全的指标。

第二节　燃　油　监　督

在燃煤电厂中主要使用柴油作为助燃和启动用油，为了保证用油的安全性必须监测燃油的闪点、燃点、自燃点、带电性，为了保证油系统的压力稳定，尤其是冬季重点需关注黏度和凝固点指标。热值是燃油入厂监测的重点指标，密度主要用于核算油罐的存量指标。

1. 闪点

在一定条件下加热液体燃料，液体表面上的蒸汽与空气的混合物在接触明火时发生短暂的闪火（或爆炸）而又随即熄灭时的最低温度，称为闪点。

2. 燃点

用开口杯法测定闪点时，到达闪点后，如果继续提高试油的温度，则继续出现闪火，且生成的火焰越来越大，熄灭前所经历的时间也越来越长。在油气温度升高过程中，出现引火后所生成的火焰不再自行熄灭（连续燃烧时间不少于 5s）时的最低温度，称为燃点或着火点。

3. 自燃点

测定闪点和燃点时，均需从外面引入火源。若继续提高油温，则油气在空气中无须外加火源即能因剧烈的氧化而自行燃烧，自行燃烧时的最低油温称为自燃点。

自燃点不仅与液体燃料的品种有关，还随燃料所处的条件如压力、介质以及油气浓度的不同而改变，一般说，压力升高，自燃点降低。例如汽油在一个大气压下的自燃点为480℃，在 25 个大气压下就会下降到 250℃。

不能认为闪点低的油，其自燃点也低。恰恰相反，闪点较低的轻质油，其自燃点较高；闪点较高的重质油，其自燃点反而较低。掌握上述有关液体燃料的特性，便于在燃油系统的运行过程中控制燃油的加热过程，有利于防止着火爆炸事故的发生。

4. 带电性

燃料油是非导电体，电阻很大，很容易在摩擦时产生静电，在其表面上积聚的电荷能保持相当长的时间。管道内流动的燃油与管壁摩擦，燃油与空气摩擦以及燃油溅落时，油流的冲击都能产生很高的静电压（可高达 200V 以上）。油品流动的速度越大，所产生的静电压越高，特别是在油流从一定高度冲至油库底部时，产生的静电压更高。

在一定的静电压下，油层被击穿时就会导致放电而产生火花，此火花可将油蒸气引燃。因此，静电荷的产生是使油品发生燃烧和爆炸的原因之一。静电压越高，其击穿能力越大，电火花的温度也越高，油晶起火的危险性就越大。为了防止静电火花的产生，最好的办法是在油系统中的所有管道、油罐等设备加装接地装置，以便将静电荷导走。另外，要控制油品流速（一般不应大于 4m/s），以减少静电荷的产生。

5. 密度

在一定温度下，单位体积液体燃料的质量称为液体燃料的密度，它是液体燃料计量时不可缺少的基本量。密度与体积的乘积为液体燃料的质量，符号为 ρ，计量单位为 g/cm^3。

6. 黏度

液体燃料流动时，其内部质点间的摩擦阻力称为黏度。黏度对液体燃料的输送、雾化和燃烧有一定影响。黏度小的液体燃料在输送管道中具有良好的流动性，有利于缩短卸油时间，降低泵的动力消耗；流出喷嘴时，能得到良好的雾化，有利于提高燃烧效果。黏度是温度的函数，改变温度就可改变液体燃料的黏度。

7. 凝固点

液体燃料能够流动的最低温度称为凝固点。在此温度以下，液体燃料的装卸和输送都会发生困难。因此，输送液体燃料的系统，必须在足够高的温度下运行。

8. 发热量

1kg 液体燃料完全燃烧所产生的热量称作该燃料的发热量，用符号 Q 表示，单位为 MJ/kg。作为燃料油来说，发热量是重要的热工特性之一。

第四章

油（气）监督

在火力发电厂中，油务监督是化学监督的重要组成部分。监督质量的好坏，直接影响发电机组润滑系统、调速系统、充油（充气）电气设备的安全经济运行。

第一节　汽轮机油监督

汽轮机油也称透平油，主要用于机组的润滑系统，承担润滑、密封和冷却作用。汽轮机油是润滑系统长期循环使用的一种工作介质。由于其使用在高温、搅动、含水、含金属颗粒和有氧的相对恶劣环境中，油品极易因老化而劣化，使某些指标下降至难以接受的水平，所以汽轮机油的运行监督及维护是油务监督工作者的一项重要职责，也是确保机组安全经济运行的重要措施。

一、汽轮机油的作用

1. 润滑作用

两个互相接触的固体表面，在被负荷压紧的情况下，发生相对运动时，产生摩擦、磨损和发热。固体与固体之间直接接触产生干摩擦；若两固体之间充以润滑油，形成流动油膜，使两摩擦面完全被油膜隔开而不直接接触，这种状态叫作"液体摩擦"或称"液体润滑"，是一种最好的润滑状态。汽轮机组中的滑动轴承，在其轴径和轴瓦之间，填充汽轮机油，使其形成"液体摩擦"，起到了润滑作用。

2. 冷却作用

由于汽轮机组运行的转数较高（一般为3000r/min），轴承内因摩擦会产生大量的热量，如不及时散出，会严重地影响机组的安全运行。而在油系统不断循环流动的汽轮机油，会随即把这些热量带走，一方面会到油箱中散热；另一方面还可通过冷油器进行冷却。经冷却后的油，再进入轴承内继续将热量带出。这样反复循环，油对机组起到了散热冷却作用。

3. 冲洗作用

汽轮机组轴承内由于摩擦产生的金属碎屑被汽轮机油带走，从而起到了冲洗作用。

4. 减振作用

汽轮机油在摩擦面上形成油膜，使摩擦部件在油膜上运动，即两摩擦面间垫了一层油垫，因而对设备的振动，起到了一定的缓冲作用。

另外还起防锈、防尘等保护作用，以及密封作用等。

二、汽轮机油的质量要求

由于汽轮机油质量的好坏，直接影响机组的安全经济运行，因此对汽轮机油的质量，有严格的规定和较高的要求。

1. 要有良好的抗氧化安定性

汽轮机油在机组中是循环使用的，由于循环速度快、次数多，且要求使用的年限也较长，并在一定温度下和空气、金属直接接触，即运行条件比较恶劣，容易导致油质老化。因此，要求汽轮机油必须具备良好的抗氧化安定性，在运行中热稳定性好，氧化速度慢，氧化沉淀物要少，酸值不应显著增长。

2. 要有良好的润滑性能和适当的黏度

选择适当黏度的汽轮机油，对于保证机组正常润滑是一个重要的因素。黏度是润滑油主要指标之一，大多数润滑油是根据黏度划分牌号的。在电力系统中常用的汽轮机油牌号是32号及46号油。除了要求汽轮机油要有适当的黏度外，还要求油的黏温特性要好。黏温特性好的润滑油，即其黏度随温度变化小，能保证设备在不同温度下，得到可靠的润滑。

3. 要有良好的抗乳化性能

因机组在运行过程中，蒸汽和冷凝水往往从轴封不严密处漏入油系统中，使油与汽、水混合，而形成乳化液，这会影响油的润滑性能和机组的安全运行。因此，要求汽轮机油具有良好的抗乳化性能，容易与水分离，使漏入油中的水分，在油箱内能迅速分离排出，以保持油质的正常润滑、散热冷却作用。

4. 要有较好的防锈性

较好的防锈性是指对机组油系统能起到良好的防锈作用。

5. 要有良好的空气分离性

良好的空气分离性即要求油在运行中产生泡沫要少，并能自动立即消失，以利于油的正常循环、润滑。

三、汽轮机油监督指标

1. 黏度和黏度指数

黏度和黏度指数都是表征汽轮机油润滑性能的重要技术指标，是保证设备得到良好润滑的重要参数。

（1）黏度。黏度（viscosity）是油品流动性的一种表征，它反映了液体分子在运动过程中相互作用的强弱，作用强（黏度大），流动难。石蜡基型原油含烷烃成分较多，分子间力的作用相对较小，黏度较低，环烷基原油含脂环、芳香烃较多，黏度一般较大。但需注意的是油品的流动性并非单决定于黏度，它还与油品的倾点（或凝点）有关。通常按测定方法的不同，将其分为动力黏度、运动黏度和条件黏度三种。目前国内油品指标中普遍使用运动黏度。

运动黏度通常用平氏黏度计测量，它是测定在某一恒定温度下，一定体积的油品在重力作用下，流过一个预先标定的玻璃毛细管的时间。毛细管的常数与流动时间的乘积，即为该温度下油品的黏度，以符号 ν_t 表示，单位为 mm^2/s。

黏度对于各种油品都是一重要参数。黏度是润滑油的重要理化指标，对各种润滑油质量鉴别，确定用途有决定性意义，也是设计计算过程中不可缺少的物理常数。由于黏度在油品实际应用中表现出的重要性，因此不少油品，诸如润滑油、齿轮油等往往以黏度作为其分级的依据。此外通过对使用过程中的润滑油的黏度的测定更可提供该油品是否已经变质而需加以更换的信息，工业润滑油以40℃的运动黏度来划分，内燃机油以100℃运动黏度来划分。

必须正确选用黏度，过大，启动困难，消耗动力；过小，降低油沫支撑能力，增加磨损。馏程增高黏度增加，精制加深黏度降低。

流体的黏度明显受环境温度的影响（压力也有一定影响，但一般可忽略不计），这种影响也是通过分子间的相互作用来实施的。通常的概念是温度升高流体体积膨胀，分子间距离拉远，相互作用减弱，黏度下降；温度降低，流体体积缩小，分子间距离缩短，相互作用加强，黏度上升。由于黏度与温度关系密切，因此任何黏度数据都需注明测定时的温度。

（2）黏度指数。黏度指数是表征油品黏度随温度变化特征的一个约定量值。它是通过分别测定某一油品 40℃ 和 100℃ 时的运动黏度，经过计算得到的一个相对值。黏度指数数值越大，表示油品黏度随温度变化越小，即黏温性越好。油品的黏温性对润滑性能有着重要的影响，因为润滑油在使用过程中，要求其黏度随温度的变化越小越好。即在高温下，能保持满足润滑需要的最低黏度；在低温时，黏度也不致过高，以免增加设备的能耗。

合适的黏度和黏度指数，都是油品在设备工作温度的范围内，得到良好的润滑效果的可靠保证。由此可见，在选用汽轮机油时，不但应考虑其黏度的大小，而且在相同的条件下还应尽量选用黏度指数高的油品。

2. 破乳化度

新汽轮机油中一般不含水，但在储运和使用中，水汽往往会侵入油中。尤其是火力发电厂汽轮机油的润滑油系统，运行中不可避免地会有一定量的水分渗入，而含水的汽轮机油在运行温度、循环搅拌及老化产物的综合作用下，就可能形成难以分层的乳浊液。

通常将油品本身抵抗油水乳浊液形成的能力，称为抗乳化性能。一般用在规定的条件下，油水乳浊液分离的快慢来表示油品抗乳化能力的好坏。若油水分层快，说明该油品的抗乳化性能好；反之，则表明抗乳化性能差。

破乳化性能作为汽轮机油的特有指标，在使用上具有重要意义。若形成乳浊液的汽轮机油进入润滑系统将造成许多危害：如在轴承处乳浊液析出水时，破坏了汽轮机油的润滑作用，增大了部件间的摩擦，引起局部过热，以至损坏机件；如乳浊液沉积于油循环系统的某一部位，易引起部件的锈蚀。因此，为了保证设备的安全运行，要求油品在油箱停留时，乳浊液能自动的分离，水从油箱底部排掉，而不含水的油品再次投入循环，故油品要有良好的破乳化性能。

破乳化度的指标数值的制订与油品在润滑系统的循环倍率有关。油的循环倍率就是每小时通过冷油器的油量与油箱总油量的比值，在润滑油系统的设计上，为了保证油品的长期使用，而又不显著地增加油箱的体积和用油数量，一般把油的循环倍率确定为 8，即油箱中的全部油量每小时循环 8 次，约 7.5min 循环一次。达到该指标的油品就能保证油品在油箱中得到较好的分离，从而保证机组得到良好的润滑；反之，乳浊液送入润滑系统将危及设备的安全。

乳浊液的形成除了必需的油、水之外，还需有一定的温度、强烈的搅拌及表面活性物质—乳化剂的存在。表面活性物质有其共同的特点，即分子结构的不对称性，分子由极性和非极性两部分组成。极性部分是亲水性的，如—OH、—COOH、—NH_3、—SO_2H 等基团；非极性部分是憎水性的，如烃基—R。运行油中的氧化产物，如有机酸、醛等就是含有极性基团的表面活性物质，它们在油水界面上定向排列，即极性基团进入水相，非极性基团进入油相，随着表面活性物质浓度的增大，其界面张力急剧下降，在剧烈搅拌的作用下，这种大界面的定向排列，变成了许多微小的液滴形排列，乳浊液就形成了。表面活性物质的存在是形成乳浊液的内因，它不仅决定了乳浊液的稳定性，而且也决定乳浊液的类型。通常认为：当表面活性物质分子中亲水性部分比憎水性部分强时，则得到水包油型乳浊液；反之，则得到油包水型乳浊液。

影响汽轮机油破乳化度的主要因素有：新油在炼制时，因精制深度不够，油中残留一定数量的环烷酸、皂类等表面活性剂；油品在运输过程中，混入了如金属锈蚀产物、油漆及尘埃等杂质；汽轮机油在运行中老化、裂化产生的氧化产物及胶质、树脂等化合物，这些物质都会使油品的破乳化度降低。因此，汽轮机油的破乳化度是鉴别油品的精制深度、受污染及老化程度等的一项重要指标。

3. 抗泡沫性能与空气释放值

空气分离性是衡量汽轮机油使用性能的重要参数。由于系统呼吸、密封不严等原因，空气不可避免地进入到汽轮机油中。在油液中存在 4 种形式的空气：泡沫（foam）、夹带空气（entrained air）、溶解空气和游离空气。其中，泡沫一般指直径较大的（>1mm）、油液表面漂浮的气泡。夹带空气一般指在剧烈的搅动下产生的极其细小的气泡，它使油品外观呈雾状，在短时间内难以透明。通常情况下，溶解在油中的空气对设备控制操作不会有很大的影响，但在压力突然下降或温度升高的地方，如管路急转弯处或在阀节流孔等处，溶解的空气可能从油中逸出，变成游离空气，在强烈搅动的条件下形成夹带空气。夹带空气通常对设备损坏最大，会导致轴承、齿轮等处油膜强度不足，黏度降低，进而导致设备部件磨损，还会引起气穴现象，使系统的控制精度下降等。夹带空气还能加速润滑油的老化，使油品温度急剧上升而导致微燃烧，降低传热效率，加速添加剂的降解。现代大型汽轮机组的油箱减小，油在系统中的循环倍率增加，汽轮机油在油箱中停留的时间缩短了，留给油品排出气体的时间也相应缩短，因此，要求油品夹带的雾沫空气越少越好。良好的空气分离性能成为汽轮机油发展的重要性能需求，主流汽轮机油标准对空气分离性能的要求主要体现在对油品的空气释放性和泡沫特性的要求。

有研究认为，空气释放性取决于气泡在液体中的上升速度，而上升速度与液体的黏度、气泡的直径、气液两相的密度差和气泡的稳定性有关，气泡的稳定性与其表面张力有关。油品氧化、混入其他溶剂、极性污染物、添加剂降解、水分污染均可能导致油品和气泡的表面张力降低，较低的表面张力使气泡变得细小而悬浮于油中，造成空气释放性变差，油表面形成稳定的泡沫，而较高的表面张力会使气泡保持增大并快速上升，气泡升到油液表面能快速破裂消散。有研究认为，油中存在的表面活性物质会使空气释放性能变差，原因在于抗泡剂降低了气泡的表面张力，气泡的直径也因此而不易增大，根据 Navier-Stokes 方程，气泡上升的速度与其直径成正比，因此抗泡剂的存在降低了空气释放值。

抗泡沫性或起泡性是评定润滑油、液压油生成泡沫的倾向及其稳定性的一项技术指标。在油品的技术规范中，一般用起泡试验值来表示油品形成泡沫的能力，用空气释放值来表示分离雾沫空气的能力。通常油品的抗泡沫性能好，则空气释放性能差；反之，则空气释放性能好。因此，这两个指标在运行生产中，应根据机组及系统的运行特点，灵活掌握和控制，不可过分苛求某一指标的好坏。

4. 氧化安定性

润滑油在使用过程中，在温升、氧气、金属催化等因素下，会逐渐氧化变质。我们把润滑油在加热和金属催化作用下抵抗氧化变质的能力称为润滑油氧化安定性。润滑油的氧化安定性是一个很重要的指标,因为油品在使用中变质的主要原因是氧化。当油品发生氧化后会有以下危害:

(1)氧化后的油品产生酸性物质。氧化后的油品酸值升高,对金属有腐蚀作用,降低油的绝缘性能;油品氧化后生成的胶质、沥青腐蚀设备。

(2)油品黏度增加。机械设备就要多消耗一些功率,氧化后的油品黏度增加后,油品传热性差,冷却效果变坏。

(3)产生沉淀即油泥。氧化后的油品从褐色到黑色黏膏状物,其组成大体是润滑油50%~70%、水5%~30%,胶质沥青5%~20%及一些机械杂质,它们会堵塞管路、油孔过滤器等。

一切润滑油都依其化学组成和所处外界条件的不同,而具有不同的自动氧化倾向。随使用过程而发生氧化作用,因而逐渐生成一些醛、酮、酸类和胶质、沥青质等物质,氧化安定性则是抑制上述不利于油品使用的物质生成的性能。润滑油的氧化深度与四个因素有关,即润滑油化学组成,氧化温度,氧化时间,金属和其他物质的催化作用。其中尤以氧化温度的影响最突出,在常温下,润滑油可以保持5年之多,其性质也不会有什么变化;但当处在100℃以上温度时,则氧化很快,生成大量的氧化产物,例如在11℃时,每1g润滑油吸收5mg氧所需的时间为500h;在150℃时,只要5h;在250℃时,则只需25min。另外润滑油氧化也受压力影响,每单位体积空气中含氧量增加(氧分压)氧化也越大,特别纯氧情况下,即压力不高也会发生剧烈反应,引起爆炸,所以氧气压缩机或氧气瓶都禁止使用润滑油。

氧化安定性说明润滑油的抗老化性能,一些使用寿命较长的工业润滑油都有此项指标要求,因而成为这些种类油品要求的一个特殊性能。为了避免油品发生氧化,可以采用以下措施:

(1)尽量减少油品与空气的接触,如减少储缸空间。

(2)尽量防止油品直接接触强催化性能的铜铝等,缩短油品在金属容器的储存时间。

(3)尽可能降低油品使用和保管的温度。

(4)残存油箱中氧化变质油,在换油时必须清除干净。因为只要有少量(5%~10%)的废油混入新油中,便会显著降低新油氧化安定性。

(5)既然氧化安定性可以决定油品使用寿命,那么精密机床、液压系统用油,以及用油量很大的设备,应选氧化安定性好的润滑油或在油中添加抗氧添加剂。

(6)压缩机油因为经常与热油接触,极易氧化分解。分解的油气与氧气混合一定浓度和温度时,可能自燃,引起爆炸,所以氧化安定性是一项很重要的指标。

测定油品氧化安定性的方法很多,基本上都是一定量的油品在有空气(或氧气)及金属催化剂的存在下,在一定温度下氧化一定时间,然后测定油品的酸值、黏度变化及沉淀物的生成情况。

5. 酸值

润滑油的酸值是中和1g油品中的酸性物质所需的KOH毫克数,酸值是油中所含有机酸和无机酸的总值。在大多数的情况下,油中所含的有机酸主要为环烷酸,但是对于贮存和使用过程的润滑油来说,会产生因氧化变质而生成的酸性产物,酸值不同于酸度,酸度是用于燃料的，为中和 100mg 试样所需 KOH 的毫克数。

酸值是表示润滑油中含有酸性物质的指标，单位是 mg/g（以 KOH 计）。酸值分强酸值和弱酸值两种，两者合并即为总酸值（total acid number，TAN）。我们通常所说的酸值，实际上是指总酸值（TAN）。

酸值对于油品使用中的意义：

（1）根据酸值的大小，判断油品中所含酸性物质的含量，酸值越高，在油品中所含的酸性物质就越多，这是油品氧化变质的指标之一，但对于新油来说，这是判断油品精制程度的方法，因为随着精制深度的提高而酸值降低。

（2）根据酸值可推断油品金属腐蚀性质，因为溶于油中的低分子有机酸与金属接触，对金属的腐蚀作用很显著，呈有机酸与金属作用时，会生成金属盐或皂，加速油品的老化变质，并降低其抗乳化能力。

（3）由氧化变质所生成的酸性物质，与金属生成的皂类沉淀物或其他氧化产物的沉淀物易堵塞润滑系统的管路和阀门。因此，对于使用中的润滑油，经常测定其酸值对于机器设备的正常运转是很有帮助的。

酸值是反映油质劣化程度的一项重要指标，酸值升高说明油品已发生劣化，油中的劣化产物还会不同程度地影响油的颗粒度、泡沫和空气释放值等性能。因此，酸值的监督、维护是一项非常重要的工作。若酸值超标的处理方法不恰当，则酸值很难达到指标要求．或者会在短时间内再次超标，从而影响机组安全，并会给电厂带来经济损失。

6. 闪点

闪点是表示油品蒸发性和安全性的一项指标。油品的馏分越轻，蒸发性越大，其闪点也越低；反之，油品的馏分越重，蒸发性越小，其闪点也越高。油品的危险等级是根据闪点划分的，（液体化学品）闪点（闭口）在 61℃以下为易燃品。在油品的储运过程中严禁将油品加热到它的闪点温度，在黏度相同的情况下，闪点越高越好。因此，用户在选用润滑油时应根据使用温度和润滑油的工作条件进行选择。一般认为，闪点比使用温度高 20～30℃，即可安全使用。闪点对应用也有重要意义，若内燃机油闪点明显降低，则表示已受燃料油稀释；若变压器油与汽轮机油闪点明显降低，则表示已变质。

在现定条件下加热润滑油，随油温升高油蒸汽的浓度也相应增加，当油蒸汽含量达到可燃浓度，把火焰拿近出现闪光时的最低温度称作油品的闪点。

闪点分闭口和开口两种型式，通常开口闪点比闭口闪点的数值高，因为开口闪点测定时所形成的油蒸汽会扩散到空气中，而损失了一部门油蒸汽；闭口闪点适用于蒸发性较大的轻质石油产品，因为这些轻质油品在用开口法测定时，所形成的蒸汽向四周扩散，造成闪点值偏高。开口闪点适用于多数润滑油及重持油，尤其是在非密闭机器和温度不高的条件下使用的油品。

有些润滑油的指标中，规定了开口闪点之差值，检查润滑油馏分的宽窄程度和是否掺入轻质组分。一般，油品蒸汽压高，馏分组成轻者，油品的闪点值越低；反之，馏分组成越重的油品它的闪点便越高。

闪点对于油品使用的意义：

（1）闭口闪点通常作为油品的一个安全指标，闭口闪点低，表明油中有较多的轻质成分，容易挥发起火，应在贮存运输和使用中加以注意，开口闪光除了作为鉴定油品发生火灾的危险性之外，也可以判断润滑油的蒸发性，开口闪点低的油，在高温下蒸发损失多，黏度增大，影响正常的润滑。

（2）同时测定润滑油的开闭口闪点，可以检查油品中是否含有低沸点组分，以便及时作出检查和采取措施。

（3）闪点与燃点、自燃点不同，燃点是指油蒸汽与空气所形成的混合气体，当与火焰接触时，连续闪5s以上的温度；自燃点则是指无须与火焰接触即能自行燃烧的温度，油品的燃点比闪点高，重质油品一般高20~30℃。

（4）闪点也是油蒸汽与空气混合后形成可爆炸混合气体的微小爆炸的温度，而油品的温度不一定高于闪点才有着火的危险，当温度低于闪点时这一危险也已经存在，例如变压器油的使用温度正比闪点低20℃。

7. 色度

色度是表征油品外观颜色的指标，对基础油、成品润滑油、使用润滑油的意义也不相同。

对于基础油而言，色度的大小表示精制深度的大小及馏分的轻重，一般情况下，精制深度越深或馏分越轻基础油的色度越浅，反之，色度越深，同一原油原料下可以相对比较，不同类型的原油制得的色度间并不能横向比较。

对成品润滑油而言，基础油不同生产出来的润滑油色度不同，一般情况下添加剂的颜色较深，对润滑油色度影响较大，不同公司用的功能相似的添加剂色度也相差甚远这些情况使得润滑油色度比较意义不大，且添加剂质量的好坏与深浅无关。

在使用润滑油方面，油的老化和降解缠身的老化产于使润滑油色度变深，润滑油在使用、存储中受污染也会使其变深变浑浊。

8. 颗粒度

颗粒度也称为颗粒污染度或洁净度，是指单位体积油品内不同粒径的固体颗粒的数目浓度。颗粒度监测的是油品中浸入的不溶于油的颗粒状物质，如焊渣、氧化皮、金属屑、纤维、砂砾、灰尘等。这些油中杂质的存在会影响油的击穿电压、介质损耗因数以及破乳化度等指标，并在杂质的催化作用下导致油品的加速老化。对于液压油而言颗粒度增大会导致节流孔或喷嘴被污染物堵塞，引起调压或调速系统卡涩；对于润滑油来说会存在黏着磨损，油膜太薄，金属与金属表面发热造成黏着破坏，使机组转动部位磨损；对于绝缘油更会降低超高压变压器的绝缘强度，甚至将变压器烧损，严重威胁设备的安全运行。因此随着机组容量的增大，对油品的洁净度要求更趋于严格。

电力用油主要使用以下几种颗粒度分级标准：

（1）NAS的油洁净。美国航空航天工业联合会（Aerospace Industries Association，AIA）1984年1月发布NAS 1638，见表4-1。

表4-1 NAS的油洁净度分级标准

分级（颗粒数/100mL）	颗粒尺寸（μm）				
	5~15	15~25	25~50	50~100	>100
00	125	22	4	1	0
0	250	44	8	2	0

分级（颗粒数/100mL）	颗粒尺寸（μm）				
	5～15	15～25	25～50	50～100	>100
1	500	89	16	3	1
2	1000	178	32	6	1
3	2000	356	63	11	2
4	4000	712	126	22	4
5	8000	1425	253	45	8
6	16 000	2850	506	90	16
7	32 000	5700	1012	180	32
8	64 000	11 400	2025	360	64
9	128 000	22 800	4050	720	128
10	256 000	45 600	8100	1440	256
11	512 000	91 200	16 200	2880	512
12	1 024 000	182 400	32 400	5760	1024

（2）MOOG 的污染等级标准。美国飞机工业协会（American Lighting Association，ALA）、美国材料试验协会（American Society for Testing and Materials，ASTM）、美国汽车工程师协会（Society of Automotive Engineers，SAE）联合提出的标准 MOOG 的污染等级标准，各等级应用范围：0级—很难实现；1级—超清洁系统；2级—高级导弹系统；3级、4级——一般精密装置（电液伺服机构）；5级—低级导弹系统；6级—一般工业系统，见表4-2。

表 4-2　　　　　　　　　　　MOOG 的污染等级标准

分级（颗粒数/100mL）	颗粒尺寸（μm）				
	5～10	10～25	25～50	50～100	>100
0	2700	670	93	16	1
1	4600	1340	210	28	3
2	9700	2680	380	56	5
3	2400	5360	780	110	11
4	32 000	10 700	1510	225	21
5	87 000	21 400	3130	430	41
6	128 000	42 000	6500	1000	92

（3）SAE AS4059D 洁净度分级标准。SAE AS4059D 是 NAS1638 的发展和延伸，代表了液体自动颗粒计数器校准方法转变后颗粒污染分级的发展趋势，不但适用于显微镜计数方法，也适用于液体自动颗粒计数器计数方法。与 NAS1638 相比较，SAE AS4059D 具有下列特点：

1）将计数方式由差分计数改为累计计数，更贴合自动颗粒计数器的特点。

2）计数的颗粒尺寸向下延伸至 1μm（ACFTD 校准方法）或者 4μm（ISO MTD 校准

方法），并且作为一个可选的颗粒尺寸，由用户根据自己的需要决定。

3）增加了一个 000 等级。

4）SAE AS4059D 采用字母代码来表示相应的颗粒尺寸。

5）污染度等级报告形式多样化，以适应来自各方面的不同需要：AS4059D 既可以按照大于特定尺寸的颗粒总数来判级，如 5C 级；也可以按照每个尺寸范围同时判级，如 5C/4D/3E 级、5C/4D/4E/4F 级；还可以按照多个尺寸范围的最高污染度等级来判级，如 5C-F 级等。

SAE AS4059D 洁净度分级标准见表 4-3。

表 4-3 SAE AS4059D 洁净度分级标准

标准等级		最大污染度极限（颗粒数/100mL）					
ACFTD 尺寸（ISO4402 校准）		>1μm	>5μm	>15μm	>25μm	>50μm	>100μm
MTD 尺寸（ISO11171 校准）		>4μm	>6μm	>14μm	>21μm	>38μm	>70μm
尺寸代码		A	B	C	D	E	F
等级	000	195	76	14	3	1	0
	00	390	152	27	5	1	0
	0	780	304	54	10	2	0
	1	1560	609	109	20	4	1
	2	3120	1220	217	39	7	1
	3	6250	2430	432	76	13	2
	4	12 500	4860	864	152	26	4
	5	25 000	9730	1730	306	53	8
	6	50 000	19 500	3460	612	106	18
	7	100 000	38 900	6920	1220	212	32
	8	200 000	77 900	13 900	2450	424	64
	9	400 000	156 000	27 700	4900	848	128
	10	800 000	311 000	55 400	9800	1700	256
	11	1 600 000	623 000	111 000	19 600	3390	512
	12	3 200 000	1 250 000	222 000	39 200	6780	1020

（4）ISO 分级标准与 NAS、MOOG 分级标准之间的等量关系。国际标准化组织（ISO）考虑一种改进分级标准，颗粒尺寸在 5/μm 以上和 15/μm 以上从 ISO 图上可以查出与这两种不同尺寸数目的分级（见 ISO4406：1987），ISO 分级标准与 MOOG、NAS 分级标准之间的等量关系列于表 4-4。

9．水分

油中的水分是指单位油品中所含水分的比例或重量。油品在生产、运输、存储和使用过程中会进入水分，水进入油中后会存在三种状态：溶解水、乳化水、游离水。不同的油品本身会存在一定的溶解水，一般而言由于溶解水以痕量形式存在，因此对油品的使用不会产生不利影响。但乳化水和游离水不仅会对油品本身的物理化学特性产生很大的影响，而且在使用过程中会产生非常大的危害。

表 4-4 ISO 分级标准与 MOOG、NAS 分级标准之间的等量关系

ISO 标准	NAS 标准	MOOC 标准	ISO 标准	NAS 标准	MOOG 标准
26/23			13/10	4	1
25/23					
23/20			12/9	3	0
21/18	12				
			11/8	2	
20/17	11		10/8		
20/16			t0/7	1	
19/16	L0		10/6		
			9/6		0
18/15	9	6			
			8/5	00	
17/14	8	5			
16/13	7	4	7/5		
15/12	6	3	6/3		
			5/2		
14/12					
14/11	5	2	2/0.8		

水分对于润滑油而言首先降低润滑能力。润滑油中基础油的变质和添加剂的失效降低了油膜的厚度和刚度，进而降低油膜的承载能力。水分受到高温、高压作用时，容易导致小气泡形成并破裂，造成气蚀磨损，使油的润滑性能下降。

其次润滑油中的水分造成设备磨损腐蚀和锈蚀。润滑油中的水与空气共同作用于钢铁零部件，很容易发生电化学腐蚀反应，使零部件锈蚀。润滑油添加剂中的某些元素与油中的水结合，产生酸蚀作用，会使油系统的部件腐蚀和锈斑。

最后润滑油中的水分促进油泥的生成。水分还能与润滑油中的杂质如铁屑发生反应生成铁皂，铁皂与油中较大的颗粒如胶质形成油泥。这些油泥聚集在油路系统造成摩擦表面供油不足，加快了机件的磨损，降低了机械的使用寿命。

而对于绝缘油，水分会迅速降低油品的介电损耗因数，促使油品老化，严重时造成纸绝缘能力降低，导致设备损坏。

10. 液相锈蚀

油的防锈性能是指润滑油中加有一定数量的添加剂，使油品具有阻止金属锈蚀的性能。一般汽轮机油在工作条件下，常有水、汽的存在。大量水汽不仅会使油品乳化，而且严重的能锈蚀设备。在有水汽存在时，润滑油本身对金属的附着能力是容易被破坏的，要加入一定量极强性有机化合物，使其紧紧吸附在金属表面，使水与金属脱离接触，就能起到防锈的作用。

一般防锈多采用防锈油（脂），永久性防锈蚀均采用涂料、电镀、涮镀。防锈油脂大多为石油润滑油为基础油，加入防锈剂制成。这种防锈油脂在常温和加热条件下，采用浸泡、

喷雾和涂抹等法，涂敷在金属表面上，起防护作用，在保存一段时间，待使用时可洗掉；也有在润滑油系统里（如内燃机、透平机和液压系统）使用封存和运转通用防锈润滑油，这种油在封存时起防锈作用，当启封开始，不另换新油，直接投入运转。另外也有在包装和封存材料中，含有长期慢性挥发气体防锈剂，一般成品防锈油其黏度多在 40℃为 $15\sim20mm^2/s$ 居多。

 ## 第二节　抗燃油监督技术

一、抗燃油的基本概念

随着电力工业的高速发展，大容量、高参数的机组越来越多。为了适应高压蒸汽参数的变化，改善汽轮机液压调节系统的动态特性，液压调节系统工作介质的额定压力也随之提高，有的高达 13MPa 以上，这就增加了介质泄漏的可能性。传统的矿物汽轮机油介质，因其自燃点仅为 500℃左右，在运行过程中，一旦泄漏至主蒸汽管道或阀门等部位上（高压蒸汽温度高达 600℃以上）就会自燃，最终酿成火灾事故，国内外都有这方面的沉痛教训。因此，为了有效地防止这种潜在的火灾隐患，目前电力系统在发电机组的液压调节系统上，大多采用合成抗燃液压介质，即抗燃油。

目前在汽轮发电机组高压调节系统中，广泛采用的是合成磷酸酯型抗燃液压油，其自燃点可达 800℃左右。磷酸酯抗燃油的突出特点是比石油基液压油的蒸汽压低，没有易燃和维持燃烧的分解产物，而且不沿油流传递火焰，甚至由分解产物构成的蒸汽燃烧后也不会引起整个液体着火。

二、抗燃油的监督指标

1. 密度

密度是磷酸酯抗燃油与石油基汽轮机油的主要区别之一。三芳基磷酸酯抗燃油的密度为 $1.1\sim1.17g/cm^3$；而矿物汽轮机油的密度在 $0.85\sim0.9g/cm^3$。由于抗燃油的密度大，当系统中存在大量游离水时，水会浮在抗燃油液面上，因而不能像汽轮机油那样从油箱底部放水。因此，需用虹吸法除去漏入抗燃油系统中的水分。

2. 自燃点

自燃点是在规定条件下，油品在不接触火焰时，自发着火的温度。自燃点是评价抗燃油性能的一项最重要指标。汽轮机液压调节系统之所以用成本较高的合成抗燃油取代传统的矿物汽轮机油，看重的就是其自燃点高。

3. 含氯量

汽轮机的液压调节系统都是用不锈钢材料制造的，如果抗燃油的含氯量较高，会造成不锈钢部件的化学点蚀，影响系统的安全运行。

磷酸酯抗燃油中的氯主要是因合成抗燃油工艺不当，新油中带来的。另外，抗燃油系统清洗工艺不当，如用盐酸等含氯溶剂清洗，也会造成运行油中的含氯量增加。

4. 电阻率

抗燃油的介电性能主要用电阻率来表示，电阻率是随着温度、酸值、含氯量及含水量的升高而降低，其中以温度的影响为最大。有数据表明，同一抗燃油的电阻率从 20℃时的 $1.2\times10^{11}\Omega\cdot cm$ 可降到 80℃时的 $1.2\times10^8\Omega\cdot cm$。

在汽轮机电液调节系统中，电阻率过低，一方面可造成系统的控制失灵，另一方面还会引起系统的电化学腐蚀。

5. 润滑性

磷酸酯抗燃油的润滑性能是非常出色的，特别是用于钢对钢的摩擦。在边界润滑范围内，润滑剂的润滑性能由其化学性质所支配的程度，要比其黏度特性支配的程度大得多，含磷化合物的作用好像是在进行"化学抛光"，在这种润滑剂与金属之间的某些接触点上，由于摩擦而引起局部的化学反应，反应中所形成的化合物或合金，会导致金属表面的塑性变形而产生载荷的再分配，从而降低了机件之间的摩擦，降低了能耗。因而市场上出售的许多抗磨添加剂，都含有磷酸酯成分。

6. 溶剂性

三芳基磷酸酯对许多有机化合物和聚合材料有很强的溶解能力。因此，安装和检修抗燃油系统时，应慎重选择与其接触的非金属材料，如密封垫圈、油漆涂料、绝缘材料及过滤装置等。一般通常用于矿物汽轮机油的材料都不适用于磷酸酯。如果选用的材料不当，会造成材料的溶胀，抗燃油的泄漏、污染，加速抗燃油的老化、劣化，甚至危及机组的安全磷酸酯抗燃油还能除去或溶解沉积于系统中的油泥等杂质，从而会加速油质的劣化，因此应确保抗燃油系统的清洁。

第三节 绝缘油监督技术

绝缘油与汽轮机油相似，也是烃类的混合物，它是由石油中的轻质锭子油馏分，经精制、调和而成。绝缘油适用于变压器、互感器、套管和断路器（开关）等充油电气设备，其中断路器用油较之其他电气设备用油，质量要求差异较大。

绝缘油监督的目的，就是通过监督监测绝缘油的各项理化、电气性能指标，确保绝缘油满足充油电气设备的安全运行要求；通过油中溶解气体、糠醛等项目分析，掌控设备的健康水平，为状态检修提供依据。

一、绝缘油的作用

一般来说，绝缘油具有绝缘、散热和灭弧三大功能。

1. 绝缘作用

在充油电气设备中，绝缘油将设备内部具有不同电势的带电部位分隔开来，使之不至于形成短路。由于空气的介电常数为 1.0，而变压器油的介电常数为 2.25，也就是说，在同样的电场作用下，相同体积的变压器，使用空气介质与用绝缘油介质相比，前者易于击穿短路，而后者则不会。故绝缘油应具有良好的介电性能，且其质量越高，设备的安全系数则越大。

2. 散热作用

电气设备在运行中，由于铁损和铜损以及在故障条件下，会产生一定的热量，如果不把这些热量散发出去，会使线圈和铁芯的内部温度升高，从而损坏其外部包覆的固体绝缘材料，进而造成短路损毁设备。

绝缘油则可吸收设备产生的热量，通过油的循环把热量散发出体外，从而保证设备的运行温度维持在允许的安全水平。绝缘油的散热冷却有自然循环冷却、自然风冷和强迫循环风冷等方式。一般大容量变压器，大多采用强迫油循环风冷方式。

3. 灭弧作用

在油开关和有载调压设备中，绝缘油主要起灭弧作用。当油浸开关切断或切换电力负荷时，其定触头和动触头之间会产生高能电弧，由于电弧温度很高，如不把弧柱的热量及时带走，使触头冷却，那么在后续电弧的作用下，很容易把设备烧毁。而设备中的绝缘油在产生高能电弧时，一方面会通过自身剧烈的热分解，吸收此时产生的大量热量；另一方面因分解产生的约 70% 氢气会迅速将热量传导至油中，并直接冷却开关触头，使之难以产生后续电弧，从而达到消弧、灭弧作用。

二、绝缘油的基本要求

绝缘油一般要求具有较高介电强度，以适应不同的工作电压；具有较低的黏度，以满足循环对流和传热需要；具有较高的闪点温度，以满足防火要求；具有足够的低温性能，以抵御设备可能遇到的低温环境；具有良好的抗氧化能力，以保证油品有较长的使用寿命。

因此要求绝缘油应具有良好的物理、化学和电气性能。

（1）物理特性：包括外观、密度、黏度、倾点（凝点）、界面张力、闪点。

（2）化学特性：包括氧化稳定性、抗氧化剂含量、腐蚀性硫、含水量、酸值。

（3）电气特性：包括击穿电压、介质损耗因数。

附加要求：包括脉冲击穿电压、油流带电、析气性等。

三、绝缘油监督指标

1. 凝点与倾点

凝点和倾点都是表征油品低温流动性的指标。凝点是指液体油品在一定条件，失去流动性的温度；而倾点则是在一定条件下，凝固的油品转变为液体时的温度。倾点一般比凝点高 2～5℃。

变压器油的低凝点与倾点，对变压器油的应用具有非常重要的意义。因为大型变压器大多户外使用，如变压器油凝点（倾点）低，则可在较低的环境温度下不凝固，而保证运行变压器内部的正常油循环，确保绝缘和冷却效果。

变压器油低温流动性的好坏，主要取决于油品中正链烷烃-石蜡含量的高低，石蜡含量高，其低温流动性就差；反之，其低温流动性就好。

2. 黏度

油的黏度对变压器的冷却效果有着密切的关系。黏度越低，油品的流动性越好，冷却效果也越好。

前文提到过汽轮机油的黏温特性，并建议选用高黏度指数的油作汽轮机的润滑油。但对变压器油而言，则需选用低黏度指数的油，以满足冷却需要。因为油品的黏度越高，其流动性越差，当然其冷却效果也差。对变压器而言，冷却效果差，会使变压器的温升增加，功率损失增大，进而促进油和纸的老化、劣化，降低变压器的使用寿命。

油品的黏温性与油品的组成有关，一般来说，石蜡基油黏温性好，而环烷基油黏温性差。

3. 击穿电压与脉冲击穿电压

将电压施加于绝缘油时，随着电压增加，通过油的电流剧增，使之完全丧失所固有的绝缘性能而变成导体，这种现象称为绝缘油的击穿。绝缘油发生击穿时的临界电压值，称为击穿电压，它是衡量绝缘油绝缘性能的一项重要指标；此时的电场强度，称为油的绝缘强度，表明绝缘油抵抗电场的能力。击穿电压 $U(kV)$ 和绝缘强度 $E(kV/cm)$ 的关系为：

$$E = U/d$$

式中　d——电极间距离，cm。

脉冲击穿电压亦称雷击脉冲击穿电压，这是一种高压直流电脉冲波（陡前沿脉冲），就像打雷时那样，它的半衰期比较长，对变压器的绝缘是一种额外的应力。绝缘油的脉冲击穿电压与油品的组成密切相关（见绝缘油的析气性）。

影响绝缘油击穿电压的主要因素：

（1）测量绝缘油击穿强度时采用的电极材料、电极形状和电极面积对油的绝缘强度有影响。根据试验数据得知，在同样的试验条件下，不同电极材料测量的同种油样绝缘强度的排列顺序为 Fe<黄铜<Pb<Cu<Al<Au<Zn<Ag，即采用铁电极测得值最低，而采用银电极的测得值最高。若按金属的导热性排序，则可得到排列顺序为 Pb<Fe<黄铜<Zn<Al<Au<Cu<Ag。可以看出，除个别例外，大体上绝缘强度是随电极金属导热性增加而提高的。

通常是用黄铜而不是用紫铜来制造电极，因为紫铜容易在表面上生成一层氧化膜；而在变压器中实际采用的材料却是纯铜（紫铜），而不是黄铜（铜锌合金）。通过研究这两种材料制造的标准电极测得的变压器油绝缘强度可以发现，纯铜电极的测得值比黄铜电极的测得值高，二者相差不超过 10%～15%。因此可以说，采用黄铜电极比用纯铜电极的试验条件更严格。

此外，电极形状、电极尺寸、电极之间的距离以及油杯的形状和容量都对击穿电压有影响。

研究表明，球形电极对油质最敏感；其次是平板式电极；而一种所谓"台阶式塔形电极"，由于建立起的电场极不均匀，所以几乎看不出油质污染对绝缘强度的影响。圆盘电极边缘若不是圆弧而是存在尖锐的棱角，则对绝缘强度有很大影响，这是由于油中极性杂质将被吸引到这些局部高场强的地方，从而减轻了油的不均匀性。因此，电极边缘有棱角时，受潮油的绝缘强度总是比均匀电场时偏高。

当电极之间的距离足够小时，绝缘油的绝缘强度随电极面积的增加而减小，但是当电极间距离大于 1mm 时，这种依赖关系就不存在了。电极间距离、电极形状和尺寸的影响实际上是电场均匀性的影响，因此电极和油杯的设计要保证电场的均匀性和油中杂质的均匀分布。同时设计时应考虑在绝缘油第一次击穿后所产生的残炭要有足够自净时间，不致影响同一油样后来的击穿电压测量。

（2）施加电压的频率和加压速度都对油的绝缘强度有影响。随着油纯度的提高，其绝缘强度和频率之间的依赖关系逐渐减弱。随着施加电压的速度减缓，由于在电极之间的空间内吸引了大量的低沸点杂质，所以绝缘油的绝缘强度会有所降低。各国采用的电极形式、尺寸和电极间距离有所不同，规定的升压速度也有区别。在 GB/T 507—2002《绝缘油 击穿电压测定法》中对此有明确规定。

（3）绝缘油的绝缘强度和温度的关系取决于油的纯净程度。充分干燥并脱气的油，在 20～120℃温度范围内，油的绝缘强度几乎没有变化；当油中含有水分时，则油的绝缘强度随温度的升高而增加，并在 60～80℃达到最大值；当温度继续升高时，油绝缘强度有所降低。对此的解释是：随着温度升高，油中水分因蒸发而减少会全部或部分由悬浮态转变为溶解态，故绝缘强度增高；当达到最大值后继续升高温度，油中水分和油的轻质成分气化形成气泡使绝缘强度降低。

（4）水分对绝缘油的绝缘强度有重要影响。绝缘是否易受潮与其化学成分和油中极性杂质的存在有关。使绝缘油绝缘强度降低的主要原因是悬浊态水，分子溶解态水对绝缘油绝缘强度的影响要小得多。

（5）机械杂质（纤维等）和极性杂质对油绝缘强度存在影响。各种绝缘油的绝缘强度随着受潮时间的延长而降低是很明显的，纤维在吸潮后更容易在高场强下形成"小桥"，导致绝缘强度降低。

（6）溶解气体对绝缘强度有很大影响。湿度不同的空气对油绝缘强度的影响也不同。未经深度脱气的绝缘油通常含有气泡，它也会显著降低油的绝缘强度。

测量击穿电压的方法较多，其主要区别是使用的测量电极不同。西方国家使用球形、球盖形电极居多，而我国普遍使用的是平板电极。对同一油品，在相同条件下，以用平板电极测量的击穿电压数值最低。不管用哪种测试方法，因每次测试数据的重复性较差，故取六次试验数据的平均值。击穿电压数值的高低，除受测试方法影响外，主要受绝缘油品中含水量、杂质含量（尤其是金属颗粒含量）和温度的影响，即使精炼程度低的绝缘油油品，只要把水和杂质去除，一般也可使油品的击穿电压达到较高水平。

4. 介质损耗因数

变压器油是一种电介质，即能够耐受电应力的绝缘体。当对介质油施加交流电压时，所通过的电流与两端的电位差并不是90°角，而是比90°角要小一个δ角的，此δ角称为油的介质损耗角。变压器油的介质损耗因数用介质损耗角δ正切值（$\tan\delta$）来表示，介质损耗因数是评定变压器油电气性能的一项重要指标，特别是油品劣化或被污染对介质损耗因数影响更为明显。在新油中极性物质少，所以介质损耗因数一般很小；但当劣化和受到污染时，所生成的极性杂质和充电胶体逐渐增加，介质损耗随之增长。通过高温介质损耗因数 $\tan\delta$（90℃）能判断出新油的纯净程度和运行油的老化程度，所以 $\tan\delta$ 是绝缘油电气性能的重要指标。

变压器油的介质损耗是指变压器油在交变电场作用下，引起的极化损失和电导损失的总和。介质损耗因数能反映变压器绝缘特性的好坏，反映变压器油在电场、氧化和高温等作用下的老化程度，反映油中极性杂质和带电胶体等污染的程度。在变压器长期使用过程中，通过介质损耗因数试验，可反映变压器油的运行状况。大量试验经验表明，变压器油的介质损耗因数对变压器整体介质损耗因数有很大的影响，一般用 90℃时的 $\tan\delta$ 表示。

在理想状态下，变压器的介质在交变电场作用下不会引起电能的损失，电压和电流的相位差是90°，而实际介质（变压器油等）在交变电场下因介质中某些分子的扭动和位移引起电能的损失，损失的电能转变为热能而使油温升高，这样导致电流和电压的相位差并不正好是90°，这个δ角的正切值就称为介质损耗因素，其数值表明在交变电场作用下在介质中电能损失的大小，一般要求变压器油的介质损耗因数不大于 0.005。作为变压器绝缘系统中的液体绝缘材料，变压器油的介质损耗因数直接影响变压器的绝缘电阻，所以研究变压器油介质损耗因数的影响因素及提出合理的解决方案，对变压器油生产运输及变压器的组装意义重大。

对新油而言，介质损耗因数反映了油品精炼程度的高低。精炼程度高，其极性杂质含量就低，介质损耗因数数值就小，一般小于 0.5%。这一参数对污染物等特别敏感（如发动机油），几μg/g 的杂质含量即可使油品的介质损耗因数显著增加。

介质损耗因数对于运行油来说，它反映了运行油的老化劣化程度。溶解状态的氧化劣化产物，尤其是金属皂类的存在，会使油品的介质损耗因数明显增加。

油品中的水分本身对介质损耗因数的影响很少，但是若水和氧化产物或其他溶解的杂质混在一起，则可使介质损耗因数数值显著增加。随着温度的升高，油品的介质损耗因数迅速降低。

（1）变压器在安装时受到污染。新油注入设备时，都要通过真空精密过滤、脱气、脱水和除去杂质，但当清洁干燥油注入设备后，油的介质损耗因数有时会增大，主要是由于污染而造成的。污染原因一是由于设备加工过程环境不清洁，微小杂质颗粒附着在变压器线圈及铁芯上，注油后浸入油中；二是某些有机绝缘材料溶解于油中，导致油的介质损耗因数变大。由于胶体物质超出一定范围时，因重力而沉积，一般认为，底部浓度及设备底部油的介损值较大，上层油的介损值较小，因此，取样部位的不同直接影响变压器油介质损耗的测定。对于新的变压器油而言，如果介质损耗因数超过 0.5%（90℃），则需要查明原因，采取适当的处理方式，以保证在规定的合格范围之内。

（2）温度的影响。温度对介质损耗因数的影响较大，如测量时的温度相差几度，则平行试验的结果就不相符合。我们曾对某变电所的主变做过化验对比。实践证明，温度越高，好油与坏油之间的差别越表现的清楚。在温度 0～60℃时，各个油样所测 tanδ 值差别不大。而在 100℃时差别就较明显地表露出来。所以测量 tanδ 值规定为 90℃，运行温度对 tanδ 值的影响也较大。

（3）与施加的电压及频率有关。一般在电压较低的情况下进行介质损耗角测量时，电压对介质损耗角没有明显的影响，但当试验电压提高时，因介质在高电压作用下产生了偶极转移，而引起电能的损失，则 tanδ 值会有明显的增加。故介质损耗因数随电压的升高而增加；同时与施加电压的频率也有关系，因为 tanδ 值的变化是频率的函数，即 tanδ 值随频率的变化而改变。一般采用 50Hz。

（4）水分的影响。水分是油氧化作用的主要催化剂，它的主要来源有外部浸入和内部生成。

1）外部浸入：首先是变压器等电气设备的制造过程中绝缘材料虽经干燥处理，但其深层仍含有残余水分，在运输、安装过程中如保护措施不当会使绝缘材料再度受潮；其次，水分可以通过大气中的湿气从设备外部浸入油中，运行中呼吸系统进潮气，通过油面渗入油内。

2）内部自生：内部自生是指绝缘材料深层的水分。固体绝缘材料和变压器在运行过程中，由于氧化热裂解而生成水分，水分在油中和绝缘纸为一个平衡状态；油在不同的温度下有不同的饱和水分溶解量，这一溶解量虽温度的升高而增大。水分在油-绝缘纸间的平衡是一种动态平衡，水分的增加可以使介质损耗因数增大，因此绝缘油介损值会因在不同季节测定时变化。

（5）与油的净化程度和老化程度有关。实践证明，有的介质损耗因数的大小与油品的化学组成无关，但与有的净化程度有关。如油在精致或再生后，由于净化的不完全，而使油中留有残存的有机酸类、金属皂类等极性物质，在电场的作用下容易极化，增大油的电导电流，而使油的介质损耗因数变大。

（6）与测量仪器及外界的干扰有关。不同厂家、不同型号的油介损测试仪测定同一油样时，存在随机误差。温度不同，电极工作面的光洁度不达标准，是影响介损较大的直接原因。测试结果应为两次测量之间的差别不应大于 0.000 1 加上两个值中较大一个的 25%，试验报告取两次有效测量值的平均值作为该样品的介损值。因此测量时每次试验之前应彻底清洗测量电极，达到所要求的试验温度的 ±1℃时，应在 10min 内开始测量。介质损耗因数对温度的变化很敏感，因此在足够精确的温度条件下进行测量。

5. 界面张力

所谓界面张力，是指在油-水两相的交界面上，两相液体分子受到各自内分子的吸引，都力图缩小其表面积所形成的力。习惯上将液体表面与空气接触时所测得的力，称为界面张力。

界面张力的大小取决于油中溶解的极性物质，而介质损耗因数可显示油中污染物的含量。纯净变压器油与水的界面张力为 40～50mN/m，而老化油与水的界面张力则较低，一般为 25～35mN/m，GB/T 7595—2016《运行中变压器油质量》规定运行中油的界面张力值不小于 20mN/m，当小于 20mN/m 时变压器底部有明显的油泥析出，那么运行中的绝缘油就作废了，必须更换新油，否则会导致电力变压器的故障。因此，测定绝缘油的界面张力值实质上是测定绝缘油的劣化、老化程度，是测定绝缘油的被污染程度。

6. 氧化安定性

变压器油在使用过程中，因溶解氧的存在，加之在使用环境温度及铜、铁金属催化剂等的作用下，氧化、劣化是难以避免的。酸值或中和值、油泥及介质损耗因数等都是表征油品氧化性能的指标。

石油烃的氧化反应是通过烃基与过氧基按照自由基链式反应机理进行的。油品的氧化过程按照反应速度的快慢变化，一般可分为三个阶段，即诱导期、反应期和迟滞期，诱导期的长短取决于油品的加工精炼程度。

氧化过程是一种链式反应，如不加以阻止，反应速度会越来越快，即油的劣化速度加快。过氧自由基或其他自由基与油品中的烃类分子进一步反应，生成醇、酮、羧酸等氧化产物，在一定的条件下，这些氧化产物之间会进一步反应，形成稠合的高分子化合物、树脂状物质、油泥、积炭等，使油质迅速裂化变质。

迟滞期就是阻止这种链式反应的过程，一般可通过向油品中添加抗氧化剂来实现。抗氧化剂通常分为两类：第一类是破坏自基，即在反应期刚形成自由基时，由抗氧化剂放出一个 H 原子，与游离自由基结合，从而形成稳定的化合物，酚和胺就属于此类；第二类是与形成的过氧化物反应，油中存在的天然抗氧化剂（如含硫、氮的化合物等）属于此类。

7. 析气性

在强大电场作用下，绝缘油与气体的界面上就会产生电晕放电现象，因电晕放电而导致绝缘油的裂解，产生 H_2 和 CH_4 等低分子烃类气体。随着变压器中场强的增加，裂解析气现象也越加明显。绝缘油的这种放气性称为析气性。

在变压器中，因这种析气所形成的气泡会使绝缘油介电油膜有效厚度变薄，由于气体介电常数远低于绝缘油，气泡容易被击穿，而造成导体的短路。因而增加了高电场及高温部位击穿短路的危险性，对变压器的运行安全构成了威胁。

变压器油的析气除受电场强度、油温、电压频率影响外，主要取决于油质的族组成。一般来说，石蜡烃具有放气性，而芳烃和烯烃具有吸气性。因此高参数大型变压器所用的变压器油中，含有一定量的特殊结构的芳烃成分。我国的超高压变压器油，就是根据芳香族化合物具有吸气性的特点，用普通变压器油与适量的烷基苯调和而成的。

变压器油的析气性主要由放气过程还是吸气过程占主导作用来决定。变压器油在高压电场的作用下，气液交界中的气体相放电，变压器油分子受到电离气体高速运动的带电质点的轰击，分子中 C—H 键，也有部分 C—C 键断裂，有 H_2 放出，也有部分 CH_4、C_2H_6 等低分子烷烃及烯烃放出，这就是放气过程。在放气过程的同时，低分子烃可以聚合成高分子烃，即 X 蜡。另外，相同条件下，变压器油中的芳烃成分可以通过吸收氢分子变成不饱和烃，这就是吸气过程。

绝缘油的析气性是目前评定超高压变压器油性能的一项重要指标。析气性和油品组成和加工工艺有关。如果是析气性好的油，会表现出良好的吸气性，使油中的含气量大大减少，从而减少因气体导致的油的劣化。相反，如果是析气性差的油，油在一定条件下，会放出气体，并且在放出气体的同时，产生 X 蜡，这些气体和 X 蜡对变压器油危害非常大。X 蜡不溶于油，会影响油的导热和绝缘性能；析出的气体又可以电离形成更多的气体和 X 蜡，如此恶性循环下去，最终将导致电气设备的局部热击穿，甚至产生严重后果，这种现象在超高压输变电设备中显得尤为突出。目前我国测定的超高压变压器油标准对析气性指标明确规定不大于 $+5\mu L/min$。无乙炔与氢气，总烃含量小于 $150\mu L/L$。

8. 含气量

油中含气量是指溶解在油中的各种气体的总含量，一般用体积百分比表示。变压器绝缘油中溶解气体主要来自三个方面：一是由于变压器内部过热或火花放电故障所产生的气体，主要特征是 H_2、CH_4、C_2H_6、C_2H_4、C_2H_2、CO、CO_2 7 种特征气体含量升高，尤其是 H_2、CO、CO_2 这 3 种气体的含量升高会更为明显；二是来自外部的气体侵入，主要是密封不严造成的空气进入，表现特征为 N_2 和 O_2 含量剧烈增加，其他特征气体保持稳定，由于色谱监测中不能监测 N_2 含量，因而通过检测油中 O_2 含量，可发现油中溶解气体色谱试验检测的 O_2 含量会明显增大；三是油中水分分解产生气体，其中主要表现在 H_2 和 O_2 含量的同时增加。在正常条件下，变压器油内可溶解大量的空气和其他气体（如 H_2、烷烃类气体等），如在 20℃、101.3kPa 条件下，空气在矿物油中的溶解度约为 10%。

绝缘油对各种气体具有相当高的溶解度，溶解度的大小取决于气体组分、油液理化性能及油的温度。在一定温度和平衡状态下，气体在油中的溶解度与油面上气体的分压成正比例。在静止状态下，只有超过饱和溶解度时气体才会逸出形成气泡。但在变压器运行过程中，需要对油中含气量进行严格控制。从安全运行角度考虑，以不发生气泡导致击穿为目标，认为当油中含气量控制在 3% 以下时，出现气体析出而导致击穿危险性较低。

变压器油中含气量超标原因主要由于维护不足导致的累积含气量超标和设备缺陷导致的气体渗入变压器油中。降低变压器油中含气量可以保证变压器绝缘性能，同时减少油中泡沫的形成，降低氧气含量，减少变压器绝缘油的氧化老化，进而延长变压器绝缘材料的使用寿命。对特高压设备来说，更应重视油中含气量，该指标越低越好。对于油中含气量超标的变压器，应采取以下步骤及时处理。

（1）当发现变压器油中含气量不合格时，应首先确定样品是否具有代表性、取样方法是否正确、选择的测试方法是否合适、分析测试过程中是否存在问题，以排除人为取样检测原因带来的误判。对样品复检，若是检测分析的问题，则及时改正。

（2）当确定变压器油中含气量不合格时，应结合特征气体进行分析，确定是由于空气漏入导致的含气量超标时：

1）应根据机组检修计划，安排进行漏气原因查找分析，加强监督，缩短检测周期至每季度分析一次，并分析含气量增加速率，计划进行真空脱气。若变压器油中含气量超过5％，应安排真空脱气滤油处理。

2）若经过处理后，油中含气量出现反复超标的现象或变压器油中含气量超标严重且增长速度较快，可能是存在设备漏气缺陷。对此，应在机组停运，变压器设备停电时进行全面查漏，待缺陷处理后，进行热油循环真空滤油脱气处理，直到油质化验合格，并跟踪监督油中含气量情况。若普通真空滤油机脱气效果不佳，可采用大功率的真空滤油机进行处理。

（3）自设备检修后到设备正常运行时，均应严格按 GB/T 14542—2017《变压器油维护管理导则》规定，定期监测变压器油中含气量。

9. 体积电阻率

体积电阻率是指材料每单位体积对电流的阻抗，用于表征材料的电学性质，变压器油中的体积电阻率是指单位体积的变压器油对电流的阻抗。体积电阻率越高，材料作为电绝缘材料的效能越高。

在油浸式变压器中变压器油最重要的作用是对充油电气设备起绝缘作用，确保电气设备的安全运行，这就要求变压器油具有良好的电气性能。变压器油的电气性能可以通过绝缘强度、介质损耗率、体积电阻率等参数来确定，当变压器油精制深度越深，其绝缘强度就越大，介质损耗率就越小，体积电阻率也就越高。在实际应用中体积电阻率不仅与油的化学特性有密切的关系，同时和介质损耗率有极大的相关性和等效性，因为油中离子传导损耗始终是有的介质损耗的主导部分，而体积电阻率的检测对有例子传导损耗反应非常敏感。影响体积电阻率的因素很多，当有杂质离子混入及受潮时，将使体积电阻率大大降低；温度对体积电阻率影响也很大，这是因为当温度升高时，形成介质漏导的离子数及离子移动的速度增大，体积电阻率随之下降，温度每升高 100℃，其绝缘电阻约降低一半。同时通过体积电阻率的测定可以判断油的老化程度，可以有效地监视油质。

10. 糠醛含量

油浸式变压器的寿命一般由油纸绝缘系统的寿命来决定，这是因为变压器油可以在变压器使用过程中再生和更换，但绝缘纸具有不可恢复的老化特性。对于变压器中纸质绝缘材料是否老化都是利用分析变压器油中溶解气体的含量进行诊断，但是由于技术水平的限制，无法检测出变压器中纸质绝缘材料的过热老化程度，因为绝缘纸老化的特征气体同时也是绝缘油的特征气体，而且与设备的密封性和受潮状况等其他因素有很大的关系。因此通过分析绝缘纸老化的特征产物——糠醛，作为判断变压器老化程度和运行状况的依据，是目前必不可少的手段。

（1）糠醛的来源。目前，木材纸浆是大型电力变压器的绝缘纸的主要材料，其化学成分主要为纤维素。纤维素大分子是一种链状多分子聚合体，变压器在长期运行中受到水分、温度、有机酸、杂质等因素的影响，使纤维素分子氧化分解为小分子劣化产物，其中以糠醛类化合物为主要特征产物。这些小分子的液态化合物逐渐溶解于变压器绝缘油中，并经油循环作用达到浓度一致。因此通过测试变压器油中的糖醛含量可以反映变压器中绝缘纸的老化情况。

（2）影响糖醛变化的因素。

1）当变压器进行补油和换油时对油中糖醛含量影响非常明显。

2）当绝缘纸的老化速度增大时，油中糖醛含量会急剧升高。

3）运行温度和负荷率等因素对糖醛含量有一定影响。

4）糖醛含量与变压器运行时间成正比关系，变压器运行时间越长，糖醛含量越大。

因为通过测试变压器油中糖醛含量可以直观反映出变压器内绝缘纸过热老化的程度，所以成为变压器运行监督的重要手段。

四、绝缘油中溶解气体组分含量分析

通过变压器油中溶解气体的组分含量分析，诊断充油电气设备内部的潜伏性故障，是绝缘油监督工作中的一项重要内容，也是电厂油务监督的一个显著特点。目前，国内外测定充油电气设备油中溶解气体组分含量的测定方法主要是气相色谱法。

充油电力变压器在正常运行过程中受到热、电和机械方面力的作用下逐渐老化，产生某些可燃性气体，当变压器存在潜伏性故障时，其气体产生量和气体产生速率将逐渐明显，取变压器油样使用气相色谱方法获得油中溶解的特征气体浓度后，就可以对变压器的故障情况进行分析。

1. 气相色谱仪及分析原理

色谱法也称层析法，是一种分离技术，当这种技术应用于化学分析时，就是色谱分析。气相色谱仪，一般包括载气（辅助气）系统、色谱柱、检测器和数据处理系统四大部分。

气相色谱分离是依据流动相与固定相间的两相分配原理进行的。具体来说，就是利用色谱柱中的固定相，对流动相中的样品组分吸附（或溶解）能力的不同，或者说组分瞬间留在流动相的比例与吸附（或溶解）在固定相的比例不同，即分配系数不同而达到分离的目的。

当样品被载气带入色谱柱中后，样品中的组分就在流动相与固定相间反复进行分配（吸附—解吸或溶解—释出），由于固定相对各组分的吸附或溶解能力不同（即分配系数不同），因此各组分在色谱柱中的运动速度就不同，分配系数小的组分较快地流出色谱柱，分配系数大的组分流出色谱柱的速度较慢，流出的组分顺序进入检测器，产生的电子信号被记录仪按时间顺序连续记录下来，就得到了反应组分性质和含量的色谱图，亦称色谱流出曲线。

2. 变压器油气体产生机理

变压器油在运行中受到温度、电场、氧气及水分和铜、铁等材料的催化作用会形成某些氧化物及其油泥、氢、低分子烃类气体和固体 X 蜡等，这就是绝缘油的老化和劣化作用。正常的老化和劣化情况下，变压器油中仅能产生少量的气体，通常它们的含量在临界值之下。但存在潜伏性故障时情况就不同了，当变压器油受到高电场的作用时，即使温度较低也会分解产生气体。

油中溶解气体分析之所以能够用于诊断充油电气设备内部的潜伏性故障，一是因为设备有故障时，故障的异常能量会引起设备绝缘材料的裂解，产生特定种类及含量的低分子气体；二是因为产生的低分子气体会全部或部分溶解、分布在绝缘油中；三是因为低分子气体的种类、含量大小，反映了故障的类型和严重程度。

因此，要准确诊断充油电气设备内部的潜伏性故障，就必须掌握故障状况与绝缘材料的裂解产气间的特征关系。

（1）绝缘油热解产生的气体主要是低分子烃类，气体的不饱和度随热解温度的升高而增加，即低温下热解产生的气体以饱和烃为主，高温下产生的气体以烯烃、炔烃为主。随着热解温度的升高，烃类气体出现最大值的顺序依次为甲烷、乙烷、乙烯、乙炔。

（2）绝缘纸热解产生的气体以二氧化碳为主，随着热解温度的升高，出现一氧化碳，且 CO/CO_2 两组分的比值不断上升。当热解温度达到 800℃ 时，其 CO/CO_2 的比值达到 2.5 以上，并伴随产生少量的甲烷、乙烯等烃类气体。

（3）其他固体绝缘材料的热解气体主要是一氧化碳，且在相对低温的条件下易产生乙炔及其他烃类气体。

3. 基于油中溶解气体分析的故障判断

充油电力变压器在长期的运行过程中受到电或热的作用会老化和劣化，产生少量的气体。当变压器存在过热或放电故障时，产生气体的速度要加快，如果产生的气体导致油中溶解气体饱和，气体就会进入气体继电器，导致变压器报警。人们将变压器油中溶解气体中对判断变压器故障有价值的氢气（H_2）、甲烷（CH_4）、乙烷（C_2H_6）、乙烯（C_2H_4）、乙炔（C_2H_2）、一氧化碳（CO）、二氧化碳（CO_2）7 种气体称为特征气体，把甲烷、乙烷、乙烯、乙炔的总和称为总烃。

判断变压器是否有故障的方法有：根据气体浓度判断变压器是否故障、根据绝对产气速率判断变压器是否故障和根据相对产气速率判断变压器是否故障。

（1）根据气体浓度判断变压器是否故障的方法。正常运行情况下，充油电力变压器在受到电和热的作用会产生一些氢气、低分子烃类气体及碳的化合物。当变压器发生故障时气体产生速度要加快，所以根据气体的浓度可以在一定程度上判断变压器是否发生故障。

判断设备是否有故障时，一般首先将分析结果与规定的注意值进行比较，但注意值不是划分设备是否有故障的标准。如分析结果中有一项或多项指标超过注意值时，说明设备存在异常情况，但并不表示有故障，应将分析结果与前一次该设备的分析数据相比较，确定其故障气体含量是否有明显的增长。如有明显的增长，不管其是否超过注意值，都说明设备有故障，或故障有发展；反之，则说明设备没有故障或故障没有进一步发展。

（2）根据产气速率判断变压器是否故障的方法。根据一次油中溶解气体分析结果的绝对值，难以判断设备是否有潜伏性故障，更难以判断其严重程度。因此，必须对设备进行跟踪分析，考察故障的发展趋势，估算产气速率。因为有的故障是从潜伏性故障开始的，此时油中溶解气体的含量较小但产气速率较快，所以应该考虑用产气速率来判断变压器是否处于故障状态。产气速率分为绝对产气速率和相对产气速率。

绝对产气速率是每运行日产生某种气体的平均值，相对产气速率是折算到运行月的某种气体浓度增加量占原有值百分数的平均值，当总烃的相对产气速率大于 10% 时就应该引起注意。产气速率在很大程度上依赖于设备的类型、负荷情况、故障类型和所用绝缘材料的体积及其老化程度，应结合这些情况进行综合分析。一般情况下产气速率有以下规律：

1）设备有故障时，其产气速率往往超过注意值。

2）放电故障和过热故障，其特征气体的产气速率是不同的。放电故障 H_2、C_2H_2、CH_4 的产气速率高，C_2H_4 相对较低；而过热故障 C_2H_4 的产气速率高。

3）不同类型的故障，其气体的增长速率是不同的，一般过热性故障比放电性故障产气速率低。

4）开始发现烃类气体含量异常时，一般产气速率较低，而随着时间的增加，其产气速率随着增长，可以认为故障源扩大或故障能量提高。

5）对总烃起始含量很低的变压器，不宜用产气速率来衡量变压器有无异常。

4．基于油中溶解气体分析的故障类型诊断

在判断变压器是故障后，就可以利用判断变压器故障类型的方法判断变压器所属的故障类型了。判断变压器故障类型的方法主要有特征气体法和比值法，比值法又包括有编码的比值法和无编码的比值法，有编码的比值法包括 IEC 三比值法等。

（1）特征气体法。变压器油中溶解的特征气体随着故障类型及严重程度的变化而变化，特征气体法就是根据油中各种特征气体浓度来判断变压器故障类型的一种方法，特征气体法对故障性质有较强的针对性，比较直观、方便，缺点是没有量化。表 4-5 描述了充油电力变压器不同故障类型时产生的特征气体，表 4-6 描述了特征气体浓度与变压器内部故障的关系。

表 4-5 　　　　　　　　　充油电力变压器不同故障类型时产生的特征气体

故障类型	主要气体组分	次要气体组分
油过热	CH_4、C_2H_4	H_2、C_2H_6
油和纸过热	CH_4、C_2H_4、CO	H_2、C_2H_6、CO_2
油和纸绝缘中局部放电	H_2、CH_4、CO	C_2H_2、C_2H_4、C_2H_6
油中火花放电	H_2、C_2H_2	
油中电弧	H_2、C_2H_2、C_2H_4	CH_4、C_2H_6
油和纸中电弧	H_2、C_2H_2、C_2H_4、CO	CH_4、C_2H_6、CO_2

表 4-6 　　　　　　　　　特征气体浓度与变压器内部故障的关系

故障性质	特征气体的特点
一般过热性故障	总烃较高，$C_2H_2<5\mu L/L$
严重过热性故障	总烃高，$C_2H_2>5\mu L/L$，但 C_2H_2 未构成总烃的主要成分，H_2 含量较高
局部放电	总烃不高，$H_2>100\mu L/L$，CH_4 占总烃的主要成分
火花放电	总烃不高，$C_2H_2>10\mu L/L$，H_2 较高
电弧放电	总烃高，C_2H_2 高并构成总烃中的主要成分，H_2 含量高

（2）IEC 三比值法。IEC 三比值法最早是由国际电工委员会（IEC）在热力动力学原理和实践的基础上推荐的。DL/T 722—2014《变压器油中溶解气体分析和判断导则》推荐的就是改良的三比值法。其原理是根据充油电气设备内油、纸绝缘在故障下裂解产生气体组分含量的相对浓度与温度的相互依赖关系，从 5 种气体中选择两种溶解度和扩散系数相近的气体组分组成三对比值，以不同的编码表示，根据比值的编码判断变压器所属的故障类型。DL/T 722—2014《变压器油中溶解气体分析和判断导则》推荐的改良三比值法的编码规则和故障类型判断方法见表 4-7 和表 4-8。

三比值法原理简单、计算简便且有较高的准确率，在现场有着广泛的应用。三比值法中各种气体针对的是变压器本体内的油样，对气体继电器中的油样无效，只有根据气体各组分含量的注意值或气体增长率的注意值有理由判断变压器存在故障时，气体比值才是有效的，对于正常的变压器比值没有意义。同时三比值法还存在一些不足，比如实际情况中可能出现没有对应比值编码的情况、对多故障并发的情况判断能力有限、不能给出多种故障的隶属度、对故障状态反应不全面。

表 4-7 　　　　　　　　　　　　　三比值法的编码规则

气体比值范围	比值范围编码		
	C_2H_2/C_2H_4	CH_4/H_2	C_2H_4/C_2H_6
<0.1	0	1	0
[0.1, 1)	1	0	0
[1, 3)	1	2	1
≥3	2	2	2

表 4-8 　　　　　　　　　　　　　故障类型判断方法

编码组合			故障类型判断
C_2H_2/C_2H_4	CH_4/H_2	C_2H_4/C_2H_6	
0	0	0	低温过热（低于150℃）
	2	0	低温过热（150~300℃）
	2	1	中温过热（300~700℃）
	0, 1, 2	2	高温过热（高于700℃）
	1	0	局部放电
1	0, 1	0, 1, 2	电弧放电
	2	0, 1, 2	电弧放电兼过热
2	0, 1	0, 1, 2	低能放电
	2	0, 1, 2	低能放电兼过热

（3）油中微水测试。变压器进水时，溶解在油中的水受到铁、氧等作用会分解出氢气，此时油中的气体产物与变压器发生局部放电时的产物是很接近的，同时溶解于油中的水可能会产生局部放电，所以变压器进水与发生局部放电很难区分。可以通过油中微水测试来判别，当使用特征气体法或比值法判断变压器属于局部放电，且变压器油中微水含量很高，就有理由怀疑变压器进水受潮了。

5. 判断故障的发展趋势和严重程度

当故障类型确定以后，必要时应进一步判断故障的发展趋势和严重程度，以便提出设备的处理意见和建议。现将有关资料作一简明介绍，供诊断故障时参考。

（1）故障源热点温度的估算。前文提到，绝缘油、纸热解产生的气体种类和含量与故障的类型、故障源的温度密切相关。因而从理论上来说，可以用相关气体的组分浓度，估算故障源的温度。

1）当故障源不涉及固体绝缘材料，且热点温度高于400℃时，用 C_2H_4/C_2H_6 的浓度比值，估算热点温度（T），即

$$T = 322\lg\left(\frac{C_2H_4}{C_2H_6}\right) + 525$$

2）当故障源涉及固体绝缘材料，且热点温度在 300℃以上时，用 CO_2/CO 的浓度比值，估算热点温度（T），即：

$$T = -196\lg\left(\frac{CO_2}{CO}\right) + 660$$

（2）利用平衡判据确定故障的发展趋势。存在潜伏性故障的变压器，故障源产生的热解气体不断地溶解在绝缘油中，经过一定的时间，在特定条件下会达到饱和。对于气体继电器发信号的运行设备，在排除继电器误动的情况下，可能的主要原因有：一是设备有较为严重的故障，高温热解产生的大量气体致使继电器动作；二是设备本体没有故障，因潜油泵负压区漏气，大量空气进入变压器本体所致；三是新投运设备检修、安装时，真空滤油、汗油环节工艺不当，设备枯存的或油中溶解的空气，在设备投运后因温度升高，析出空气所致。

因此分析比较油中溶解气体和气体继电器中游离气体的浓度，可以判断气体继电器的动作原因，进而判断故障的发展趋势，这一方法称为平衡判据。

平衡判据方法适合隔膜密封变压器，一般当气体继电器发信号时才使用，其具体做法是：同时取气体继电器气样和设备本体的油样；用色谱法分别测定其气体组分的含量；利用亨利定理，把气体继电器气样的组分含量折算为平衡条件下相应油中组分含量理论值（或将油中溶解气体含量折算为平衡条件下相应气体继电器气样的组分含量理论值）；将折算出的油中组分含量理论值与变压器本体取样测定的组分含量进行比较，判断故障的发展趋势。

$$C_{\text{ioil}} = K_i C_{\text{igas}}$$

式中　C_{ioil}——平衡条件下，油中某组分的含量，$\mu L/L$；

　　　C_{igas}——平衡条件下，气体中某组分的含量，$\mu L/L$；

　　　K_i——某组分在一定温度下的溶解度系数。

平衡判据使用方法：

1）若理论值与实测值基本相同，且数值均较大，可以认为故障气体是平衡条件下产生的，一般说明设备存在持续时间较长的潜伏性故障。但如各故障气体组分含量很低，则说明设备正常，气体继电器动作是外部原因所致。

2）若理论值明显高于实测值，且数值均较大，则说明故障气体是在非平衡条件下产生的，故障较为严重，发展较快。

第五章

环 境 监 测

发电厂环境监测是电厂环保监督的重要组成部分，主要是对环境保护设施（备）健康水平及安全、稳定、经济运行有关的重要参数、性能、指标进行监督、检查、调整、评价，以保证其在良好状态或允许范围内运行；对生产过程中污染物排放进行监督及检查，确保其达标排放。

电厂环境监测的范围主要包括废水排放水质、排放量及处理设施；烟尘、烟气排放及处理设施（备）；厂界环境噪声及治理设施（备），贮灰（渣）场；脱硫、脱硝副产品及粉煤灰（渣）综合利用现场；工频电场、工频磁场、无线电干扰的监督等。

目前在国内发电厂环境检测主要分外部委托有资质的第三方检测和内部自行检测两部分，内部自行监测主要由化学专业化验室负责，因此是电厂化学专业日常监督的重要组成部分。内部自行检测的项目主要包含废水排放、脱硫浆液、厂界噪声、生产性粉尘检测（劳动环境检测）等。

第一节 电厂废水排放检测指标

电厂废水主要包含电厂外排废水、脱硫废水、灰场（灰池）排水、工业废水（含冲渣水）、厂区生活污水、循环水排污水、含煤废水、含油废水等。废水排放指标主要有以下几类：

一、废水的主要物理特性指标

（1）温度：废水的温度对废水处理过程的影响很大，温度的高低直接影响微生物活性。一般城市污水处理厂的水温为 10～25℃，工业废水温度的高低与排放废水的生产工艺过程有关。

（2）颜色：废水的颜色取决于水中溶解性物质、悬浮物或胶体物质的含量。新鲜的城市污水一般是暗灰色，如果呈厌氧状态，颜色会变深、呈黑褐色；工业废水的颜色多种多样，造纸废水一般为黑色，酒糟废水为黄褐色，而电镀废水蓝绿色。

（3）气味：废水的气味是由生活污水或工业废水中的污染物引起的，通过闻气味可以直接判断废水的大致成分。新鲜的城市污水有一股发霉的气味，如果出现臭鸡蛋味，往往表明污水已经厌氧发酵产生了硫化氢气体，运行人员应当严格遵守防毒规定进行操作。

（4）浊度：浊度是描述废水中悬浮颗粒的数量的指标，一般可用浊度仪来检测，但浊度不能直接代替悬浮固体的浓度，因为颜色对浊度的检测有干扰作用。

（5）电导率：废水中的电导率一般表示水中无机离子的数量，其与自来水中溶解性无机物质的浓度紧密相关，如果电导率急剧上升，往往是有异常工业废水排入的迹象。

（6）固体物质：废水中固体物质的形式（SS、DS 等）和浓度反映了废水的性质，对控制处理过程也是非常有用的。

（7）可沉淀性：废水中的杂质可分为溶解态、胶体态、游离态和可沉淀态四种，前三种是不可沉淀的，可沉淀态杂质一般表示在 30min 或 1h 内沉淀下来的物质。

二、废水的化学特性指标

废水的化学性指标很多，可以分为四类：

（1）一般性水质指标，如 pH 值、硬度、碱度、余氯、各种阴、阳离子等。

（2）有机物含量指标，生物化学需氧量 BOD_5、化学需氧量 COD_{Cr}、总需氧量 TOD 和总有机碳 TOC 等。

（3）植物性营养物质含量指标，如氨氮、硝酸盐氮、亚硝酸盐氮、磷酸盐等。

（4）有毒物质指标，如石油类、重金属、氰化物、硫化物、多环芳烃、各种氯代有机物和各种农药等。

（一）需要分析的主要化学指标

需要分析的主要化学指标如下：

（1）pH 值：pH 值可以通过测量水中的氢离子浓度来确定。pH 值对废水的生物处理影响很大，硝化反应对 pH 值更加敏感。城市污水的 pH 值一般在 6～8 之间，如果超出这一范围，往往表明有大量工业废水排入。对于含有酸性物质或碱性物质的工业废水，在进入生物处理系统之前需要进行中和处理。

（2）碱度：碱度能反映出废水在处理过程中所具有的对酸的缓冲能力，如果废水具有相对高的碱度，就可以对 pH 值的变化起到缓冲作用，使 pH 值相对稳定。碱度表示水样中与强酸中的氢离子结合的物质的含量，碱度的大小可用水样在滴定过程中消耗的强酸量来测定。

（3）磷：生物污水中磷的含量一般为 2～20mg/L，其中有机磷 1～5mg/L，无机磷为 1～15mg/L。工业废水中磷的含量差别很大，有的工业废水中磷的含量极低，在利用生物法处理时，需要投加磷肥以补充微生物所需的磷含量；而出水中磷的含量过高时，又需要进行除磷处理，以防止受纳水体出现富营养化现象。

（4）余氯：余氯是水经加氯消毒接触一定时间后余留在水中的氯，其作用是保持持续的杀菌能力。从水进入管网到用水点之前，必须维持水中消毒剂的作用，以防止可能出现的病原体危害和再增殖。这就要求向水中投加的消毒剂，其投加量不仅能满足杀灭水中病原体的需要，而且还要保留一定的剩余量防止在水的输送过程中出现病原体的再增殖，如果使用氯消毒，那么超出当时消毒需要的这部分消毒剂就是余氯。

余氯有游离性余氯（Cl_2、$HOCl$ 和 OCl^-）和化合性余氯（NH_2Cl、$NHCl_2$ 和 NCl_3）两种形式，这两种形式能同时存在于同一水样中，两者之和称为总余氯。游离性余氯杀菌能力强，但容易分解，化合性余氯杀菌能力较弱，但在水中持续的时间较长。一般水中没有氨或铵存在时，余氯为游离性余氯，而水中含有氨或铵时，余氯通常只含有化合性余氯，有时是余氯和化合性余氯共存。余氯量必须适当，过低起不到防治病原体的作用，过高则不仅造成消毒成本的增加，而且在人体接触时可能造成对人体的伤害。

从概念上看，余氯是针对氯气及氯系列消毒剂而言的，当使用二氧化氯等其他非氯类消毒剂时，就应该将余氯理解为接触一定时间后留在水中的剩余消毒剂。

余氯的测定可以使用碘量滴定法、邻联甲苯胺目视比色法、N,N-二乙基对苯二胺

（DPD）亚铁滴定法（GB 11897—1989《水质 游离氯和总氯的测定 N,N-二乙基-1,4-苯二胺滴定法》）、N,N-二乙基对苯二胺分光光度法（GB 11898—1989《水质 游离氯和总氯的测定 N,N-二乙基-1,4-苯二胺分光光度法》）等。碘量滴定法只能测定水样中的总余氯；邻联甲苯胺目视比色法通过改变操作程序，能分别测定总余氯和游离性余氯；N,N-二乙基对苯二胺滴定法或分光光度法可测定浓度范围为 0.03～5mg/L 的游离氯或总氯，通过改变操作程序，还可以分别测定一氯胺、二氯胺和一些化合氯成分。

碘量滴定法适用于总余氯含量大于 1mg/L 的水样，是测定加氯量常用的方法。邻联甲苯胺目视比色法操作简单，是测定生活饮用水余氯的常用方法，测定范围为 0.01～10mg/L。

N,N-二乙基对苯二胺滴定法或分光光度法灵敏度高，可测余氯含量较低的水样，适用于测定含有有机物的污水中的总有效氯，两个方法的测定范围分别为 0.05～1.5mg/L 和 0.03～5mg/L。

（5）水的含盐量。水的含盐量也称矿化度，表示水中所含盐类的总数量，常用单位是 mg/L。由于水中的盐类均以离子的形式存在，因此含盐量也就是水中各种阴阳离子的数量之和。从定义可以看出，水的溶解性固体含量比其含盐量要大一些，因为溶解性固体中还含有一部分有机物质。在水中有机物含量很低时，有时也可用溶解性固体近似表示水中的含盐量。

（6）水的电导率。电导率是水溶液电阻的倒数，单位是 μS/cm。水中各种溶解性盐类都以离子状态存在，而这些离子均具有导电能力，水中溶解的盐类越多，离子含量就越大，水的电导率就越大。因此，根据电导率的大小，可以间接表示水中盐类总量或水的溶解性固体含量的多少。新鲜蒸馏水的电导率为 0.5～2μS/cm，超纯水的电导率小于 0.1μS/cm，而软化水站排放的浓水电导率可高达数千μS/cm。

（7）悬浮固体。悬浮固体（suspend solid, SS）也称为不可过滤物质，测定方法是对水样利用 0.45μm 的滤膜过滤后，过滤残渣经 103～105℃蒸发干燥后剩余物质的质量。挥发性悬浮固体 VSS 指的是悬浮固体在 600℃高温下灼烧后挥发掉的质量，可以粗略代表悬浮固体中有机物的含量。灼烧后剩余的那部分物质就是不可挥发性悬浮固体，可以粗略代表悬浮固体中无机物的含量。废水或受污染的水体中，不溶性悬浮固体的含量和性质随污染物的性质和污染程度而变化。悬浮固体和挥发性悬浮固体是污水处理设计和运行管理的重要指标。

（二）水中有机物含量的常用指标

有机物进入水体后，将在微生物的作用下进行氧化分解，使水中的溶解氧逐渐减少。当氧化作用进行的太快、而水体不能及时从大气中吸收足够的氧来补充消耗的氧时，水中的溶解氧可能降得很低（如低于 3～4mg/L），进而影响水中生物正常生长的需要。当水中的溶解氧耗尽后，有机物开始厌氧消化，发生臭气，影响环境卫生。

由于污水中所含的有机物往往是多种组分的极其复杂的混合体，因而难以一一分别测定各种组分的定量数值，实际上常用一些综合指标，间接表征水中有机物含量的多少。表示水中有机物含量的综合指标有两类，一类是以与水中有机物量相当的需氧量（O_2）表示的指标，如生化需氧量 BOD、化学需氧量 COD 和总需氧量 TOD 等；另一类是以碳（C）表示的指标，如总有机碳 TOC。对于同一种污水来讲，这几种指标的数值一般是不同的，按数值大小的排列顺序为 $TOD > COD_{Cr} > BOD_5 > TOC$。

1. 总有机碳

总有机碳（total organic carbon，TOC）是间接表示水中有机物含量的一种综合指标，其显示的数据是污水中有机物的总含碳量，单位以碳（C）的 mg/L 来表示。TOC 的测定原理是先将水样酸化，利用氮气吹脱水样中的碳酸盐以排除干扰，然后向氧含量已知的氧气流中注入一定量的水样，并将其送入以铂钢为触媒的石英燃烧管中，在 900～950℃ 的高温下燃烧，用非色散红外气体分析仪测定燃烧过程中产生的 CO_2 量，再折算出其中的含碳量，就是总有机碳 TOC（详见 HJ 501—2009《水质 总有机碳的测定 燃烧氧化—非分散红外吸收法》）。测定时间只需要几分钟。

一般城市污水的 TOC 可达 200mg/L，工业废水的 TOC 范围较宽，最高的可达几万 mg/L，污水经过二级生物处理后的 TOC 一般小于 50mg/L，较清洁的河水 TOC 一般小于 10mg/L。在污水处理的研究中有用 TOC 作为污水有机物指标的，但在常规污水处理运行中一般不分析这个指标。

2. 总需氧量

总需氧量（total oxygen demand，TOD）是指水中的还原性物质（主要是有机物）在高温下燃烧后变成稳定的氧化物时所需要的氧量，结果以 mg/L 计。TOD 值可以反映出水中几乎全部有机物（包括碳 C、氢 H、氧 O、氮 N、磷 P、硫 S 等成分）经燃烧后变成 CO_2、H_2O、NO_x、SO_2 等时所需要消耗的氧量。可见 TOD 值一般大于 COD_{Cr} 值。目前我国尚未将 TOD 纳入水质标准，只是在污水处理的理论研究中应用。

TOD 的测定原理是向氧含量已知的氧气流中注入一定量的水样，并将其送入以铂钢为触媒的石英燃烧管中，在 900℃ 的高温下瞬间燃烧，水样中的有机物即被氧化，消耗掉氧气流中的氧，氧气流中原有氧量减去剩余氧量就是总需氧量 TOD。氧气流中的氧量可以用电极测定，因而 TOD 的测定只需几分钟。

3. 生物化学需氧量

生物化学需氧量（biochemical oxygen demand，BOD），它表示在温度为 20℃ 和有氧的条件下，由于好氧微生物分解水中有机物的生物化学氧化过程中消耗的溶解氧量，也就是水中可生物降解有机物稳定化所需要的氧量，单位为 mg/L。详见第二章第二节。

4. 化学需氧量

化学需氧量（chemical oxygen demand，COD），是指在一定条件下，水中有机物与强氧化剂（如重铬酸钾、高锰酸钾等）作用所消耗的氧化剂折合成氧的量，以氧的 mg/L 计。

当用重铬酸钾作为氧化剂时，水中有机物几乎可以全部（90%～95%）被氧化，此时所消耗的氧化剂折合成氧的量即是通常所称的化学需氧量，常简写为 COD_{Cr}（具体分析方法见 HJ 828—2017《水质 化学需氧量的测定 重铬酸盐法》）。污水的 COD_{Cr} 值不仅包含了水中的几乎所有有机物被氧化的需氧量，同时还包括了水中亚硝酸盐、亚铁盐、硫化物等还原性无机物被氧化的耗氧量。

5. 高锰酸钾指数（需氧量）

用高锰酸钾作为氧化剂测得的化学需氧量被称为高锰酸钾指数（具体分析方法见 GB 11892—1989《水质 高锰酸盐指数的测定》）或需氧量，英文简写为 COD_{Mn} 或 OC，单位为 mg/L。

由于高锰酸钾的氧化能力比重铬酸钾要弱，同一水样的高锰酸钾指数的具体值 COD_{Mn}

一般都低于其COD_{Cr}值，即COD_{Mn}只能表示水中容易氧化的有机物或无机物的含量。因此，我国及欧美等许多国家都把COD_{Cr}作为控制有机物污染的综合性指标，而只将高锰酸钾指数COD_{Mn}作为评价监测海水、河流、湖泊等地表水体或饮用水有机物含量的一种指标。

由于高锰酸钾对苯、纤维素、有机酸类和氨基酸类等有机物几乎没有氧化作用，而重铬酸钾对这些有机物差不多都能氧化，因此使用COD_{Cr}作为表示废水的污染程度和控制污水处理过程的参数更为合适。但由于高锰酸钾指数COD_{Mn}测定简单、迅速，在对较清净的地表水进行水质评价时仍使用COD_{Mn}来表示其受到的污染程度，即其中的有机物数量。

（三）植物性营养物质含量指标

1. 氨氮

常用的代表水中氮素化合物的水质指标有总氮、凯氏氮、氨氮、亚硝酸盐和硝酸盐等。详见第二章第二节。

2. 固体物质含量的各种指标

污水中的固体物质包括水面的漂浮物、水中的悬浮物、沉于底部的可沉物及溶解于水中的固体物质。漂浮物是漂浮在水面上的、密度小于水的大块或大颗粒杂质，悬浮物是悬浮于水中的小颗粒杂质，可沉物是经过一段时间能在水体底部沉淀下来的杂质。几乎所有的污水中都有成分复杂的可沉物，成分主要是以有机物为主的可沉物被称为污泥，成分以无机物为主的可沉物被称为残渣。漂浮物一般难以定量化，其他几种固体物质则可以用以下指标衡量。

反应水中固体总含量的指标是总固体，或称全固形物。根据水中固体的溶解性，总固体可分为溶解性固体（dissolved solid，DS）和悬浮固体（suspend solid，SS）。根据水中固体的挥发性能，总固体可分为挥发性固体（VS）和固定性固体（FS，也叫作灰分）。其中，溶解性固体（DS）和悬浮固体（SS）还可以进一步细分为挥发性溶解固体、不可挥发性溶解固体和挥发性悬浮固体、可挥发性悬浮固体等指标。

（1）水的全固形物。反应水中固体总含量的指标是总固体，或称全固形物，分为挥发性总固体和不可挥发性总固体两部分。总固体包括悬浮固体（SS）和溶解性固体（DS），每一种也可进一步细分为挥发性固体和不可挥发性固体两部分。

总固体的测定方法是测定废水经过$103\sim105℃$蒸发后残留下来的固体物质的质量，其干燥时间、固体颗粒的大小与所用的干燥器有关，但在任何情况下，干燥时间的长短都必须以水样中的水分完全蒸干为基础，并以干燥后质量恒定为止。

挥发性总固体表示总固体在$600℃$高温下灼烧后所减轻的固体质量，因此也叫作灼烧减重，可以粗略代表水中有机物的含量。灼烧时间也像测定总固体时的干燥时间一样，应灼烧至样品中的所有碳全部挥发掉为止。灼烧后剩余的部分物质的质量，即为固定性固体，也称为灰分，可以粗略代表水中无机物的含量。

（2）溶解性固体。溶解性固体也称为可过滤物质，可通过对过滤悬浮固体后的滤液在$103\sim105℃$温度下进行蒸发干燥后，测定残留物质的质量，就是溶解性固体。溶解性固体中包括溶解于水的无机盐类和有机物质。可用总固体减去悬浮固体的量来粗略计算，常用单位是mg/L。

（四）废水中有毒有害有机物的各种指标

常见污水中的有毒有害有机物，除了少部分（如挥发酚等）外，大部分是难以生物降解的，而且对人体还有较大危害性，如石油类、阴离子表面活性剂（LAS）、有机氯和有机磷农药、多氯联苯（PCBs）、多环芳烃（PAHs）、高分子合成聚合物（如塑料、合成橡胶、人造纤维等）、燃料等有机物。

国家综合排放标准 GB 8978—1996《污水综合排放标准》对各个行业排放的含有以上有毒有害有机物污水浓度作出了严格的规定，具体水质指标有苯并（a）芘、石油类、挥发酚、机磷农药（以 P 计）、四氯甲烷、四氯乙烯、苯、甲苯、间-甲酚等 36 项。行业不同，其排放的废水需要控制的指标也不同，应当根据各自排放的污水的具体成分，监测其水质指标是否符合国家排放标准。

1. 水中的油类

石油是由烷烃、环烷烃、芳香烃以及不饱和烃和少量硫、氮氧化合物所组成的一种复杂的混合物。水质标准中将石油类规定为保护水生生物的毒理学指标及人体感官指标，是因为石油类物质对水生生物的影响很大。当水中石油类的含量在 0.01～0.1mg/L 时，就会干扰水生生物的摄食和繁殖。因此，我国渔业水质标准规定不得超过 0.05mg/L，农灌用水标准规定不得超过 5.0mg/L，污水综合排放二级标准规定不得超过 10mg/L。一般进入曝气池的污水石油类的含量不能超过 50mg/L。

2. 水中重金属及无机性非金属有毒有害物质

常见的水中重金属及无机性非金属有毒有害物质主要有汞、镉、铬、铅及硫化物、氰化物、氟化物、砷、硒等，这些水质指标都是保证人体健康或保护水生生物的毒理学指标。国家污水综合排放标准（GB 8978—1996《污水综合排放标准》）对含有这些物质的污水排放指标作出了严格的规定。对于来水中含有这些物质的污水处理场，必须认真检测进水和二沉池出水的这些有毒有害物质的含量，以保证达标排放。一旦发现进水或出水超标，都应当立即采取措施，通过加强预处理和调整污水处理运行参数，使出水尽快达标。在常规的二级污水处理中，硫化物和氰化物是两种最常见的无机性非金属有毒有害物质水质指标。

3. 水中硫化物

硫在水中存在的主要形式有硫酸盐、硫化物和有机硫化物等，其中硫化物有 H_2S、HS^-、S_2^- 等三种形式，每种形式的数量与水的 pH 值有关，在酸性条件下，主要以 H_2S 形式存在，pH 值大于 8 时，主要以 HS^-、S_2^- 形式存在。水体中检出硫化物，往往可说明其已受到污染。某些工业尤其是石油炼制排放的污水中常含有一定量的硫化物，在厌氧菌的作用下，水中的硫酸盐也能还原成硫化物。

📛 第二节　电厂环境其他检测指标

一、厂界环境噪声检测

发电厂在生产过程中不可避免要产生设备运行声音，当这些声音妨碍人们正常休息、学习和工作，对正常的声音产生干扰，称之为噪声。噪声污染是环境污染的一种，为了保障发电厂周围居民的听力和身体健康，必须对电厂生产过程中产生的噪声进行限制。

1. 厂界

厂界指由法律文书（如土地使用证、房产证、租赁合同等）中确定的业主所拥有使用权（或所有权）的场所或建筑物边界。各种产生噪声的固定设备的厂界为其实际占地的边界。

2. 工业企业厂界环境噪声

工业企业厂界环境噪声指在工业生产活动中使用固定设备等产生的、在厂界处进行测量和控制的干扰周围生活环境的声音。

3. A声级

A声级指用A计权网络测得的声压级，用 L_A 表示，单位 dB(A)。A声级是声度计计权中的一种，计权声级反映了噪声的客观强度在人主观引起的感受，声级越高，噪声引起的危害越大。

4. 等效声级

等效连续A声级的简称，指在规定测量时间 T 内A声级的能量平均值，用 $L_{Aeq,T}$ 表示，（简写为 L_{eq}），单位 dB(A)。

5. 噪声敏感建筑物

噪声敏感建筑物指医院、学校、机关、科研单位、住宅等需要保持安静的建筑物。

6. 昼间、夜间

根据《中华人民共和国环境噪声污染防治法》，"昼间"是指 6：00～22：00 之间的时段；"夜间"是指 22：00～次日 6：00 之间的时段。

7. 频发噪声

频发噪声指频繁发生、发生的时间和间隔有一定规律、单次持续时间较短、强度较高的噪声，如排气噪声、货物装卸噪声等。

8. 偶发噪声

偶发噪声指偶然发生、发生的时间和间隔无规律、单次持续时间较短、强度较高的噪声。如短促鸣笛声、工程爆破噪声等。

9. 声环境功能区分类

按区域的使用功能特点和环境质量要求，声环境功能区分为以下五种类型：

0类声环境功能区：指康复疗养区等特别需要安静的区域。

1类声环境功能区：指以居民住宅、医疗卫生、文化教育、科研设计、行政办公为主要功能，需要保持安静的区域。

2类声环境功能区：指以商业金融、集市贸易为主要功能，或者居住、商业、工业混杂，需要维护住宅安静的区域。

3类声环境功能区：指以工业生产、仓储物流为主要功能，需要防止工业噪声对周围环境产生严重影响的区域。

4类声环境功能区：指交通干线两侧一定距离之内，需要防止交通噪声对周围环境产生严重影响的区域，包括4a类和4b类两种类型：

（1）4a类为高速公路、一级公路、二级公路、城市快速路、城市主干路、城市次干路、城市轨道交通（地面段）、内河航道两侧区域。

（2）4b类为铁路干线两侧区域。

发电厂厂界噪声限值应当按照3类声环境功能区噪声排放限值执行。

二、生产性粉尘检测

粉尘是一种能长时间浮游在空气中的固体微粒。在生产过程中形成的粉尘称为生产性粉尘。发电厂在生产过程中不可避免地要产生生产性粉尘，例如燃料系统在输煤过程中产生的煤粉颗粒物、锅炉燃烧在烟气中产生的飞灰颗粒物等。粉尘对人体健康有非常大的危害，粉尘进入人的呼吸系统时会出现呼吸道炎症，当长期大量接触粉尘会出现尘肺甚至肺癌等严重的职业性肺部疾病。因此为了保护电厂职工的身体健康，需要定期对生产性粉尘进行检测，发现异常立即处理，确保生产现场的粉尘不能超过国家规定的限值。

1. 总粉尘

总粉尘指可进入整个呼吸道（鼻、咽和喉、支气管、支气管和肺泡）的粉尘，简称总尘。

2. 呼吸性粉尘

呼吸性粉尘指按呼吸性粉尘标准测定方法所采集的可进入肺泡的粉尘粒子，其空气动力学直径均在 $7.07\,\mu m$ 以下，而且空气动力学直径为 $5\,\mu m$ 粉尘粒子的采集效率为 50%，简称呼尘。

3. 粉尘浓度

粉尘浓度指单位体积空气中所含粉尘的质量（mg/cm^3）或数量（粒/cm^3）。根据职业接触限值要求的不同，粉尘浓度可进行时间加权平均浓度（c_{WTA}）和短时间接触浓度（c_{STEL}）两种浓度的检测。

4. 游离二氧化硅

含量粉尘中含有结晶型游离二氧化硅的质量百分比。因肺部病变的轻重程度与粉尘中二氧化硅的含量有关，因此需要对粉尘中二氧化硅含量定期进行检测。

第二篇

发电厂化学监督标准

第六章

水汽监督技术标准

第一节 给水处理方式

一、发电厂热力系统需遵循的规定

（1）机组热力系统应尽量避免使用铜合金材料。新建、扩建机组高压加热器应采用合金钢管，低压、轴封加热器应采用不锈钢管。

（2）在役机组高压、低压、轴封加热器是铜合金管时，宜改造为合金钢管或不锈钢管。

（3）机组给水处理应该采用先进的工艺，降低热力系统的腐蚀产物和盐类杂质的产生、迁移和沉积，以达到消除因化学因素造成机组可利用率降低的目的。

（4）给水处理方式的选择满足 DL/T 805.4—2016《火电厂汽水化学导则 第4部分：锅炉给水处理》的要求。

二、给水加氨、联氨还原性挥发处理［AVT(R)］

（1）只有在机组为有铜给水系统时，即热力系统的高压、低压、轴封加热器含有铜合金，给水才采用 AVT(R) 的工艺。

（2）采用 AVT(R) 工艺，联氨应加在精处理（凝结水泵）出口。

（3）氨分别加在精处理（凝结水泵）出口和除氧器出口，以控制加氨后凝结水的 pH 值在 8.8～9.1，省煤器入口给水 pH 值在 9.1～9.3。

三、给水加氨弱氧化性处理［AVT(O)］

（1）AVT(O) 工艺为无铜给水系统的汽包锅炉正常运行、启动和停用期间，以及直流锅炉启动、停用期间的给水处理工艺。

（2）采用 AVT(O) 工艺，氨应主要加在精处理（凝结水泵）出口，并控制加氨后凝结水 pH 值在 9.2～9.6（凝汽器为铜合金时，pH 值在 9.1～9.4）。

（3）除氧器出口为机组启动、停用过程及机组负荷变化、凝结水加氨设备故障等情况下的辅助加氨。

四、给水加氧处理（OT）

（1）机组给水加氧处理条件和要求应满足 DL/T 805.1—2011《火电厂汽水化学导则 第1部分：锅炉给水加氧处理导则》的规定。

（2）为抑制热力系统的流动加速腐蚀，降低锅炉受热面结垢速率，直流锅炉正常运行时，给水应采用 OT 处理。

（3）亚临界机组汽包锅炉，带全流量凝结水精处理设备，机组正常运行给水可采用加氧处理。

（4）给水加氧的同时，应根据凝汽器方式和材料加入不同量氨，控制水汽系统不同的

pH 值。

（5）氨加在精处理出口，控制加氨后 pH 值大于 8.5（混合凝汽器间接空冷机组，散热器为铝管时 pH 值宜为 7.0～8.0）。

（6）氧加在精处理出口和除氧器出口，控制给水溶解氧含量为 10～150μg/L，汽包锅炉还应同时满足下降管炉水溶解氧含量小于 10μg/L 的要求。

第二节 正常运行水汽质量标准

一、水汽监督项目和检测周期

机组正常运行时主要水汽监督项目和检测周期见表 6-1。

表 6-1 热力系统水汽品质监测项目

取样点	pH 值(25℃)	氢电导率(25℃)	电导率(25℃)	溶解氧①	二氧化硅②	全铁	铜③	钠离子④	硬度	氯离子
凝结水泵出口	—	C	—	C	—	T	T	C	T	T
精除盐设备出口	—	C	C	—	C	W	W	C	—	T
除氧器入口	—	—	C	C	—	T	T	—	—	T
除氧器出口	—	—	C	C	—	T	T	—	—	T
省煤器入口	C	C	—	C	T	W	W	T	T	T
汽包炉水	C	C	—	—	C	W	W	T	T	T
下降管炉水	—	C⑤	—	C	—	—	—	—	—	—
饱和蒸汽	—	C	—	—	T	W	W	T	—	—
过热蒸汽	—	C	—	—	C	W	W	C	—	—
再热蒸汽	—	C	—	—	T	W	W	T	—	—
热网疏水	—	C	—	—	—	W	—	—	T	—
发电机内冷水	C	—	C	—	—	—	W	W	T	—

注 C 为连续监测，W 为至少每周一次监测，T 为根据实际需要定时取样监测。

① 给水采用加氧处理时，除氧器入口、下降管炉水安装在线氧表，此时除氧器出口不必安装氧表。

② 直流锅炉给水应安装硅表连续监督，可以与蒸汽共用；炉水硅表不能与蒸汽或给水共用，可与另外一台锅炉共用。

③ 凝汽器、加热器无铜时，只需检测发电机内冷水中铜。

④ 海水和高含盐量水冷却时，凝结水宜安装在线钠表，空冷机组不需要安装凝结水在线钠表。

⑤ 汽包锅炉采用加氧处理时宜连续监督下降管炉水的氢电导率。

二、蒸汽质量标准

汽包炉和直流锅炉主蒸汽质量应满足 GB/T 12145—2016《火力发电机组及蒸汽动力设备水汽质量》的规定。蒸汽质量标准应符合表 6-2 的规定。

表 6-2 蒸汽质量标准

过热蒸汽压力(MPa)	钠（μg/kg）		氢电导率(25℃，μS/cm)		二氧化硅（μg/kg）		铁（μg/kg）		铜（μg/kg）	
	标准值	期望值	标准值	期望值	标准值	期望值	标准值	期望值	标准值	期望值
>18.3	≤2	≤1	≤0.10	≤0.08	≤10	≤5	≤5	≤3	≤2	≤1

三、给水质量标准

（1）给水的硬度、溶解氧、铁、铜、钠、二氧化硅的含量和氢电导率，应符合表 6-3 的规定。

表 6-3　　　　　　　　　　　　　　　　锅炉给水质量

过热蒸汽压力（MPa）	氢电导率（25℃，μS/cm）		硬度 mol/L	溶解氧（μg/L）		铁（μg/L）		铜（μg/L）		钠（μg/L）		二氧化硅（μg/L）		Cl⁻（μg/L）	TOCi（μg/L）
	标准值	期望值	标准值	AVT(R) 标准值	AVT(O) 标准值	标准值	期望值	标准值	期望值	标准值	期望值	标准值	期望值	标准值	标准值
>18.3	≤0.10	≤0.08	—	≤7	≤10	≤5	≤3	≤2	≤1	≤2	≤1	≤10	≤5	≤1	≤200

注　加氧处理时，溶解氧指标按表 6-1 控制。

（2）当给水采用全挥发处理时，给水的调节指标应符合表 6-4 的规定。

表 6-4　　　　　　　　　　　全挥发处理给水的调节指标

锅炉过热蒸汽压力（MPa）	pH 值（25℃）	联氨（μg/L）	
		AVT(R)	AVT(O)
>5.9	8.8～9.3（有铜给水系统）或 9.2～9.6（无铜给水系统）	≤30	

注　对于凝汽器管为铜管、其他换热器管均为钢管的机组，给水 pH 值控制范围为 9.1～9.4，并控制凝结水铜含量小于 2μg/L；无凝结水精除盐装置、无铜给水系统的直接空冷机组，给水的 pH 值应大于 9.4。

（3）当给水采用加氧处理时，给水 pH 值、氢电导率、溶解氧含量应符合表 6-5 的规定。

表 6-5　　　　　加氧处理给水 pH 值、氢电导率、溶解氧的含量

pH 值（25℃）	氢电导率（25℃，μS/cm）		溶解氧（μg/L）
	标准值	期望值	
8.5～9.3	≤0.15	≤0.10	10～150 *

注　采用中性加氧处理的机组，给水的 pH 值控制在 7.0～8.0（无铜给水系统），溶解氧 50～250μg/L。

* 氧含量接近下限值时，pH 值应大于 9.0。

四、凝结水质量标准

（1）凝结水泵出口的硬度、钠和溶解氧的含量和氢电导率应符合表 6-6 的规定。

表 6-6　　　　　　　　　　　　　凝结水泵出口水质

锅炉过热蒸汽压力（MPa）	硬度（mol/L）	钠（μg/L）	溶解氧①（μg/L）	氢电导率（25℃，μS/cm）	
				标准值	期望值
>18.3	≈0	≤5b	≤20	≤0.20	≤0.15

注　凝结水有精处理除盐装置时，凝结水泵出口的钠浓度可放宽至 10μg/L。

① 直接空冷机组凝结水溶解氧浓度标准值应小于 100μg/L，期望值小于 30μg/L。配有混合式凝汽器的间接空冷机组凝结水溶解氧浓度宜小于 200μg/L。

（2）经过凝结水精处理（过滤除铁和精除盐）后的凝结水中二氧化硅、钠、铁的含量和氢电导率质量应符合表 6-7 的规定。

表 6-7   经过凝结水精处理后凝结水的水质

锅炉过热蒸汽压力（MPa）	氢电导率（25℃）（μS/cm）		钠（μg/L）		氯离子（μg/L）		铁（μg/L）		二氧化硅（μg/L）	
	标准值	期望值	标准值	期望值	标准值	期望值	标准值	期望值	标准值	期望值
>18.3	≤0.10	≤0.08	≤2	≤1	≤1	—	≤5	≤3	≤10	≤5

五、化学补给水质量标准

（1）锅炉化学补给水的质量，以不影响给水质量为标准，见表 6-8。

表 6-8   锅炉补给水质量

锅炉过热蒸汽压力（MPa）	二氧化硅（μg/L）	除盐水箱进水电导率（25℃，μS/cm）		除盐水箱出口电导率（25℃，μS/cm）	TOCi[①]（μg/L）
		标准值	期望值		
>18.3	≤10	≤0.15	≤0.10	≤0.40	≤200

① 必要时监测。对于供热机组，补给水 TOCi 含量应满足给水 TOCi 含量合格。

（2）化学补给水处理系统末级（离子交换混床或 EDI）出水水质应该满足表 6-8 的要求。

六、补给水水处理系统设备进水质量标准

（1）补给水水处理系统各设备出水水质应满足 DL/T 5068—2016《火力发电厂化学设计技术规程》的相关要求；应根据进水悬浮物的大小选择澄清池，澄清池进水悬浮物应符合表 6-9 的要求；澄清器（池）出水水质应满足下一级处理对水质的要求，澄清器（池）出水浊度正常情况下小于 5NTU，短时间小于 10NTU。

表 6-9   澄清池进水悬浮物要求

设备名称	澄清池	沉淀池或沉沙池
允许的进水悬浮物（kg/m³）	含沙量不大于 5	含沙量大于 5

（2）各类过滤器进水水质应符合表 6-10 的要求。

表 6-10   过滤器进水水质要求

项目	单位	细砂过滤器	双介质过滤器	石英砂过滤器	纤维过滤器	活性炭过滤器
悬浮物	mg/L	3~5	≤20	≤20		
浊度	NTU				≤20	≤3

注 活性炭过滤器进水余氯不宜大于 1mg/L。

（3）超/微滤装置进水宜符合表 6-11 的规定。

（4）反渗透装置要求的进水应根据所选膜的种类，结合膜厂商的设计要求，以及类似工程的经验确定。卷式复合膜的进水要求应符合表 6-12 的规定。

（5）阳、阴离子交换器的进水指标应符合表 6-13 的要求。

表 6-11   超/微滤系统的进水要求

项　　目	单　　位		进水水质
水温	℃		10～40
pH 值（25℃）			2～11
浊度	NTU	压力式	＜5
		浸没式	以膜制造商的设计导则为准

表 6-12   反渗透膜的进水要求

项　　目	单　　位	指　　标
pH 值（25℃）		4～11（运行）；2～11（清洗）
浊度	NTU	＜1.0
淤泥密度指数（SDI15）		＜5
游离余氯	mg/L	＜0.1*，控制为 0.0
铁	mg/L	＜0.05（溶氧大于 5mg/L）**
锰	mg/L	＜0.3
铝	mg/L	＜0.1
水温①	℃	5～45

① 反渗透装置的最佳设计水温宜为 20～25℃。

* 同时满足在膜寿命期内总剂量小于 1000h·mg/L。

** 铁的氧化速度取决于铁的含量、水中溶氧浓度和水的 pH 值，当 pH 值小于 6，溶氧小于 0.5mg/L 时，允许最大 Fe^{2+} 浓度为 4mg/L。

表 6-13   阳、阴离子交换器进水要求

项　　目	单位	进水指标	备　　注
水温	℃	5～45	Ⅱ型阴树脂、聚丙烯酸阴树脂的进水水温应小于 35℃
浊度	NTU	2（对流）；＜5（顺流）	
游离余氯	mg/L	＜0.1	
铁	mg/L	＜0.3*	
化学需氧量（KMnO₄法）	mg/L	＜2	对弱酸离子交换器可适当放宽

注　对于用酸再生的离子交换器，Fe^{2+} 浓度可小于 2mg/L。

* 当阳床采用硫酸作再生剂，进水钡离子含量应小于 0.2mg/L。

（6）混合离子交换器进水水质应符合表 6-14 的要求。

七、减温水质量

锅炉蒸汽采用混合减温时，其减温水质量，应保证减温后蒸汽中的钠、二氧化硅和金属氧化物的含量符合表 6-2 的规定。

八、疏水和生产回水质量

（1）疏水和生产回水的回收应保证给水质量符合表 6-3 的规定。

表 6-14 混合离子交换器进水水质要求

项 目	单 位	进 水 水 质
电导率（25℃）	μS/cm	＜10
二氧化硅	μg/L	＜100
碳酸化合物	mol/L	＜20
含盐量	mg/L	＜5

（2）热网疏水回收至除氧器时，应以不影响给水水质为前提，参考极限指标见表 6-15。

表 6-15 热网疏水回收至除氧器时水质控制指标

炉型	锅炉过热蒸汽压力（MPa）	氢电导率（25℃，μS/cm）	硬度（μmol/L）	钠离子（μg/L）	二氧化硅（μg/L）
直流锅炉	5.9~18.3	≤0.20	0	≤5	≤15
	超临界压力	≤0.20	0	≤2	≤10

（3）当换热器疏水质量超过表 6-15 的要求时，应回收至凝汽器，回收至凝汽器热网疏水水质应满足表 6-16 要求，并且凝结水应全部经过净化装置（过滤、精除盐）进行处理，精除盐的阳树脂以氢型方式运行，以保证精处理出水水质满足机组正常运行水质标准。

表 6-16 热网疏水回收至凝汽器时水质控制指标

名称	氢电导率（25℃，μS/cm）	硬度（μmol/L）		TOCi（μg/L）	全铁（μg/L）
		标准值	期望值		
疏水	≤1.0	≤2.5	≈0	—	≤100
生产回水	≤5.0	≤5.0	≤2.5	≤400	≤100

注 1. 热网疏水氢电导率大于 1.0μS/cm，钠含量大于 35μg/L，应该停运该换热器进行堵漏处理。
2. 凝结水精处理装置无精除盐时，氢电导率、硬度和钠离子指标应满足表 6-6 的要求。

（4）热网疏水回收至凝汽器经精处理仍然不能满足给水水质的要求时，应全部或部分排放；生产回水质量要求同热网疏水，并且应根据生产回水可能受到的污染情况，增加必要的监督项目，如油含量等。

九、热网首站补充水和循环水水质

（1）热网补充水水质应该达到表 6-17 的要求，氯离子浓度应满足换热器材料在运行温度下耐蚀要求。

表 6-17 热网补充水质量

总硬度（mol/L）	浊度（NTU）
＜600	＜5

（2）热网循环水宜进行缓蚀、阻垢处理，例如加入一定量的磷酸盐（磷酸三钠、三聚磷酸钠）或加氢氧化钠调节 pH 值至碱性，控制热网水的 pH 值处于 8.5~9.5。

（3）热网停运时，应该加入缓蚀阻垢剂进行保养。

十、闭式循环冷却水质量标准

闭式循环冷却水的质量可参照表 6-18 的控制。

表 6-18   闭式循环冷却水质量

材　质	电导率（25℃，μS/cm）	pH 值（25℃）
全铁系统	≤30	≥9.5
含铜系统	≤20	8.0～9.2

十一、水内冷发电机的冷却水质量标准

水内冷发电机的冷却水质量可按表 6-19 控制。

表 6-19   水内冷发电机的冷却水质量

内　冷　水	电导率（25℃，μS/cm）		溶解氧（μg/L）	铜（μg/L）		pH 值（25℃）	
	标准值	期望值		标准值	期望值	标准值	期望值
双水内冷	≤5.0	—	—	≤40	＜20	7.0～9.0	8.3～8.7
定子空心铜导线冷却水	≤2.0		—	≤20	≤10	8.0～8.9	8.3～8.7
			30			7.0～8.9	
不锈钢空心线内冷却水	0.5～1.2		—	—	—	6.5～7.5	—

十二、循环水质量

应按照 DL/T 300—2011《火电厂凝汽器管防腐防垢导则》和 GB 50050—2017《工业循环冷却水处设计规范》要求加强循环水处理系统与药剂的监督管理。

（1）应根据凝汽器管材、水源水质和环保要求，通过科学试验选择兼顾防腐、防垢的缓蚀阻垢剂和杀菌、杀生剂，确定循环水处理工况和水质控制指标，宜符合表 6-20 的规定，并提高循环水的浓缩倍率，达到节水目的。

表 6-20   工业循环冷却水质量

项　目	单　位	允　许　值
pH 值		6.8～9.5
浊度	NTU	当换热设备为板式、翅片管式、螺旋板式时小于或等于 10，否则小于或等于 20
悬浮物	mg/L	≤100
总磷	mg/L	1～3
总铁	mg/L	≤0.5
氯离子	mg/L	当碳钢、不锈钢换热设备，水走管程时，小于或等于 1000。当不锈钢换热设备，水走壳程；或传热面水侧壁温不大于 70℃；或冷却水出水温度小于 45℃时，小于或等于 700
钙硬度＋甲基橙碱度（以 $CaCO_3$ 计）	mg/L	RSI≥3.3 时小于或等于 1100；传热面水侧壁温大于 70℃时小于或等于 200
SO_4^{2+}＋Cl^-	mg/L	≤2500
游离氯	mg/L	连续式加药时为 0.1～0.3
氨氮	mg/L	≤10
石油类	mg/L	非炼油企业不大于 5
COD_{Cr}	mg/L	≤100
硅酸（以 SiO_2 计）	mg/L	≤175
$Mg^{2+} \times SiO_2$（Mg^{2+} 以 $CaCO_3$ 计）	mg/L	pH 值不大于 8.5 时小于或等于 50 000
细菌总数	个/mL	≤1×10⁵，期望值为小于或等于 1×10⁴

（2）循环水水质取样监测项目及频率应按照 DL/T 300—2011《火电厂凝汽器管防腐防垢导则》要求执行，符合表 6-21 的规定。

表 6-21   **工业循环冷却水取样监测项目及频率**

项　目	频　度	项　目	频　度
pH 值	2 次/日	游离氯	1 次/日
浊度	1 次/日	氨氮	需要时
悬浮物	1 次/周	石油类	1 次/周
总磷	1 次/日	COD_{Cr}	1 次/周
总铁	1 次/周	钙离子	2 次/日
氯离子	2 次/日	碱度	2 次/日
硬度	2 次/日	细菌总数	1 次/周
硫酸根	1 次/周	电导率	2 次/日

（3）循环冷却水微生物控制宜以氧化型杀生剂为主，非氧化型杀生剂为辅。杀生剂的品种应进行经济技术比较确定。

（4）氧化型杀生剂宜采用次氯酸钠、液氯、无机溴化物、有机氯，投加方式及投加量宜符合下列规定：

1）次氯酸钠或液氯宜采用连续投加，也可采用冲击投加。连续投加时，宜控制循环冷却水中余氯为 0.1～0.5mg/L；冲击投加时，宜每天投加 1～3 次，每次投加时间宜控制水中余氯 0.5～1.0mg/L，保持 2～3h。

2）无机溴化物宜经现场活化后连续投加。循环冷却水的余溴浓度宜为 0.2～0.5mg/L（以 Br_2 计）。

（5）非氧化型杀生剂应具有高效、低毒、广谱、pH 值适用范围宽，与阻垢剂、缓蚀剂不相互干扰，易于降解，使生物黏泥易于剥离等性能。非氧化型杀生剂宜选择多种交替使用。

（6）循环冷却水的阻垢缓蚀处理药剂配方宜经动态模拟试验和技术经济比较确定，或根据水质和工况条件相类似的工厂运行经验确定。阻垢缓蚀药剂应选择高效、低毒、化学稳定性及复配性能良好的环境友好型水处理药剂，当采用含锌盐药剂配方时，循环冷却水中的锌盐含量应小于 2.0mg/L（以 Zn^{2+} 计）。

（7）机组在检修或停运时，停机前应降低循环水运行水位，进行彻底的杀菌处理。对于用氯系作杀菌灭藻剂的机组，应提高循环水中余氯含量至高限，并维持直至停机；对于采用非氧化型杀菌灭藻剂的机组，应一次性投加高限剂量的杀菌灭藻剂。机组停机一周以上，应将凝汽器放水、风干。

十三、补充水质量

当补充水为中水时应按照 DL/T 300—2011《火电厂凝汽器管防腐防垢导则》和 GB/T 19923—2005《城市污水再生利用　工业用水水质》要求加强水质监督工作。

中水作为补充水时水质指标应符合表 6-22 要求。

表 6-22   中水水质质量标准

项 目	单 位	允 许 值
pH 值		6.5～8.5
浊度	NTU	≤5
悬浮物	mg/L	—
总磷	mg/L	1
总铁	mg/L	≤0.3
氯离子	mg/L	≤250
总碱度（以 $CaCO_3$ 计）	mg/L	≤350
总硬度（以 $CaCO_3$ 计）	mg/L	≤450
游离氯	mg/L	0.05
氨氮	mg/L	≤10
石油类	mg/L	≤1
COD_{Cr}	mg/L	≤60
BOD_5	mg/L	≤10
硫酸盐	mg/L	≤250
溶解性总固体	mg/L	≤1000

🏭 第三节　水汽质量劣化处理

一、水汽质量劣化处理原则

当水汽质量劣化时，应迅速检查取样的代表性、化验结果的准确性，并综合分析系统中水、汽质量的变化，确认水汽质量劣化无误后，应按三级处理原则执行。三级处理值的含义为：

（1）一级处理：有因杂质造成腐蚀、结垢、积盐的可能性，应在 72h 内恢复至相应的标准值。

（2）二级处理：肯定有因杂质造成腐蚀、结垢、积盐的可能性，应在 24h 内恢复至相应的标准值。

（3）三级处理：正在发生快速腐蚀、结垢、积盐，如果 4h 内水质不好转，应停机。

在异常处理的每一级中，如果在规定的时间内尚不能恢复正常，则应采用更高一级的处理方法。

在采取措施期间，可采用降压、降负荷运行的方式，使其监督指标处于标准值的范围内。

二、凝结水（凝结水泵出口）水质异常处理

凝结水水质异常时的处理值见表 6-23。

三、直流锅炉凝汽器泄漏处理措施：

（1）循环水电导率大于 1000μS/cm 的湿冷机组宜安装并连续投运凝汽器检漏设备，检漏设备应能同时检测每侧凝汽器的氢电导率。

表 6-23 凝结水水质异常时的处理值

项 目	精处理设备	标准值	处理等级		
			一级	二级	三级
氢电导率 （25℃，μS/cm）	有精除盐	≤0.30*	>0.30*	—	—
	无精除盐	≤0.30	>0.30	>0.40	>0.65
钠**（μg/L）	有精除盐	≤10	>10	—	—
	无精除盐	≤5	>5	>10	>20

* 主蒸汽压力大于 18.3MPa 的直流锅炉，凝结水氢导电度标准值为不大于 0.2μS/cm，一级处理为大于 0.2μS/cm。

** 用海水或苦咸水冷却的电厂，当凝结水中的含钠量大于 400μg/L，应紧急停机。

（2）一旦发现凝汽器泄漏，应确认凝结水精处理旁路门全关，全部凝结水经过精处理进行处理，并且阳树脂以氢型方式运行，以使给水氢电导率满足标准值。

（3）凝结水氢电导率或钠含量达到一级处理值时，应观察检漏装置显示的氢电导率和手工分析相应钠含量，分析判断哪侧凝汽器泄漏，并通过加锯末等办法进行堵漏。

（4）凝结水氢电导率或钠含量达到二级处理值时，并且凝汽器检漏装置检测某一侧凝汽器氢电导率大于 1.0μS/cm，应该申请降负荷凝汽器半侧查漏。

（5）凝结水氢电导率或钠含量达到三级处理值时，应立即降负荷凝汽器半侧查漏。

（6）用海水或电导率大于 5000μS/cm 苦咸水冷却的电厂，当凝结水中的含钠量大于 400μg/L 或氢电导率大于 10μS/cm，并且给水氢电导率大于 0.5μS/cm 时，应紧急停机。

（7）处理过泄漏凝结水的精处理树脂，应该采用双倍剂量的再生剂进行再生。

四、锅炉给水水质异常处理

锅炉给水水质异常的处理，应按表 6-24 执行。

表 6-24 锅炉给水水质异常时的处理值

项 目	前提条件	标准值	处理等级		
			一级	二级	三级
pH（25℃）*	无铜给水系统**	9.2～9.6	<9.2	—	—
	有铜给水系统	8.8～9.3	8.8 或大于 9.3	—	—
氢电导率（25℃，μS/cm）	无凝结水精除盐	≤0.30	>0.30	>0.40	>0.65
	有凝结水精除盐	≤0.15	>0.15	>0.20	>0.30
溶解氧（μg/L）	还原性全挥发处理	≤7	>7	>20	—

* 直流锅炉给水 pH 值低于 7.0，按三级处理。

** 凝汽器管为铜管、其他换热器管均为钢管的机组，给水 pH 值为 9.1～9.4，则一级处理值小于 9.1 或大于 9.4。采用加氧处理的机组（不包括采用中性加氧处理的机组），一级处理值为 pH 值小于 8.5。

五、主蒸汽品质异常处理

目前对主蒸汽品质的异常处理尚无处理标准，部分汽轮机厂家对主蒸汽品质有明确要求，这里根据上海汽轮机西门子公司（以下简称"上汽"）生产的 1000MW 汽轮机说明书给出参考值，见表 6-25。

表 6-25　　　主蒸汽品质异常时的处理值（上汽西门子 1000MW 机组建议值）

项　目	一级处理值	二级处理值	三级处理值	厂家建议紧急停机值
氢电导率（25℃，μS/cm）	≥0.2～0.35	0.35～0.5	0.5～1.0	≥1.0
钠（μg/kg）	5～10	10～15	15～20	≥20
二氧化硅（μg/kg）	10～20	20～40	40～50	≥50
铁（μg/kg）	20～30	30～40	40～50	≥50
单次连续运行时间（h）	≤100	≤24	≤4	0
每年累计时间（h）	≤2000	≤500	≤80	0

第四节　停（备）用机组启动阶段水汽品质净化措施和标准

一、一般要求

（1）机组启动过程应严格按照 GB/T 12145—2016《火力发电机组及蒸汽动力设备水汽质量》和 DL/T561—2013《火力发电厂水汽化学监督导则》的规定进行冷态、热态冲洗，做到给水质量不合格，锅炉不点火；蒸汽质量不合格，汽轮机不冲转、并网；疏水质量不合格，不回收。

（2）安装了凝结水精处理装置的机组，在启动过程中应尽早投运，以净化启动过程水汽品质，缩短启动时间，节约冲洗用水。机组检修后冷态启动，应进行凝汽器汽侧灌水查漏，长期备用机组冷态启动宜进行凝汽器汽侧灌水查漏。

（3）凝汽器灌水查漏用水宜加氨调整 pH 值至无铜给水系统 9.2～9.6，有铜给水系统 9.0～9.3。可采用加氨方法：凝汽器补水管调节阀前安装一个加氨点；启动凝结水泵建立自循环，利用凝结水加氨设备加氨；其他临时措施加氨。

（4）冷态冲洗应按热力系统热力设备前后顺序（凝汽器、低压给水系统、高给水和锅炉本体）进行分段冲洗，前段水汽品质合格才进行后段冲洗。

二、直流锅炉机组启动阶段水汽品质净化措施和标准

1. 冷态启动过程水汽品质净化措施和标准

（1）机组启动过程低压系统开路及循环冲洗：

1）当凝结水泵启动向除氧器上水时，必须投运前置过滤器，当铁含量小于 1000μg/L 时，投运精除盐装置。

2）投运精处理出口加氨，使出水 pH 值为 9.2～9.6（凝汽器为铜合金时 pH 值为9.1～9.4），开始低压系统上水冲洗。

3）凝结水泵出水质量满足表 6-26 时低压系统循环冲洗合格，进入高压系统冲洗。

表 6-26　　　　　　凝结水泵出水（分析周期 30min）

外　观	硬度（μmol/L）	浊度（NTU）	全铁（μg/L）	二氧化硅（μg/L）
无色透明	≤5	≤3	≤200	≤200

（2）高压系统开路及循环冲洗：

1）锅炉上水至分离器正常水位。

2）冲洗至分离器排水铁含量小于 $1000\mu g/L$，分离器停止排水，进行循环冲洗，并启动炉水循环泵，投除氧器辅助蒸汽加热。

3）高压系统循环合格水质指标见表 6-27。

表 6-27　　　　　　　　　　高压系统循环合格水质指标

取样点	外观	硬度（μmol/L）	氢电导率（25℃，μS/cm）	全铁（μg/L）	二氧化硅（μg/L）
省煤器入口给水	清澈	≈0	≤0.5	≤50	≤30
启动分离器储水箱排水	清澈	≤5	—	≤100	≤100

（3）锅炉启动时的给水水质控制标准：

1）锅炉启动时给水水质应该满足表 6-28 的要求，在热启动时 2h 内、冷启动时 8h 内应达到正常运行指标。

表 6-28　　　　　　　　　　锅炉启动时给水水质标准

炉型	锅炉过热蒸汽压力（MPa）	氢电导率（25℃，μS/cm）	二氧化硅（μg/L）	全铁（μg/L）	硬度（μmol/L）
直流锅炉	—	≤0.50	≤30	≤50	～0

2）直流锅炉热态冲洗合格后，启动分离器水中全铁和二氧化硅含量均应小于 $100\mu g/L$。

3）机组启动时，无凝结水精处理装置的机组，凝结水应排放至满足锅炉启动时给水水质标准方可回收。有凝结水处理装置的机组，凝结水的回收质量应符合表 6-29 的规定，处理后的水质应满足给水要求。

表 6-29　　　　　　　　　　机组启动时凝结水回收标准

凝结水处理形式	外观	硬度（μmol/L）	钠（μg/L）	二氧化硅（μg/L）	全铁（μg/L）	铜（μg/L）
过滤	无色透明	≤5.0	≤30	≤80	≤500	≤30
精除盐	无色透明	≤5.0	≤80	≤200	≤1000	≤30
过滤＋精除盐	无色透明	≤5.0	≤80	≤200	≤1000	≤30

4）机组启动时，应监督疏水质量。疏水回收至除氧器时，应确保给水质量符合锅炉启动时给水水质标准要求。

5）有凝结水处理装置的机组，疏水铁含量不大于 $1000\mu g/L$ 时，可回收至凝汽器。锅炉点火后，应每 30min 检测分离器排水铁含量，当铁含量大于 $1000\mu g/L$ 时，分离器排水不回收；小于 $1000\mu g/L$，可回收至凝汽器。

（4）锅炉点火热态冲洗要求和水质标准：

1）锅炉点火热态冲洗时应维持水冷壁出水温度稳定在 $150\sim170℃$。

2）热态冲洗至分离器排水水质满足表 6-30 的要求即为合格。

表 6-30　　　　　　　　　　启动分离器储水箱排水质量

外　观	全铁（μg/L）	二氧化硅（μg/L）
无色透明	≤100	≤30

（5）机组启动至稳定运行阶段的水汽监督标准：

1）机组启动给水水质指标：

a. 锅炉热态冲洗结束后，进行升温升压，根据水样情况逐步投运在线化学仪表，给水控制指标见表 6-28。

b. 启动后给水指标应在 8h 内达到规定标准值，见表 6-31，分析周期 1h。

表 6-31 汽轮机冲转前给水标准

项　目	控 制 标 准						
	pH 值 （25℃）	硬度 （μmol/L）	氢电导 （μS/cm）	溶氧 （μg/L）	全铁 （μg/L）	SiO₂ （μg/L）	钠 （μg/L）
省煤器进口	9.2～9.6	—	≤0.5	≤30	≤50	≤30	—

2）蒸汽质量控制标准：汽轮机冲转前主蒸汽标准见表 6-32，当主蒸汽参数达到表 6-32 的要求时，可以进行汽轮机冲转，并在机组并网后 8h 内应达到表 6-32 规定标准值。

表 6-32 汽轮机冲转前主蒸汽标准

炉型	锅炉过热蒸汽压力 （MPa）	氢电导率 （25℃，μS/cm）	二氧化硅 （μg/kg）	全铁 （μg/kg）	铜 （μg/kg）	钠离子 （μg/kg）
直流锅炉	—	≤0.50	≤30	≤50	≤15	≤20

（6）高压加热器疏水回收标准：高压加热器疏水回收至除氧器质量标准见表 6-33，高压加热器疏水满足表 6-33 要求后回收至除氧器，否则回收至凝汽器。

表 6-33 高压加热器疏水回收至除氧器质量标准

外观	氢电导率（25℃，μS/cm）	全铁（μg/L）	二氧化硅（μg/L）	钠（μg/L）
无色透明	≤0.5	≤20	≤30	≤5

2. 热态启动过程水汽品质净化措施和标准

（1）热态启动时，凝结水精处理装置（过滤器和除盐设备）应投入运行，以净化凝结水品质。

（2）热态启动，给水、炉水和蒸汽品质净化措施和标准按本节中机组启动至稳定运行阶段的水汽监督标准执行。

第七章

燃料监督技术标准

第一节　燃煤质量化学监督

一、燃煤采、制、化基本要求

（1）发电厂应建立燃煤采、制、化管理制度，体制上实现采、制、化部门和人员的有效分离。采、制、化流程采用条码、加密电子标签、射频识别芯片或其他信息识别技术对煤样进行标识、编码、分类进行管理，入厂与入炉煤样宜进行混编，并制定有效的防舞弊措施。

（2）厂内工业电视监控系统应涵盖燃煤采、制、化管理全过程，做到无死角、无盲点。采样机间、制样室、化验室等关键部位应采用多角度固定摄像。

（3）建立指纹门禁或人脸识别系统，系统应涵盖燃煤采样间、制样室、化验室和存样室。

（4）采、制、化场地宜集中布置，减少煤样的流转过程，采制化环境不应受到风雨、热源、光源以及外界尘土影响，采制化作业区应与办公区域严格分隔。

（5）燃煤制样、化验采用先进仪器和设备，化验仪器设备应具备数据输出功能，可实现煤样化验数据自动生成上传，无人工干预，数据准确可靠。

（6）检质设备应符合国标要求，按规定周期定期由具资质机构进行检定，检定合格后方可使用。

（7）燃煤采、制、化岗位人员应经过专门的技术培训，并持有有效的操作证书或岗位资格证书，持证上岗率达到100%。应建立燃煤采、制、化主要岗位从业人员岗位不定期轮换制度，并积极组织实施。

二、燃煤采、制、化的设备管理

（1）公司应建立和健全燃煤检质设备管理制度，并建立三级管理网络，明确管理分工、职责，确保检质工作的"公平、公正、公开"。设备归口管理部门应负责检质设备的维护和管理，对设备检质结果的正确性和数据的可靠性负责。设备使用班组和部门应建立检质设备的清册、台账及运行、维护、校验、检定台账或记录，实时更新和维护。设备使用部门应将设备清册报设备监督管理部门，设备监督管理部门负责对设备维护、定期校验和使用状况进行监督。检质设备在投运前应检定其精度是否合格，使用过程中应按国家标准要求定期进行校验，确保设备在检定合格证书有效期内使用。

（2）应建立检质设备故障应急响应机制，一旦设备故障，能及时恢复运行或者切换至备用设备，禁止在检质设备不能投入的情况进行入厂煤接卸和入炉煤配送加仓工作（应急情况除外，如锅炉严重缺煤，但需采取相应补救措施）。

（3）入厂、入炉煤应实现机械化采样。新安装的机械化采样设备必须经过权威第三方试验合格后方可使用，机械化采样设备整机精密度应满足 GB/T 19494.1—2004《煤炭机械化采样 第 1 部分：采样方法》和 DL/T 747—2010《发电用煤机械采制样装置性能验收导则》的要求，且无实质性偏倚；机械化采样设备运行 2 年后应重新检验其精密度和偏倚情况，精密度和偏倚试验合格后方可继续使用。

（4）机械化采样设备与输煤系统应具有联锁保护并运行可靠，入厂煤机械化采样器投入率 100％，入炉煤机械化采样器投入率大于 98％。

（5）机械化采样间应封闭完好，制样间环境、设施应满足 GB 474—2008《煤样的制备方法》及 DL/T 520—2007《火力发电厂入厂煤检测实验室技术导则》的要求。机械化采样间和制样间应安装性能良好的除尘设备。

（6）制样间配备的破碎缩分联合制样机、各级破碎机以及缩分器投入使用之前必须经过验收并满足 DL/T 747—2010《发电用煤机械采制样装置性能验收导则》的要求，所制备的煤样水分整体损失率小于 0.5％，设备整机精密度为 ±1％，无实质性偏倚。联合制样机使用 2 年后应重新检验精密度和偏倚情况，精密度和偏倚试验合格后方可继续使用。人工制样所用的缩分器在投入使用前，必须进行精密度检验，精密度合格后方可投入使用。人工制样所用的筛子，必须经有资质单位检验合格后方可使用，使用后也应定期检验。制样间至少配备两套制样设备，一套运行一套备用。

（7）单项化验设备至少配备两套，一台运行一台备用。整个煤化验室应当划分为：天平室、条码煤样接收区域、检验用气体存放区域、全水分测定区域、工业分析区域、元素分析区域、发热量测定区域、灰熔溶特性试验区域、煤样贮存区域。

三、燃煤的检质管理

1. 入厂煤的检质

（1）凡进入电厂的燃煤，根据铁路、汽车不同运输方式分别按列、车进行质量验收，批次的划分须符合 GB/T 475—2008《商品煤样人工采取方法》的规定，检质率达到 100％，准确率达到 100％。

（2）采样。入厂煤采样应采用机械化采样方式，并严格按照 GB/T 19494.1—2004《煤炭机械化采样 第 1 部分：采样方法》的规定执行；机械自动采样装置运行参数、启停操作、收存样有详细记录，确保煤样的代表性和安全性；煤样样品包装过程应现场进行，要求必须严密、安全。电厂应严格按照 GB/T 475—2008《商品煤样人工采取方法》和 DL/T 569《汽车、船舶运输煤样的人工采取方法》制定人工采样方案，并制定相应管理制度，明确人工采样方式适用的条件、申报流程、操作要求等。

（3）制样。煤样的制备应采用破碎缩分联合制样机或密封式制样机制样，制样过程严格按照 GB/T 474—2008《煤样的制备方法》和 GB/T 19494.2—2004《煤炭机械化采样 第 2 部分：煤的制备》规定执行；煤样的制备严格遵循"单进单出"的原则，防止煤样污染；煤样样品包装应严密、安全。

（4）煤样。应建立完善的煤样取、送、存、毁等环节监督管理制度，各环节管理有序可控，每个环节工作应由 2 人及以上人员进行。煤样转运应采用专用车辆，并严格沿着指定的工业监控系统覆盖的路线转运煤样，车辆应使用监控摄像及行驶记录仪对整个煤样转运过程实施监控。

（5）全水分煤样。全水分煤样须及时制备，煤样可根据需要单独制备或在制备分析煤样过程中分取,煤样应包装严密并进行称重。煤样制备完成后及时送至化验室,化验室收到煤样后应核实煤样重量并立即进行化验,如收到煤样有水分损失应按 GB/T 211—2017《煤中全水分的测定方法》规定对化验结果进行水分修正或说明。

(6)化验。化验室操作要严格按照 GB/T 483—2007《煤炭分析试验方法一般规定》和 DL/T 520—2007《火力发电厂入厂煤检测实验室技术导则》的规定执行,煤质化验项目按表 7-1 标准执行。煤质化验数据应自动采集并上传到燃料全过程数字化动态管理系统。

表 7-1 常用煤质化验标准

化验项目	执 行 标 准	化验项目	执 行 标 准
全水分	GB/T 211—2017《煤中全水分的测定方法》	发热量	GB/T 213—2008《煤的发热量测定方法》
工业分析	GB/T 212—2008《煤的工业分析方法》	碳氢	GB/T 476—2008《煤中碳和氢的测定方法》
全硫	GB/T 214—2007《煤中全硫的测定方法》	灰熔点	GB/T 219—2008《煤灰熔融性的测定方法》

(7)建立健全入厂煤检质台账,其至少包括煤样采集、制备、化验、各环节交接以及煤样管理的记录,台账记录应完整清楚。要建立完善的存查样、仲裁样管理制度,存查样、仲裁样的保存与提取做到"有章可循",煤样的封存时间不低于 2 个月。

2. 入炉煤的检质

(1)电厂应在入炉煤皮带输送系统合适位置配备机械采样装置,并与输煤系统联锁。机械自动采样装置运行参数、启停操作、收存样应有详细记录,确保煤样的代表性和安全性。入炉煤检质率要求 100%,准确率 100%。

(2)入炉煤煤样制备、化验与入厂煤样同等要求。

(3)入炉煤检质数据应自动采集并传送燃料全过程数字化动态管理系统。

(4)电厂负责燃料监督的专工,每月应对入厂煤、入炉煤的备查样进行抽查,抽查数量不少于备查样的 5%,并应建立抽查台账。

四、燃煤的检测项目及周期

1. 入厂煤检测项目及周期

(1)入厂煤煤样应按批次进行工业分析、全水分、发热量、全硫及氢值的化验。

(2)对新煤种,应增加煤灰熔融性、可磨性系数、煤灰成分及其元素等项目的分析化验,以确认该煤种是否适用于本厂锅炉的燃烧。

(3)检测项目及周期,见表 7-2。

(4)必要时可根据生产需求进行非常现项目的分析。

2. 入炉煤检测项目及周期

(1)入炉煤应以每天的上煤量作为一个采样单元进行分析化验。有条件的电厂宜以每班(值)、单元(炉)的上煤量作为一个采样单元,并以当天每班(值)加权平均值(以每班上煤量进行加权)作为当天的化验值。

(2)全水分煤样宜每班(值)采制并及时分析化验,以当天每班(值)加权平均值(以每班上煤量进行加权)作为当天全水分值。

表 7-2   入厂煤检测项目及周期

检测项目	采、制样	全水分	固有水分	灰分①	挥发分	热值	非常规项目②
检测周期	车车采样 批批制样	批批化验						生产需要时测定
检测项目	硫		碳、氮、氢	灰熔点	样品贮存	审核及数据处理	
检测周期	批批化验		每半年	根据需要随 时测定	每个样品保留 两个月以上	每次检测 结束进行	

① 如测定浮煤挥发分时，应增加浮煤检测项目。

② 非常现项目：灰熔点、可磨系数、灰比电阻、煤着火温度、煤燃烧分布曲线、煤燃尽特性、煤着火稳定性和煤冲刷磨损性试验。

（3）飞灰可燃物至少每天进行一次测定，煤粉细度、炉渣可燃物可根据需要进行测定。

（4）应定期对入炉煤进行全分析，分析项目应包括常规分析项目和根据需要测定的非常规分析项目。

（5）检测项目及周期，见表 7-3。

表 7-3   入炉煤、飞灰可燃物检测项目及周期

检测项目	全水分	工业分析	发热量	硫、氢	飞灰可燃物	炉渣	煤粉细度	非常规项目①
检测周期	每天或 每班（值）	1 天（24h）	1 天（24h）	1 天（24h）	1 天（24h）	根据需 要测定	依燃烧、磨煤 机工况确定	定期及 生产需要
数据处理	1 天加权平均值							

① 非常规项目：元素分析、灰成分、灰熔点、可磨系数、灰比电阻、煤着火温度、煤燃烧分布曲线、煤燃尽特性煤着火稳定性和煤冲刷磨损性试验。

五、仪器设备的定期检定

（1）燃煤监督使用的仪器和设备应按规定定期由具备资质的机构进行检验、检定，合格后方可使用。

（2）入厂、入炉煤机械化采样装置的定期检定工作应按照 GB/T 19494.3—2004《煤炭机械化采样 第 3 部分：精密度测定和偏倚试验》和 DL/T 747—2010《发电用煤机械采制样装置性能验收导则》要求进行，每 2 年检定一次，设备大修或更换关键部件后应进行检定。

（3）天平、水分仪、工业分析仪、测硫仪、量热仪、元素分析仪、马弗炉、干燥箱等化验设备每年检定一次（量热仪的氧弹使用 2 年检定一次），量热仪的热容量每季标定一次。

（4）根据化验仪器设备性能，定期使用标准煤样（量热仪可使用量热标准苯甲酸）进行校正，以确保其准确性。每台化验仪器设备每月至少进行一次校正。

六、入厂煤质量验收的允许差（界定值）

（1）入厂煤质量验收应按 GB/T 18666—2014《商品煤质量抽查和验收方法》执行。

（2）对同一批煤的验收，以其干基高位发热量（或干基灰分），干基全硫作为质量评定指标。批煤验收的各项质量评定指标允许差见表 7-4 和表 7-5。

（3）单项质量指标评定。

1）卖方提供报告值的评定。当电厂和出卖方分别对同一批煤采样、制样和化验时，如

出卖方的报告值（测定值）和电厂的检验值的差值满足下述条件，则该项质量指标评为合格；否则评为不合格。

a. 灰分（A_d）：（报告值－检验值）大于或等于表7-4中的规定值。

b. 发热量（$Q_{gr,d}$）：（报告值－检验值）小于或等于表7-4中的规定值。

c. 全硫（$S_{t,d}$）：（报告值－检验值）大于或等于表7-5中的规定值。

2）有贸易合同约定值或产品标准（或规格）规定值的评定：以合同约定值或产品标准（或规格）规定值和电厂检验值按1）规定进行评定，但各项指标的实际允许差按下式修正：

$$T = T_0 \times \sqrt{2}$$

式中　T——实际允许差，%或 MJ/kg；

　　　T_0——规定的允许差，%或 MJ/kg。

3）出卖方既提供报告值又有合同约定值的评定：分别按本条之1）、2）进行评定。

七、批煤质量评定

（1）以灰分计价者，干基灰分和干基全硫都合格，该批煤质量评为合格；否则该批煤质量评为不合格。

（2）以发热量计价者，干基高位发热量和干基全硫都合格，该批煤质量评为合格；否则该批煤质量评为不合格。

八、批煤质量争议解决办法

电厂和出卖方的报告值超出表7-4和表7-5中规定的允许差时，如双方协商不能解决，则应按以下两种方式解决，此时电厂应将收到的该批煤单独存放。

（1）双方共同对电厂收到的批煤进行采样、制样和化验，以共同检验结果进行验收。

（2）双方请共同认可的第三公正方对电厂收到的批煤进行采样、制样和化验并以此检验结果进行验收。

表 7-4　　　　　　　　　　　灰分和发热量允许差

煤的品种	灰分（以检验值计）A_d（%）	允许差（报告值－检验值）	
		ΔA_d（%）	$\Delta Q_{gr,d}$（MJ/kg）
原煤和筛选煤	20.00～40.00	−2.82	+1.12
	10.00～20.00	$-0.141A_d$	$+0.056A_d$
	<10.00	−1.41	+0.56
非冶炼用精煤	—	−1.13	按原煤、筛选煤计
其他洗煤	—	−2.12	

注　1. 检验值是指检验单位按国家标准方法对被检验批煤进行采样、制样和化验所得的煤炭质量指标值。报告值是指被检验单位出具的被检验批煤质量指标值。

　　2. ΔA_d为灰分（干燥基）允许差；$\Delta Q_{gr,d}$为发热量（干燥基高位）允许差。

表 7-5　　　　　　　　　　　全硫允许差

煤的品种	全硫（以检验值计）$S_{t,d}$（%）	允许差（报告值－检验值）（%）
除冶炼用精煤外其他煤	<1.00	−0.17
	1.00～2.00	−0.17
	2.00～3.00	−0.34

第二节 燃油质量化学监督

一、燃油的质量：

（1）锅炉用燃油应满足 GB 25989—2010《炉用燃料油》的技术要求，见表 7-6。

表 7-6　　　　　　　　　　　　　　　锅炉用燃油技术要求

项　目		馏分型		残渣型				试验方法
		F-D1	F-D2	F-R1	F-R2	F-R3	F-R4	
运动黏度（mm²/s）	40℃	≤5.5	5.5～24.0	—	—	—	—	GB/T 265—1988《石油产品运动粘度测定法和动力粘度计算法》 GB/T 11137—1989《深色石油产品运动粘度测定法（逆流法）和动力粘度计算法》
	100℃	—	—	5.0～15.0	15.0～25.0	25.0～50	50～185	
闪点（℃）	闭口	≥55	≥60	≥80	≥80	≥80	—	GB/T 261—2008《闪点的测定 宾斯基-马丁闭口杯法》
	开口	—	—	—	—	—	≥120	GB/T 267—1988《石油产品闪点与燃点测定法（开口杯法）》
硫含量（质量百分数，%）		≤1.0	≤1.5	≤1.5	≤2.5	≤2.5	≤2.5	GB/T 17040—2019《石油和石油产品中硫含量的测定 能量色散X射线荧光光谱法》 GB/T 387—1990《深色石油产品硫含量测定法（管式炉法）》
水和沉淀物（体积百分数，%）		≤0.50	≤0.50	≤1.00	≤1.00	≤2.00	≤3.00	GB/T 6533—2012《原油中水和沉淀物的测定 离心法》
灰分（质量百分数，%）		≤0.05	≤0.10	报告	报告	报告	报告	GB/T 508—1985《石油产品灰分测定法》
酸值（以KOH计，mg/g）		报告		≤2.0				GB/T 7304—2014《石油产品酸值的测定 电位滴定法》
馏程（250℃回收体积百分数，%）		—		报告				GB/T 6536—2010《石油产品常压蒸馏特性测定法》
倾点（℃）		报告						GB/T 3535—2006《石油产品倾点测定法》

项　　目	馏分型		残渣型				试验方法
	F-D1	F-D2	F-R1	F-R2	F-R3	F-R4	
密度（20℃，kg/m³）	报告						GB/T 1884—2000《原油和液体石油产品密度实验室测定法（密度计法）》GB/T 1885—1998《石油计量表》
水溶性酸或碱	报告						GB/T 259—1988《石油产品水溶性酸和碱测定法》

（2）普通轻柴油应满足 GB 252—2015《普通柴油国家标准》的要求，见表 7-7。

表 7-7　　　　　　　　　　普通柴油技术要求和试验方法

项　　目	5 号	0 号	−10 号	−20 号	−30 号	−50 号	试验方法
色度（号）	≤3.5						GB/T 6540—1986《石油产品颜色测定法》
氧化安定性（以总不溶物计，mg/100mL）	≤2.5						SH/T 0175—2004《馏分燃料油氧化安定性测定法（加速法）》
硫含量（mg/kg）	≤0.035						SH/T 0689—2000《轻质烃及发动机燃料和其他油品的总硫含量测定法（紫外荧光法）》
酸度（以 KOH 计，mg/100mL）	≤7						GB/T 258—2016《轻质石油产品酸值测定法》
10%蒸余物残炭（质量分数,%）	≤0.3						GB/T 268—1987《石油产品残炭测定法（康氏法）》
灰分（质量分数,%）	≤0.01						GB/T 508—1985《石油产品灰分测定法》
铜片腐蚀（50℃，3h）	≤1 级						GB/T 5096—2017《石油产品铜片腐蚀试验法》
水分（体积分数,%）	痕迹						GB/T 260—2016《石油产品水含量的测定 蒸馏法》
机械杂质	无						GB/T 511—2010《石油和石油产品及添加剂机械杂质测定法》
运动黏度（20℃，mm²/s）	3.0～8.0		2.5～8.0		1.8～7.0		GB/T 265—1988《石油产品运动粘度测定法和动力粘度计算法》

项　目	5 号	0 号	－10 号	－20 号	－30 号	－50 号	试验方法
凝点（℃）	≤5	≤0	≤－10	≤－20	≤－35	≤－50	GB/T 510—2018《石油产品凝点测定法》
冷滤点（℃）	≤8	≤4	≤－5	≤－14	≤－29	≤－44	NB/SH/T 0248—2019《柴油和民用取暖油冷滤点测定法》
闪点（闭口）（℃）	≥55				≥45		GB/T 261—2008《闪点的测定 宾斯基-马丁闭口杯法》
着火性（应满足下列要求之一） 十六烷值 十六烷指数	≥45 ≥3						GD/T 386—2010《柴油 十六烷值测定法》 SH/T 0694—2000《中间馏分燃料十六烷指数计算法（四变量公式法）》
馏程 50％ 回收温度（℃）	≤300						GB/T 6536—2010《石油产品常压蒸馏特性测定法》
馏程 90％ 回收温度（℃）	≤355						
馏程 95％ 回收温度（℃）	≤365						
润滑性 校正磨痕直径（60℃，μm）	≤460						SH/T 0765—2005《柴油润滑性评定法（高频往复试验机法）》
密度（20℃，kg/m³）	报告						GB/T 1884—2000《原油和液体石油产品密度实验室测定法（密度计法）》 GB/T 1885—1998《石油计量表》
脂肪酸甲酯（体积分数，％）	≤1.0						GB/T 23801—2009《中间馏分油中脂肪酸甲酯含量的测定 红外光谱法》

二、燃油的质量监督

（1）电厂应做好入厂燃油油种的鉴别和质量验收，防止不合格的油品入库。

（2）燃油的采样应按照 GB/T 4756—2015《石油液体手工取样法》执行。

（3）常用油种每年至少进行元素分析二次，新油种应进行黏度、闪点、密度、含硫量、水分、机械杂质、灰分、凝固点、热值测定及元素分析。常用燃油和新燃油的检测项目及检测周期见表 7-8。

表 7-8　　　　　　　　进厂新燃料重油检测项目及周期

检测项目	黏度	闪点	密度	硫分	水分	元素分析
检测周期	每月 2～3 次					一年 2 次

（4）入厂轻油（柴油）的检测项目及周期见表 7-9。

表 7-9   入厂轻油（柴油）检测项目及周期

检测项目	黏度	闪点	密度	硫分	水分	元素分析
检测周期	进厂采样化验					

注　每种新燃油源还需测定黏度与温度的关系曲线。

（5）测定各种燃油不同温度时的黏度，绘制黏度-温度特性曲线，以满足燃油加热及雾化的要求；每批、每罐测定燃油热值，对燃用含硫量较高的渣油、重油或发现锅炉受热面腐蚀、积垢较多时，应进行必要的测试或油种鉴别，以便采取对策。

第八章

油（气）监督技术标准

🏭 第一节　电力用油的取样

（1）电力用油的取样的工具，取样部位，取样方法，样品的标识、运输和保存应满足 GB/T 4756—2015《石油液体手工取样法》、GB/T 7597—2007《电力用油（变压器油、汽轮机油）取样方法》、GB/T 14541—2017《电厂用矿物涡轮机油维护管理导则》、GB/T 14542—2017《变压器油维护管理导则》、DL/T 571—2014《电厂用磷酸酯抗燃油运行维护导则》的相关要求。

（2）新油取样：油桶、油罐或槽车中的油样均应从污染最严重的底部取出，必要时可抽查上部油样。

（3）电气设备中取样变压器、油开关或其他充油电气设备，应从下部阀门处取样（制造厂家有规定时按制造厂家规定取样），取样前油阀门需先用干净甲级棉纱或布擦净，再放油冲洗干净后取样。

（4）对需要取样的套管，在停电检修时，从取样孔取样；没有放油管或取样阀门的充油电气设备，可在停电或检修时设法取样；进口全密封无取样阀的设备，按制造厂规定取样。

（5）对大油量的变压器、电抗器等，取样量可为 50～80mL，对少油量的设备要尽量少取，以够用为限。

（6）变压器油中水分和油中溶解气体分析取样油样应能代表设备本体油，应避免在油循环不够充分的死角处取样。

（7）一般应从设备取样阀取样，在特殊情况下可在不同取样部位取样。取样要求全密封，即取样连接方式可靠，不能让油中溶解水分及气体逸散，也不能混入空气（必须排净取样接头内残存的空气），操作时油中不得产生气泡。

（8）取样应在晴天进行。取样后要求注射器芯子能自由活动，以避免形成负压空腔。油样应避光保存。汽轮机或辅机用油取样正常监督试验由冷油器取样。检查油的脏污及水分时，自油箱底部取样。抗燃油取样常规项目和洁净度检测油样应分开。运行油取样前调速系统在正常情况下至少运行 24h，以保证所取样品具有代表性。

（9）常规监督测试的油样应从油箱底部的取样口取样；发现油质被污染，可增加取样点（如油箱内油液的上部、过滤器或再生装置出口等）取样。从油箱内油液上部取样时，应先将人孔法兰或呼吸器接口周围清理干净后再打开，按 GB/T 7597—2007《电力用油（变压器油、汽轮机油）取样方法》的规定用专用取样器从油的上部取样，取样后应将人孔法兰或呼吸器复位。

第二节　变压器油质量化学监督

一、新变压器油质量监督

（1）在新油交货时，应对接收的全部油样进行监督，以防出现差错或带入脏物。所有样品应进行外观检验，国产新变压器油应按 GB 2536—2016《电工流体 变压器和开关用的未使用过的矿物绝缘油》要求，即表 8-1～表 8-3 验收；对进口的变压器油，则应按 IEC 60296—2012《变压器和开关设备用未使用过的矿物绝缘油规范》或合同规定指标验收。

表 8-1　　　　　　　　　变压器油（通用）技术要求和试验方法

项　目			质　量　指　标					试　验　方　法
最低冷态投运温度 LCSET（℃）			0	−10	−20	−30	−40	
功能特性[①]	倾点（℃）		≤−10	≤−20	≤−30	≤−40	≤−50	GB/T 3535—2006《石油产品倾点测定法》
	运动黏度（mm²/s）	40℃	≤12	≤12	≤12	≤12	≤12	GB/T 265—1988《石油产品运动粘度测定法和动力粘度计算法》 NB·SH·T0837—2010《矿物绝缘油低温运动黏度测定法》
		0℃	1800	—	—	—	—	
		−10℃	—	1800	—	—	—	
		−20℃	—	—	1800	—	—	
		−30℃	—	—	—	1800	—	
		−40℃	—	—	—	—	2500 *	
	水含量[②]（mg/kg）		≤30/40					GB/T 7600—2014《运行中变压器油和汽轮机油水分含量测定法》
	击穿电压（满足下列要求之一）	未处理油（kV）	≥30					GB/T 507—2002《绝缘油击穿电压测定法》
		经处理油[③]（kV）	≥70					
	密度[④]（20℃，kg/m³）		≤895					GB/T 1884—2000《原油和液体石油产品密度实验室测定法》 GB/T 1885—1998《石油计量表（密度换算）》
	介质耗损因数 f（90℃）		≤0.005					GB/T 5654—2007《液体绝缘材料相对电容率、介质损耗因数和直流电阻率的测量》

项　目		质　量　指　标					试　验　方　法
最低冷态投运温度 LCSET（℃）		0	－10	－20	－30	－40	
精制/稳定特性⑥	外观	清澈透明、无沉淀物和悬浮物					目测⑦
	酸值（以 KOH 计，mg/g）	≤0.01					NB/SH/T 0836—2010《绝缘油酸值的测定自动电位滴定法》
	水溶性酸或碱	无					GB/T 259—1988《石油产品水溶性酸及碱测定法》
	界面张力（mN/m）	<40					GB/T 6541—1986《石油产品油对水界面张力测定法（圆环法）》
	总硫含量⑧（质量分数，%）	无通用要求					SH/T 0689—2000《轻质烃及发动机燃料和其他油品的总含量测定法（紫外荧光法）》
	腐蚀性硫⑨	非腐蚀性					SH/T 0804—2007《电气绝缘油腐蚀性硫试验银片试验法》
	抗氧化添加剂含量⑩（质量分数）						NB/SH/T 0802—2007《绝缘油中 2,6-二叔丁基对甲酚测定法》
	不含抗氧化添加剂油 U	检测不出					
	含微抗氧化添加剂油 T（mg/kg）	≤0.08					
	含抗氧化添加剂油 I（mg/kg）	0.08～0.40					
	2-糠醛含量（mg/kg）	≤0.1					NB/SH/T 0812—2010《矿物绝缘油中 2-糠醛及相关组分测定法》
运行特性⑪	氧化安定性（120℃） 试验时间： 不含抗氧化添加剂油 U：164h； 含微量抗氧化添加剂油 T：332h； 含抗氧化添加剂油 I：500h	总酸值（以 KOH 计，mg/g）	≤1.2					NB/SH/T 0811—2010《未使用过的烃类绝缘油氧化安定性测定法》
		油泥（质量分数，%）	≤0.8					
		介质耗损因⑤（90℃）	≤0.500					GB/T 5654—2007《液体绝缘材料 相对电容率、介质损耗因数和直流电阻率的测量》
	析气性（mm³/min）	无通用要求					NB/SH/T 0810—2010 绝缘液在电场和电离作用下析气性测定法

续表

项　　目	质　量　指　标					试　验　方　法
最低冷态投运温度 LCSET（℃）	0	−10	−20	−30	−40	
健康、安全和环保特性（HSE）⑫　　闪点（闭口）（℃）	≥135					GB/T 261—2008《闪点的测定 宾斯基-马丁闭口杯法》
稠环芳烃（PCA）含量（质量分数，%）	≤3					NB/SH/T 0838—2010《未使用过的润滑油基础油及无沥青质石油馏分中稠环芳烃（PCA）含量的测定-二甲基亚砜萃取折光指数法》
多氯联苯（PCB）含量（质量分数，mg/kg）	检测不出⑬					SH/T 0803—2007《绝缘油中多氯联苯污染物的测定毛细管气相色谱法》

注　1. "无通用要求"指由供需双方协商确定改项目是否检测，且测定限值由供需双方协商确定。

　　2. 凡技术要求中的"无通用要求"和"由供需双方协商确定是否采用该方法进行检测"的项目为非强制性的。

①　对绝缘和冷却有影响的性能。

②　当环境湿度不大于50%时，水含量不大于30mg/kg适用于散装交货；水含量不大于40mg/kg适用于桶装或复合中型集装容器（IBC）交货。当环境湿度不大于0%时，水含量不大于35mg/kg适用于散装交货；水含量不大于45%适用于桶装或复合中型集装容器（IBC）交货。

③　经处理油指试验样品在60℃下通过真空（压力低于2.5kPa）过滤流过一个孔隙度为4的烧结玻璃过滤器的油。

④　测定方法也包括用SH/T 0604—2000《原油和石油产品密度测定法（U形振动管法）》。结果有争议时，以GB/T 1884—2000《原油和液体石油产品密度实验室测定法》和GB/T 1885—1998《石油计量表（密度换算）》为仲裁办法。

⑤　测定方法也包括用GB/T 21216—2007《绝缘液体 测量电导和电容确定介质损耗因数的试验方法》。结果有争议时，以GB/T 5654—2007《液体绝缘材料 相对电容率、介质损耗因数和直流电阻率的测量》为仲裁办法。

⑥　受精制深度和类型及添加剂影响的性能。

⑦　讲样品注入100mL量筒中，在20℃±5℃下目测。结果有争议时，按GB/T 511—2010《石油和石油产品及添加剂机械杂质测定法》测定机械杂质含量为无。

⑧　测定方法也包括用GB/T 11140—2008《石油产品硫含量的测定 波长色散X射线荧光光谱法》、GB/T 17040—2019《石油产品硫含量的测定 能量色散X射线荧光光谱法》、SH/T 0253《轻质石油产品中总硫含量测定法（电量法）》、ISO 14596—2007《石油制品。硫含量的测定。波长色散X射线荧光光谱法》。

⑨　SH/T 0804—2007《电器绝缘油腐蚀性硫试验 银片试验法》为必做试验。是否还需要采用GB/T 25961—2010《电气绝缘油中腐蚀性硫的试验法》方法进行检测由供需双方协商确定。

⑩　测定方法也包括用SH/T 0792—2007《电器绝缘油中2,6-二叔基对甲酚和2,6-二叔丁基苯酚含量测定法（红外吸收光谱法）》。结果有争议时，以SH/T 0802—2007《绝缘油中2,6-二叔丁基对甲酚测定法》为仲裁办法；

⑪　在使用中和/或在高电场强度和温度影响下与油品长期运行有关的性能。

⑫　与安全和环保有关的性能。

⑬　检测不出指PCB含量小于2mg/kg，且其单峰检出限为0.1mg/kg。

＊　运动黏度（−40/℃）以第一个黏度值为测定结果。

表 8-2   变压器油（特殊）技术要求和试验方法

项　目			质　量　指　标					试验方法
最低冷态投运温度 LCSET（℃）			0	−10	−20	−30	−40	
功能特性①	倾点（℃）		≤−10	≤−20	≤−30	≤−40	≤−50	GB/T 3535—2006《石油产品倾点测定法》
	运动黏度②（mm²/s）	40℃	≤12	≤12	≤12	≤12	≤12	GB/T 265—1988《石油产品运动粘度测定法和动力粘度计算法》 NB-SH-T0837—2010《矿物绝缘油低温运动黏度测定法》
		0℃	≤1800	—	—	—	—	
		−10℃	—	≤1800	—	—	—	
		−20℃	—	—	≤1800	—	—	
		−30℃	—	—	—	≤1800	—	
		−40℃	—	—	—	—	≤2500	
	水含量③（mg/kg）		≤30/40					GB/T 7600—2014《运行中变压器油和汽轮机油水分含量测定法》
	击穿电压（满足下列要求之一）	未处理油（kV）	≥30					GB/T 507—2002《绝缘油击穿电压测定法》
		经处理油④（kV）	≥70					
	密度⑤（20℃，kg/m³）		≤895					GB/T 1884—2000《原油和液体石油产品密度实验室测定法》 GB/T 1885—1998《石油计量表（密度换算）》
	苯胺点（℃）		报告					GB/T 262—2010《石油产品和烃类溶剂苯胺点和混合苯胺点测定法》
	介质耗损因数⑥（90℃）		≤0.005					GB/T 5654—2007《液体绝缘材料相对电容率、介质损耗因数和直流电阻率的测量》

续表

项 目		质 量 指 标					试验方法
最低冷态投运温度 LCSET(℃)		0	−10	−20	−30	−40	
精制/稳定特性⑧	外观	清澈透明、无沉淀物和悬浮物					目测⑦
	酸值（以 KOH 计，mg/g）	≤0.01					NB/SH/T 0836—2010《绝缘油酸值的测定自动电位滴定法》
	水溶性酸或碱	无					GB/T 259—1988《石油产品水溶性酸及碱测定法》
	界面张力（mN/m）	≥40					GB/T 6541—1986《石油产品油对水界面张力测定法（圆环法）》
	总硫含量⑨（质量分数，%）	≤0.15					SH/T 0689—2000《轻质烃及发动机燃料和其他油品的总含量测定法（紫外荧光法）》
	腐蚀性硫⑩	非腐蚀性					SH/T 0804—2007《电气绝缘油腐蚀性硫试验银片试验法》
	抗氧化添加剂含量⑪（质量分数，%）						NB/SH/T 0802—2007《绝缘油中 2,6-二叔丁基对甲酚测定法》
	含抗氧化添加剂油 I（mg/kg）	0.08～0.40					
	2-糠醛含量（mg/kg）	≤0.05					NB/SH/T 0812—2010《矿物绝缘油中 2-糠醛及相关组分测定法》
运行特性⑫	氧化安定性（120℃）						
	试验时间：含抗氧化添加剂油 I：500h	总酸值（以 KOH 计，mg/g）	≤0.3				NB/SH/T 0811—2010《未使用过的烃类绝缘油氧化安定性测定法》
		油泥（质量分数，%）	≤0.05				
		介质耗损因⑤（90℃）	≤0.050				GB/T 5654—2007《液体绝缘材料 相对电容率、介质损耗因数和直流电阻率的测量》

项　目		质　量　指　标					试验方法
最低冷态投运温度 LCSET（℃）		0	−10	−20	−30	−40	
运行特性⑫	析气性（mm³/min）	报告					NB/SH/T 0810—2010 绝缘液在电场和电离作用下析气性测定法
	带电倾向 ECT（μC/m³）	报告					DL/T 385—2010《变压器油带电倾向性检测方法》
健康、安全和环保特性（HSE）⑬	闪点（闭口）（℃）	≥135					GB/T 261—2008《闪点的测定 宾斯基-马丁闭口杯法》
	稠环芳烃（PCA）含量（质量分数，%）	≤3					NB/SH/T 0838—2010《未使用的润滑油基础油及无沥青质石油馏分中稠环芳烃（PCA）含量的测定-二甲基亚砜萃取折光指数法》
	多氟联苯（PCB）含量（质量分数，mg/kg）	检测不出⑭					SH/T 0803—2007《绝缘油中多氯联苯污染物的测定毛细管气相色谱法》

注　凡技术要求中"由供需双方协商确定是否采用该方法进行检测"和测定结果为"报告"的项目，为非强制性的。

① 对绝缘和冷却有影响的性能。

② 运动黏度（−40/℃）以第一个黏度值为测定结果。

③ 当环境湿度不大于 50％时，水含量不大于 30mg/kg 适用于散装交货；水含量不大于 40mg/kg 适用于桶装或复合中型集装容器（IBC）交货。当环境湿度不大于 50％时，水含量不大于 35mg/kg 适用于散装交货；水含量不大于 45mg/kg 适用于桶装或复合中型集装容器（IBC）交货。

④ 经过处理油指试验样品在 60℃下通过真空（压力低于 2.5kPa）过滤流过一个孔隙度为 4 的烧结玻璃过滤器的油。

⑤ 测定方法也包括用 SH/T 0604—2000《原油和石油产品密度测定法（U 形振动管法）》。结果有争议时，以 GB/T 1884—2000《原油和液体石油产品密度实验室测定法》和 GB/T 1885—1998《石油计量表（密度换算）》为仲裁办法。

⑥ 测定方法也包括用 GB/T 21216—2007《绝缘液体 测量电导和电容确定介质损耗因数的试验方法》。结果有争议时，以 GB/T 5654—2007《液体绝缘材料 相对电容率、介质损耗因数和直流电阻率的测量》为仲裁办法。

⑦ 受精制深度和类型及添加剂影响的性能。

⑧ 将样品注入 100mL 量筒中，在 20℃±5℃下目测。结果有争议时，按 GB/T 511—2010《石油和石油产品及添加剂机械杂志测定法》测定机械杂质含量为无。

⑨ 测定方法也包括用 GB/T 11140—2008《石油产品硫含量的测定 波长色散 X 射线荧光光谱法》、GB/T 17040—2019《石油和石油产品中硫含量的测定 能量色散 X 射线荧光光谱法》、SH/T 0253—92《轻质石油产品中总硫含量测定法（电量法）》、ISO 14596—2007《石油制品。硫含量的测定。波长色散 X-射线荧光光谱法》。

⑩ SH/T 0804—2007《电气绝缘油腐蚀性硫试验 银片试验法》为必做试验。是否还需要采用 GB/T 25961—2010《电气绝缘油中腐蚀性硫的试验法》中的方法进行检测由供需双方协商确定。

⑪ 测定方法也包括用 SH/T 0792—2007《电器绝缘油中 2,6-二叔丁基对甲酚和 2,6-二叔丁基苯酚含量测定法（红外吸收光谱法）》。结果有争议时，以 SH/T 0802—2007《绝缘油中 2,6-二叔丁基对甲酚测定法》为仲裁办法。

⑫ 在使用中和/或在高电场强度和温度影响下与油品长期运行有关的性能。

⑬ 与安全和环保有关的性能。

⑭ 检测不出指 PCB 含量小于 2mg/kg，且其单峰检出限为 0.1mg/kg。

超超临界机组化学技术监督实用手册

表 8-3 低温断路器油技术要求和试验方法

项 目			质量指标	试验方法
最低冷态投运温度 LCSET（℃）			—40	
功能特性①	倾点（℃）		≤—60	GB/T 3535—2006《石油产品倾点测定法》
	运动黏度②（mm²/s）	—40℃	≤3.5	GB/T 265—1988《石油产品运动粘度测定法和动力粘度计算法》
		40℃	≤400	NB-SH-T0837—2010《矿物绝缘油低温运动黏度测定法》
	水含量③（mg/kg）		≤30/40	GB/T 7600—2014《运行中变压器油和汽轮机油水分含量测定法》
	击穿电压（满足下列要求之一）	未处理油（kV）	≥30	GB/T 507—2002《绝缘油击穿电压测定法》
		经处理油④（kV）	≥70	
	密度⑤（20℃，kg/m³）		≤895	GB/T 1884—2000《原油和液体石油产品密度实验室测定法》 GB/T 1885—1998《石油计量表（密度换算）》
	介质耗损因数⑥（90℃）		≤0.005	GB/T 5654—2007《液体绝缘材料相对电容率、介质损耗因数和直流电阻率的测量》
精制/稳定特性⑦	外观		清澈透明、无沉淀物和悬浮物	目测⑧
	酸值（以 KOH 计，mg/g）		≤0.01	NB/SH/T 0836—2010《绝缘油酸值的测定自动电位滴定法》
	水溶性酸或碱		无	GB/T 259—1988《石油产品水溶性酸及碱测定法》
	界面张力（mN/m）		≥40	GB/T 6541—1986《石油产品油对水界面张力测定法（圆环法）》
	总硫含量⑨（质量分数，%）		无通用要求	SH/T 0689—2000《轻质烃及发动机燃料和其他油品的总含量测定法（紫外荧光法）》
	腐蚀性硫⑩		非腐蚀性	SH/T 0804—2007《电气绝缘油腐蚀性硫试验银片试验法》
	抗氧化添加剂含量⑪（质量分数,%）含抗氧化添加剂油 I		0.08～0.40	NB/SH/T 0802—2007《绝缘油中 2，6-二叔丁基对甲酚测定法》
	2-糠醛含量（mg/kg）		≤0.1	NB/SH/T 0812—2010《矿物绝缘油中 2-糠醛及相关组分测定法》
运行特性⑫	氧化安定性（120℃） 试验时间：含抗氧化添加剂油 I：500h	总酸值（以 KOH 计，mg/g）	≤1.2	NB/SH/T 0811—2010《未使用过的烃类绝缘油氧化安定性测定法》
		油泥（质量分数,%）	≤0.8	
		介质耗损因数⑥（90℃）	≤0.500	GB/T 5654—2007《液体绝缘材料 相对电容率、介质耗损因数和直流电阻率的测量》
	析气性（mm³/min）		无通用要求	NB/SH/T 0810—2010 绝缘液在电场和电离作用下析气性测定法

96

项　目	质量指标	试验方法
最低冷态投运温度 LCSET（℃）	－40	
闪点（闭口）（℃）	≥100	GB/T 261—2008《闪点的测定 宾斯基-马丁闭口杯法》
稠环芳烃（PCA）含量（质量分数，%）	≥3	NB/SH/T 0838—2010《未使用过的润滑油基础油及无沥青质石油馏分中稠环芳烃（PCA）含量的测定-二甲基亚砜萃取折光指数法》
多氟联苯（PCB）含量（质量分数，mg/kg）	检测不出⑭	SH/T 0803—2007《绝缘油中多氯联苯污染物的测定毛细管气相色谱法》

注　1."无通用要求"指由供需双方协商确定该项目是否检测，且测定限值由供需双方协商确定。

2. 凡技术要求中的"无通用要求"和"由供需双方协商确定是否采用该方法进行检测"的项目为非强制性的。

① 对绝缘和冷却有影响的性能。

② 运动黏度（－40/℃）以第一个黏度值为测定结果。

③ 当环境湿度不大于50%时，水含量不大于30mg/kg 适用于散装交货；水含量不大于40mg/kg 适用于桶装或复合中型集装容器（IBC）交货。当环境湿度不大于50%时，水含量不大于35mg/kg 适用于散装交货；水含量不大于45%时适用于桶装或复合中型集装容器（IBC）交货。

④ 经过处理油指试验样品在60℃下通过真空（压力低于2.5kPa）过滤流过一个孔隙度为4的烧结玻璃过滤器的油。

⑤ 测定方法也包括用 SH/T 0604—2000《原油和石油产品密度测定法（U形振动管法）》。结果有争议时，以 GB/T 1884—2000《原油和液体石油产品密度实验室测定法》和 GB/T 1885—1998《石油计量表（密度换算）》为仲裁办法。

⑥ 测定方法也包括用 GB/T 21216—2007《绝缘液体 测量电导和电容确定介质损耗因数的试验方法》。结果有争议时，以 GB/T 5654—2007《液体绝缘材料 相对电容率、介质损耗因数和直流电阻率的测量》为仲裁办法。

⑦ 受精制深度和类型及添加剂影响的性能。

⑧ 将样品注入100mL量筒中，在20℃±5℃下目测。结果有争议时，按 GB/T 511—2010《石油和石油产品及添加剂机械杂志测定法》测定机械杂质含量为无。

⑨ 测定方法也包括用 GB/T 11140—2008《石油产品硫含量的测定 波长色散 X 射线荧光光谱法》GB/T 17040—2019《石油和石油产品中硫含量的测定 能量色散 X 射线荧光光谱法》SH/T 0253—92《轻质石油产品中总硫含量测定法（电量法）》ISO 14596—2007《石油制品。硫含量的测定。波长色散 X-射线荧光光谱法》。

⑩ SH/T 0804—2007《电气绝缘油腐蚀性硫试验 银片试验法》为必做试验。是否还需要采用 GB/T 25961—2010《电气绝缘油中腐蚀性硫的试验法》中的方法进行检测由供需双方协商确定。

⑪ 测定方法也包括用 SH/T 0792—2007《电器绝缘油中2,6-二叔丁基对甲酚和2,6-二叔丁基苯酚含量测定法（红外吸收光谱法）》。结果有争议时，以 SH/T 0802—2007《绝缘油中2,6-二叔丁基对甲酚测定法》为仲裁办法。

⑫ 在使用中和/或在高电场强度和温度影响下与油品长期运行有关的性能。

⑬ 与安全和环保有关的性能。

⑭ 检测不出指 PCB 含量小于0.2mg/kg，且其单峰检出限为0.1mg/kg。

（2）新油注入设备前必须用真空脱气滤油设备进行过滤净化处理，以脱除油中的水分、气体和其他杂质，达到表8-4中的要求后方可注入设备。互感器和套管用油的检验依据 GB 50150—2016《电气装置安装工程电气设备交接试验标准》有关规定执行。

（3）新油注入设备经过热油循环后，应符合表8-5中的规定。

（4）合格的新变压器油注入电气设备，在热油循环后、通电投运前，其油品质量应符合表8-6中"投入运行前的油"的要求。油中溶解气体组分含量检验按照 DL/T 722—2014

《变压器油中溶解气体分析和判断导则》的规定执行。

表 8-4 新油净化后检验指标

项 目	设备电压等级（kV）					
	1000	750	500	330	220	≤110
击穿电压（kV）	≥75	≥75	≥65	≥55	≥45	≥45
水分（mg/kg）	≤8	≤10	≤10	≤10	≤15	≤20
介质损耗因数（90℃）	≤0.005					
颗粒污染物[①]（粒）	≤1000	≤1000	≤2000	—		

注 必要时，新油净化后可按照 DL/T 722—2014《变压器油中溶解气体分析和判断导则》进行油中溶解气体组分含量的检验。

① 100mL 油中大于 5μm 的颗粒度。

表 8-5 热油循环后油质检验指标

项 目	设备电压等级（kV）					
	1000	750	500	330	220	≤110
击穿电压（kV）	≥75	≥75	≥65	≥55	≥45	≥45
水分（mg/kg）	≤8	≤10	≤10	≤10	≤15	≤20
含气量（体积分数，%）	≤0.8	≤1	≤1	≤1	—	—
介质损耗因数（90℃）	≤0.005					
颗粒污染物[①]（粒）	≤1000	≤2000	≤3000	—		

① 100mL 油中大于 5μm 的颗粒度。

二、运行中变压器油质量监督

（1）运行变压器、断路器油质量检测项目应按 GB/T 7595—2017《运行中变压器油质量》执行，特定设备用油应按照制造厂的规定检验。运行中变压器油质量标准见表 8-6，断路器油质量标准见表 8-7。

表 8-6 运行中变压器油质量标准

序号	项 目	设备电压等级（kV）	质量指标		检 验 方 法
			投入运行前的油	运行油	
1	外观		透明、无杂质或悬浮物		外观目视
2	色度（号）		≤2.0		GB/T 6540—1986《石油产品颜色测定法》
3	水溶性酸（pH 值）		>5.4	≥4.2	GB/T 7598—2008《运行中变压器油水溶性酸测定法》
4	酸值（以 KOH 计，mg/g）		≤0.03	≤0.1	GB/T 264—83《石油产品酸值测定法》
5	闪点（闭口）（℃）	—	≥135		GB/T 261—2008《闪点的测定 宾斯基-马丁闭口杯法》

序号	项 目	设备电压等级 (kV)	质量指标		检验方法
			投入运行前的油	运行油	
6	水分（mg/L）	330～1000	≤10	≤15	GB/T 7600—2014《运行中变压器油和汽轮机油水分含量测定法（库仑法）》
		220	≤15	≤25	
		≤110及以下	≤20	≤35	
7	界面张力（25℃，mN/m）	—	≥35	≥25	GB/T 6541—1986《石油产品油对水界面张力测定法（圆环法）》
8	介质损耗因数（90℃）	500～1000	≤0.005	≤0.020	GB/T 5654—2007《液体绝缘材料 相对电容率，介质损耗因数和直流电阻率的测量》
		≤330	≤0.010	≤0.040	
9	击穿电压（kV）	750～1000	≥70	≥65	DL/T 507—2014《水轮发电机组启动试验规程》
		500	≥65	≥55	
		330	≥55	≥50	
		66～220	≥45	≥40	
		35及以下	≥40	≥35	
10	体积电阻率（90℃，$\Omega \cdot m$）	500～1000	≥6×10^{10}	≥1×10^{10}	DL/T 421—2009《电力用油体积电阻率测定法》
		≤330		≥5×10^{9}	
11	油中含气量（体积分数，%）	750～1000	≤1	≤2	DL/T 703—2015《绝缘油中含气量的气相色谱测定法》
		330～500（电抗器）		≤3	
				≤5	
12	油泥与沉淀物（质量分数）	—	—	<0.02%（以下可忽略不计）	GB/T 8926—2012《在用的润滑油不溶物测定法》
13	折气性	≥500	报告		NB/SH/T 0810—2010《绝缘液在电场和电离作用下析气性测定法》
14	带电倾向（pC/mL）	—	—	报告	DL/T 385—2010《变压器油带电倾向性检测方法》
15	腐蚀性硫	—	非腐蚀性		DL/T 285—2012《矿物绝缘油腐蚀性硫检测法 裹绝缘纸铜扁线法》
16	颗粒污染物（粒）	1000	≤1000	≤3000	DL/T 432—2018《电力用油中颗粒度测定方法》
		750	≤2000	≤3000	
		500	≤3000	—	
17	抗氧化添加剂含量（质量分数，%，含抗氧化添加剂油）	—	—	大于新油原始值的50%	SH/T 0802—2007《绝缘油中2,6-二叔丁基对甲酚测定法》

续表

序号	项　　目	设备电压等级 （kV）	质量指标		检验方法
			投入运行前的油	运行油	
18	糠醛含量（质量分数， mg/kg）	—	报告	—	NB/SH/T 0812—2010 《矿物绝缘油中 2 - 糠醛及相 关组分测定法》 DL/T 1355—2014《变压 器油中糠醛含量的测定液相 色谱法》
19	二苄基二硫醚 （DDDS）含量（质量分 数，mg/kg）	—	检测不出	—	IEC 62697-1—2012《从未 使用和已使用绝缘油中腐蚀性 硫化物定量测定试验方法。第 1 部分：二苄二硫（DBDS） 定量测定试验方法》

表 8-7　　　　　　　　　　运行中断路器油质量标准

序号	项　　目	质　量　指　标	检验方法
1	外状	透明、无游离水分、无杂质或悬浮物	外观目视
2	水溶性酸（pH 值）	≥4.2	GB/T 7598—2008《运行中变压器 油水溶性酸测定法》
3	击穿电压	110kV 以上：投运前或大修后大于或等 于 45kV，运行中大于或等于 40kV。 110kV 及以下：投运前或大修后大于或 等于 40kV，运行中大于或等于 35kV	GB/T 507—2002《绝缘油 击穿电 压测定法》

　　（2）运行中变压器油电抗器油、电抗器油、互感器油、断路器油常规检测周期和项目见表 8-8，某些试验项目和检验次数可依据各地实际情况及制造厂商规定而调整。

表 8-8　　　　运行中变压器油、电抗器油、互感器油、断路器油常规检测周期和项目

设备名称	设备规范	检测周期	检　测　项　目
变压器、电抗器	330～1000kV	设备投运前或大 修后	外观、色度、水溶性酸、酸值、闪点、水分、 界面张力、介质损耗因数、击穿电压、体积电阻 率、油中含气量、颗粒污染物①、糠醛含量
		每年至少一次	外观、色度、水分、介质损耗因数、击穿电 压、油中含气量
		必要时	水溶性酸、酸值、闪点、界面张力、体积电阻 率、油泥与沉淀物、折气性、带电倾向、腐蚀性 硫、颗粒污染物①、抗氧化添加剂含量、糠醛含 量、二苄基二硫醚、金属钝化物②
	66～220kV 8MVA 及以上	设备投运前或大 修后	外观、色度、水溶性酸、闪点、水分、界面张力、 介质损耗因数、击穿电压、体积电阻率、糠醛含量
		每年至少一次	外观、色度、水分、介质损耗因数、击穿电压
		必要时	水溶性酸、酸值、界面张力、体积电阻率、油 泥与沉淀物、带电倾向、腐蚀性硫、抗氧化添加 剂含量、糠醛含量、二苄基二硫醚、金属钝化物
	<35kV	三年至少一次	水分、介质损耗因数、击穿电压

设备名称	设备规范	检测周期	检 测 项 目
互感器		大修后	击穿电压
		必要时	
断路器	>110kV	设备投运前或大修后	外观、水溶性酸、击穿电压
		每年至少一次	击穿电压
	≤110kV	设备投运前或大修后	外观、水溶性酸、击穿电压
		三年至少一次	击穿电压

注 油量少于 60kg 的断路器油 3 年检测一次击穿电压或以换油代替预试。

① 500kV 及以上变压器油颗粒污染度的检测周期参考 DL/T 1096—2018《变压器油中颗粒度限值》执行。

② 特指含金属钝化剂的油。油中金属钝化剂含量应大于新油原始值的 70%，检测方法为 DL/T 459—2000《电力系统直流电源柜订货技术条件》。

（3）如有可能，在经常性的检测周期内，检验同一部位油的特性。

（4）对满负荷运行的变压器可以适当增加检验次数。

（5）对任何重要的性能若已接近所推荐的标准限值时，应增加检验次数。

三、运行变压器油的维护管理

（1）应按 GB/T 14542—2017《变压器油维护管理导则》的规定进行运行变压器油的维护管理。

（2）运行中变压器油的检验项目指标超过标准值或注意值的原因分析及应采取的措施参见 GB/T 14542—2017《变压器油维护管理导则》中表 6，同时遇有下述情况应立即引起注意，并采取相应措施：

1）当试验结果超出了运行中变压器油的质量标准时，应与以前的试验结果进行比较，如情况许可，在进行任何措施之前，应重新取样分析以确认试验结果无误。

2）如果油质快速劣化，则应缩短检测周期进行跟踪试验，必要时检测油中抗氧化剂含量，结合油温、负荷及色谱分析结果采取相应措施。

3）某些特殊试验项目，如击穿电压低于运行油标准要求，或是色谱检测发现有故障存在，则可以不考虑其他特殊性项目，应果断采取措施以保证设备安全。

4）如检测变压器油的介质损耗因数、颗粒污染度等指标异常时，可关注并检测油中铜、铁等金属含量。

四、变压器、电抗器、互感器、套管油中溶解气体监督

（1）电气设备油中溶解气体检测周期、注意值应满足 DL/T 774《火力发电厂热工自动化系统检修运行维护规程》的规定。

（2）电气设备油中溶解气体检测方法按 GB/T 17623—2017《绝缘油中溶解气体组分含量的气相色谱测定法》执行。

（3）电气设备油中溶解气体的检测周期如下：

1）投运前检测：

a. 新安装或大修后的 66kV 及以上的设备，投运前应至少做一次检测。

b. 如果在现场进行感应耐压和局部放电试验，则应在试验前后各做一次检测，试验后取油样时间至少应在试验完毕 24h 后。

c. 制造厂规定不取样的全密封互感器和套管可不做检测。

2）新投运时的检测：

a. 新的或大修后的 66kV 及以上的变压器和电抗器至少应在投运后 1、4、10、30 天各做一次检测。

b. 新的或大修后的 66kV 及以上的互感器，至少应在投运后 3 个月内做一次检测。

c. 制造厂规定不取样的全密封互感器可不做检测。

3）正常运行的检测：运行中设备的定期检测周期按表 8-9 的规定。

表 8-9 运行中设备油中溶解气体组分含量的定期检测周期

设备名称	设备电压等级和容量	检测周期
变压器和电抗器	电压 330kV 及以上；容量 240MVA 及以上的发电厂升压变压器	3 个月
	电压 220kV 及以上；容量 120MVA 及以上	6 个月
	电压 66kV 及以上；容量 8MVA 及以上	1 年
互感器	电压 66kV 及以上	1～3 年
套管	—	必要时

注 其他电压等级变压器、电抗器和互感器的检测周期自行规定。制造厂规定不取样的全密封互感器和套管，一般在保证期内可不做检测；在超过保证期后，可在不破坏密封的情况下取样检测。

4）特殊情况下检测：

a. 当设备（不含少油设备）出现异常情况时（如变压器气体继电器动作、差动保护动作、压力释放阀动作，经受大电流冲击、过励磁或过负荷，互感器膨胀器动作等），应立即取油样进行检测。

b. 当气体继电器中有集气时需要取气样进行检测。

c. 当怀疑设备内部有异常时，应根据情况缩短检测周期进行监测或退出运行。在监测过程中，若增长趋势明显，须采取其他相应措施；若在相近运行工况下，检测三次后含量稳定，可适当延长检测周期，直至恢复正常检测周期。

d. 过热性故障。怀疑是由铁芯或漏磁产生时，可缩短到至少每周一次；当怀疑导电回路存在故障时，可缩短到至少每天一次。

e. 放电性故障。若怀疑存在低能量放电，应缩短到至少每天一次；若怀疑存在高能量放电，应进一步检查或退出运行。

（4）新设备投运前的溶解气体含量应符合表 8-10 的要求，且投运前后的两次监测结果不应有明显的区别。

表 8-10 新设备投运前油中溶解气体含量要求 （μL/L）

设 备	气体组分	含 量	
		330kV 及以上	220kV 及以下
变压器和电抗器	总烃	≤10	≤30
	乙炔	≤0.1	≤0.1
	氢气	≤10	≤20

续表

设　备	气体组分	含　量	
		330kV 及以上	220kV 及以下
互感器	氢气	≤50	≤100
	乙炔	≤0.1	≤0.1
	总烃	≤10	≤10
套管	氢气	≤50	≤150
	乙炔	≤0.1	≤0.1
	总烃	≤10	≤10

（5）运行中设备内部油中气体含量超过表 8-11 中所列数值时，应引起注意。

表 8-11　　　　　　　变压器、电抗器和套管油中溶解气体含量注意值　　　　　　（μL/L）

设　备	气体组分	含　量	
		330kV 及以上	220kV 及以下
变压器和电抗器	总烃	150	150
	乙炔	1	5
	氢气	150	150
	一氧化碳	见 DL/T 722—2014《变压器油中溶解气体分析和判断导则》	见 DL/T 722—2014《变压器油中溶解气体分析和判断导则》
	二氧化碳	见 DL/T 722—2014《变压器油中溶解气体分析和判断导则》	见 DL/T 722—2014《变压器油中溶解气体分析和判断导则》
电流互感器	氢气	150	300
	乙炔	1	2
	总烃	100	100
电压互感器	氢气	150	150
	乙炔	2	3
	总烃	100	100
套管	氢气	500	500
	乙炔	1	2
	总烃	150	150

注　本表所列数值不适用于从气体继电器放气嘴取出的气样。

（6）运行变压器和电抗器绝对产气速率的注意值见表 8-12。

表 8-12　　　　　　　　变压器和电抗器绝对产气速率注意值　　　　　　（mL/天）

气体组分	开　放　式	密　封　式
氢气	5	10
乙炔	0.1	0.2
总烃	6	12
一氧化碳	50	100
二氧化碳	100	200

注　当产气速率达到注意值时，应缩短检测周期，进行追踪分析。

（7）气体含量注意值应参照以下原则进行处置：

1）气体含量注意值不是划分设备内部有无故障的唯一判断依据。当气体含量超过注意值时，应缩短检测周期，结合产气速率进行判断。若气体含量超过注意值但长期稳定，可在超过注意值的情况下运行；另外，气体含量虽低于注意值，但产气速率超过注意值，也应引起重视。

2）对于 330kV 及以上电压等级设备，当油中首次检测到乙炔（≥0.1μL/L）时也应引起注意。

3）影响油中氢气含量的因素较多，若仅氢气含量超过注意值，但无明显增长趋势，也可判断为正常。

4）注意区别非故障情况下的气体来源。

5）当产气速率突然增长或故障性质发生变化时，需视情况采取必要措施。

五、固体绝缘老化的监督

（1）固体绝缘老化应按 DL/T 596—2015《电力设备预防性试验规》要求监督。

（2）500kV 变压器和电抗器及 150MVA 以上升压变压器投运 3～5 年后应进行油中糠醛含量分析。

（3）当油中气体总烃超标或 CO、CO_2 过高时，应进行油中糠醛含量分析。

（4）当需要了解绝缘老化情况时，应进行油中糠醛含量和绝缘纸的聚合度分析。

（5）当绝缘纸（板）聚合度小于 250 时，应引起注意。

（6）绝缘油中糠醛含量参考注意值判据按表 8-13 中规定执行。

表 8-13 　　　　　　　　　　　　　绝缘油中糠醛含量参考注意值

运行年限年	1～5	5～10	10～15	15～20
糠醛含量（mg/L）	0.1	0.2	0.4	0.75

注 1. 含量超过表中值时，一般为非正常老化，需跟踪检测。

2. 跟踪检测时，注意增长率。

3. 测试值大于 4mg/L 时，认为绝缘老化已比较严重。

第三节　汽轮机油质量监督

一、新汽轮机油质量标准

（1）新汽轮机、燃/汽轮机油的验收应按 GB 11120—2011《涡轮机油》验收，见表 8-14 和表 8-15，取样见 GB/T 7597—2007《电力用油（变压器油、汽轮机油）取样方法》。

（2）进口新汽轮机油则应按国际标准验收或合同规定指标验收。

表 8-14 　　　　　　　　　　　　L-TSA 和 L-TSE 汽轮机油质量标准

项　目	质量指标							试验方法
	A 级			B 级				
黏度等级（按 GB/T 3141—1994《工业液体润滑剂 ISO 粘度分类》）	32	46	68	32	46	68	100	

续表

项 目		质量指标							试验方法
		A 级			B 级				
外观		透明			透明				目测
色度（号）		报告			报告				GB/T 6540—1986《石油产品颜色测定法》
运动黏度（40℃，mm²/s）		28.8～35.2	41.4～50.6	61.2～74.8	28.8～35.2	41.4～50.6	61.2～74.8	90.0～110.0	GB/T 265—1988《石油产品运动粘度测定法和动力粘度计算法》
黏度指数		≥90			≥85				GB/T 1995—1998《石油产品粘度指数计算法》①
倾点⸲（℃）		≤−6			≤−6				GB/T 3535—2006《石油产品倾点测定法》
密度（20℃，kg/m³）		报告			报告				GB/T 1884—2000《原油和液体石油产品密度实验室测定法》 GB/T 1885—1998《石油计量表（密度换算）》③
闪点（开口）（℃）		≥186	≥195		≥186	≥195			GB/T 3536—2008《石油产品闪点和燃点测定法（克利夫兰开口杯法）》
酸值（以 KOH 计，mg/g）		≤0.2			≤0.2				GB/T 4945—2002《石油产品和润滑剂酸值和碱值测定法（颜色指示剂法）》④
水分（质量百分数，%）		≤0.02			≤0.02				GB/T 11133—2015《石油产品、润滑油和添加剂中水含量的测定 卡尔菲休库伦滴定法》⑤
泡沫性（泡沫倾向/泡沫稳定性）⑥（mL/mL）	程序Ⅰ（24℃）	≤450/0			≤450/0				GB/T 12579—2002《润滑油泡沫特性测定法》
	程序Ⅱ（93℃）	≤100/0			≤100/0				
	程序Ⅲ后（24℃）	≤450/0			≤450/0				
空气释放值（50℃，min）		≤5	≤6		≤5	≤6	≤8		SH/T 0308—1992《润滑油空气释放值测定法》
铜片试验（100℃，3h，级）		≤1			≤1				GB/T 5096—2017《石油产品铜片腐蚀试验法》
液相锈蚀（24h）		无锈			无锈				GB/T 11143—2008《加抑制剂矿物油在水存在下防锈蚀性能试验法》（B 法）

续表

项 目		质量指标							试验方法
		A级			B级				
抗乳化性（乳化液达到3mL的时间，min）	54℃	≤15	≤30		≤15	≤30		—	GB/T 7305—2003《石油和合成液水分离性测定法》
	82℃	—	—		—	—		≤30	
旋转氧弹⑦（min）		报告			报告				SH/T 0193—2008《润滑油氧化安定性的测定 旋转氧弹法》
氧化安定性	1000h后总酸值（以KOH计，mg/g）	≤0.3	≤0.3	≤0.3	报告	报告	报告		GB/T 12581—2006《加抑制剂矿物油氧化特性测定法》
	总酸值（以KOH计）	≥3500	≥3000	≥2500	≥2000	≥2000	≥1500	≥1000	SH/T 0565—2008《加抑制剂矿物油的油泥和腐蚀趋势测定法》
	达2.0mg/g 1000h后油泥含量（mg）	≤200	≤200	≤200	报告	报告	报告	—	
承载能力⑧ 齿轮机试验/失效级		≥8	≥9	≥10	—				GB/T 19936.1—2005《齿轮FZG试验程序第1部分：油品的相对胶合承载能力FZG试验方法 A/8.3/90》
过滤性	干法（%）	≥85			报告				SH/T 0805—2008《润滑油过滤性测定法》
	湿法	通过			报告				
清洁度⑨/级		—/18/15			报告				GB/T 14039—2002《液压传动 油液固体颗粒污染等级代号》

注 L-TSA类分A级和B级。B级不适用于L-TSE类。

① 测定方法也包括GB/T 2541—1981《石油产品粘度指数算表》，结果有争议时，以GB/T 1995—1998《石油产品粘度指数计算法》为仲裁方法。

② 可以供应商协商较低的温度。

③ 测定方法也包括SH/T 0604—2000《原油和石油产品密度测定法（U形振动管法）》。

④ 测定方法也包括GB/T 7304—2014《石油产品酸值的测定 点位滴定法》和SH/T 0163—1992《石油产品总酸值测定法（半微量颜色指示剂法）》，结果有争议时以GB/T 4945—2002《石油产品和润滑剂酸值和碱值测定法（颜色指示剂法）》为仲裁方法。

⑤ 测定方法也包括GB/T 7600—2014《运行中变压器油和汽轮机油水分含量测定法（库伦法）》和SH/T 0207—2010《绝缘液中水含量的测定 卡尔费休电量滴定法》，结果有争议时以GB/T 11133—2015《石油产品、润滑油和添加剂中水含量的测定 卡尔菲休库仑滴定法》为仲裁方法。

⑥ 对于程序Ⅰ和程序Ⅲ，泡沫稳定性在300s时记录，对于程序Ⅱ，在60s时记录。

⑦ 该数值对油品使用中监控是有用的，低于250min属不正常。

⑧ 仅适用TSE，测定方法也包括NB/SH/T 0306—2013《润滑油承载能力的评定 FZG目测法》，结果有争议时，以GB/T 19936.1—2005《齿轮FZG试验程序第1部分：油品的相对胶合承载能力FZG试验方法 A/8.3/90》为仲裁方法。

⑨ 按GB/T 18854—2015《液压传动 液体自动颗粒计数器的校准》校正自动粒子计数器（推荐采用DL/T 432—2018《电力用油中颗粒度测定方法》计算和测量粒子）。

表 8-15　　　　　　　　　　　　　L-TGSB 和 L-TGSE 燃/汽轮机油质量标准

项　　目		质量指标						试验方法
		L-TGSB			L-TGSE			
黏 度 等 级 （ 按 GB3141—1994《工业液体润滑剂 ISO 粘度分类》）		32	46	68	32	46	68	
外观		透明			透明			目测
色度（号）		报告			报告			GB/T 6540—1986《石油产品颜色测定法》
运动黏度（40℃，mm²/s）		28.8～35.2	41.4～50.6	61.2～74.8	28.8～35.2	41.4～50.6	61.2～74.8	GB/T 265—1988《石油产品运动粘度测定法和动力粘度计算法》
黏度指数		≥90			≥90			GB/T 1995—1998《石油产品粘度指数计算法》①
倾点②（℃）		≤−6			≤−6			GB/T 3535—2006《石油产品倾点测定法》
密度（20℃，kg/m³）		报告			报告			GB/T 1884—2000《原油和液体石油产品密度实验室测定法》 GB/T 1885—1998《石油计量表（密度换算)》③
闪点（℃）	开口	≥200			≥200			GB/T 3536—2008《石油产品闪点和燃点测定法（克利夫兰开口杯法)》
	闭口	≥190			≥190			GB/T 261—2008《闪点的测定 宾斯基-马丁闭口杯法》
酸值（以 KOH 计，mg/g）		≤0.2			≤0.2			GB/T 4945—2002《石油产品和润滑油酸值和碱值测定法（颜色指示剂法)》④
水分（质量百分数）（%）		≤0.02			≤0.02			GB/T 11133—2015《石油产品、润滑油和添加剂中水含量的测定 卡尔菲休库伦滴定法》⑤
泡沫性（泡沫倾向/泡沫稳定性)⑥（mL/mL）	程序Ⅰ（24℃）	≤450/0			≤50/0			GB/T 12579—2002《润滑油泡沫特性测定法》
	程序Ⅱ（93℃）	≤50/0			≤50/0			
	程序Ⅲ后（24℃）	≤450/0			≤50/0			
空气释放值（50℃，min）		≤5	≤5		≤6	≤5	≤6	SH/T 0308—1992《润滑油空气释放值测定法》
铜片试验（100℃，3h，级）		≤1			≤1			GB/T 5096—2017《石油产品铜片腐蚀试验法》
液相锈蚀（24h）		无锈			无锈			GB/T 11143—2008《加抑制剂矿物油在水存在下防锈蚀性能试验法》（B 法）

续表

项　目		质量指标						试验方法
		L-TGSB			L-TGSE			
抗乳化性（54℃，乳化液达到 3mL 的时间，min)		≤30			≤30			GB/T 7305—2003《石油和合成液水分离性测定法》
旋转氧弹（min）		≥750			≥750			SH/T 0193—2008《润滑油氧化安定性的测定 旋转氧弹法》
改进旋转氧弹⑦（min）		≥85			≥85			SH/T 0193—2008《润滑油氧化安定性的测定 旋转氧弹法》
氧化安定性 总酸值（以 KOH 计）达 2.0mg/g 的时间（h）		≥3500	≥3000	≥2500	≥3500	≥3000	≥2500	GB/T 12581—2006《加抑制剂矿物油氧化特性测定法》
高温氧化安定性（175℃，72h）	黏度变化率（%）	报告			报告			ASTM D4636—2014《液压油，飞机涡轮发动机润滑剂和其他高级精制油的腐蚀性和氧化稳定性的标准实验方法》⑧
	酸值变化（以 KOH 计，mg/g）	报告			报告			
	金属片重量变化（mg/cm²） 钢	±0.250			±0.250			
	铝	±0.250			±0.250			
	镉	±0.250			±0.250			
	铜	±0.250			±0.250			
	镁	±0.250			±0.250			
承载能力 齿轮机试验/失效级		—			≥8	≥9	≥10	GB/T 19936.1—2005《齿轮 FZG 试验程序第 1 部分：油品的相对胶合承载能力 FZG 试验方法 A/8.3/90》
过滤性（%）	干法	≥85			≥85			SH/T 0805—2008《润滑油过滤性测定法》
	湿法	通过			报告			
清洁度⑨级		—/17/14			—/17/14			GB/T 14039—2002《液压传动油液固体颗粒污染等级代号》

① 测定方法也包括 GB/T 2541—1981《石油产品粘度指数算表》，结果有争议时，以 GB/T 1995—1998《石油产品粘度指数计算法》为仲裁方法。

② 可以供应商协商较低的温度。

③ 测定方法也包括 SH/T 0604—2000《原油和石油产品密度测定法（U 形振动管法）》。

④ 测定方法也包括 GB/T 7304—2014《石油产品酸值的测定 点位滴定法》和 SH/T 0163—1992《石油产品总酸值测定法（半微量颜色指示剂法）》，结果有争议时以 GB/T 4945—2002《石油产品和润滑剂酸值和碱值测定法（颜色指示剂法）》为仲裁方法。

⑤ 测定方法也包括 GB/T 7600—2014《运行中变压器油和汽轮机油水含量测定法（库伦法）》和 SH/T 0207—2010《绝缘液中水含量的测定 卡尔费休电量滴定法》，结果有争议时以 GB/T 11133—2015《石油产品、润滑油和添加剂中水含量的测定 卡尔菲休库伦滴定法》为仲裁方法。

⑥ 对于程序Ⅰ和程序Ⅲ，泡沫稳定性在 300s 时记录，对于程序Ⅱ，在 60s 时记录。

⑦ 取 300mL 油样，在 121 下，以 3L/h 的速度通入情节干燥的氮气，经 48h 后，按照 SH/T 0193—2008《润滑油氧化安定性的测定 旋转氧弹法》进行试验，所得结果与未经处理的样品所得结果的比值的百分数表示。

⑧ 测定方法也包括 NB/SH/T 0306—2013《润滑油承载能力的评定 FZG 目测法》，结果有争议时，以 GB/T 19936.1—2005《齿轮 FZG 试验程序 第 1 部分：油品的相对胶合承载能力 FZG 试验方法 A/8.3/90》为仲裁方法。

⑨ 按 GB/T 18854—2015《液压传动 液体自动颗粒计数器的校准》校正自动粒子计数器（推荐采用 DL/T 432—2018《电力用油中颗粒度测定方法》计算和测量粒子）。

二、新机组投运前及投运初期汽轮机油检测要求

1. 运行汽轮机油的检测项目、检测周期和质量标准

运行汽轮机油的检测项目、检测周期和质量标准应满足 GB/T 7596—2017《电厂运行中矿物涡轮机油质量》和 GB/T 14541—2017《电厂用矿物涡轮机油维护管理导则》的要求。

2. 汽轮机新油注入设备后的检验项目和要求

（1）油样：经循环 24h 后的油样，并保留 4L 油样。

（2）外观：清洁、透明。

（3）颜色：与新油颜色相似。

（4）黏度：应与新油结果相一致。

（5）酸值：同新油。

（6）水分：无游离水存在。

（7）洁净度：≤SAE AS4509D 7 级。

（8）破乳化度：同新油要求；泡沫特性：同新油要求。

3. 汽轮机组在投运后 12 个月内的检验项目和周期

汽轮机组在投运后 12 个月内的检验项目和周期见表 8-16。

表 8-16 汽轮机组投运 12 个月内的检验项目及周期

项目	外观	颜色	黏度	酸值	闪点	水分	洁净度	破乳化度	防锈性	泡沫特性	空气释放值
检验周期	每天	每周	1～3 个月	每月	必要时	每月	1～3 个月	每 6 个月	每 6 个月	必要时	必要时

三、正常运行期间汽轮机油的质量标准和检测周期

（1）运行中汽轮机油质量标准满足 GB/T 7596—2016《电厂用运行中汽轮机油质量标准》的要求，见表 8-17。

表 8-17 运行中汽轮机油质量指标和检测方法

序号	项 目		质量指标	检测方法
1	外状		透明	DL/T 429.1—2017《电力用油透明度测定法》
2	运动黏度（40℃，mm²/s）	32[①]	28.8～35.2	GB/T 265—1988《石油运动粘度测定方法》
		46[①]	41.4～50.6	
3	闪点（开口杯）		≥180℃，且比前次测定值不低于 10℃	GB/T 267—1988《石油产品闪点与燃点测定法（开口杯法）》
4	机械杂质		无	外观目视
5	洁净度[②]（SAE AS4509D）		≤8 级	DL/T 432—2018《电力用油中颗粒度测定方法》
6	酸值（以 KOH 计，mg/g）	未加防锈剂油	≤0.2	GB/T 264—1983《石油产品酸值测定法》
		加防锈剂油	≤0.3	
7	液相锈蚀		无锈	GB/T 11143—2008《加抑制剂矿物油在水存在下防锈性能试验法》
8	破乳化度（54℃，min）		≤3	GB/T 7605—2008《运行中汽轮机油破乳化度测定法》

续表

序号	项 目		质量指标	检测方法
9	水分（mg/L）		≤100	GB/T 7600—2014《运行中变压器油和汽轮机油水分含量测定法（库仑法）》或 GB/T 7601—2008《运行中变压器油、汽轮机油水分测定法（气相色谱法）》
10	起泡沫试验	24℃	500/10mL	GB/T 12579—2002《润油油泡沫特性测定法》
		93.5℃	50/10mL	
		后 24℃	500/10mL	
11	空气释放值	min	≤10	SH/T 0308—1992《润滑油空气释放值测定法》
12	旋转氧弹值	min	报告	SH/T 0193—2008《润滑油氧化安定性的测定 旋转氧弹法》

① 32、46 为汽轮机油黏度等级。

② 对于润滑油系统和调速系统共用一个油箱，也用矿物汽轮机油的设备，此时油中洁净度指标应参考设备制造厂提出的控制指标执行。

（2）运行中汽轮机油检测项目和周期满足 GB/T 14541—2017《电厂用矿物涡轮机油维护管理导则》要求，见表 8-18。

表 8-18　　　　　　　　　　汽轮机油常规检验周期和检验项目

检 验 周 期	检 验 项 目
新设备投运	1～11
机组在大修后和启动前	1～11
每周至少 1 次	1、4
每 1 个月、第 3 个月以后每 6 个月	2、3
每月、1 年以后每 3 个月	5、6、9
第 1 个月、第 6 个月以后每年	10、11
第 1 个月以后每 6 个月	7、8

注　1. "检验项目"栏内 1、2、…为表 8-18 中项目序号。

　　2. 机组运行正常，可以适当延长检验周期，但发现油中混入水分（油呈混浊）时，应增加检验次数，并及时采取处理措施。

　　3. 机组检修后的补油、换油以后的试验则应另行增加检验次数，如果试验结果指出油已变坏或接近它的运行寿命终点时，则检验次数应增加。

（3）汽轮机油检测项目异常时，应按 GB/T 14541—2017《电厂用矿物涡轮机油维护管理导则》的规定采取相应的措施，见表 8-19。

表 8-19　　　　　　　　　运行中汽轮机油试验数据解释及推荐措施

项 目	警戒极限	原因解释	措施概要
外观	（1）乳化不透明，有杂质。（2）有油泥	（1）中含水或有固体物质。（2）油质深度劣化	（1）调查原因，采取机械过滤。（2）投入油再生装置或必要时换油

项　目	警戒极限	原因解释	措施概要
颜色	迅速变深	（1）有其他污染物。 （2）油质深度老化	找出原因，必要时投入油再生装置
酸值（以 KOH 计）	增加值超过新油的 0.1～0.2mg/g 时	（1）系统运行条件恶劣。 （2）抗氧化剂耗尽。 （3）补错了油。 （4）油被污染	查明原因，增加试验次数；补加 T501 投入油再生装置；有条件单位可测定旋转氧弹（RBOT），如果旋转氧弹（RBOT）降到新油原始值的 25% 时，可能油质劣化，考虑换油
闪点（开口）	比新油高或低出 15℃ 以上	油被污染或过热	查明原因，并结合其他试验结果比较，并考虑处理或换油
黏度（40℃）	比新油原始值相差±10% mm²/s 以上	（1）油被污染。 （2）补错了油。 （3）油质已严重劣化	查明原因，并测定闪点或破乳化度，必要时应换油
锈蚀试验	有轻锈	（1）系统中有水。 （2）系统维护不当（忽视放水或油已呈乳化状态）。 （3）防锈剂消耗	加强系统维护，并考虑添加防锈剂
破乳化度	＞30min	油污染或劣化变质	如果油呈乳化状态，应采取脱水或吸附处理措施
水分	氢冷机组大于 80mg/L，非氢冷机组大于 150mg/L 时	（1）冷油器泄漏。 （2）轴封不严。 （3）油箱未及时排水	检查破乳化度，并查明原因；启用过滤设备，排出水分。并注意观察系统情况消除设备缺陷
洁净度 SAE AS4509D	＞8 级	（1）补油时带入的颗粒。 （2）系统中进入灰尘。 （3）系统中锈蚀或磨损颗粒	查明和消除颗粒来源，启动精密过滤装置清洁油系统
起泡沫试验	向大于 500mL，稳定性大于 10mL	（1）可能被固体物污染或加错了油。 （2）在新机组中可能是残留的锈蚀物的妨害所致。	注意观察，并与其他试验结果比较；如果加错了油应更换纠正；可酌情添加消泡剂，并开启精滤设备处理
空气释放值	＞10min	油污染或劣化变质	注意观察，并与其他试验结果相比较，找出污染原因并消除

注 表中除水分和锈蚀两个试验项目外，其余项目均适用于燃气-蒸汽联合循环油。

（4）运行汽轮机油防止劣化的措施按 GB/T 7596—2016《电厂用运行中汽轮机油质量标准》的附录 A 执行。

（5）当汽轮机油质量指标达到 NB/SH/T 0636—2013《L-TSA 汽轮机油换油指标》规定的换油指标时，应采取措施处理或更换新油，L-TSA 汽轮机油换油标准见表 8-20。

表 8-20 L-TSA 汽轮机油换油指标的技术要求和试验方法

项 目	换油指标				试 验 方 法
黏度等级（按 GB/T 3141—1994《工业液体润滑剂 ISO 粘度分类》）	32	46	68	100	
运动黏度（40℃）变化率（%）	≤±10				GB/T 265—1988《石油运动粘度测定方法》
酸值（以 KOH 计，mg/g）	<0.3				GB/T 7304—2014《石油产品酸值的测定 点位滴定法》
水分（质量分数，%）	≤0.1				GB/T 260—2016《石油产品水含量的测定 蒸馏法》；GB/T 11133—2015《石油产品、润滑油和添加剂中水含量的测定 卡尔菲休库伦滴定法》；GB/T 7600—2014《运行中变压器油和汽轮机油水分含量测定法（库伦法）》
抗乳化性（乳化层减少到 3mL），54℃	>40min		>60min		GB/T 7305—2003《石油和合成液水分离性测定法》
氧化安定性旋转氧弹（150℃）	<60min				SH/T 0193—2008《润滑油氧化安定性的测定 旋转氧弹法》
液相锈蚀试验（蒸馏水）	不合格				GB/T 11143—2008《加抑制剂矿物油在水存在下防锈性能试验法》

第四节　密封油质量监督

一、新密封油验收标准

新密封油验收按 GB/T 11120—2011《涡轮机油》的要求执行，新密封油质量标准见表 8-14。

二、运行中的密封油质量标准

运行中的密封油质量标准应符合表 8-21 的规定。

表 8-21 运行中的密封油质量标准

序号	项 目	质量标准	测试方法
1	外观	透明	目视
2	运动黏度（40℃）	与新油原测定值的偏差不大于 20%	GB/T 265—1988《石油运动粘度测定方法》
3	闪点（开口杯）（15℃）	不低于新油原测定值	GB/T 267—1988《石油产品闪点与燃点测定法（开口杯法）》
4	酸值（以 KOH 计，mg/g）	≤0.30	GB/T 264—1983《石油产品酸值测定法》
5	机械杂质	无	外观目视

序号	项　目	质量标准	测试方法
6	水分（mg/L）	≤50	GB/T 7600—2014《运行中变压器油和汽轮机油水分含量测定法（库仑法）》
7	空气释放值（50℃）	10min	SH/T 0308—1992《润滑油空气释放值测定法》
8	泡沫特性（24℃）	600mL	GB/T 12579—2002《润油油泡沫特性测定法》

三、运行密封油的监督

（1）对密封油系统与润滑油系统分开的机组，应从密封油箱底部取样化验；对密封油系统与润滑油系统共用油箱的机组，应从冷油器出口处取样化验。

（2）机组正常运行时的常规检验项目和周期应符合表 8-22 的规定。

（3）新机组投运或机组检修后启动运行 3 个月内，应加强水分和机械杂质的检测。

（4）机组运行异常或氢气湿度超标时，应增加油中水分检验次数。

表 8-22　　　　运行中氢冷发电机用密封油常规检验周期和检验项目

检　验　项　目	检　验　周　期
水分、机械杂质	半月一次
运动黏度、酸值	半年一次
空气释放值、泡沫特性、闪点	每年一次

第五节　抗燃油质量标准

一、新抗燃油质量标准

新抗燃油应按 DL/T 571—2014《电厂用磷酸酯抗燃油运行维护导则》的规定验收，质量标准见表 8-23，取样数量见 GB/T 7597—2007《电力用油（变压器油、汽轮机油）取样方法》。

表 8-23　　　　　　　　　　新磷酸酯抗燃油质量标准

序号	项　目		指　标	试验方法
1	外观		透明，无杂质或悬浮物	DL/T 429.1—2017《电力用油透明度测定法》
2	颜色		无色或淡黄	DL/T 429.2—2019《电力用油颜色测定法》
3	密度（20℃，kg/m³）		1130～1170	GB/T 1884—2000《原油和液体石油产品密度实验室测定法》
4	运动黏度（40℃，mm²/s）	ISO VG32	28.8～35.2	GB/T 265—1988《石油运动粘度测定方法》
		ISO VG46	41.4～50.6	
5	倾点（℃）		≤−18	GB/T 3535—2006《石油产品倾点测定法》
6	闪点（开口）（℃）		≥240	GB/T 3536—2008《石油产品闪点和燃点测定法（克利夫兰开口杯法）》

序号	项　　目		指　　标	试验方法
7	自燃点（℃）		≥530	DL/T 706—2017《电厂用抗燃油自燃点测定方法》
8	洁净度 SAE AS4509D		≤6级	DL/T 432—2018《电力用油中颗粒度测定方法》
9	水分（mg/L）		≤600	GB/T 7600—2014《运行中变压器油和汽轮机油水分含量测定（库伦法）》
10	酸值（以 KOH 计，mg/g）		≤0.05	GB/T 264—1983《石油产品酸值测定法》
11	氯含量（mg/kg）		≤50	DL/T 433—2015《抗燃油中氯含量的测定 氧弹法》或 DL/T 1206—2013《磷酸酯抗燃油氯含量的测定 高温燃烧微库伦法》
12	泡沫特性	24℃	≤50mL/0mL	GB/T 12579—2002《润油油泡沫特性测定法》
		93.5℃	≤10mL/0mL	
		后24℃	≤50mL/0mL	
13	电阻率（20℃，Ω·cm）		≥1×1010	DL/T 421—2009《电力用油体积电阻率测定法》
14	空气释放值（50℃，min）		≤6	SH/T 0308—1992《润滑油空气释放值测定法》
15	水解安定性（以 KOH 计，mg/g）		≤0.5	EN14833—2005《石油和相关产品耐火磷酸酯液体水解稳定性的测定》
16	氧化安定性	酸值（以 KOH 计，mg/g）	1.5	EN14832—2005《石油和相关产品耐火磷酸酯液体氧化稳定性和腐蚀性的测定》
		铁片重量变化（mg）	1.0	
		铜片重量变化（mg）	2.0	

二、运行中抗燃油质量标准

（1）运行中磷酸酯抗燃油质量标准见表 8-24。

（2）运行中抗燃油的取样应按 GB/T 7597—2007《电力用油（变压器油、汽轮机油）取样方法》及 DL/T 571—2014《电厂用磷酸酯抗燃油运行维护导则》执行。

表 8-24　　　　　　　　　　　运行中磷酸酯抗燃油质量标准

序号	项　　目		指　　标	试验方法
1	外观		透明，无杂质或悬浮物	DL/T 429.1—2017《电力用油透明度测定法》
2	颜色		橘红	DL/T 429.2—2019《电力用油颜色测定法》
3	密度（20℃，kg/m³）		1130～1170	GB/T 1884—2000《原油和液体石油产品密度实验室测定法》
4	运动黏度（40℃，mm²/s）	ISO VG32	27.2～36.8	GB/T 265—1988《石油运动粘度测定方法》
		ISO VG46	39.1～52.9	

序号	项 目		指 标	试验方法
5	倾点（℃）		≤-18	GB/T 3535—2006《石油产品倾点测定法》
6	闪点（开口）（℃）		≥235	GB/T 3536—2008《石油产品闪点和燃点测定法（克利夫兰开口杯法）》
7	自燃点（℃）		≥530	DL/T 706—2017《电厂用抗燃油自燃点测定方法》
8	洁净度（SAE AS4509D）		≤6级	DL/T 432—2018《电力用油中颗粒度测定方法》
9	水分（mg/L）		≤1000	GB/T 7600—2014《运行中变压器油和汽轮机油水分含量测定法（库伦法）》
10	酸值（以KOH计，mg/g）		≤0.15	GB/T 264—1983《石油产品酸值测定法》
11	氯含量（mg/kg）		≤100	DL/T 433—2015《抗燃油中氯含量的测定 氧弹法》
12	泡沫特性	24℃	≤200mL/0mL	GB/T 12579—2002《润油油泡沫特性测定法》
		93.5℃	≤40mL/0mL	
		后24℃	≤200mL/0mL	
13	电阻率（20℃，Ω·cm）		≥6×109	DL/T 421—2009《电力用油体积电阻率测定法》
14	空气释放值（50℃，min）		≤10	SH/T 0308—1992《润滑油空气释放值测定法》
15	矿物油含量（质量分数，%）		≤4	DL/T 571—2014《电厂用磷酸酯抗燃油运行维护导则》

三、新的及进行系统检修的抗燃油系统投运前应采取的监督和维护措施

（1）抗燃油系统设备安装前，应用将使用的同牌号抗燃油冲洗所有过油零部件、设备，确认表面清洁、无异物（包括制造的残油）污染后方可安装；设备、系统安装完毕，应按照 DL/T 5190.3—2019《电力建设施工技术规范 第三部分：汽轮发电机组》及制造厂编写的冲洗规程制订冲洗方案进行冲洗；注入新抗燃油，油箱油位高位后启动油泵进行油循环冲洗，并外加过滤装置过滤，冲洗过程应及时补油保持油箱油位处于最高油位。

（2）在系统冲洗过滤过程中，应取样测试洁净度，直至测定结果达到设备制造厂要求的洁净度后，再进行油动机等部件的动作试验。

（3）外加过滤装置继续过滤，直至油动机等动作试验完毕，取样化验洁净度合格后（满足 SAEAS4509D 中不大于 5 级的要求）可停止过滤，同时取样进行油质全分析试验，试验结果应符合表 8-24 的要求。

（4）运行人员应巡检项目：

1）定期记录油压、油温、油箱油位。

2）记录油系统及旁路再生装置精密过滤器的压差变化情况。

（5）试验室试验项目及周期：

1) 试验室试验项目及周期应符合表 8-25 的规定。

表 8-25 抗燃油试验室试验项目及周期

序号	试 验 项 目	第一个月	第二个月后
1	外观、颜色、水分、酸值、电阻率	2 周一次	每月一次
2	运动黏度、洁净度	—	3 个月一次
3	泡沫特性、空气释放值、矿物油含量	—	6 个月一次
4	外观、颜色、密度、运动黏度、倾点、闪点、自燃点、洁净度、水分、酸值、氯含量、泡沫特性、电阻率、空气释放值和矿物油含量	—	机组检修重新启动前、每年至少一次
5	洁净度	—	机组启动 24h 后复查
6	运动黏度、密度、闪点和洁净度	—	补油后
7	倾点、闪点、自燃点、氯含量、密度	—	必要时

2) 如果油质异常，应缩短试验周期，必要时取样进行全分析。

四、油质异常原因及处理措施

实验室、化学监督专责人应根据表 8-24 中运行磷酸酯抗燃油质量标准的规定，对油质试验结果进行分析。如果油质指标超标，应进行评估，提出建议，并通知有关部门，查明指标超标原因，并采取相应处理措施；运行中磷酸酯抗燃油油质指标超标的可能原因及参考处理方法见表 8-26。

表 8-26 运行中磷酸酯抗燃油油质异常原因及处理措施

项 目	异常极限值	异常原因	处 理 措 施
外观	混浊、有悬浮物	(1) 油中进水。 (2) 被其他液体或杂质污染	(1) 脱水过滤处理。 (2) 考虑换油
颜色	迅速加深	(1) 油品严重劣化。 (2) 油温升高，局部过热。 (3) 磨损的密封材料污染	(1) 更换旁路吸附再生滤芯及吸附剂。 (2) 采取措施控制油温。 (3) 消除油系统存在的过热点。 (4) 检修中对油动机等解体检查、更换密封圈
密度（20℃，kg/m³）	<1130 或 >1170	被矿物油或其他液体污染	换油
倾点（℃）	>−15		
运动黏度（40℃）	与新油牌号代表的运动黏度中心值相差超过±20%		
矿物油含量（%）	>4		
闪点（℃）	<220		
自燃点（℃）	<500		

项　　目	异常极限值	异常原因	处 理 措 施
酸值（以 KOH 计，mg/g）	＞0.15	（1）运行油温高，导致老化。 （2）油系统存在局部过热。 （3）油中含水量大，发生水解	（1）采取措施控制油温。 （2）消除局部过热。 （3）更换吸附再生滤芯，每隔 48h 取样分析，直至正常。 （4）如果更换系统的旁路再生滤芯还不能解决问题，可考虑采用外接带再生功能的抗燃油滤油机滤油。 （5）如果经处理仍不能合格，考虑换油
水分（mg/L）	＞1000	（1）冷油器泄漏。 （2）油箱呼吸器的干燥剂失效，空气中水分进入。 （3）投用了离子交换树脂再生滤芯	（1）消除冷油器泄漏。 （2）更换呼吸器的干燥剂。 （3）进行脱水处理
氯含量（mg/kg）	＞100	含氯杂质污染	（1）检查是否在检修或维护中用过含氯的材料或清洗剂等。 （2）换油
电阻率（20℃，$\Omega \cdot cm$）	＜6×10^9	（1）油质老化。 （2）可导电物质污染	（1）更换旁路再生装置的再生滤芯或吸附剂。 （2）如果更换系统的旁路再生滤芯还不能解决问题，可考虑采用外接带再生功能的抗燃油滤油机滤油。 （3）换油
洁净度（SAE AS4509D）	＞6 级	（1）被机械杂质污染。 （2）精密过滤器失效。 （3）油系统部件有磨损	（1）检查精密过滤器是否破损、失效，必要时更换滤芯。 （2）检修时检查油箱密封及系统部件是否有腐蚀磨损。 （3）消除污染源，进行旁路过滤，必要时增加外置过滤系统过滤，直至合格
泡沫特性　24℃	＞250mL/50mL	（1）油老化或被污染。 （2）添加剂不合适	（1）消除污染源。 （2）更换旁路再生装置的再生滤芯或吸附剂。 （3）添加消泡剂。 （4）考虑换油
泡沫特性　93.5℃	＞50mL/10mL		
泡沫特性　后 24℃	＞250mL/50mL		
空气释放值（50℃，min）	＞10	（1）油质劣化。 （2）油质污染	（1）更换旁路再生滤芯及吸附剂。 （2）考虑换油

五、运行中磷酸酯抗燃油的维护以及相关技术管理、安全要求

运行中磷酸酯抗燃油的维护以及相关技术管理、安全要求按照 DL/T 571—2014《电厂用磷酸酯抗燃油运行维护导则》具体规定执行。

第六节　辅机用油监督

一、辅机用油监督一般规定

（1）辅机用油监督和维护应满足 DL/T 290—2012《电厂辅机用油运行及维护管理导则》的相关要求。辅机用油测定洁净度的取样按照 DL/T 432—2018《电力用油中颗粒度测定方法》的要求进行，其他项目试验的取样按照 GB/T 7597—2007《电力用油（变压器油、汽轮机油）取样方法》的要求进行。

（2）对用油量大于 100L 各种辅机用油，包括水泵用油、风机用油、磨煤机及湿磨机用油、空气预热器用油和空气压缩机用油，应进行定期检测分析监督。用油量小于 100L 的各种辅机，运行中只需要现场观察油的外观、颜色和机械杂质，如外观异常或有较多肉眼可见的机械杂质，应进行换油处理；如无异常变化，则每次大修时或按照设备制造商要求做换油处理。使用汽轮机油的小汽轮机和电动给水泵油的监督应按汽轮机油执行。

二、新辅机用油的验收

（1）在新油交货时，应对油品进行取样验收。防锈汽轮机油按照 GB 11120—2011《涡轮机油》验收，液压油按照 GB 11118.1—2011《液压油（L-HL、L-HM、L-HV、L-HS、L-HG）》验收，齿轮油按照 GB 5903—2011《工业闭式齿轮油》验收，空气压缩机用油按照 GB 12691—1990《空气压缩机油》验收，液力传动油按照 TB/T 2957—1999《内燃机车液力传动油》验收等，必要时可按有关国际标准或双方合同约定的指标验收。

（2）各类辅机用油新油的质量标准见表 8-27～表 8-34。

表 8-27　　　　　　　　　　L-HL 抗氧防锈液压油的技术要求和试验方法

项　目	质量指标							试验方法
黏度等级（GB/T 3141—1994《工业液体润滑剂 ISO 粘度分类》）	15	22	32	46	68	100	150	试验方法
密度①（20℃，kg/m³）	报告							GB/T 1884—2000《原油和液体石油产品密度实验室测定法》 GB/T 1885—1998《石油计量表（密度换算）》
色度（号）	报告							GB/T 6540—1986《石油产品颜色测定法》
外观	透明							目测
闪点（开口）（℃）	≥140	≥165	≥175	≥185	≥195	≥205	≥215	GB/T 3536—2008《石油产品闪点和燃点测定法（克利夫兰开口杯法）》

项　目		质量指标							试验方法
黏度等级（GB/T 3141—1994《工业液体润滑剂ISO 粘度分类》）		15	22	32	46	68	100	150	试验方法
运动黏度（mm²/s）	40℃	≤13.5～16.5	≤19.8～24.2	≤28.8～35.2	≤41.4～50.6	≤61.2～74.8	≤90～110	≤135～165	GB/T 265—1988《石油运动粘度测定方法》
	0℃	≤140	≤300	≤420	≤780	≤1400	≤2560	—	
黏度指数[2]		≥80							GB/T 1995 1998《石油产品粘度指数计算法》
倾点[3]（℃）		≤-12	≤-9	≤-6	≤-6	≤-6	≤-6	≤-6	GB/T 3535—2006《石油产品倾点测定法》
酸值[4]（以 KOH 计，mg/g）		报告							GB/T 4945—2002《石油产品和润滑剂酸值和碱值测定法（颜色指示剂法）》
水分（质量分数，%）		痕迹							GB/T 260—2016《石油产品水含量的测定 蒸馏法》
机械杂质		无							GB/T 511—2010《石油和石油产品及添加剂机械杂志测定法》
清洁度[5]									DL/T 432—2018《电力用油中颗粒度测定方法》GB/T 14039—2002《液压传动 油液固体颗粒污染等级代号》
铜片腐蚀（100℃，3h）		≤1级							GB/T 5096—2017《石油产品铜片腐蚀试验法》
液相锈蚀（24h）		无锈							GB/T 11143—2008《加抑制剂矿物油在水存在下防锈性能试验法》（A 法）
泡沫性（泡沫倾向/泡沫稳定性）	程序Ⅰ（24℃）	≤150mL/0mL							GB/T 12579—2002《润油油泡沫特性测定法》
	程序Ⅱ（93.5℃）	≤75mL/0mL							
	程序Ⅲ（后 24℃）	≤150mL/0mL							
空气释放值（50℃）		≤5min	≤7min	≤7min	≤10min	≤12min	≤15min	≤25min	SH/T 0308—1992《润滑油空气释放值测定法》

续表

项　目	质量指标							试验方法
黏度等级（GB/T 3141—1994《工业液体润滑剂ISO粘度分类》）	15	22	32	46	68	100	150	
密封适应性指数	≤14	≤12	≤10	≤9	≤7	≤6	报告	SH/T 0305—1993《石油产品密封适应性指数测定法》
抗乳化性（乳化液到3mL的时间）54℃	≤30min	≤30min	≤30min	≤30min	≤30min	—	—	GB/T 7305—2003《石油和合成液水分离性测定法》
抗乳化性（乳化液到3mL的时间）82℃	—	—	—	—	—	≤30min	≤30min	
氧化安定性 1000h后总酸值⑥（以KOH计，mg/g）	—	≤2.0						GB/T 12581—2006《加抑制剂矿物油氧化特性测定法》 SH/T 0565—2008《加抑制剂矿物油的油泥和腐蚀趋势测定法》
氧化安定性 1000h后油泥（mg）	—	报告						
旋转氧弹（150℃，min）	报告	报告						SH/T 0193—2008《润滑油氧化安定性的测定旋转氧弹法》
磨斑直径（392N，60min，75℃，1200r/min，mm）	报告							SH/T 0189—2017《润滑油抗磨损性能的测定四球法》

① 测定方法也包括用 SH/T 0604—2000《原油和石油产品密度测定法（U形振动管法）》。
② 测定方法也包括用 GB/T 2541—1981《石油产品粘度指数算表》，结果有争议时，以 GB/T 1995—1998《石油产品粘度指数计算法》为仲裁方法。
③ 用户有特殊要求时，可与生产单位协商。
④ 测定方法也包括用 GB/T 264—1983《石油产品酸值测定法》。
⑤ 由供需双方协商确定，也包括用 SAE AS4509D 分级。
⑥ 黏度等级为 15 的油不测定，但所含抗氧化剂类型和量应与产品定型时黏度等级为 22 的试验油样相同。

表 8-28　　　　　　L-HM 抗磨液压油（高压、普通）的技术要求和试验方法

项　目	质量指标										试验方法
	L-HM（高压）				L-HM（普通）						
黏度等级（GB/T 3141—1994《工业液体润滑剂ISO粘度分类》）	32	46	68	100	22	32	46	68	100	150	
密度（20℃，kg/m³）	报告				报告						GB/T 1884—2000《原油和液体石油产品密度实验室测定法》、GB/T 1885—1998《石油计量表（密度换算）》

项　目		质量指标										试验方法
黏度等级（GB/T 3141—1994《工业液体润滑剂 ISO 粘度分类》）		L-HM（高压）				L-HM（普通）						试验方法
		32	46	68	100	22	32	46	68	100	150	
色度号		报告				报告						GB/T 6540—1986《石油产品颜色测定法》
外观		透明				透明						目测
闪点（开口）（℃）		≥175	≥185	≥195	≥205	≥165	≥175	≥185	≥195	≥205	≥215	GB/T 3536—2008《石油产品闪点和燃点测定法（克利夫兰开口杯法）》
运动黏度（mm²/s）	40℃	28.8～35.2	41.4～50.6	61.2～74.8	90～110	19.8～24.2	28.8～35.2	41.4～50.6	61.2～74.8	90～110	135～165	GB/T 265—1988《石油运动粘度测定方法》
	0℃	—	—	—	—	≤300	≤420	≤780	≤1400	≤2560	—	
黏度指数		≥95				≥85						GB/T 1995—1998《石油产品粘度指数计算法》
倾点（℃）		≤-15	≤-9	≤-9	≤-9	≤-15	≤-15	≤-9	≤-9	≤-9	≤-9	GB/T 3535—2006《石油产品倾点测定法》
酸值（以 KOH 计，mg/g）		报告				报告						GB/T 4945—2002《石油产品和润滑剂酸值和碱值测定法（颜色指示剂法）》
水分（质量分数，%）		痕迹				痕迹						GB/T 260—2016《石油产品水含量的测定 蒸馏法》
机械杂质		无				无						GB/T 511—2010《石油和石油产品及添加剂机械杂志测定法》
清洁度		④				④						DL/T 432—2018《电力用油中颗粒度测定方法》和 GB/T 14039—2002《液压传动 油液固体颗粒污染等级代号》
铜片腐蚀（100℃，3h）		≤1 级				≤1 级						GB/T 5096—2017《石油产品铜片腐蚀试验法》
硫酸盐灰分（%）		报告				报告						GB/T 2433—2001《添加剂和含添加剂润滑油硫酸盐灰分测定法》
液相锈蚀（24h）	A 法	—				无锈						GB/T 11143—2008《加抑制剂矿物油在水存在下防锈性能试验法》
	B 法	无锈				—						

续表

项　目		质量指标										试验方法
黏度等级（GB/T 3141—1994《工业液体润滑剂 ISO 粘度分类》）		L-HM（高压）				L-HM（普通）						试验方法
		32	46	68	100	22	32	46	68	100	150	
泡沫性（泡沫倾向/泡沫稳定性）	程序Ⅰ（24℃）	≤150mL/0mL				≤150mL/0mL						GB/T 12579—2002《润滑油泡沫特性测定法》
	程序Ⅱ（93.5℃）	≤75mL/0mL				≤75mL/0mL						
	程序Ⅲ（后 24℃）	≤150mL/0mL				≤150mL/0mL						
空气释放值（50℃）		≤6 min	≤10 min	≤13 min	报告	≤5 min	≤6 min	≤10 min	≤13 min	报告	报告	SH/T 0308—1992《润滑油空气释放值测定法》
抗乳化性（乳化液到 3mL 的时间）	54℃	≤30 min	≤30 min	≤30 min	—	≤30 min	≤30 min	≤30 min	≤30 min			GB/T 7305—2003《石油和合成液水分离性测定法》
	82℃	—	—	—	≤30 min	—	—	—	—	≤30 min	≤30 min	
密封适应性指数		≤12	≤10	≤8	报告	≤13	≤12	≤10	≤8	报告	报告	SH/T 0305—1993《石油产品密封适应性指数测定法》
氧化安定性	1500h 后总酸值（以 KOH 计，mg/g）	≤2.0				—						GB/T 12581—2006《加抑制剂矿物油氧化特性测定法》
	1000h 后总酸值（以 KOH 计，mg/g）	—				≤2.0						SH/T 0565—2008《加抑制剂矿物油的油泥和腐蚀趋势测定法》
	1000h 后油泥	报告				报告						
旋转氧弹（150℃）		报告				报告						SH/T 0193—2008《润滑油氧化安定性的测定 旋转氧弹法》
抗磨性	齿轮机试验失效级	≥10	≥10	≥10	≥0	—	≥10	≥10	≥10	≥10	≥10	SH/T 0306—2013《润滑油承载能力的评定 FZG 目测法》
	叶片泵试验（100h，总失重，mg）	—	—	—	—	≤100	≤100	≤100	≤100	≤100	≤100	SH/T 0307—1992《石油基液压油磨损特性测定法（叶片泵法）》
	磨斑直径(392N，60min，75℃，1200r/min，mm)	报告				报告						SH/T 0189—2017《润滑油抗磨损性能的测定 四球法》
	双泵(T6H20C)试验 — 叶片和柱销总失重	≤15mg				—						SH/T 0361—1998《导轨油》的附录 A
	双泵(T6H20C)试验 — 柱塞总失重	≤300mg										

续表

项　目		质量指标										试验方法
黏度等级（GB/T 3141—1994《工业液体润滑剂 ISO 粘度分类》）		L-HM（高压）				L-HM（普通）						试验方法
		32	46	68	100	22	32	46	68	100	150	
水解安定性	铜片失重不大于（g/cm²）	0.2				—						SH/T 0301—1993《液压油水解安定性测定法（玻璃瓶法）》
	水层总酸度（以 KOH 计）	≤4.0mg/g				—						
	铜片外观	未出现灰、黑色				—						
热稳定性（135℃，168h）	铜棒失重	≤10mg/200mL				—						SH/T 0209—1992《液压油热稳定性测定法》
	钢棒失重（mg/200mL）	报告				—						
	总沉渣重	≤100mg/100mL				—						
	40℃运动黏度变化率（%）	报告				—						
	酸值编号率（%）	报告				—						
	铜棒外观	报告				—						
	钢棒外观	不变色				—						

表 8-29　　　　　　　　　L-HV 低温液压油的技术要求和试验方法

项　目		质　量　指　标							试验方法
黏度等级（GB/T 3141—1994《工业液体润滑剂 ISO 粘度分类》）		10	15	22	32	46	68	100	试验方法
密度①（20℃）		报告							GB/T 1884—2000《原油和液体石油产品密度实验室测定法》、GB/T 1885—1998《石油计量表（密度换算）》
色度（号）		报告							GB/T 6540—1986《石油产品颜色测定法》
外观		透明							目测
闪点（℃）	开口	—	≥125	≥175	≥175	≥180	≥180	≥190	GB/T 3536—2008《石油产品闪点和燃点测定法（克利夫兰开口杯法）》、GB/T 261—2008《闪点的测定 宾斯基-马丁闭口杯法》
	闭口	≥100	—	—	—	—	—	—	

续表

项　　目		质　量　指　标							试验方法
黏度等级（GB/T 3141—1994《工业液体润滑剂ISO 粘度分类》）		10	15	22	32	46	68	100	试验方法
运动黏度（40℃，mm^2/s）		9.00～11.0	13.5～16.5	19.8～24.2	28.8～35.2	41.1～50.6	61.2～74.8	90～110	GB/T 265—1988《石油运动粘度测定方法》
运动黏度 $1500mm^2/s$ 时的温度（℃）		≤－33	≤－30	≤－24	≤－18	≤－12	≤－6	0	GB/T 265—1988《石油运动粘度测定方法》
黏度指数[②]		≥130	≥130	≥140	≥140	≥140	≥140	≥140	GB/T 1995—1998《石油产品粘度指数计算法》
倾点[③]（℃）		≤－39	≤－36	≤－36	≤－33	≤－33	≤－30	≤－21	GB/T 3535—2006《石油产品倾点测定法》
酸值[④]（以 KOH 计）		报告							GB/T 4945—2002《石油产品和润滑剂酸值和碱值测定法（颜色指示剂法）》
水分（质量分数）		痕迹							GB/T 260—2016《石油产品水含量的测定 蒸馏法》
机械杂质		无							GB/T 511—2010《石油和石油产品及添加剂机械杂志测定法》
清洁度[⑤]									DL/T 432—2018《电力用油中颗粒度测定方法》 GB/T 14039—2002《液压传动 油液固体颗粒污染等级代号》
铜片腐蚀（100℃，3h，级）		≤1							GB/T 5096—2017《石油产品铜片腐蚀试验法》
硫酸盐灰分		报告							GB/T 2433—2001《添加剂和含添加剂润滑油硫酸盐灰分测定法》
液相锈蚀（24h）		无锈							GB/T 11143—2008《加抑制剂矿物油在水存在下防锈性能试验法》（B 法）
泡沫性（泡沫倾向/泡沫稳定性，mL/mL）	程序Ⅰ（24℃）	≤150/0							GB/T 12579—2002《润滑油泡沫特性测定法》
	程序Ⅱ（93.5℃）	≤75/0							
	程序Ⅲ（后 24℃）	≤150/0							

续表

项 目		质 量 指 标							试验方法
黏度等级（GB/T 3141—1994《工业液体润滑剂 ISO 粘度分类》）		10	15	22	32	46	68	100	试验方法
空气释放值（50℃，min）		≤5	≤5	≤6	≤8	≤10	≤12	≤15	SH/T 0308—1992《润滑油空气释放值测定法》
抗乳化性（乳化液到3mL的时间，min）	54℃	≤30	≤30	≤30	≤30	≤30	≤30	—	GB/T 7305—2003《石油和合成液水分离性测定法》
	82℃	—	—	—	—	—	—	≤30	
剪切安定性（250次循环后，40℃运动黏度下降率，%）		≤10							SH/T 0103—2007《含聚合物油剪切安定性的测定 柴油喷嘴法》
密封适应性指数		报告	≤16	≤14	≤13	≤11	≤10	≤10	SH/T 0305—1993《石油产品密封适应性指数测定法》
氧化安定性	1500h后总酸值（以KOH计，mg/g）⑥	—	—	≤2.0					GB/T 12581—2006《加抑制剂矿物油氧化特性测定法》、SH/T 0565—2008《加抑制剂矿物油的油泥和腐蚀趋势测定法》
	1000h后油泥	—	—	报告					
旋转氧弹（150℃）		报告	报告	报告					SH/T 0193—2008《润滑油氧化安定性的测定 旋转氧弹法》
抗磨性	齿轮机试验⑦失效级	—	—	—	≥10	≥10	≥10	≥10	SH/T 0306—2013《润滑油承载能力的评定 FZG目测法》
	磨斑直径（392N，60min，75℃，1200r/min)mm	报告							SH/T 0189—2017《润滑油抗磨损性能的测定 四球法》
	双泵（T6H20C）试验（mg）	—	—	—	≤15				SH/T 0361—1998《导轨油》的附录A
	叶片和柱销总失重柱塞总失重（mg）	—	—	—	≤300				
水解安定性	铜片失重（mg/cm²）	≤0.2							SH/T 0301—1993《液压油水解安定性测定法（玻璃瓶法）》
	水层总酸度/（以KOH计，mg）	≤4.0							
	铜片外观	未出现灰、黑色							

续表

项　目	质　量　指　标							试验方法
黏度等级（GB/T 3141—1994《工业液体润滑剂ISO粘度分类》）	10	15	22	32	46	68	100	试验方法
热稳定性（135℃，168h）	≤10							SH/T 0209—1992《液压油热稳定性测定法》
铜棒失重（mg/200mL）	报告							
钢棒失重总沉渣重（mg/100mL）	≤100							
40℃运动黏度变化	报告							
酸值变化率	报告							
铜棒外观	报告							
钢棒外观	不变色							
过滤性（h） 无水	≤600							SH/T 0210—1992《液压油过滤性试验法》
过滤性（h） 2%水	≤600							

① 测定方法也包括用 SH/T 0604—2000《原油和石油产品密度测定法（U 形振动管法）》。

② 测定方法也包括用 GB/T 2541—1981《石油产品粘度指数算表》，结果有争议时，以 GB/T 1995—1998《石油产品粘度指数计算法》为仲裁方法；用户有特殊要求时，可与生产单位协商。

③ 测定方法也包括用 GB/T 264—1983《石油产品酸值测定法》。

④ 由供需双方协商确定，也包括用 SAE AS4509D 分级。

⑤ 黏度等级为 10 和 15 的油不测定，但所含抗氧化剂类型和量应与产品定型时黏度等级为 22 的试验油样相同。

⑥ 在产品定型时，允许只对 L-HV32 油进行齿轮机试验和双泵试验，其他各黏度等级所含功能类型和量应与产品定型时黏度等级为 32 的试验油样相同。

⑦ 有水时的过滤时间不超过无水时的过滤时间的两倍。

表 8-30　　　　　　　　　**L-HS 超低温液压油的技术要求和试验方法**

项　目	质　量　指　标					试　验　方　法
黏度等级（GB/T 3141—1994《工业液体润滑剂ISO粘度分类》）	10	15	22	32	46	试　验　方　法
密度①（20℃）	报告					GB/T 1884—2000《原油和液体石油产品密度实验室测定法》　GB/T 1885—1998《石油计量表（密度换算）》
色度（号）	报告					GB/T 6540—1986《石油产品颜色测定法》
外观	透明					目测
闪点（℃） 开口	—	≥125	≥175	≥175	≥180	GB/T 3536—2008《石油产品闪点和燃点测定法（克利夫兰开口杯法）》
闪点（℃） 闭口	≥100	—	—	—	—	GB/T 261—2008《闪点的测定 宾斯基-马丁闭口杯法》

项 目	质 量 指 标					试 验 方 法
黏度等级（GB/T 3141）	10	15	22	32	46	试 验 方 法
运动黏度（40℃，mm²/s）	9.0～11.0	13.5～16.5	19.8～24.2	28.8～35.2	41.4～50.6	GB/T 265—1988《石油运动粘度测定方法》
运动黏度 1500（mm²/s）时的温度（℃）	≤-39	≤-36	≤-30	≤-24	≤-18	
黏度指数②	≥130	≥130	≥150	≥150	≥150	GB/T 1995—1998《石油产品粘度指数计算法》
倾点③（℃）	≤-45	≤-45	≤-45	≤-45	≤-39	GB/T 3535—2006《石油产品倾点测定法》
酸值④（以 KOH 计，mg/g）	报告					GB/T 4945—2002《石油产品和润滑剂酸值和碱值测定法（颜色指示剂法）》
水分（质量分数）（≤，%）	痕迹					GB/T 260—2016《石油产品水含量的测定 蒸馏法》
机械杂质	无					GB/T 511—2010《石油和石油产品及添加剂机械杂志测定法》
清洁度	⑤					DL/T 432—2018《电力用油中颗粒度测定方法》和 GB/T 14039—2002《液压传动 油液固体颗粒污染等级代号》
铜片腐蚀（100℃，3h，级）	≤1					GB/T 5096—2017《石油产品铜片腐蚀试验法》
硫酸盐灰分（%）	报告					GB/T 2433—2001《添加剂和含添加剂润滑油硫酸盐灰分测定法》
液相锈蚀（24h）	无锈					GB/T 11143—2008《加抑制剂矿物油在水存在下防锈性能试验法》（B 法）
泡沫性（泡沫倾向/泡沫稳定性，mL/mL） 程序Ⅰ（24℃）	≤150/0					GB/T 12579—2002《润油油泡沫特性测定法》
程序Ⅱ（93.5℃）	≤75/0					
程序Ⅲ（后 24℃）	≤150/0					
空气释放值（50℃，min）	≤5	≤5	≤6	≤8	≤10	SH/T 0308—1992《润滑油空气释放值测定法》

项　　目	质　量　指　标					试　验　方　法
黏度等级（GB/T 3141）	10	15	22	32	46	
抗乳化性（乳化液到 3mL 的时间，54℃，min）	≤30					GB/T 7305—2003《石油和合成液水分离性测定法》
剪切安定性（250 次循环后，40℃ 运动黏度下降率，%）	≤10					SH/T 0103—2007《含聚合物油剪切安定性的测定 柴油喷嘴法》
密封适应性指数	报告	≤16	≤14	≤13	≤11	SH/T 0305—1993《石油产品密封适应性指数测定法》
氧化安定性 · 1500h 后总酸值（以 KOH 计，mg/g）[6]	—	—	≤2.0			GB/T 12581—2006《加抑制剂矿物油氧化特性测定法》
氧化安定性 · 1000h 后油泥（mg）[7]	—	—	报告			SH/T 0565—2008《加抑制剂矿物油的油泥和腐蚀趋势测定法》
旋转氧弹（150℃，min）	报告	报告	报告			SH/T 0193—2008《润滑油氧化安定性的测定 旋转氧弹法》
抗磨性 · 齿轮机试验（g/失效级）	—	—	—	≥10	≥10	SH/T 0306—2013《润滑油承载能力的评定 FZG 目测法》
抗磨性 · 磨斑直径（392N，60min，75℃，1200r/min，mm）	报告					SH/T 0189—2017《润滑油抗磨损性能的测定 四球法》
抗磨性 · 双泵（T6H20C）试验 · 叶片和柱销总失重（mg）	—	—	—	≤15		SH/T 0361—1998《导轨油》的附录 A
抗磨性 · 双泵（T6H20C）试验 · 柱塞总失重（mg）	—	—	—	≤300		
水解安定性 · 铜片失重（mg/cm²）	≤0.2					SH/T 0301—1993《液压油水解安定性测定法（玻璃瓶法）》
水解安定性 · 水层总酸度（以 KOH 计，mg）	≤4.0					
水解安定性 · 铜片外观	未出现灰、黑色					
热稳定性（135℃，168h）	≤10					SH/T 0209—1992《液压油热稳定性测定法》
铜棒失重（≤，mg/200mL）	报告					
钢棒失重（mg/200mL）	≤100					
总沉渣重（mg/200mL）	报告					
40℃ 运动黏度变化率（%）	报告					
酸值变化率铜棒外观	报告					
钢棒外观	不变色					

项　　目		质　量　指　标					试　验　方　法
黏度等级（GB/T 3141—1994《工业液体润滑剂ISO粘度分类》）		10	15	22	32	46	
过滤性⑧（s）	无水	≤600					SH/T 0210—1992《液压油过滤性试验法》
	2%水	≤600					

① 测定方法也包括用 SH/T 0604—2000《原油和石油产品密度测定法（U 形振动管法）》；

② 测定方法也包括用 GB/T 2541—1981《石油产品粘度指数算表》，结果有争议时，以 GB/T 1995—1998《石油产品粘度指数计算法》为仲裁方法；

③ 用户有特殊要求时，可与生产单位协商；

④ 测定方法也包括用 GB/T 264—1983《石油产品酸值测定法》；

⑤ 由供需双方协商确定。也包括用 SAE AS4509D 分级；

⑥ 黏度等级为 10 和 15 的油不测定，但所含抗氧化剂类型和量应与产品定型时黏度等级为 22 的试验油样相同；

⑦ 在产品定型时，允许只对 L-HS32 油进行齿轮机试验和双泵试验，其他各黏度等级所含功能类型和量应与产品定型时黏度等级为 32 的试验油样相同；

⑧ 有水时的过滤时间不超过无水时的过滤时间的两倍。

表 8-31　　　　　　　　　　　L-HG 液压导轨油的技术要求和试验方法

项　　目	质　量　指　标				试　验　方　法
黏度等级（GB/T 3141—1994《工业液体润滑剂ISO粘度分类》）	32	46	68	100	试验方法
密度①（20℃，kg/m³）	报告				GB/T 1884—2000《原油和液体石油产品密度实验室测定法》和 GB/T 1885—1998《石油计量表（密度换算）》
色度（号）	报告				GB/T 6540—1986《石油产品颜色测定法》
外观	透明				目测
闪点（开口，℃）	≥175	≥185	≥195	≥205	GB/T 3536—2008《石油产品闪点和燃点测定法（克利夫兰开口杯法）》
运动黏度（40℃，mm²/s）	28.8~35.2	41.4~50.6	61.2~74.8	90~110	GB/T 265—1988《石油运动粘度测定方法》
黏度指数②	≥90				GB/T 1995—1998《石油产品粘度指数计算法》
倾点③（℃）	≤-6	≤-6	≤-6	≤-6	GB/T 3535—2006《石油产品倾点测定法》

续表

项　目	质　量　指　标				试验方法
黏度等级（GB/T 3141—1994《工业液体润滑剂 ISO 粘度分类》）	32	46	68	100	
酸值①（以 KOH 计，mg/g）	报告				GB/T 4945—2002《石油产品和润滑剂酸值和碱值测定法（颜色指示剂法）》
水分	痕迹				GB/T 260—2016《石油产品水含量的测定 蒸馏法》
机械杂质	无				GB/T 511—2010《石油和石油产品及添加剂机械杂志测定法》
清洁度	⑤				DL/T 432—2018《电力用油中颗粒度测定方法》和 GB/T 14039—2002《液压传动 油液固体颗粒污染等级代号》
铜片腐蚀（100℃，3h，级）	≤1				GB/T 5096—2017《石油产品铜片腐蚀试验法》
液相锈蚀（24h）	无锈				GB/T 11143—2008《加抑制剂矿物油在水存在下防锈性能试验法》（A 法）
皂化值（以 KOH 计，mg/g）	报告				GB/T 8021—2003《石油产品皂化值测定法》
泡沫性（泡沫倾向/泡沫稳定性，mL/mL） 程序Ⅰ（24℃）	≤150/0				GB/T 12579—2002《润油油泡沫特性测定法》
程序Ⅱ（93.5℃）	≤75/0				
程序Ⅲ（后 24℃）	≤150/0				
密封适应性指数不大于	报告				SH/T 0305—1993《石油产品密封适应性指数测定法》
抗乳化性（乳化液到 3mL 的时间，min） 54℃	报告		—		GB/T 7305—2003《石油和合成液水分离性测定法》
82℃	—		报告		
黏滑特性（动静摩擦系数差值）⑥	≤0.08				SH/T 0361—1998《导轨油》的附录 A
氧化安定性 1000h 后总酸值（以 KOH 计，mg/g）	≤2.0				GB/T 12581—2006《加抑制剂矿物油氧化特性测定法》
1000h 后油泥（mg）	报告				SH/T 0565—2008《加抑制剂矿物油的油泥和腐蚀趋势测定法》
旋转氧弹（150℃，min）	报告				SH/T 0193—2008《润滑油氧化安定性的测定 旋转氧弹法》

项　目	质　量　指　标				试验方法
黏度等级（GB/T 3141—1994《工业液体润滑剂 ISO 粘度分类》）	32	46	68	100	试验方法
抗磨性 齿轮机试验/失效级	≥10				SH/T 0306—2013《润滑油承载能力的评定 FZG 目测法》
抗磨性 磨斑直径（392N，60min，75℃，1200r/min，mm）	报告				SH/T 0189—2017《润滑油抗磨损性能的测定 四球法》

① 测定方法也包括用 SH/T 0604—2000《原油和石油产品密度测定法（U 形振动管法）》。

② 测定方法也包括用 GB/T 2541—1981《石油产品粘度指数算表》。结果有争议时，以 GB/T 1995—1998《石油产品粘度指数计算法》为仲裁方法。

③ 用户有特殊要求时，可与生产单位协商。

④ 测定方法也包括用 GB/T 264—83《石油产品酸值测定法》。

⑤ 由供需双方协商确定。也包括用 SAE AS4509D 分级。

⑥ 经供需双方商定后也可以采用其他黏滑特性测定法。

表 8-32　　　　　　　　L-CKB 工业闭式齿轮油的技术要求和试验方法

项　目	质　量　指　标				试　验　方　法
黏度等级（GB/T 3141—1994《工业液体润滑剂 ISO 粘度分类》）	100	150	220	320	试　验　方　法
运动黏度（40℃，mm^2/s）	80.0～110	135～165	198～242	288～352	GB/T 265—1988《石油运动粘度测定方法》
黏度指数	≥90				GB/T 1995—1998《石油产品粘度指数计算法》①
闪点（开口）	≥180		≥200		GB/T 3536—2008《石油产品闪点和燃点测定法（克利夫兰开口杯法）》
倾点不大于（℃）	−8				GB/T 3535—2006《石油产品倾点测定法》
水分（质量分数）	痕迹				GB/T 260—2016《石油产品水含量的测定 蒸馏法》
机械杂质（质量分数，%）	＞0.01				GB/T 511—2010《石油和石油产品及添加剂机械杂志测定法》
铜片腐蚀（100℃，3h，级）	≤1				GB/T 5096—2017《石油产品铜片腐蚀试验法》
液相锈蚀（24h）	无锈				GB/T 11143—2008《加抑制剂矿物油在水存在下防锈性能试验法》（B 法）

续表

项　　目	质　量　指　标				试　验　方　法
黏度等级（GB/T 3141—1994《工业液体润滑剂ISO 粘度分类》）	100	150	220	320	试　验　方　法
氧化安定性 总酸值（以 KOH 计）达 2.0mg/g 的时间（h）	≥750		≥500		GB/T 12581—2006《加抑制剂矿物油氧化特性测定法》
旋转氧弹（150℃）	报告				SH/T 0193—2008《润滑油氧化安定性的测定 旋转氧弹法》
泡沫性（泡沫倾向/泡沫稳定性，mL/mL） 程序 Ⅰ（24℃）	≤75/10				GB/T 12579—2002《润油油泡沫特性测定法》
程序 Ⅱ（93.5℃）	≤75/10				
程序 Ⅲ（后 24℃）	≤75/10				
抗乳化性 （82℃）油中水（体积分数，%）	≤0.5				GB/T 8022—2019《润滑油抗乳化性能测定法》
乳化层（mL）	≤2.0				
总分离水（mL）	≤30.0				

① 测定方法也包括 GB/T 2541—1981《石油产品粘度指数算表》，结果有争议时以 GB/T 1995—1998《石油产品粘度指数计算法》为仲裁方法。

表 8-33　　　　　　　　　L-CKC 工业闭式齿轮油的技术要求和试验方法

项　　目	质　量　指　标											试　验　方　法
黏度等级（GB/T 3141—1994《工业液体润滑剂 ISO 粘度分类》）	32	46	68	100	150	220	320	460	680	1000	1500	试　验　方　法
运动黏度（40℃，mm²/s）	28.8~35.2	41.4~50.6	61.2~74.8	90.0~110	135~165	198~242	288~352	414~506	612~748	900~1110	1350~1650	GB/T 265—1988《石油运动粘度测定方法》
外观	透明											目测①
黏度指数	≥90							≥85				GB/T 1995—1998《石油产品粘度指数计算法》②
表观黏度达 150000mPa·s 时的温度（℃）	③											GB/T 11145—2014《润滑剂低温黏度的测定 勃罗克费尔黏度计法》
倾点（℃）	≤−12				≤−9			≤−5				GB/T 3535—2006《石油产品倾点测定法》

项 目		质 量 指 标											试验方法
黏度等级（GB/T 3141—1994《工业液体润滑剂 ISO 粘度分类》）		32	46	68	100	150	220	320	460	680	1000	1500	
闪点（开口，℃）		≥180				≥200							GB/T 3536—2008《石油产品闪点和燃点测定法（克利夫兰开口杯法）》
水分（质量分数）		痕迹											GB/T 260 2016《石油产品水含量的测定 蒸馏法》
机械杂质（质量分数）		≤0.02%											GB/T 511—2010《石油和石油产品及添加剂机械杂志测定法》
泡沫性（泡沫倾向/泡沫稳定性，mL/mL）	程序Ⅰ（24℃）	≤50/0						≤75/10					GB/T 12579—2002《润油油泡沫特性测定法》
	程序Ⅱ（93.5℃）	≤50/0						≤75/10					
	程序Ⅲ（后24℃）	≤50/0						≤75/10					
铜片腐蚀（100℃，3h）（级）		≤1											GB/T 5096—2017《石油产品铜片腐蚀试验法》
抗乳化性（82℃）	油中水（体积分数，%）	≤2.0						≤2.0					GB/T 8022—2019《润滑油抗乳化性能测定法》
	乳化层（mL）	≤1.0						≤4.0					
	总分离水（mL）	≤80.0						≤50.0					
液相锈蚀（24h）		无锈											GB/T 11143—2008《加抑制剂矿物油在水存在下防锈性能试验法》（B法）
氧化安定性（95℃，12h）	100℃运动黏度增长（%）	≤6											SH/T 0123—1993《极压润滑油氧化性能测定法》
	沉淀值（mL）	≤0.1											

续表

项　　目	质　量　指　标											试验方法
黏度等级（GB/T 3141—1994《工业液体润滑剂 ISO 粘度分类》）	32	46	68	100	150	220	320	460	680	1000	1500	试验方法
极压性能（梯姆肯试验机法）OK 负荷值/N（lb）	≥200（45）											GB/T 11144—2007《润滑液极压性能测定法 梯姆肯法》
承载能力齿轮机试验/失效级	— ≥10			— ≥12			— ≥12					SH/T 0306—2013《润滑油承载能力的评定 FZG 目测法》
剪切安定性（齿轮机法）剪切后 40℃运动黏度（mm²/s）	在黏度等级范围内											SH/T 0200—1992《含聚合物润滑油剪切安定性测定法（齿轮机法）》

① 取 30～50mL 样品，倒入洁净的量筒中，室温下静置 10min 后，在常光下观察。

② 测定方法也包括 GB/T 2541—1981《石油产品粘度指数算表》GB/T 结果有争议时，以 GB/T 1995—1998《石油产品粘度指数计算法》为仲裁方法。

③ 此项目根据客户要求进行检测。

表 8-34　　　　　　　　　L-CKD 工业闭式齿轮油的技术要求和试验方法

项　　目	质　量　指　标								试　验　方　法
黏度等级（GB/T 3141—1994《工业液体润滑剂 ISO 粘度分类》）	68	100	150	220	320	460	680	1000	试　验　方　法
运动黏度（40℃，mm²/s）	61.2～74.8	90.0～110	135～165	198～242	288～352	414～506	612～748	900～1100	GB/T 265—1988《石油运动粘度测定方法》
外观	透明								目测①
运动黏度（100℃，mm²/s）	报告								GB/T 265—1988《石油运动粘度测定方法》
黏度指数	≥90								GB/T 1995—1998《石油产品粘度指数计算法》②
表观黏度达 150 000mPa·s 时的温度（℃）	③								GB/T 11145—2014《润滑剂低温黏度的测定 勃罗克费尔黏度计法》
倾点（℃）	≤−12		≤−9			≤−5			GB/T 3535—2006《石油产品倾点测定法》

项　　目		质　量　指　标								试　验　方　法
黏度等级（GB/T 3141—1994《工业液体润滑剂ISO粘度分类》）		68	100	150	220	320	460	680	1000	
闪点（开口）（℃）		≥180	≥200							GB/T 3536—2008《石油产品闪点和燃点测定法（克利夫兰开口杯法）》
水分（质量分数，%）		痕迹								GB/T 260—2016《石油产品水含量的测定 蒸馏法》
机械杂质（质量分数，%）		≤0.02								GB/T 511—2010《石油和石油产品及添加剂机械杂志测定法》
泡沫性（泡沫倾向/泡沫稳定性，mL/mL）	程序Ⅰ（24℃）	≤50/0						≤75/10		GB/T 12579—2002《润滑油泡沫特性测定法》
	程序Ⅱ（93.5℃）	≤50/0						≤75/10		
	程序Ⅲ（后24℃）	≤50/0						≤75/10		
铜片腐蚀（100℃，3h，级）		≤1								GB/T 5096—2017《石油产品铜片腐蚀试验法》
抗乳化性（82℃）	油中水（体积分数，%）	≤2.0						≤2.0%		GB/T 8022—2019《润滑油抗乳化性能测定法》
	乳化层（mL）	≤1.0						≤4.0		
	总分离水（mL）	≤80						≤50.0		
液相锈蚀（24h）		无锈								GB/T 11143—2008《加抑制剂矿物油在水存在下防锈性能试验法》（B法）
氧化安定性（121℃，312h）	100℃运动黏度增长（%）	≤6					报告			SH/T 0123—1993《极压润滑油氧化性能测定法》
	沉淀值（mL）	≤0.1					报告			
极压性能［梯姆肯试验机法，OK负荷值，N（lb）］		≥267（60）								GB/T 11144—2007《润滑液极压性能测定法 梯姆肯法》
承载能力齿轮机试验（失效级）		≥12				≥12				SH/T 0306—2013《润滑油承载能力的评定 FZG目测法》

续表

项　目	质　量　指　标								试　验　方　法
黏度等级（GB/T 3141—1994《工业液体润滑剂 ISO 粘度分类》）	68	100	150	220	320	460	680	1000	
剪切安定性（齿轮机法）剪切后 40℃ 运动黏度（mm²/s）	在黏度等级范围内								SH/T 0200—1992《含聚合物润滑油剪切安定性测定法（齿轮机法）》
四球机试验　烧结负荷[PD, N（kgf）]	≥2450（250）								GB/T 3142—2019《润滑剂承载能力的测定 四球法》
四球机试验　综合磨损指数（kgf）	≥441（45）								SH/T 0189—2017《润滑油抗磨损性能的测定 四球法》
四球机试验　磨斑直径（196N，60min，54℃，1800r/min，mm）	≤0.35								

① 取 30～50mL 样品，倒入洁净的量筒中，室温下静置 10min 后，在常光下观察。

② 测定也方法包括 GB/T 2541—1981《石油产品粘度指数算表》。结果有争议时，以 GB/T 1995—1998《石油产品粘度指数计算法》为仲裁方法。

③ 此项目根据客户要求进行检测。

三、运行辅机用油质量标准和检测周期

（1）当新油注入设备后进行系统冲洗时，应在连续循环中定期取样分析，直至油的清洁度经检查达到运行油标准要求，并且满足设备制造厂家的要求，且循环时间大于 24h 后，方能停止油系统的连续循环。

（2）在新油注入设备或换油后，应在经过 24h 循环后，取油样按照运行油的检测项目进行检验。

（3）运行、维护人员应定期记录油温、油箱油位，记录每次补油量、补油日期以及油系统各部件的更换情况。

（4）用油量大于 100L 的辅机用油按照表 8-35～表 8-37 中的检验项目和周期进行检验。汽轮机油按照表 8-14～表 8-18 中的标准执行，6 号液力传动油按照表 8-35 中的标准执行。

表 8-35　　　　　　　　　运行液压油的质量指标及检验周期

序号	项　目	质量指标	检验周期	试验方法
1	外观	透明，无机械杂质	1年或必要时	外观目视
2	颜色	无明显变化	1年或必要时	外观目视
3	运动黏度（40℃，mm²/s）	与新油原始值相差小于±10%	1年或必要时	GB/T 265—1988《石油运动粘度测定方法》
4	闪点（开口杯）	与新油原始值比不低于 15℃	必要时	GB/T 267—1988《石油产品闪点与燃点测定法（开口杯法）》；GB/T 3536—2008《石油产品闪点和燃点测定法（克利夫兰开口杯法）》

序号	项 目	质量指标	检验周期	试验方法
5	洁净度（SAE AS4509D，级）	报告	1年或必要时	DL/T 432—2018《电力用油中颗粒度测定方法》
6	酸值（以KOH计，mg/g）	报告	1年或必要时	GB/T 264—83《石油产品酸值测定法》
7	液相锈蚀（蒸馏水）	无锈	必要时	GB/T 11143—2008《加抑制剂矿物油在水存在下防锈性能试验法》
8	水分	无	1年或必要时	SH/T 0257《润滑油水分定性试验法》
9	铜片腐蚀试验（100℃，3h，级）	≤2a	必要时	GB/T 5096—2017《石油产品铜片腐蚀试验法》

表 8-36   **运行齿轮油的质量指标及检验周期**

序号	项 目	质量指标	检验周期	试验方法
1	外观	透明，无机械杂质	1年或必要时	外观目视
2	颜色	无明显变化	1年或必要时	外观目视
3	运动黏度（40℃，mm²/s）	与新油原始值相差小于±10%	1年或必要时	GB/T 265—1988《石油运动粘度测定方法》
4	闪点（开口杯）	与新油原始值比不低于15℃	必要时	GB/T 267—1988《石油产品闪点与燃点测定法（开口杯法）》；GB/T 3536—2008《石油产品闪点和燃点测定法（克利夫兰开口杯法）》
5	机械杂质	≤0.2%	1年或必要时	GB/T 511—2010《石油和石油产品及添加剂机械杂志测定法》
6	液相锈蚀（蒸馏水）	无锈	必要时	GB/T 11143—2008《加抑制剂矿物油在水存在下防锈性能试验法》
7	水分	无	1年或必要时	SH/T 0257
8	铜片腐蚀试验（100℃，3h，级）	≤2b	必要时	GB/T 5096—2017《石油产品铜片腐蚀试验法》
9	Timken机试验［OK负荷，N(lb)]	报告	必要时	GB/T 11144—2007《润滑液极压性能测定法 梯姆肯法》

表 8-37   **运行空气压缩机油的质量指标及检验周期**

序号	项 目	质量指标	检验周期	试验方法
1	外观	透明，无机械杂质	1年或必要时	外观目视
2	颜色	无明显变化	1年或必要时	外观目视

续表

序号	项 目	质量指标	检验周期	试验方法
3	运动黏度（40℃，mm²/s）	与新油原始值相差小于±10％	1年、必要时	GB/T 265—1988《石油运动粘度测定方法》
4	洁净度（SAE AS4509D）（级）	报告	1年或必要时	DL/T 432—2018《电力用油中颗粒度测定方法》
5	酸值（以KOH计，mg/g）	与新油原始值比增加不大于0.2	1年或必要时	GB/T 264—1983《石油产品酸值测定法》
6	液相锈蚀（蒸馏水）	无锈	必要时	GB/T 11143—2008《加抑制剂矿物油在水存在下防锈性能试验法》
7	水分（mg/L）	报告	1年或必要时	GB/T 7600《运行中变压器油和汽轮机油水分含量测定法》
8	旋转氧弹（150℃，min）	≥60	必要时	SH/T 0193—2008《润滑油氧化安定性的测定 旋转氧弹法》

（5）正常的检验周期是基于保证辅机设备安全运行而制定的，但对于辅机设备补油及换油以后的检测则应另行增加检验次数。

四、运行辅机用油的监督和维护

（1）新装辅机设备和检修后的辅机设备在投运之前，监督相关专业必须进行油系统冲洗，将油系统全部设备及管道冲洗达到合格的洁净度。

（2）运行辅机用油系统的污染防止措施：

1）运行期间：运行中应加强监督所有与大气相通的门、孔、盖等部位，防止污染物的直接侵入。如发现运行油受到水分、杂质污染时，应及时采取有效措施予以解决。

2）油转移过程中：当油系统检修或因油质不合格换油时，需要进行油的转移。如果从系统内放出的油还需要再使用时，应将油转移至内部已彻底清理干净的临时油箱。当油从系统转移出来时，应尽可能将油放尽，特别是应将加热器、冷油器内等含有污染物的残油设法排尽。放出的油可用净油机净化，待完成检修后，再将净化后的油返回到已清洁的油系统中。油系统所需的补充油也应净化合格后才能补入。

3）检修前油系统污染检查：油系统放油后应对油箱、油泵、过滤器等重要部件进行检查，并分析污染物的可能来源，采取相应的措施。

4）检修中油系统清洗：对油系统解体后的元件及管道进行清理。清理时所用的擦拭物应干净、不起毛，清洗时所用的有机溶剂应洁净，并注意对清洗后残留液的清除。清理后的部件应用洁净油冲洗，必要时需用防锈剂（油）保护。清理时不宜使用化学清洗法，也不宜用热水或蒸汽清洗。

（3）辅机用油净化处理要求：

1）辅机用油的品种和规格较多，在净化处理时同种油品、相同规格油宜使用一台油处理设备。如果混用，会造成不同油品的相互污染问题。

2）对于用油量较大的辅机设备，在运行中，可以采用旁路油处理设备进行油净化处理。当油中的水分超标时，可采用带精过滤器的真空滤油机处理；当颗粒杂质含量超标时，可采用精密滤油机进行处理；当油的酸值和破乳化度超标时，可以采用具有吸附再生功能的设备处理，也可以采用具有脱水、再生和净化功能的综合性油处理设备。

3）辅机设备检修时，应将油系统中的油排出，检修结束清理完油箱后，将经过净化处理合格的油注入油箱，进行油循环净化处理，使油系统清洁度达到规范要求。

（4）辅机补油要求：

1）运行中需要补加油时，应补加经检验合格的相同品牌、相同规格的油。补油前应进行混油试验，油样的配比应与实际使用的比例相同，试验合格后方可补加。

2）当要补加不同品牌的油时，除进行混油试验外，还应对混合油样进行全分析试验，混合油样的质量不应低于运行油的质量标准。

（5）辅机换油要求：

1）由于油质劣化，需要换油时，应将油系统中的劣化油排放干净，用冲洗油将油系统彻底冲洗后排空，注入新油，进行油循环，直到油质符合运行油的要求。

2）工业闭式齿轮油换油指标参照 NB/SH/0586—2010《工业闭式齿轮油换油指标》执行，见表 8-38。

表 8-38　　　　　　　　　工业闭式齿轮油换油指标的技术要求和试验方法

项　目	L-CKC 换油指标	L-CKD 换油指标	试验方法
外观	异常①	异常①	目测
运动黏度变化率（40℃，%）	＞±15	＞±15	GB/T 265—1988《石油运动粘度测定方法》
水分（质量分数,%）	＞0.5	＞0.5	GB/T 260—2016《石油产品水含量的测定 蒸馏法》
机械杂质（质量分数,%）	≥0.5	≥0.5	GB/T 511—2010《石油和石油产品及添加剂机械杂志测定法》
铜片腐蚀（100℃，3h，级）	≥3b	≥3b	GB/T 5096—2017《石油产品铜片腐蚀试验法》
梯姆肯 OK 值（N）	≤133.4	178	GB/T 11144—2007《润滑液极压性能测定法 梯姆肯法》
酸值（以 KOH 计）增加（mg/g）	—	≥1.0	GB/T 7304—2014《石油产品酸值的测定 电位滴定法》
铁含量（mg/kg）	—	≥200	GB/T 17476—1998《使用过的润滑油中添加剂元素、磨损金属和污染物以及基础油中某些元素测定法（电感耦合等离子体发射光谱法）》

① 外观异常是指使用后油品颜色与新油相比变化非常明显（如由新油的黄色或者棕黄色等变为黑色）或油品中能观察到明显的油泥状物质或颗粒物质等。

3）L-HM 液压油换油指标参照 NB/SH/0599—2013《L-HM 液压油换油指标》执行，见表 8-39。

| 表 8-39 | | L-HM 液压油换油指标的技术要求和试验方法 |

项　　目	换油指标	试 验 方 法
运动黏度变化率（40℃，%）	＞±10	GB/T 265—1988《石油运动粘度测定方法》
水分（质量分数，%）	＞0.1	GB/T 260—2016《石油产品水含量的测定 蒸馏法》
色度增加	＞2 号	GB/T 6540—1986《石油产品颜色测定法》
酸值（以 KOH 计）增加（mg/g）①	＞0.3	GB/T 264—1983《石油产品酸值测定法》，GB/T 7304—2014《石油产品酸值的测定 电位滴定法》
正戊烷不溶物②（%）	＞0.10	GB/T 8926—2012《在用的润滑油不溶物测定法》A 法
铜片腐蚀（100℃，3h，级）	＞2 年	GB/T 5096—2017《石油产品铜片腐蚀试验法》
泡沫特性（泡沫倾向/泡沫稳定性）（24℃，mL/10mL）	＞450	GB/T 12579—2002《润油油泡沫特性测定法》
清洁度③（级）	＞—/18/15 或 9	GB/T 14039—2002《液压传动 油液固体颗粒污染等级代号》或 SAE AS4509D

① 结果有争议时以 GB T 7304—2014《石油产品酸值的测定　电位滴定法》为仲裁方法。

② 允许采用 GB/T 511—2010《石油和石油产品及添加剂机械杂质测定法》中的方法，使用 60～900℃石油醚作溶剂，测定试样机械杂质。

③ 根据设备制造商的要求适当调整。

4）L-HL 液压油换油指标参照 NB/SH/T 0476—1992《L-HL 液压油换油指标》执行，见表 8-40。

| 表 8-40 | | L-HL 液压油换油指标的技术要求和试验方法 |

项　　目	换油指标	试 验 方 法
外观	不透明或混浊	目测
40℃运动黏度变化率（%）	＞±10	GB/T 265—1988《石油运动粘度测定方法》
色度变化（比新油，号）	＞3	GB/T 6540—1986《石油产品颜色测定法》
酸值（以 KOH 计，mg/g）	＞0.3	GB/T 264—1983《石油产品酸值测定法》
水分（%）	＞0.1	GB/T 260—2016《石油产品水含量的测定 蒸馏法》
机械杂质（%）	＞0.1	GB/T 511—2010《石油和石油产品及添加剂机械杂志测定法》
铜片腐蚀（100℃，3h，级）	2	GB/T 5096—2017《石油产品铜片腐蚀试验法》

（6）辅机用油油质异常原因及处理措施如下：

1）实验室、化学监督专责人应根据运行油质量标准，对油质检验结果进行分析，如果油质指标超标，应通知有关部门，查明原因，并采取相应处理措施。

2）辅机用油油质异常原因及处理措施见表 8-41。

| 表 8-41 | | 辅机运行油油质异常原因及处理措施 |

异常项目	异 常 原 因	处 理 措 施
外观	油中进水或被其他液体污染	脱水处理或换油
颜色	油温升高或局部过热，油品严重劣化	控制油温、消除油系统存在的过热点，必要时滤油

续表

异 常 项 目		异 常 原 因	处 理 措 施
运动黏度（40℃）		油被污染或过热	查明原因，结合其他试验结果考虑处理或换油
闪点		油被污染或过热	查明原因，结合其他试验结果考虑处理或换油
酸值		运行油温高或油系统存在局部过热导致老化、油被污染或抗氧剂消耗	控制油温、消除局部过热点、更换吸附再生滤芯作再生处理，每隔48h取样分析，直至正常
水分		密封不严，潮气进入	更换呼吸器的干燥剂、脱水处理、滤油
清洁度		被机械杂质污染、精密过滤器失效或油系统部件有磨损	检查精密过滤器是否破损、失效，必要时更换滤芯；检查油箱密封及系统部件是否有腐蚀磨损、消除污染源，进行旁路过滤，必要时增加外置过滤系统过滤，直至合格
泡沫特性①	24℃	油老化或被污染，添加剂不合适	除污染源、添加消泡剂、滤油或换油
	93.5℃		
	后24℃		
液相锈蚀		油中有水或防锈剂消耗	加强系统维护，脱水处理并考虑添加防锈剂
破乳化度①		油被污染或劣化变质	如果油呈乳化状态，应采取脱水或吸附处理措施

① 泡沫特性和破乳化度适用于汽轮机油。

🏭 第七节 机组启动、停备用及检修阶段油质控制要求

（1）机组油系统检修，检修工作完成后，应对所检修的系统进行彻底的清扫，并通过三级验收后，方可充油。机组启动前，对油系统进行循环净化，油质合格方可启动。

（2）机组启动、停备用及检修阶段变压器油、汽轮机油、抗燃油、密封油和辅机用油的油质控制要求应按照各类油品的技术监督中的规定执行。

（3）在机组投运前或大修后，变压器油、汽轮机油和抗燃油及密封油均应做全分析，其分析结果均应符合运行变压器油、运行汽轮机油、运行密封油、运行抗燃油质量标准。

（4）抗燃油除机组启动前作全分析外，启动24h后应测定洁净度，并符合运行抗燃油质量标准。

🏭 第八节 电力用油的相容性（混油、补油）要求

一、一般要求

（1）变压器等电气设备混油、补油应按 GB/T 14542—2017《变压器油维护管理导则》的规定进行。

（2）汽轮机混油、补油应按 GB/T 14541—2017《电厂用矿物涡轮机油维护管理导则》的规定进行。

（3）抗燃油混油、补油应按 DL/T 571—2014《电厂用磷酸酯抗燃油运行维护导则》的规定进行。

二、电气设备混油、补油的相容性规定：

（1）电气设备充油不足需要补充油时，应优先选用符合相关新油标准的未使用过的变压

器油，最好补加同一油基、同一牌号及同一添加剂类型的油品，补加油品的各项特性指标都不应低于设备内的油。在补油前应先做油泥析出试验，确认无油泥析出，酸值、介质损耗因数值不大于设备内油时，方可进行补油。

（2）不同油基的油原则上不宜混合使用。

（3）在特殊情况下，如需将不同牌号的新袖混合使用，应按混合油的实测倾点决定是否适于此地域的要求，然后再按 DL/T 429.6—2015《电力用油开口杯老化测定法》进行混油试验，并且混合样品的各项指标不应比最差的单个油样差。

（4）如在运行油中混入不同牌号的新油或已使用过的油，除应事先测定混合油的倾点以外，还应按 DL/T 429.6—2015《电力用油开口杯老化测定法》的方法进行老化试验，观察油泥析出情况，无沉淀方可使用，所获得的混合样品的各项指标（酸值、介质损耗因数等）不应比原运行油的差，才能决定混合使用。

（5）对于进口油或产地、生产厂家来源不明的油，原则上不能与不同牌号的运行油混合使用。当必须混用时，应预先进行参加混合的各种油及混合后的油按 DL/T 429.6—2015《电力用油开口杯老化测定法》中的方法进行老化试验，在无油泥沉淀析出的情况下，混合油的质量不低于原运行油时，方可混合使用；若相混的都是新油，其混合油的各项指标（酸值、介质损耗因数等）不应低于最差的一种油，并需按实测倾点决定是否可以适予该地区使用。

（6）在进行混油试验时，油样的混合比应与实际使用的比例相同；如果混油比无法确定时，则采用 1∶1 质量比例混合进行试验。

三、汽轮机混油、补油的相容性规定：

（1）需要补充油时，应补加与原设备相同牌号及同一添加剂类型的新油，或曾经使用过的符合运行油标准的合格油品。补油前应先进行混合油样的油泥析出试验（按 DL/T 429.7—2017《电力用油油泥析出测定方法》中的油泥析出测定法），无油泥析出时方可允许补油。

（2）参与混合的油，混合前其各项质量均应检验合格。

（3）不同牌号的汽轮机油原则上不宜混合使用。在特殊情况下必须混用时，应先按实际混合比例进行混合油样黏度的测定后，再进行油泥析出试验，以最终决定是否可以混合使用。

（4）对于进口油或来源不明的汽轮机油，若需与不同牌号的油混合时，应先将混合前的单个油样和混合油样分别进行黏度检测，如黏度均在各自的黏度合格范围之内，再进行混油试验。混合油的质量应不低于未混合油中质量最差的一种油，方可混合使用。

（5）试验时，油样的混合比例应与实际的比例相同；如果无法确定混合比例时，则试验时一般采用 1∶1 比例进行混油。

（6）矿物汽轮机油与用作润滑、调速的合成液体（如磷酸酯抗燃油）有本质上的区别，切勿将两者混合使用。

四、抗燃油补油、换油的规定

（1）抗燃油补油应遵以下规定：

1）运行中的电液调节系统需要补加抗燃油时，应补加经检验合格的相同品牌、相同牌号规格的抗燃油。补油前应对混合油样进行油泥析出试验，油样的配比应与实际使用的比例相同，试验合格方可补加；

2）不同品牌规格的抗燃油不宜混用，当不得不补加不同品牌的抗燃油时，应满足下列条件才能混用：

3）应对运行油、补充油和混合油进行质量全分析，试验结果合格，混合油样的质量应不低于运行油的质量；

4）应对运行油、补充油和混合油样进行开口杯老化试验，混合油样无油泥析出，老化后补充油、混合油油样的酸值、电阻率质量指标应不低于运行油老化后的测定结果。

5）补油时，应通过抗燃油专用补油设备补入，补入油的洁净度应合格；补油后应从油系统取样进行洁净度分析，确保油系统洁净度合格。抗燃油不应与矿物油混合使用。

（2）抗燃油换油应遵以下规定：

1）抗燃油运行中因油质劣化需要换油时，应将油系统中的劣化油排放干净。

2）应检查油箱及油系统，应无杂质、油泥，必要时清理油箱，用冲洗油将油系统彻底冲洗。

3）冲洗过程中应取样化验，冲洗后冲洗油质量不得低于运行油标准。

4）将冲洗油排空，应更换油系统及旁路过滤装置的滤芯后再注入新油，进行油循环，直到取样化验洁净度合格后（满足 SAE AS4509D 中不大于 5 级的要求）可停止过滤，同时取样进行油质全分析试验，试验结果应符合表 8-23 中的要求。

第九节　气体质量监督

一、氢气质量监督标准

1. 发电机氢气及气体置换用惰性气体的质量标准

（1）发电机氢气及气体置换用惰性气体的质量标准应按表 8-42 执行。

（2）氢气湿度和纯度的测定满足 DL/T 651—2017《氢冷发电机氢气湿度技术要求》的要求：对氢冷发电机内的氢气和供发电机充氢、补氢用的新鲜氢气的湿度和纯度应进行定时测量；对 300MW 及以上的氢冷发电机可采用连续监测方式。

表 8-42　　　　　　发电机氢气及气体置换用惰性气体的质量标准

气　体	气体纯度（%）	气体中含氧量（%）	气体湿度（露点温度）
制氢站产品或发电机充氢、补氢用氢气（H_2）	≥99.8	≤0.2	≤−25℃
发电机内氢气（H_2）	≥96.0	≤2.0	发电机最低温度5℃时：<−5℃且>−25℃ 发电机最低温度大于或等于10℃时：<0℃且>−25℃
气体置换用惰性气体（N_2 或 CO_2）	≥98.0	≤2.0	发电机最低温度5℃时：<−5℃且>−25℃ 发电机最低温度大于或等于10℃时：<0℃且>−25℃
新建、扩建机电厂制氢站氢气	≥99.8	≤0.2	≤−50℃

注　制氢站产品或发电机充氢、补氢用氢气湿度为常压下的测定值；发电机内氢气湿度为发电机运行压力下的测定值。

2. 发电机气体置换时各种气体的质量标准

（1）由二氧化碳排空气，二氧化碳大于 85%。

（2）由氢气排二氧化碳，氢气大于 96%。

（3）由二氧化碳排氢气，二氧化碳大于 95%。

（4）由空气排二氧化碳，二氧化碳小于 3%。

3. 氢气使用过程中的注意事项

（1）制氢系统设计及技术要求按照 GB 50177《氢气站设计规范》执行。

（2）氢气在使用、置换、储存、压缩与充（灌）装、排放过程以及消防与紧急情况处理、安全防护方面的安全技术要求按照 GB 4962《氢气使用安全技术规程》执行。

（3）氢气系统应保持正压状态，禁止负压或超压运行。同一储氢罐（或管道）禁止同时进行充氢和送氢操作。

（4）水电解制氢系统的冲洗用水应为除盐水，冲洗应按系统流程依次进行，冲洗结束后应对碱液过滤器进行清理。

（5）水电解制氢系统气密性试验介质应选用氮气，系统保持压力应为额定压力的 1.05 倍，保压 30min，检查各连接处有无泄漏。再降压至工作压力，保压时间不应少于 24h，压降平均每小时不大于 $0.5\%p$（p 为额定压力）为合格。

（6）配制电解液的电解质应选用分析纯或优级纯产品，质量符合 GB/T 2306—2008《化学试剂 氢氧化钾》和 GB/T 629—1997《化学试剂 氢氧化钠》的规定，溶剂应选用除盐水。

（7）电解质氢系统的气体置换应使用氮气，储氢罐的气体置换可采用水、氮气，供氢母管的气体置换可采用氮气。

（8）发电机的充氢和退氢均应借助中间介质（二氧化碳或氮气）进行，置换时系统压力应不低于最低允许值。

（9）当发电机内氢气纯度超标时，应及时对发电机内氢气进行排补等处理。当发电机漏氢量超标时，应对发电机氢气相关系统进行检查处理。

（10）氢气使用区域空气中氢气体积分数不超过 1%，氢气系统动火检修，系统内部和动火区域的氢气体积分数不超过 0.4%。

（11）氢系统中［包括储氢罐、电解装置、干燥装置、充（补）氢汇流排］的安全阀、压力表、减压阀等应按压力容器的规定定期进行检验。

（12）供（制）氢站和主机配备的在线氢气纯度仪、露点仪和检漏仪表，每年应由相应资质的单位进行一次检定，并做好检验报告的归档管理。

二、六氟化硫质量控制标准

1. 六氟化硫新气监督

（1）六氟化硫新气验收按照 GB/T 8905—2012《六氟化硫电气设备中气体管理和检测导则》和 GB/T 12022—2014《工业六氟化硫》的规定进行（包含进口新气的验收）。

（2）新的六氟化硫气体到货后，应检查生产厂家的质量证明书，其内容应包括：生产厂家名称、产品名称、气瓶编号、生产日期、净重、检验报告等。

（3）抽检：六氟化硫新气到货后 30 天内应进行抽检，从同批气瓶抽检时，抽取样品的瓶数应符合表 8-43 的规定。

表 8-43   总气瓶数与应抽取的瓶数（个）

项　　目	1	2	3	4a	5①
总气瓶数	1～3	4～6	7～10	11～20	20 以上
抽取瓶数	1	2	3	4	5

① 除抽检瓶数外，其余瓶数测定湿度和纯度。

（4）新气购置到货应按要求抽检送至具备检验资质单位进行检验；分析项目及指标要求见表 8-44。六氟化硫气体储存时间超过半年后，使用前应重新检测湿度，指标应符合新气标准。

表 8-44   新六氟化硫（包括再生气体）分析项目及指标要求

序号	项　　目		单　位	指　标	试 验 方 法
1	六氟化硫（SF₆）		%（重量比）	≥99.9	DL/T 920—2019《六氟化硫气体中空气、四氟化碳、六氟乙烷和八氟丙烷的测定 气相色法》
2	空气		%（重量比）	≤0.04	DL/T 920—2019《六氟化硫气体中空气、四氟化碳、六氟乙烷和八氟丙烷的测定 气相色法》
3	四氟化碳（CF₄）		%（重量比）	≤0.04	DL/T 920—2019《六氟化硫气体中空气、四氟化碳、六氟乙烷和八氟丙烷的测定 气相色法》
4	湿度（20℃）	重量比	%	≤0.000 5	GB/T 5832.2—2016《气体分析 微量水分的测定 第 2 部分：露点法》
		露点（101 325Pa）	℃	≤−49.7	
5	酸度（以 HF 计）		%（重量比）	≤0.000 02	DL/T 916—2005《六氟化硫气体酸度测定法》
6	可水解氟化物（以 HF 计）		%（重量比）	≤0.000 10	DL/T 918—2005《六氟化硫气体中可电解氟化物含量测定法》
7	矿物油		%（重量比）	≤0.000 4	DL/T 919—2005《六氟化硫气体中矿物油含量测定法（红外光谱分析法）》
8	毒性			生物试验无毒	DL/T 921《六氟化硫气体毒性生物试验方法》

2. 投运前、交接时监督

（1）六氟化硫电气设备制造厂在设备出厂前，应检验设备气室内气体的湿度和空气含量，并将检验报告提供给使用单位。

（2）投运前、交接时六氟化硫气体分析项目及质量指标见表 8-45。六氟化硫气体在充入变压器 24h 后，才能进行试验。

3. 运行六氟化硫监督

（1）运行中六氟化硫气体分析项目及质量指标见表 8-46。

表 8-45   投运前、交接时六氟化硫分析项目及质量要求

序号	项　目	周期	单　位	标　准	检测方法
1	气体泄漏（年泄漏率）	投运前	%/年	≤0.5	GB/T 11023—2018《高压开关设备六氟化硫气体密封试验方法》
2	湿度（20℃）	投运前	μL/L	灭弧室≤150；非灭弧室≤250	DL/T 506—2018《六氟化硫电气设备中绝缘气体湿度测量方法》
3	酸度（以HF计）	必要时	%（重量比）	≤0.000 03	DL/T 916—2005《六氟化硫气体酸度测定法》
4	四氟化碳	必要时	%（重量比）	≤0.05	DL/T 920—2019《六氟化硫气体中空气、四氟化碳、六氟乙烷和八氟丙烷的测定 气相色法》
5	空气	必要时	%（重量比）	≤0.05	DL/T 920—2019《六氟化硫气体中空气、四氟化碳、六氟乙烷和八氟丙烷的测定 气相色法》
6	可水解氟化物（以HF计）	必要时	%（重量比）	≤0.000 1	DL/T 918—2005《六氟化硫气体中可电解氟化物含量测定法》
7	矿物油	必要时	%（重量比）	≤0.001	DL/T 919—2005《六氟化硫气体中矿物油含量测定法（红外光谱分析法）》
8	气体分解物	必要时	小于5μL/L，或（SO_2+SOF_2）小于2μL/L，HF 小于2μL/L		电化学传感器、气相色谱、红外光谱等

表 8-46   运行中六氟化硫气体分析项目及质量指标

序号	项　目	周　期	标　准	检测方法
1	气体泄漏[①]	日常监控，必要时	年泄漏量不大于总气量的0.5%	GB/T 11023—2018《高压开关设备六氟化硫气体密封试验方法》
2	湿度（20℃，H_2O，μL/L）	1～3 年/次大修后，必要时[②]	有电弧分解物的隔室：大修后不大于150；运行中：不大于300；无电弧分解物的隔室：大修后不大于250；运行中不大于500（1000）[③]	DL/T 506—2018《六氟化硫电气设备中绝缘气体湿度测量方法》
3	酸度（以 HF 计，μg/g）	必要时[④]	≤0.3	DL/T 916—2005《六氟化硫气体酸度测定法》
4	四氟化碳（CF_4，m/m，%）	必要时[④]	大修后不大于0.05；运行中不大于0.1	DL/T 920—2019《六氟化硫气体中空气、四氟化碳、六氟乙烷和八氟丙烷的测定 气相色法》
5	空气（O_2+N_2，m/m，%）	必要时[④]	大修后不大于0.05；运行中不大于0.2	DL/T 920—2019《六氟化硫气体中空气、四氟化碳、六氟乙烷和八氟丙烷的测定 气相色法》

序号	项　目	周　期	标　准	检测方法
6	可水解氟化物（以 HF 计，μg/g）	必要时④	≤1.0	DL/T 918—2005《六氟化硫气体中可电解氟化物含量测定法》
7	矿物油（μg/g）	必要时④	≤10	DL/T 919—2005《六氟化硫气体中矿物油含量测定法（红外光谱分析法)》
8	气体分解产物	必要时	50μL/L 全部，或 12μL/L（SO_2＋SOF_2)、25μL/LHF，注意设备中分解产物变化增量	电化学传感器、气相色谱、红外光谱等

① 气体泄漏检查可采用多种方式，如定性检漏、定量检漏、红外成像检漏、激光成像检漏等。

② 是指新装及大修后 1 年内复测湿度或漏气量不符合要求和设备异常时，按实际情况增加的检测。

③ 若采用括号内数值，应得到制造厂认可。

④ 怀疑设备存在故障或异常时，或是需要据此查找原因时。

（2）凡充于电气设备中的六氟化硫气体，均属于使用中的六氟化硫气体，应按照 DL/T 596—1996《电力设备预防性试验规程》中的有关规定进行检验。充六氟化硫气体变压器应参照 DL/T 941—2005《运行中变压器用六氟化硫质量标准》、生产厂家制定质量标准执行。设备通电后一般每三个月，亦可一年内复核一次六氟化硫气体中的湿度，直至稳定后，每 1～3 年检测湿度一次。

（3）对充气压力低于 0.35MPa 且用气量少的六氟化硫电气设备（如 35kV 以下的断路器），只要不漏气，交接时气体湿度合格，除在异常时，运行中可不检测气体湿度。六氟化硫电气设备运行无异常声音，室内无异常气味，设备温度、气室压力正常，断路器液压操动机构油位正常，无漏油现象。

（4）六氟化硫电气设备安装的湿度在线监测装置、气体泄漏报警装置等在线检测设备工作正常。运行设备如发现压力下降应分析原因，必要时对设备进行全面检漏，若发现有漏气点应及时处理。

4. 六氟化硫气体分解产物检测项目及要求

（1）在安全措施可靠的条件下，可在设备带电状况下进行六氟化硫气体分解产物检测。

（2）对不同电压等级系统中的设备，宜按表 8-47 给出的检测周期进行六氟化硫气体分解产物现场检测。

表 8-47　　　　　　　　不同电压等级设备的六氟化硫气体分解产物检测周期

电压（kV）	检测周期	备　注
750、1000	(1) 新安装和解体检修后投运 3 个月内检测 1 次。 (2) 正常运行每 1 年检测 1 次。 (3) 诊断检测	诊断检测： （1）发生短路故障、断路器跳闸时。 （2）设备遭受过电压严重冲击时，如雷击等。 （3）设备有异常声响、强烈电磁振动响声时
66～500	(1) 新安装和解体检修后投运 1 年内检测 1 次。 (2) 正常运行每 3 年检测 1 次。 (3) 诊断检测	
≤35	诊断检测	

（3）运行设备中六氟化硫气体分解产物的检测组分、检测指标及其评价结果见表 8-48。

（4）若设备中六氟化硫气体分解产物 SO_2 或 H_2S 含量出现异常，应结合六氟化硫气体分解产物的 CO、CF_4 含量及其他状态参量变化、设备电气特性、运行工况等，对设备状态进行综合诊断。

表 8-48　　　　　　　六氟化硫气体分解产物的检测组分、检测指标和评价结果

检测组分	检测指标（μL/L）		评价结果
SO_2	≤1	正常值	正常
	1～5	注意值	缩短检测周期
	5～10	警示值	跟踪检测，综合诊断
	>10	警示值	综合诊断
H_2S	≤1	正常值	正常
	1～2	注意值	缩短检测周期
	2～5	警示值	跟踪检测，综合诊断
	5	警示值	综合诊断

注　1. 灭弧气室的检测时间应在设备正常开断额定电流及以下电流 48h 后。

　　2. CO 和 CF_4 作为辅助指标，与初值（交接验收值）比较，跟踪其增量变化，若变化显著，应进行综合诊断。

5. 运行六氟化硫电气设备定性检漏、定量检测、泄漏率要求

（1）定性检漏，定性检漏仅作为判断试品漏气与否的一种手段，是定量检漏前的预检。用灵敏度不低于 $0.01μL/L$ 的六氟化硫气体检漏仪检漏，无漏点则认为密封性能良好。

（2）定量检漏，定量检漏可以在整台设备、隔室或由密封对应图 TC（高压开关设备、隔室与分装部件、元件密封要求的互相关系图，一般由制造厂提供）规定的部件或组件上进行。定量检漏通常采用扣罩法、挂瓶法、局部包扎法、压力降法等方法。

（3）六氟化硫设备每个隔室的年漏气率不大于 0.5%。操作间空气中六氟化硫气体的允许浓度不大于 $1000μL/L$（或 $6g/m^3$）。短期接触，空气中六氟化硫的允许浓度不大于 $1250μL/L$（或 $7.5g/m^3$）。

6. 运行六氟化硫设备补气

（1）六氟化硫电气设备补气时，所补气体必须符合新气质量标准，补气时应注意管路和接头的干燥及清洁；如遇不同产地、不同生产厂家的六氟化硫气体需混用时，符合新气体质量标准的气体均可以混用。

（2）运行设备经过连续两次补加气体或单次补加气体超过设备气体总量 10% 时，补气后应对气室内气体水分、空气含量和六氟化硫纯度进行检测。

7. 六氟化硫设备检修监督

（1）六氟化硫电气设备检修，应按照 DL/T 639—2019《六氟化硫电气设备运行、试验及检修人员安全防护导则》、GB/T 8905—2012《六氟化硫电气设备中气体管理和检测导则》执行。六氟化硫设备解体前，应对设备内六氟化硫气体进行必要的分析测定，根据有毒气体含量，采取相应的安全防护措施。断路器、隔离开关等气室检修，如需对检修气室中的气体完全回收，为确保相邻气室和运行气室的安全，需对检修气室的相邻气室进行降压处理。

（2）断路器、隔离开关的操动机构滤油应保证滤芯过滤精度，换油时，避免使用溶剂清

洗操动机构压力箱体，清洗剂和洗涤油应完全从操动机构箱体内排除以免污染新加入的油。

（3）补加油宜采用与已充油同一油源、同一牌号及同一添加剂类型的油品，并且补加油（不论是新油或已使用的油）的各项特性指标不应低于已充油。

8. 六氟化硫气体的回收

（1）回收气体一般应充入钢瓶储存。钢瓶设计压力为 7MPa 时，充装系数不大于 1.04kg/L；钢瓶设计压力为 8MPa 时，充装系数不大于 1.17kg/L；钢瓶设计压力为 12.5MPa 时，充装系数不大于 1.33kg/L。

（2）六氟化硫气体的回收包括对电气设备中正常的、部分分解或污染的六氟化硫气体的回收。出现以下情况六氟化硫气体应回收：设备压力过高时；在对设备进行维护、检修、解体时；设备基建需要更换时。

（3）吸附剂在安装前应进行活化处理，处理温度按生产厂家要求执行。应尽量缩短吸附剂从干燥容器或密封容器内取出直接安装完毕的时间，吸附剂安装完毕后，应立即抽真空。

（4）重复使用气体杂质最大容许要求应符合投运前、交接时六氟化硫分析项目及质量指标。

（5）六氟化硫电气设备安装完毕，在投运前（充气 24h 以后）应复验六氟化硫气室内的湿度和空气含量。

（6）从事六氟化硫电气设备试验、运行、检修和监督管理工作的人员，必须按照 DL/T 639—2019《六氟化硫电气设备运行、试验及检修人员安全防护导则》的有关条款执行。

（7）对于配备有在线密度、湿度计的六氟化硫电气设备，每年应由相应资质的单位进行一次检定，并做好检验报告的归档管理，每半年应对六氟化硫密度、湿度进行取样分析，对在线仪表进行比对试验，当实验室检验与在线仪表偏差较大时，应查找原因对在线仪表进行相应的处理。

第九章

环境监测技术标准

第一节　发电厂污染物排放技术标准

一、排水水质和排放量监测

（1）监测对象为下列各类外排水：

1）电厂废水总排放口排水。

2）脱硫废水。

3）灰场（灰池）排水。

4）工业废水（含冲渣水）。

5）厂区生活污水。

6）其他可能对受纳水体产生污染的排水。

7）经过各类废水处理装置处理后的外排水。

（2）废水集中对外排放的电厂，采样点应设在总排放厂界外出口处；废水分多路对外排放的电厂，采样点应设在各路废水对外排放出口处；各废水处理系统集中对外排放或分别排放的废水采样点的设置应在厂区对外环境排放出口处。

（3）各类排水监测项目的采样周期应按照 DL/T 414—2012《火电厂环境检测技术规范》规定进行，要求见表 9-1。监测时可根据本厂的排水情况和有关要求，适当缩短采样周期。

表 9-1　　　　　　　　　　　排水监测项目的采样周期及测试方法

监测项目	排水种类						
	灰场排水	工业废水	生活污水	脱硫废水	地下水	冲灰水	测试方法
pH	1次/旬	1次/旬		1次/旬	1次/旬	1次/旬	GB/T 6920—1986《水质 pH 值的测定 玻璃电极法》
悬浮物	1次/旬	1次/旬	1次/月	1次/季		1次/月	GB/T 11901—1989《水质 悬浮物的测定 重量法》
COD	1次/旬	1次/旬	1次/月	1次/季	1次/月		GB/T 11914—1989《水质 化学需氧量的测定 重铬酸盐法》
石油类		1次/季			1次/季		DL/T 938—2005《火电厂排水水质分析方法》
氟化物	1次/月	1次/月		1次/月	1次/月		GB/T 7484—1987《水质 氟化物的测定 离子选择电极法》

监测项目	排水种类						测试方法
	灰场排水	工业废水	生活污水	脱硫废水	地下水	冲灰水	
总砷	1次/月	1次/月		1次/季			GB/T 7485—1987《水质 总砷的测定 二乙基二硫代氨基甲酸银分光光度法》
硫化物	1次/月			1次/季	1次/季		HJ/T 60—2000《水质 硫化物的测定 碘量法》
挥发酚	1次/年	1次/年					HJ 03—2009《水质挥发酚的测定 氨基安替比林分光光度计法》
氨氮		1次/月	1次/月				HJ 537—2009《水质 氨氮的测定 蒸馏-中和滴定法》
BOD5			1次/季				HJ 505—2009《水质 五日生化需氧量（BOD5）的测定 稀释与接种法》
动植物油			1次/月				HJ 637—2012《水质 石油类和动植物油类的测定 红外分光光度法》
水温		1次/月	1次/月				GB/T 13195—1991《水质 水温的测定 温度计或颠倒温度计测定法》
排水量	1次/月	1次/月	1次/月				—
总铅				1次/季		1次/季	GB/T 7475—1987《水质 铜、锌、铅、镉的测定 原子吸收分光光度法》
总汞				1次/季		1次/季	GB/T 7469—1987《水质 总汞的测定 高锰酸钾过硫酸钾消解法双硫腙分光光度法》
总镉				1次/季			GB/T 7475—1987《水质 铜、锌、铅、镉的测定 原子吸收分光光度法》
总铬				1次/季			HJ 757—2015《水质 铬的测定 火焰原子吸收分光光度法》
总镍				1次/季			GB/T 11912—1989《水质 镍的测定火焰原子吸收分光光度法》
总锌				1次/季			GB/T 7475—1987《水质 铜、锌、铅、镉的测定 原子吸收分光光度法》
铜						1次/季	HJ 86—2009《水质 铜的测定 2, 9-二甲基-1, 10-菲洛琳分光光度法》
总硬度				1次/月			GB/T 7477—1987《水质 钙和镁总量的测定 EDTA滴定法》

（4）脱硫废水应符合 DL/T 997—2206《火电厂石灰石-石膏湿法脱硫废水水质控制指标》的规定，在厂区废水排放口应增加硫酸盐浓度的监测，控制指标见表 9-2。在脱硫废水处理系统出口要监测的项目和最高允许排放浓度值见表 9-3。

表 9-2 在厂区排放口增加的监测项目和污染物最高允许排放浓度

序　号	监测项目	单　位	最高允许排放浓度值
1	硫酸盐	mg/L	2000

表 9-3 在脱硫废水处理系统出口的监测项目和污染物最高允许排放浓度

序　号	监测项目	单　位	最高允许排放浓度值
1	总汞	mg/L	0.05
2	总镉	mg/L	0.1
3	总铬	mg/L	1.5
4	总砷	mg/L	0.5
5	总铅	mg/L	1.0
6	总镍	mg/L	1.0
7	总锌	mg/L	2.0
8	悬浮物	mg/L	70
9	化学需氧量	mg/L	150
10	氟化物	mg/L	30
11	硫化物	mg/L	1.0
12	pH 值		6～9

（5）电厂的生活污水一般经过处理后回用于绿化用水，因此控制指标宜参考 GB/T 25499—2010《城市污水再生利用 绿地灌溉水质》中城市污水再生利用于绿地灌溉的指标进行控制，控制指标及限值见表 9-4。

表 9-4 城市污水再生利用于绿地灌溉控制指标

序　号	监测项目	单　位	限　值
1	浊度	NTU	5
2	嗅		无不快感
3	色度	度	30
4	pH 值	mg/L	6.0～9.0
5	溶解性总固物	mg/L	1000
6	BOD$_5$	mg/L	20
7	总余氯	mg/L	0.2～0.5
8	氯化物	mg/L	250
9	阴离子表面活性剂	mg/L	1.0
10	氨氮	mg/L	20
11	粪大肠菌群	个/L	200
12	蛔虫卵数	个/L	1

（6）其他废水的排放应符合 GB 8978—2002《污水综合排放标准》规定。

二、烟气排放监测

（1）火电厂烟气中主要污染物主要监测项目为烟尘、二氧化硫、氮氧化物、汞、氨的排放浓度和排放量。

（2）烟气排放物的监测周期应符合 DL/T 414—2012《火电厂环境检测技术规范》的规定，烟尘、二氧化硫、氮氧化物、汞、氨的排放浓度和排放量每年至少测定一次。

（3）对烟气进行测定前，应符合以下要求：

1）燃烧煤种和锅炉运行工况稳定，锅炉负荷大于 75％额定出力。

2）测定期间，锅炉不吹灰、不打渣、不投油助燃、系统不启停、不调整引风机挡板。

三、无组织排放监测

（1）无组织排放的监测应按 HJ/T 55—2000《大气污染物无组织排放检测技术导则》的规定执行，监测项目为颗粒物、非甲烷总烃、甲烷烃、氨的无组织排放。监测周期为每年监测两次，测量时间为当年的冬季和夏季。通常应选择微风的日期，避开阳光辐射强烈的中午时段进行。

（2）监测点应设在无组织排放源边界下风向 2～50m 范围内的浓度最高点，参照点设在排放源上风向 2～50m 范围内。监控点最多设置 4 个，参照点只设 1 个。监控点应设置于平均风向轴线的两侧，监控点与无组织排放源所形成的夹角不超出风向变化的±S°（10 个风向读数的标准偏差）范围之内。

🏭 第二节　发电厂劳动环境监测技术标准

一、工频电场与磁场监测

（1）工频电场与磁场监测必须按照 DL/T 414—2012《火电厂环境检测技术规范》规定执行，新建电厂必须进行监测，若升压站或输出线路有变动时再检测一次。

（2）测点设置应按以下规定执行：

1）在电厂总平面图上，沿着厂界或围墙 50～100m 选取 1 个测点，其中至少有 2 个测点时主要发电设备、变电设备或其他大型电器设备最近距离处。测点应设在电厂厂界外 1.0m 处，离地面 1.5m，或电厂围墙以外；测点距离围墙为围墙高度的 2 倍；距离地面 1.5m。

2）在电厂出线走廊下，以出线走廊下中心为起点，沿垂直于出线走廊的方向每隔 2m 设置 10 个以上测点。

3）在厂界外环境敏感点应设置测点。

（3）测量方法应执行 DL/T 334—2010《输变电工程电磁环境检测技术规范》的规定。测量仪器性能应符合 GB/T 12720—1991《工频电场测量》的规定，所有测量仪器应经计量部门检定，且在检定有效期内使用。

二、噪声监测

（1）噪声监测应符合 DL/T 414—2012《火电厂环境检测技术规范》和 GB 12348—2008《工业企业厂界环境噪声排放标准》的规定，监测项目为厂界环境 A 计权等效连续噪声。每半年监测一次，原则上发电负荷应大于 75％。

（2）测量仪器为精密声级计，具有 A 计权，"S（慢）"挡和"peak（峰值）"挡，应符合 GB/T 785.1—2010《电声学 声级计 第 1 部分：规范》和 GB/T 785.2—2010《电声学 声级计 第 2 部分：型式评价试验》的规定。所有测量仪器应经计量部门检定，且在检定有效期内使用。每次测量前、后应在测量现场进行声学校准，前、后校准偏差不得大于 0.5 dB，否则测量结果无效。

（3）测量时应选择无风雪、无雷雨天气，风速在 5m/s 以下进行。测量时间分为昼间和夜间。昼间测量时一般选在 8：00～12：00 和 14：00～18：00；夜间测量选在 22：00～次日 5：00。测量方法执行 GB 12348—2008《工业企业厂界环境噪声排放标准》的规定，同时要注意排除不能代表厂界环境的偶发性噪声。

（4）测点设置应按以下规定执行：

在电厂总平面图上，沿着厂界或围墙 50～100m 选取 1 个测点，测点设在电厂厂界外或电厂围墙以外 1.0～2.0m 处，离地面 1.2m，其中至少 2 个测点设在距电厂主要噪声设施最近的距离处，但应避开外界噪声源。如外界有围墙且周围有受影响的噪声敏感建筑物时，测点应选在厂界外 1m、高于围墙 0.5m 以上的位置。

（5）工业企业厂界环境噪声不得超过表 9-5 规定的排放限值。

表 9-5　　　　　　　　　　工业企业厂界环境噪声排放限值　　　　　　　　　[dB（A）]

厂界外声环境功能区类别	时　　段	
	昼　　间	夜　　间
0	50	40
1	55	45
2	60	50
3	65	55
4	70	55

（6）夜间频发噪声的最大声级超过限值的幅度不得高于 10dB(A)。

（7）夜间偶发噪声的最大声级超过限值的幅度不得高于 15dB(A)。

三、生产性粉尘监测

生产性粉尘监测应按照 DL/T 799.2—2019《电力行业劳动环境检测技术规范 第 2 部分：生产性粉尘检测》规定执行。遵照 GBZ/T 192.1—2007《工作场所空气中粉尘测定 第 1 部分：总粉尘浓度》和 GBZ/T 192.2—2007《工作场所空气中粉尘测定 第 2 部分：呼吸性粉尘浓度》的规定，采用滤膜质量法进行总粉尘浓度监测和呼吸性粉尘浓度监测。粉尘浓度测定应每半年测定一次，特殊情况下（如煤种变化、工艺变化等）应及时采样分析。

火电厂粉尘测点设置位置如下：

（1）输煤系统。

1）煤场装卸机械的操作室内设 1 个测点。

2）翻车机上、下平台各设 1 个测点。

3）输煤皮带头、尾各设 1 个测点，输煤皮带在 100m 以上者中间增设 1 个测点，犁煤器处设 1 个测点。

4）输煤集控室、输煤皮带值班室各设 1 个测点。

5）叶轮给煤机操作位置设 1 个测点。

6）碎煤机室、筛煤机室各设 1 个测点。

7）给煤机处设 1 个测点。

（2）制粉系统。

1）磨煤机、排粉机处各设 1 个测点。

2）绞笼层设 1 个测点。

3）给粉机处设 1 个测点。

（3）锅炉系统。

1）集中控制室设 1 个测点。

2）喷燃器、吹灰器处各设 2 个测点。

3）运行平台至少设 2 个测点。

4）炉顶平台处设 1 个测点。

5）过热器平台设 1 个测点。

6）送风机、引风机处各设 1 个测点。

（4）除灰系统。

1）电除尘间零米、排灰阀平台各设 1 个测点。

2）灰库、灰库控制室各设 1 个测点。

（5）脱硫系统。

1）石灰石堆场（或石灰石粉仓）设 1 个测点。

2）石灰石卸料间设 1 个测点。

3）破碎机层设 1 个测点。

4）斗式提升机底部设 1 个测点。

5）埋刮板输送机设 1 个测点。

6）石灰石磨制车间设 2 个测点。

7）石膏堆料间设 1 个测点。

8）脱硫废水处理配药处各设 1 个测点。

9）脱硫控制室设 1 个测点。

电力行业工作场所空气中的粉尘容许浓度应符合 DL/T 799.2—2019《电力行业劳动环境检测技术规范 第 2 部分：生产性粉尘检测》的规定，控制标准见表 9-6。

表 9-6　　　　　　　　　电力行业工作场所空气中粉尘容许浓度

序号	粉 尘 名 称	PC-TWA（mg/m³）	
		总粉尘	呼吸性粉尘
1	电焊烟尘	4	—
2	煤尘（游离 SiO_3 含量小于或等于 10%）	4	2.5
3	石膏粉尘	8	4
4	石灰石粉尘	8	4
5	水泥粉尘（游离 SiO_3 含量小于或等于 10%）	4	1.5

第十章

机组停（备）用期间防腐蚀保护技术标准

第一节　热力设备停（备）用防腐蚀保护方法

一、热力设备停（备）用防腐蚀保护方法选择原则

（1）机组热力设备停用保护应满足 DL/T 956—2017《火力发电厂停（备）用热力设备防锈蚀导则》的相关要求。

（2）机组热力设备防锈蚀方法选择的基本原则是：给水处理方式，停（备）用时间的长短和性质，现场条件、可操作性和经济性。机组停用保护方法与机组运行所采用的给水处理工艺不冲突，不会影响凝结水精处理设备的正常投运。采用的机组停用保护方法不应影响机组正常运行热力系统所形成的保护膜，也不应影响机组启动和正常运行时汽水品质。

（3）其他应该考虑因素：

1）防锈蚀保护方法不应影响机组按电网要求随时启动运行要求。

2）有废液处理设施，废液排放应符合 GB 8978—1996《污水综合排放标准》的规定。

3）冻结因素。

4）大气条件（例如滨海电厂的盐雾环境）。

5）所采用的保护方法不影响检修工作和检修人员的安全。

二、热力设备停（备）用防腐蚀可选择的保护方法

（1）超临界机组不应采用成膜胺类防锈蚀保护方法。

（2）给水采用加氨全挥发处理 AVT(O) 或加氧处理 OT 处理的机组，不应采用氨-联氨溶液法或氨-联氨钝化法。

（3）当采用新型有机胺碱化剂、缓蚀剂、气相缓蚀剂进行停用保养时，应经过严格的科学试验，确定药品浓度和工艺参数，谨防由于药品过量或分解产物腐蚀和污染热力设备。

（4）热炉放水、余热烘干是目前国内最常采用的锅炉停用保护方法，应在尽量高的锅炉允许压力、温度下放水，以保证受热面能完全烘干；利用凝汽器抽真空设备和启动旁路系统对汽轮机通流部分、过热器、再热器抽真空是达到这些热力设备干燥的较易实施的措施。

（5）给水采用加氨全挥发处理 AVT(O) 或加氧处理 OT 处理的机组，采用停机前加大凝结水泵出口氨的加入量，提高水汽系统 pH 值至 9.4～10.5 是无铜给水系统热力设备内部最方便的防腐蚀保护方法，可根据设备停用时间长短，确定 pH 值的范围，如停用时间长，则采用 pH 值应高一些。也可采用活性胺代替氨进行停用保护，活性胺在液相中分配系数高，有利于提高除氧器、汽轮机低压缸和凝汽器汽侧的初凝局域的 pH 值。

（6）给水采用风冷冷凝制冷压缩 A(R) 机组，采用氨-联氨溶液法或氨-联氨钝化法是有铜给水系统热力设备内部中最方便的防腐蚀保护方法，防腐蚀保护方法设定的 pH 值一般为 9.1～9.5，根据停用时间长短，确定联氨的加入量，如停用时间长，则联氨的加入量要多一些。

（7）当机组停用时间超过 1 个月或长期备用，可采用干风干燥法进行水汽系统热力设备的停用防腐蚀保护或封存。

（8）在氮气供应方便，或机组设计时已经安装了完善充氮系统，充氮覆盖法或充氮密封法是水汽系统热力设备中可靠的防腐蚀保护方法。

（9）机组停（备）用防锈蚀保护方法选择可参见表 10-1，详细参考 DL/T 956—2017《火力发电厂停（备）用热力设备防锈蚀导则》。

表 10-1 **停（备）用热力设备的防锈蚀方法**

防锈蚀方法		通用状态	适用设备	防锈蚀方法的工艺要求	停用时间					备注
					≤3天	<1周	<1月	<1季度	>1季度	
干法防锈蚀保护	热炉放水余热烘干法	临时检修、C级及以下检修	锅炉	炉膛有足够余热，系统严密	√	√	√			应无积水
	负压余热烘干法	A级及以下检修	锅炉、汽轮机	炉膛有足够余热，配备有抽气系统，系统严密		√	√	√		应无积水
	干风干燥法	冷备用、A级及以下检修	锅炉、汽轮机、凝汽器、高低压加热器、烟气侧	备有干风系统和设备，干风应能连续供给			√	√	√	应无积水
	热风吹干法	冷备用、A级及以下检修	锅炉、汽轮机	备有热风系统和设备，热风应能连续供给			√	√	√	应无积水
	氨水碱化烘干法	冷备用、A级及以下检修	锅炉、无铜给水系统	停炉前4h加氨提高给水；pH值为9.6～10.5，热炉放水，余热烘干	√	√	√	√	√	应无积水
	氨、联氨钝化烘干法	冷备用、A级及以下检修	锅炉、给水系统	停炉前4h，无铜系统加氨提高给水；pH值为9.6～10.0，有铜系统给水；pH值为9.1～9.3，给水联氨浓度加大到0.5～10mg/L，炉水联氨浓度加大到200～400mg/L，热炉放水，余热烘干	√	√	√	√	√	应无积水
	气相缓蚀剂法	冷备用、封存	锅炉、高低压加热器、凝汽器	要配置热风气化系统，系统应严密，锅炉，高、低压加热器应基本干燥				√	√	应无积水
	干燥剂去湿法	冷备用、封存	小容量、低参数锅炉、汽轮机	设备相对严密，内部空气相对湿度不应高于60%					√	应无积水
	通风干燥法	冷备用、A级及以下检修	凝汽器水侧	备有通风设备		√	√	√		应无积水

续表

防锈蚀方法		适用状态	适用设备	防锈蚀方法的工艺要求	停用时间					备注
					≤3天	<1周	<1月	<1季度	>1季度	
湿法防锈蚀保护	蒸汽压力法	热备用	锅炉	锅炉保持一定压力	√	√				
	给水压力法	热备用	锅炉及给水系统	锅炉保持一定压力，给水水质保持运行水质	√	√				
	维持密封、真空法	热备用	汽轮机、再热器、凝汽器汽侧	维持凝汽器真空，汽轮机轴封蒸汽保持使汽轮机处于密封状态	√	√				
	加氨提高pH值、氨水法	冷（热）备用、封存	锅炉、高低压给水系统	无铜系统，有配药、加药系统	√	√	√	√	√	
	氨-联氨法	冷（热）备用、封存	锅炉、高低压给水系统	有配药、加药系统和废液处理系统	√	√	√	√	√	
	充氮法	冷备用、封存	锅炉、高低压给水系统、热网加热器汽侧	配置充氮系统，氮气纯度应符合附录要求，系统有一定严密性		√	√	√	√	
	成膜胺法	冷备用、A级及以下检修	机组水汽系统	配有加药系统，停机过程中实施			√	√	√	
	表面活性胺法	冷备用、A级及以下检修	机组水汽系统	配有加药系统，停机过程中实施			√	√	√	

第二节　机组推荐停（备）用保护方法

一、直流锅炉机组

（1）停机时间小于1个月时锅炉宜采用热炉放水余热烘干法，热炉放水余热烘干等干法保护的原理是维持停（备）用热力设备内相对湿度小于碳钢腐蚀速率急剧增大的临界值。

1）正常停机，提前4h，加氧机组停止加氧，加大精处理出口氨加入量使除氧器入口电导率在 5.5～10.7μS/cm 范围，以尽快提高给水的 pH 值至 9.2～9.6 后，并停机。

2）停机后，迅速关闭锅炉各风门、挡板，封闭炉膛，防止热量过快散失。

3）在分离器压力降至 1.6～3.0MPa，对应进水温度下降到 201～334℃ 时，迅速放尽锅内存水。

4）放水过程中应全开空气门、排汽门和放水门，自然通风排出锅内湿气，直至锅内空气相对湿度达到 60% 或等于环境相对湿度。

5）放水结束后，应关闭空气门、排汽门和放水门，封闭锅炉。

6）在烘干过程中，应定时用湿度计直接测定锅内空气相对湿度。

7）降压、放水过程中，应控制联箱和分离器等厚壁容器的壁温差不超过制造厂允许值。

（2）停机时间小于 1 周时汽轮机应采用下述方法：

1）隔绝一切可能进入汽轮机内部的汽、水系统并开启汽轮机本体疏水阀。

2）隔绝与公用系统连接的有关汽、水阀门，并放尽其内部剩余的水、汽。

3）主蒸汽管道、再热蒸汽管道、抽汽管道、旁路系统靠汽轮机侧的所有疏水阀门均应打开。

4）放尽凝汽器热井内部的积水。

5）高压加热器、低压加热器汽侧和除氧器汽侧宜进行充氮，也可放尽高、低压加热器汽侧疏水进行保护。

6）高压加热器、低压加热器和除氧器水侧充满符合运行水质要求的给水。

7）打开汽动给水泵、汽动引风机的给水泵汽轮机的有关疏水阀门。

8）监视汽轮机房污水排放系统是否正常，防止凝汽器阀门坑满水。

9）汽轮机停机期间应按汽轮机停机规程要求盘车，保证其上、下缸，内、外缸的温差不超标。

10）冬季机组停运，应有可靠的防冻措施。

（3）停机时间大于 1 个月时机组宜采用氨水碱化烘干法：

1）给水采用加氨全挥发处理 AVT(O) 的机组，在停机前 4h，旁路凝结水精除盐设备，加大凝结水泵出口氨的加入量，提高省煤器入口给水的 pH 值至 9.6～10.5，并停机。当凝结水泵出口加氨量不能满足要求时，可启动给水泵入口加氨泵加氨。根据机组停机时间的长短确定停机前的 pH 值，若停机时间长，则 pH 值宜按高限值控制。

2）给水采用加氧处理 OT 的机组，在停机前 4h，停止给水加氧，旁路凝结水精除盐设备，加大凝结水泵出口氨的加入量，提高省煤器入口给水的 pH 值至 9.6～10.5，并停机。当凝结水泵出口加氨量不能满足要求时，可启动给水泵入口加氨泵加氨。根据机组停机时间的长短确定停机前的 pH 值，停机时间长，则 pH 值按高限值控制。

3）锅炉需要放水时，按热炉放水余热烘干法的规定放尽锅内存水，烘干锅炉。

4）汽轮机打闸，汽轮机系统和本体的疏水结束后，继续利用凝汽器抽真空系统对中、低压缸抽真空 4～6h。

5）其他热力设备和系统同样在热态下放水。

6）当水汽循环系统和设备不需要放水时，也可充满 pH 值为 9.6～10.5 的除盐水。

7）停炉保护加药期间应每小时测定给水、炉水和凝结水的 pH 值和电导率。

8）在保证金属壁温差不超过锅炉制造厂允许值的前提下，应尽量提高放水压力和温度。

二、热网加热器及热网首站循环水系统

（1）热网加热器汽侧。

1）热网加热器停止供汽前 4h，提高凝结水出口加氨量，提高给水的 pH 值至 9.5～9.6。

2）停止供汽后，关闭加热器汽侧进汽门和疏水门，待汽侧压力降至 0.3～0.5MPa 时，开始充入氮气。

3）需要放水时，微开底部放水门，缓慢排尽存水后，关闭放水门，放水及保护过程中维持氮气压力为 0.01～0.03MPa。

4）当不需要放水时，维持氮气压力为 0.03～0.05MPa。

5）当热网加热器汽侧系统需要检修时，先放水，检修完毕后，再实施充氮保护。氮气应从顶部充入、底部排出，待排气氮气的纯度大于 98%时，关闭排气门，并维持设备内部氮气压力为 0.01～0.03MPa。

6）热网加热器汽侧充氮保护注意事项同高压加热器充氮保护注意事项。

（2）热网加热器水侧和热网首站循环水系统。

1）当热网首站循环水补水主要是反渗透产水或软化水时，热网加热器水侧及循环水系统宜采用加氢氧化钠、磷酸三钠或专用缓蚀剂的方法进行停用保护。停止供热前 24～48h，向热网首站循环水加氢氧化钠、磷酸三钠或缓蚀剂。当加氢氧化钠或磷酸三钠时，pH 值宜大于 10.0。缓蚀剂的加入量及检测方法由供应厂家确定。

2）当热网首站循环水补水以生水或自来水为主时，热网加热器水侧及循环水系统宜采用加专用缓蚀剂的方法进行停用保护。停止供热前 24～48h，向热网首站循环水加专用缓蚀剂。缓蚀剂的加入量及检测方法由供应厂家确定。

3）热网加热器水侧不需放水时，宜充满加碱调整 pH 值或加缓蚀剂的循环水，并辅以充氮密封。热网加热器水侧需要放水检修时，在检修结束后，有充水条件时，水侧宜充满加氢氧化钠、磷酸三钠调整 pH 值大于 10.0 的反渗透或软化水，并辅以充氮密封；无充水条件时，宜实施充氮保护，氮气应从顶部充入、底部排出，待排气氮气的纯度大于 98%时，关闭排气门，并维持设备内部氮气压力为 0.01～0.03MPa。

三、运行机组锅炉水压试验时给水 pH 控制

（1）给水采用加氨全挥发处理 AVT(O) 或 OT 工艺的机组，锅炉水压试验采用加氨调整 pH 值至 10.0～10.5 的除盐水进行。

（2）给水采用 AVT(R) 工艺的机组，锅炉可采用加氨调整 pH 值至 10.0～10.5 的除盐水，也可采用氨-联氨溶液（pH 值为 10.0～10.5，联氨 200mg/L）进行水压试验。

第三节　各种防锈蚀方法的监督项目和控制标准

各种防锈蚀方法的监督项目和控制标准见表 10-2。

表 10-2　　　　　　　　　各种防锈蚀方法的监督项目和控制标准

防锈蚀方法	监督项目	控制标准	监测方法或仪器	取样部位	其　　他
热炉放水余热烘干法	相对湿度	60%或不大于环境相对湿度	相对湿度计、DL/T 956—2017《火力发电厂停（备）用热力设备防锈蚀导则》附录 C	空气门、疏水门、放水门	烘干过程每 1h 测定 1 次，停（备）用期间每周 1 次
负压余热烘干法	相对湿度				
干风干燥法	相对湿度	50%	相对湿度计、DL/T 956—2017《火力发电厂停（备）用热力设备防锈蚀导则》附录 C	排气门	干燥过程每 1h 测定 1 次，停（备）用期间每 48h 测定一次

防锈蚀方法	监督项目	控制标准	监测方法或仪器	取样部位	其他
热风吹干法	相对湿度	不大于环境相对湿度	相对湿度计、DL/T 956—2017《火力发电厂停（备）用热力设备防锈蚀导则》附录 C	排气门	干燥过程每 1h 测定 1 次，停（备）用期间每周 1 次
气相缓蚀剂法	缓蚀剂浓度	>30g/m³	DL/T 956—2017《火力发电厂停（备）用热力设备防锈蚀导则》附录 E	空气门、疏水门、放水门、取样门	充气过程每 1h 测定 1 次，停（备）用期间每周 1 次
氨、联氨钝化烘干法	pH 值、联氨		GB/T 6904—2008《工业循环冷却水及锅炉用水中 pH 的测定》、GB/T 6906—2006《锅炉用水和冷却水分析方法 联氨的测定》	水、汽取样	停炉期间每 1h 测定 1 次
氨碱化烘干法	pH 值		GB/T 6904—2008《工业循环冷却水及锅炉用水中 pH 的测定》	水、汽取样	停炉期间每 1h 测定 1 次
充氮覆盖法	压力、氮气纯度	0.03~0.05MPa；>98%	气相色谱仪或氧量仪	空气门、疏水门、放水门、取样门	充氮过程中每 1h 记录 1 次氮压，充氮结束测定排气氮气纯度，停（备）用期间每班记录 1 次
充氮密封法	压力、氮气纯度	0.01~0.03MPa；>98%			
氨水法	氨含量	500~700mg/L；pH 值不小于 10.5	GB/T 12146—2005《锅炉用水和冷却水分析方法 氨的测定 苯酚法》	水、汽取样	充氨液时每 2h 测定 1 次，保护期间每天分析 1 次
氨-联氨法	pH 值、联氨含量	pH 值：10.0~10.5；联氨 ≥ 50mg/L	GB/T 6904—2008《工业循环冷却水及锅炉用水中 pH 的测定》、GB/T 6906—2006《锅炉用水和冷却水分析方法 联氨的测定》	水、汽取样	充氨-联氨溶液时每 2h 测定 1 次，保护期间每天分析 1 次
成膜胺法	pH 值、成膜胺含量	pH 值：9.0~9.6；成膜胺使用量由供应商提供	GB/T 6906—2006《锅炉用水和冷却水分析方法 联氨的测定》；成膜胺含量测定方法由供应商提供	水、汽取样	停机过程测定
蒸汽压力法	压力	>0.5MPa	压力表	锅炉出口	每班记录次

续表

防锈蚀方法	监督项目	控制标准	监测方法或仪器	取样部位	其 他
给水压力法	压力,pH值、溶解氧、氢电导率	压力 0.5 ~ 1.0MPa;满足运行 pH 值、溶解氧、氢电导率要求	压力表、GB/T 6904—2008《工业循环冷却水及锅炉用水中 pH 的测定》、GB/T 6906—2006《锅炉用水和冷却水分析方法 联氨的测定》	水、汽取样	每班记录 1 次压力,分析 1 次 pH 值、溶解氧、氢电导率

第四节　停（备）用机组防锈效果的评价

（1）应主要根据机组启动时冷态、热态水冲洗时间的长短，以及机组并网后 8h 的水汽质量，特别是给水铁含量是否符合 GB/T 12145—2016《火力发电机组及蒸汽动力设备水汽质量》和 DL/T 561—2013《火力发电厂水汽化学监督导则》的要求等方面，对热力设备停（备）用保护效果进行评价。应详细记录启动用水量、冲洗时间和水汽品质等数据，并进行对比分析。

（2）D、C 级检修时，应检查高、低压加热器，除氧器，汽包和水冷壁下水包或下联箱积水和腐蚀状态。机组 B 级及以上检修期间，应对锅炉受热面进行割管检查，对汽包、下水包或下联箱、除氧器、凝汽器、高/低压加热器、汽轮机低压缸通流部件等重要热力设备进行腐蚀检查，这些部位应无明显的停用腐蚀现象。同时将检查结果与上次检查结果和其他机组的检查结果进行比较。

第十一章

机组检修阶段化学监督技术标准

第一节　机组检修热力设备化学检查

一、一般要求

（1）机组检修化学检查的目的是掌握发电设备的腐蚀、结垢或积盐等状况，建立热力设备腐蚀、结垢档案；评价机组在运行期间所采用的给水、炉水处理方法是否合理，监控是否有效；评价机组在基建和停（备）用期间所采取的各种保护方法是否合适；对检查发现的问题或预计可能要出现的问题进行分析，提出改进方案和建议。

（2）机组检修热力设备化学检查应满足 DL/T 1115—2019《火力发电厂机组大修化学检查导则》的规定。

（3）在热力设备检修前，化学专业专业应制订详细的检查方案，提出与水汽质量有关的检修项目和要求。机组 A 级检修、B 级检修时应对锅炉水冷壁、省煤器（必要时过热器、再热器）进行割管检查，以测定垢量、氧化皮量及检查腐蚀情况；凝汽器为铜管时应抽管检查；在机组 A 级检修前的一次 C 级检修时，应对锅炉受热面进行割管检查，其他级别的检修，可根据实际情况确定是否进行割管检查。

（4）机组在检修时，生产管理部门和机、炉、电专业的有关人员应根据化学监督标准项目的要求，配合化学专业进行检查。

（5）机、炉专业应按化学检查的具体要求进行割管或抽管，化学人员进行相关检查和分析。汽包、汽轮机、凝汽器等重要设备打开后先做化学检查，然后再进行检修。检修完毕后及时通知化学专业有关人员参与检查验收。

（6）对各种水箱及低温管道的腐蚀情况定期进行检查，对高压加热器、低压加热器、省煤器入口管段、空冷散热器的流动加速腐蚀情况进行检查，检查后做好记录，发现问题及时进行处理。

（7）检修结束后，化学专业按 DL/T 1115—2019《火力发电厂机组大修化学检查导则》对热力设备的腐蚀、结垢、积盐及沉积物情况进行全面分析，并针对存在的问题提出整改措施与改进意见，组织编写机组检修化学监督检查报告，机组大修结束后一个月内应提出化学检查报告。

（8）主要设备的垢样或管样应干燥保存，垢样保存时间不少于一个大修周期，锅炉管样保存时间不少于两次化学清洗间隔。机组大修化学检查技术档案应长期保存。

二、机组大修化学检查主要内容

1. 锅炉的检查内容

（1）汽包。

1）汽包底部：检查积水情况，包括积水量、颜色和透明度；检查沉积物情况，包括沉积部位、状态、颜色和沉积量。沉积量多时应取出沉积物晾干、称重。必要时进行化学成分分析。

2）汽包内壁：检查汽侧有无锈蚀和盐垢，记录其分布、密度、腐蚀状态和尺寸（面积、深度）。如果有很少量盐垢，可用 pH 试纸测量 pH 值。如果附着量较大，应进行化学成分分析。检查水侧有无沉积物和锈蚀，沉积物厚度若超过 0.5mm，应刮取一定面积（不小于 100mm×100mm）的垢量，干燥后称其重量，计算单位面积的沉积率。检查水汽分界线是否明显、平整。如果发现有局部"高峰"，应描绘其部位。

3）检查汽水分离装置是否完好、旋风筒是否倾斜或脱落，其表面有无腐蚀或沉积物。如果运行中发现过热器明显超温或汽轮机汽耗明显增加，或大修过程中发现过热器、汽轮机有明显积盐，应检查汽包内衬的焊接完整性。

4）检查加药管短路现象。检查排污管、给水分配槽、给水洗汽等装置有无结垢、污堵和腐蚀等缺陷。

5）检查汽侧管口有无积盐和腐蚀，炉水下降管、上升管管口有无沉积物，记录其状态。

6）若汽包内安装有腐蚀指示片，应检查有无沉积物的附着和腐蚀情况，记录腐蚀指示片的表面状态，测量并计算其沉积速率和腐蚀速率。

7）锅炉联箱手孔封头割开后检查联箱内有无沉积物和焊渣等杂物。

8）汽包验收标准：内部表面和内部装置及连接管清洁，无杂物遗留。

9）直流锅炉的启动分离器，可参照汽包检查内容进行相关检查。

（2）水冷壁。

1）割管要求。

a. 机组大修时水冷壁至少割管两根，有双面水冷壁的锅炉，还应增加割管两根。

b. 割管宜选择在顶层燃烧器上部等热负荷最高的部位；或特殊弯管、冷灰斗处的弯（斜）管等水循环不良处；或中间联箱引出管进入炉膛等可能存在水汽相变、流体扰动部位。

c. 每次割管检查，应至少有一处割管与上次割管部位标高相同，且位置相近后相邻。

d. 如发生爆管，应对爆管及邻近管进行割管检查。如果发现炉管外观变色、胀粗、鼓包或有局部火焰冲刷减薄等情况时，要增加对异常管段的割管检查。

e. 管样割取长度，锯割时至少 0.5m，火焰切割时至少 1m。火焰切割带鳍片的水冷壁时，为了防止切割热量影响管内壁垢的组分，鳍片的长度应保留 3mm 以上。

2）割管的标识、加工及管样制取与分析。

a. 割取的管样应标明割管的详细位置和割管时间，使用软毛刷清理管段内表面的切割残留金属粉末，并将管样两端的管口封堵；搬运或加工过程中应避免强烈振动和碰撞。

b. 火焰切割的管段，要先去除热影响区，然后进行外观描述，包括内外壁结垢、腐蚀状况；并测量炉管的内外径。如有爆破口、鼓包等情况要描述爆口或鼓包形状，测量其长度、宽度、爆口或鼓包处的壁厚。对异常管段的外形应照相后再截取管样，需要做金相检查的管段由金属专业先行选取。另行截取一段原始管样放入干燥器保存。

c. 测量垢量的管段要先用车床将外壁车薄至管壁厚度 1～2mm，再依据管径大小截割长 30～50mm 的管段。车床加工时不能用冷却液，车速不应过快，进刀量要小，并要做好方位、流向标志。截取后的管段要修去毛刺（注意不要使管内垢层损坏），按背火侧、向火侧剖成两半，进行垢量测量，测量方法见 DL/T 1115—2019《火力发电厂机组大修化学检查导则》附录 C。管样清洗前，应对其内表面原始状态拍照记录腐蚀、结垢情况，酸洗后再次拍照记录管样内表面状态。如发现清洗后内表面有明显的腐蚀坑，还需进行腐蚀坑大小、深度及单位面积腐蚀坑点数量的测量，测量方法见 DL/T 1115—2019《火力发电厂机组大修化学检查导则》附录 D。

d. 取水冷壁管垢样，进行化学成分分析，分析方法见 DL/T 1115—2019《火力发电厂机组大修化学检查导则》附录 E。

e. 更换监视管时，应选择内表面无锈蚀的管材，并测量其垢量。垢量超过 $30g/m^2$ 时要进行处理。

（3）省煤器。

1）割管要求。

a. 机组大修时，应在省煤器入口联箱的出口部分和出口联箱的进口部分分别割管，割管位置应尽可能靠近联箱；至少有一根与上次检修割管位置相邻或相近。监视管段及其他易发生腐蚀的部位管段，可酌情割管分析。

b. 管样割取长度，锯割时至少 0.5m，火焰切割时至少 1m。

2）省煤器割管的标识、加工及管样的制取与分析按水冷壁割管要求进行。

（4）过热器。

1）割管要求。

a. 末级过热器应按受热面材质分别进行割管，每种材质的炉管至少割取一根，其他过热器根据需要割取。

b. 割管时应首先曾经发生爆管及附近部位，其次选择管径发生胀粗或管壁颜色有明显变化的部位，最后选择烟温高的部位。

c. 管样宜采用砂轮机切割，长度不少于 0.5m。

2）检查过热器管内有无积盐，立式弯头处有无积水、腐蚀。对微量积盐用 pH 试纸测 pH 值。积盐较多时应进行化学成分分析。

3）检查管内壁氧化皮的生成状况、脱落情况，并描述表面状态。

4）按水冷壁割管要求对过热器管管样进行加工，并进行表面的状态描述。垢量测量方法见 DL/T 1115—2019《火力发电厂机组大修化学检查导则》附录 C。根据需要分析化学成分，分析方法见 DL/T 1115—2019《火力发电厂机组大修化学检查导则》附录 E。

（5）再热器。

1）割管要求。

a. 末级再热器应按受热面材质分别进行割管，每种材质的炉管至少割取一根，其他再热器根据需要割取。

b. 割管时应首先曾经发生爆管及附近部位，其次选择管径发生胀粗或管壁颜色有明显变化的部位，最后选择烟温高的部位。

c. 管样宜采用砂轮机切割，长度不少于 0.5m。

2）检查再热器管内有无积盐，立式弯头处有无积水、腐蚀。对微量积盐用 pH 试纸测 pH 值。积盐较多时应进行成分分析。

3）检查管内壁氧化皮的生成状况、脱落情况，并描述表面状态。

4）按水冷壁割管要求对过热器管管样进行加工，并进行表面的状态描述。垢量测量方法见 DL/T 1115—2019《火力发电厂机组大修化学检查导则》附录 C。根据需要分析化学成分，分析方法见 DL/T 1115—2019《火力发电厂机组大修化学检查导则》附录 E。

2. 汽轮机的检查内容

（1）检查汽轮机各级叶片有无机械损伤或坑点。对于机械损伤严重或坑点较深的叶片应进行详细记录，包括损伤部位、坑点深度、单位面积的坑点数量（个/cm²）等，并与历次检查情况进行对比，检查方法见 DL/T 1115—2019《火力发电厂机组大修化学检查导则》附录 D。

（2）检查记录各级叶片及隔板的积盐情况，对沉积量较大的叶片，用硬质工具刮取结垢量最大部位的沉积物，进行化学成分分析，分析方法见 DL/T 1115—2019《火力发电厂机组大修化学检查导则》附录 E。计算单位面积的沉积量，测量方法见 DL/T 1115—2019《火力发电厂机组大修化学检查导则》附录 F。

（3）用除盐水润湿 pH 试纸，粘贴在各级叶片结垢较多的部位，测量 pH 值。

（4）定性检测各级叶片有无铜垢。检测方法见 DL/T 1115—2019《火力发电厂机组大修化学检查导则》附录 G。

（5）检查各级叶片围带是否有缺陷或损伤，围带内侧是否有沉积物，若有应取样进行化学成分分析。

（6）检查各级叶片、围带及转轴的点腐蚀和锈蚀情况；检查低压缸末级叶片冲刷腐蚀情况。

（7）汽动给水泵的小汽轮机按主机要求进行检查。

3. 凝汽器的检查内容

（1）水侧检查内容：

1）检查水室淤泥、杂物的沉积及黏泥附着情况；海水冷却系统应检查海生物的滋生情况。

2）检查凝汽器管管口冲刷、污堵、结垢和腐蚀情况，堵管的堵头是否松动或脱落。

3）检查水室内壁、内部支撑构件的腐蚀情况。

4）检查凝汽器水室及其管道防腐（牺牲阳极保护或防腐涂层）的完整性。

5）记录凝汽器灌水查漏情况。

（2）汽侧检查内容：

1）检查顶部最外层凝汽器管有无砸伤、吹损情况。

2）检查受汽轮机启动旁路排汽、高压疏水等影响的凝汽器管有无吹损或冲刷腐蚀情况。

3）检查最外层管隔板处的磨损或隔板间因振动引起的凝汽器管损伤、裂纹等情况。

4）检查凝汽器管外壁腐蚀产物的沉积情况。

5）检查凝汽器壳体内壁和内部支撑构件的锈蚀和腐蚀冲刷情况。

6）检查凝汽器热井底部积水、腐蚀和沉积物堆积情况。

4. 其他设备检查内容

（1）除氧器的检查内容：

1）检查除氧头内壁颜色及腐蚀情况，内部多孔板装置是否完好，喷头有无脱落。

2）检查除氧水箱内壁颜色及腐蚀情况、水位线是否明显、底部沉积物的堆积情况。

　　3）检查除氧水箱内蒸汽加热管、高压加热器疏水管、给水再循环管和内部支撑构件的腐蚀情况。

　　（2）高、低压加热器的检查内容：检查加热器水室内壁腐蚀及水室底部沉积物堆积情况；检查换热管端口冲刷腐蚀和管内壁氧化铁沉积情况；若换热管腐蚀严重或存在泄漏情况，应进行汽侧上水查漏，必要时进行涡流探伤检查。

　　（3）油系统的检查内容：

　　1）汽轮机油系统：

　　a. 检查汽轮机主油箱、给水泵汽轮机油箱及密封油箱内壁的腐蚀和底部油泥沉积情况。

　　b. 检查冷油器管水侧的腐蚀泄漏情况。

　　c. 检查冷油器油侧和油管道油泥附着情况。

　　2）抗燃油系统：

　　a. 检查抗燃油主油箱、高、低压旁路抗燃油箱内壁的腐蚀和底部油泥沉积情况。

　　b. 检查冷油器管水侧的腐蚀泄漏情况。

　　c. 检查冷油器油侧和油管道油泥附着情况。

　　（4）发电机冷却水系统的检查内容：

　　1）检查发电机内冷却水水箱和冷却器的腐蚀情况。内冷水加药处理的机组，重点检查药剂是否有不溶解现象以及微生物附着生长情况。

　　2）检查离子交换器出口滤网的完整性。

　　3）检查内冷却水水箱和冷却器出口过滤器的沉积物状况。

　　4）检查外冷却水系统冷却器的腐蚀和黏泥附着情况。

　　（5）工业冷却水系统的检查内容：

　　1）检查塔内填料沉积物、积盐情况；支撑柱上藻类附着、水泥构件腐蚀、池底沉积物情况。

　　2）检查冷却水管道的腐蚀、生物附着、黏泥附着等情况。

　　3）检查冷却系统防腐（外加电流保护、牺牲阳极保护或防腐涂层保护）情况。

　　（6）凝结水精处理系统的检查内容：

　　1）检查前置过滤器进、出水装置和内部防腐层的完整性，检查滤芯污堵、松动或脱落情况。

　　2）检查精处理混床进、出水装置和内部防腐层的完整性，检查混床内底部树脂残留情况。

　　3）检查混床布水装置的水帽是否存在松动、损坏、脱落或树脂堵塞现象。

　　4）检查树脂捕捉器缝隙的均匀性和变化情况，采用附加标尺数码照片进行分析。

　　5）检查体外再生设备内部装置及防腐层的完整性。

　　（7）炉内加药、取样系统：

　　1）检查炉内加药设备、管路有无污堵及腐蚀泄漏等缺陷。

　　2）检查汽水取样装置（过滤器、阀门等）是否存在污堵、泄漏等缺陷。

　　（8）水箱的检查内容：

　　检查除盐水箱和凝结水补水箱防腐层及顶部密封装置的完整性，有无杂物。

三、腐蚀、结垢评价标准

（1）热力设备腐蚀评价标准用腐蚀速率或腐蚀深度表示，评价标准见表 11-1。

表 11-1　　　　　　　　　　　　热力设备腐蚀评价标准

部　位		类　别		
		一类	二类	三类
省煤器		基本没腐蚀或点蚀深度小于 0.3mm	轻微均匀腐蚀①或点蚀深度 0.3～1mm	有局部溃疡性腐蚀或点蚀深度大于 1mm
水冷壁		基本没腐蚀或点蚀深度小于 0.3mm	轻微均匀腐蚀或点蚀深度 0.3～1mm	有局部溃疡性腐蚀或点蚀深度大于 1mm
过热器再热器		基本没腐蚀或点蚀深度小于 0.3mm	轻微均匀腐蚀或点蚀深度 0.3～1mm	有局部溃疡性腐蚀或点蚀深度大于 1mm
汽轮机转子叶片、隔板		基本没腐蚀或点蚀深度小于 0.1mm	轻微均匀腐蚀或点蚀深度 0.1～0.5mm	有局部溃疡性腐蚀或点蚀深度大于 0.5mm
凝汽器管	铜管	无局部腐蚀，均匀腐蚀速率小于 0.005mm/年	均匀腐蚀速率 0.005～0.02mm/a 或点蚀深度小于或等于 0.3mm	均匀腐蚀速率大于 0.02mm/年或点蚀、沟槽深度大于 0.3mm 或已有部分管子穿孔
	不锈钢管②	无局部腐蚀，均匀腐蚀速率小于 0.005mm/年	均匀腐蚀速率 0.005～0.02mm/年或点蚀深度不大于 0.2mm	均匀腐蚀速率大于 0.02mm/年或点蚀、沟槽深度大于 0.2mm 或已有部分管子穿孔
	钛管③	无局部腐蚀，无均匀腐蚀	均匀腐蚀速率 0.0005mm～0.002mm/年或点蚀深度小于或等于 0.01mm	均匀腐蚀速率大于 0.002mm/年或点蚀深度大于 0.1mm

① 均匀腐蚀速率可用游标卡尺或显微镜测量管壁厚度的减少量除以时间得出。

② 凝汽器管为不锈钢时，如果凝汽器未发生泄漏，一般不进行抽管检查。

③ 凝汽器管为钛管时，一般不进行抽管检查。

（2）结垢、积盐评价标准用沉积速率或总沉积量或垢层厚度表示，具体评价标准见表 11-2。

表 11-2　　　　　　　　　　　　热力设备结垢、积盐评价标准

部　位	类　别		
	一类	二类	三类
省煤器①②	结垢速率④小于 40g/(m²·年)	结垢速率 40～80g/(m²·年)	结垢速率大于 80g/(m²·年)
水冷壁①②	结垢速率小于 40g/(m²·年)	结垢速率 40～80g/(m²·年)	结垢速率大于 80g/(m²·年)
汽轮机转子叶片、隔板③	沉积速率④小于 1mg/(m²·年)或沉积物总量小于 5mg/cm²	结垢、积盐速率 1～10mg/(m²·年)或沉积物总量 5～25mg/cm²	结垢、积盐速率＞10mg/(m²·年)沉积物总量大于 25mg/cm²

部 位	类 别		
	一类	二类	三类
凝汽器管③	垢层厚度小于 0.1mm 或沉积量：小于 8mg/cm²	垢层厚度 0.1～0.5mm 或沉积量 8～40mg/cm²	垢层厚度大于 0.5mm 或沉积量：大于 40mg/cm²

① 锅炉化学清洗后一年内省煤器和水冷壁割管检查评价标准：一类：结垢速率＜80g/(m²·年)，二类：结垢速率 80～120g/(m²·年)；三类：结垢速率大于 120g/(m²·年)。

② 对于省煤器、水冷壁和凝汽器的垢量均指多根样管中垢量最大的一侧（通常为向火侧、向烟侧和凝汽器管迎汽侧）。

③ 取结垢、沉积速率或沉积物总量高者进行评价。

④ 计算结垢、积盐速率所用的时间为运行时间与停用时间之和。

第二节　设备结垢、积盐和腐蚀处理措施和标准

一、运行锅炉化学清洗

（1）运行锅炉化学清洗范围、清洗工艺条件、清洗质量控制和验收应满足 DL/T 794—2012《火力发电厂锅炉化学清洗导则》的规定。

（2）锅炉化学清洗的单位应符合 DL/T 977—2013《发电厂热力设备化学清洗单位管理规定》的要求，具备相应的资质，严禁无证清洗。

（3）运行锅炉化学清洗的范围确定原则：

1）在机组 A、B 修时或 A、B 修前的最后一次检修应割取水冷壁管，测定垢量，当水冷壁管向火侧最大垢量达到表 11-3 规定的范围时，应安排化学清洗。

表 11-3　　　　　　　　　确定需要化学清洗的条件

炉 型	汽包锅炉				直流锅炉
主蒸汽压力（MPa）	5.9	5.9～12.6	12.7～15.6	＞15.6	—
垢量（g/m²）	＞600	＞400	＞300	＞250	＞200
清洗间隔年限（年）	10～15	7～12	5～10	5～10	5～10

注　垢量是指在水冷壁管垢量最大处、向火侧 180°部位割管取样测量的垢量。测定方法见 DL/T 794—2012《火力发电厂锅炉化学清洗导则》之附录 B。

2）一旦发生因结垢导致爆管或蠕胀的水冷壁管，应立即安排化学清洗。

3）当运行水质和锅炉运行出现以下异常情况时，经过技术分析可安排清洗。

a. 给水水质异常，酸性水进入或大量生水、海水进入，水冷壁可能或已经出现"氢脆"时。

b. 锅炉压差增加导致给水泵出力不能满足锅炉的要求，机组出力降低时。

c. 水冷壁金属壁温超过额定值或受热面发生明显温度偏差，超过设计值，并且无法进行调整。

4）当过热器、再热器垢量超过 400g/m²，或者发生氧化皮脱落造成爆管事故时，可考虑进行酸洗。但应有防止晶间腐蚀、应力腐蚀和沉积物堵管可靠的技术措施。

5）锅炉省煤器、水冷壁更换比例低于 30%，更换的新管道表面垢量不超过 35g/m²，可不安排化学清洗，但必须在机组启动期间进行充分的冷态和热态水冲洗；如受热面更换比例低于 30%，但更换的新管道表面垢量超过 35g/m² 时，应对新管道先进行化学清洗后再安装更换；如受热面更换比例在 30% 以上时，应对锅炉水冷系统进行整体化学清洗。更换过热器和再热器，应在安装前进行新管的除油清洗（使用中性有机除油剂）。

（4）运行锅炉化学清洗介质和工艺条件选择：

1）应该根据锅炉受热面沉积物性质，锅炉设备的构造、材质等，通过模拟试验选择合适的清洗介质和工艺条件。清洗介质的选择还应综合考虑其经济性、安全性及环保要求等因素。

2）清洗介质不能产生对机组启动及运行造成汽水品质污染的物质；用于化学清洗的药剂应有产品合格证，并通过有关药剂的质量检验。

3）加大清洗流速能加快清洗速度，但是清洗流速应控制在缓蚀剂所允许的范围内，一般清洗流速不得超过 1m/s。

4）在化学清洗时，清洗液温度不应过高，几种化学清洗方法控制的温度为。

a. 盐酸的清洗温度应控制在 45～55℃。

b. 柠檬酸的清洗温度 90～98℃。

c. EDTA 钠盐、铵盐清洗温度 130～140℃。

d. 羟基乙酸＋甲酸清洗温度 90～98℃。

5）当清洗液中 Fe^{3+} 浓度大于 300mg/L 时，应在清洗液中添加还原剂。

6）当垢中含铜量大于 5% 时，应有防止金属表面镀铜的措施。

7）奥氏体钢清洗时，选用的清洗介质、缓蚀剂、助剂和钝化剂等，应该检测并控制其易产生晶间腐蚀的敏感离子 Cl^-、F^- 和 S^{2-} 浓度，所配成清洗或钝化溶液中 $Cl^- < 0.2mg/L$，同时还应进行应力腐蚀和晶间腐蚀试验。

8）给水加氧处理后，由于省煤器和水冷壁沉积物更难彻底清洗，应该引起充分重视，必须进行模拟试验确定清洗介质和工艺条件（流速、温度、清洗时间）。

9）运行锅炉化学清洗主要清洗介质参见表 11-4。

表 11-4　　　　　　　　　　运行锅炉适用的主要化学清洗介质

清洗工艺名称	清洗介质	添加药品及条件	适用于清洗垢的种类	适用炉型及金属材料	优缺点
盐酸清洗	HCl 4%～7%	缓蚀剂 0.3%～0.4%	$CaCO_3 > 3\%$ $Fe_3O_4 > 40\%$ $SiO_2 < 5\%$	汽包炉、碳钢	清洗效果好，价格便宜，货源广废液易于处理；垢剥离量大，易产生堵塞；不能用于奥氏体钢和高合金钢
盐酸清洗清除硅酸盐垢	HCl 4%～7%	缓蚀剂 0.3%～0.4%、0.5%氟化物	$Fe_3O_4 > 40\%$ $SiO_2 < 5\%$	汽包炉、碳钢	对含硅酸盐的氧化铁垢清洗效果好，价格便宜，货源广

清洗工艺名称	清洗介质	添加药品及条件	适用于清洗垢的种类	适用炉型及金属材料	优缺点
盐酸清洗清除碳酸盐垢、硫酸盐垢和硅酸盐硬垢	HCl 4%~7%	清洗前必须用Na_3PO_4、NaOH 碱煮,酸洗液中加入缓蚀剂 0.3%~0.4%,$NH_4HF2$0.2% 或 NaF0.4% 及 $(NH_2)_2CS$0.5%(无 CuO 不加)	$CaCO_3$>3%、$CaSO_4$>3%、Fe_3O_4>40%、SiO_2>20%、CuO<5%	汽包炉碳钢及低合金钢	对坚硬的硅酸盐、氧化铁垢(CuO 含量小于 5%)有足够的清洗能力,价格便宜,货源广,清洗工艺简单,易于掌握,废液较易处理
盐酸清洗,硫脲一步除铜	HCl 4%~7%	缓蚀剂 0.3%~0.4%、$NH_4HF2$0.2% 或 NaF 0.4% 及 0.5%~0.8% $(NH_2)_2CS$,应加还原剂,保证 Fe^{3+}<300mg/L	Fe_3O_4>40%、CuO<5%	汽包炉碳钢及低合金钢	适用于 CuO 含量小于 5% 的氧化铁垢的清洗。工艺简单,效果好
氨洗除铜	$NH_3 \cdot H_2O$ 1.3%~1.5%	盐酸清洗后用1.3%~1.5% $NH_3 \cdot H_2O$ 和 0.5% $(NH_4)_2S_2O_8$ 清洗除铜	Fe_3O_4>40%、CuO<5%	碳钢及低合金钢	适用于 CuO 含量小于 5% 的氧化铁垢的清洗。清洗后除铜效果好,无镀铜现象,但工艺步骤多
柠檬酸清洗	$C_6H_8O_7$ 2%~8%	缓蚀剂 0.3%~0.4%,在 $C_6H_8O_7$ 中添加氨水调 pH 值至 3.5~4.5,温度 85~95℃,流速大于 0.3m/s;时间小于或等于 24h	Fe_3O_4>0%	汽包炉直流锅炉过热器奥氏体钢	清洗系统简单,不需对阀门采取防护措施,危险性较小。酸洗液中铁含量过高和溶液 pH 值小于 3.5,易产生柠檬酸铁沉淀,会影响酸洗效果,该介质不宜用于清洗钙镁垢和硅垢
高温 EDTA 清洗	EDTA 铵盐	缓蚀剂 0.3%~0.5%,EDTA 铵盐浓度 4%~10%,温度为 120~140℃,pH 值为 8.5~9.5	$CaCO_3$<3%、Fe_3O_4>40%、CuO<5%、SiO_2<3%	汽包炉直流锅炉奥氏体钢	清洗系统简单,时间短,清洗水量少,废液可回收;清洗钙镁盐垢 pH 值不宜太低。该工艺不宜用于铜、硅垢大于 5% 的锅炉。辅助系统复杂,配药、回收工作量大
氢氟酸开路清洗或半开半闭清洗	HF 1%~1.5%	缓蚀剂 0.3%,流速 ≥0.15m/s	Fe_3O_4>40%、SiO_2<20%	直流锅炉不适于奥氏体钢	对氧化铁垢溶解能力强,反应速度快,清洗时间短。但酸液烟雾大,有强刺激性。废液处理较麻烦,应备有专门的技术和设施

清洗工艺名称	清洗介质	添加药品及条件	适用于清洗垢的种类	适用炉型及金属材料	优缺点
羟基乙酸、羟基乙酸＋甲酸或柠檬酸清洗	羟基乙酸2%～4%、羟基乙酸2%～4%＋甲酸或柠檬酸1%～2%	缓蚀剂 0.2%～0.4%，温度为85～95℃，流速为0.3m～0.6m/s，时间不超过24h	$Fe_3O_4>40\%$ $CaCO_3>3\%$ $CaSO_4>3\%$ $Ca_3(PO_4)_2>3\%$ $MgCO_3>3\%$ $Mg(OH)_2>3\%$ $SiO_2<5\%$	奥氏体钢含铬材料的锅炉及过热器再热器	羟基乙酸是腐蚀性低、不易燃，无臭，毒性小，生物分解性强，水溶性高，几乎不挥发的有机物清洗时不会产生有机酸铁的沉淀，废液易于处理。因此，用途广泛，使用操作方便。当锈垢占比重大时，混酸清洗效果会更佳注意甲酸有强刺激性
氨基磺酸清洗	NH_2SO_3H 5%～10%	缓蚀剂0.2%～0.4%，温度为50～60℃	$CaSO_4>3\%$ $CaCO_3>3\%$ $Ca_3(PO_4)_2>3\%$ $MgCO_3>3\%$ $Fe_3O_4>40\%$	碳钢、不锈钢（非敏化状态）	氨基磺酸具有不挥发、无臭味和对人体毒性小，对金属腐蚀量小运输、存放方便的特点。对 Ca、Mg 垢溶解速度快，对铁的化合物作用慢，可添加一些助剂，从而有效地溶解铁垢

(5) 运行锅炉化学清洗质量控制及标准：

1) 清洗后的金属表面应清洁，基本上无残留氧化物和焊渣，不应出现二次锈蚀和点蚀，不应有镀铜现象。

2) 用腐蚀指示片测量的金属平均腐蚀速度应小于$8g/(m^2 \cdot h)$，腐蚀总量应小于$80g/m^2$，测量方法见 DL/T 794—2012《火力发电厂锅炉化学清洗导则》附录 F。

3) 运行炉的除垢率不小于90%为合格，除垢率不小于95%为优良，测量方法见 DL/T 794—2012《火力发电厂锅炉化学清洗导则》附录 F。

4) 清洗后的设备内表面应形成良好的钝化保护膜。

5) 固定设备上的阀门、仪表等不应受到腐蚀损伤。

(6) 化学清洗废液的处理标准：

1) 锅炉清洗废液的排放应符合 GB 8978—1996《污水综合排放标准》和地方环保标准的规定，GB 8978—1996《污水综合排放标准》的主要指标和最高允许排放浓度表11-5。

2) 严禁排放未经处理的酸、碱废液及其他有害废液，不得采用渗坑、渗井和漫流方式排放。

表 11-5 　　　　GB 8978—1996《污水综合排放标准》（第二类污染物最
高容许排放浓度）的主要排放指标

污　染　物	最高容许排放浓度		
	一级标准	二级标准	三级标准
pH 值	6～9	6～9	6～9
悬浮物（SS）	70	150	400
化学需氧量（重铬酸钾法）	100	150	500
氟化物	10	10	20（用氟离子计测定）
油	5	10	20

二、高压加热器化学清洗要求

（1）应根据高压加热器的端差，结垢和腐蚀检查结果等情况，确定高压加热器是否需要进行化学清洗。应根据垢的成分，高压加热器的构造、材质等，通过试验确定化学清洗介质及参数。所选择的清洗介质在保证清洗及缓蚀效果的前提下，应综合考虑其经济性及环保要求等因素。

（2）高压加热器宜单独进行化学清洗。如果要和锅炉一起进行，需要充分考虑高压加热器的垢量和清洗介质，避免对高压加热器垢量估计不足，造成高压加热器清洗不彻底、高压加热器垢转移问题，这一点在使用柠檬酸清洗时尤为重要。高压加热器清洗应该由具有DL/T 977—2013《发电厂热力设备化学清洗单位管理规定》规定的相应清洗资质、并有清洗经验单位承担。

三、凝汽器化学清洗技术标准

（1）当运行机组凝汽器结垢导致端差超过运行规定值或端差大于 8℃、水侧垢厚度大于0.3mm 或存在严重沉积物下腐蚀时，应进行化学清洗。凝汽器管沉积污泥可用高压水冲洗或其他的方法进行冲洗、清理，薄壁钛管不宜采用高压水进行冲洗。

（2）凝汽器化学清洗应按 DL/T 957—2017《火力发电厂凝汽器化学清洗及成膜导则》标准执行。

（3）根据垢的成分、凝汽器设备的构造、材质，通过小型试验，并综合考虑经济、环保因素，确定合理的清洗介质和工艺条件。凝汽器清洗介质和工艺条件见表 11-6。

表 11-6 　　　　　　　　　凝汽器清洗介质和工艺条件

序号	工艺名称	工艺条件	适用垢的主要种类	凝汽器材质	优缺点
1	盐酸清洗	HCl：2%～5% 缓蚀剂：0.2%～0.5% 温度：常温 消泡剂适量 还原剂适量	碳酸盐为主的垢 碳膜 铜的腐蚀产物	铜及铜合金	清洗效果好，价格便宜，货源广、废液易于处理。对奥氏体不锈钢，清洗前要做金相试验合格后方可使用
2	氨基磺酸	NH₂SO₃H：3%～10% 缓蚀剂：0.2%～0.5% 温度：30～60℃ 消泡剂适量	碳酸盐、磷酸盐为主的垢	铜及铜合金 奥氏体不锈钢 铁素体不锈钢 钛及钛合金	氨基磺酸具有不挥发、无臭味、对人体毒性小，对金属腐蚀量小、运输、存放方便的特点。对 Ca、Mg 垢溶垢速度快，对铁的化合物作用慢可添加一些助剂，从而有效地溶解铁垢

序号	工艺名称	工艺条件	适用垢的主要种类	凝汽器材质	优缺点
3	碱	Na$_2$CO$_3$：0.5%～2% Na$_3$PO$_4$：0.5%～2% NaOH：0.5%～2% 温度：≤60℃ 时间：4～8h 乳化剂适量	油脂 黏泥 硫酸盐垢转型	铜及铜合金 奥氏体不锈钢 铁素体不锈钢钛及钛合金	除油脱脂，成本低，加热要求高
4	除油剂	除油剂浓度及清洗时间根据厂家要求确定，温度小于或等于50℃	油脂	铜及铜合金 奥氏体不锈钢 铁素体不锈钢钛及钛合金	除油脱脂，造价高

四、锅炉受热面和汽轮机通流积盐的清洗

1. 机组紧急停机后清洗

（1）海水冷却凝汽器发生严重泄漏，已经紧急停机，但海水漏入热力系统导致严重污染，停机后应进行热力系统彻底清洗。

（2）参考清洗方法如下：

1）锅炉停炉后，打开热力系统所有疏放水门，放尽热力系统所有积水。

2）凝汽器汽侧灌水查漏，并进行冲洗至钠离子含量小于 10μg/L。

3）用加氨调整 pH 值大于 10 的除盐水对炉前低压、高压给水系统进行彻底分段冲洗至给水氢电导率小于 0.5μS/cm。

4）锅炉省煤器、水冷壁上水冲洗至锅炉分离器，氢电导率小于 0.5μS/cm，钠离子含量小于 10μg/L。

5）对有积盐的过热器和再热器，可采用加氨调整 pH 值大于 10.5 的除盐水进行冲洗，冲洗时应采取措施防止气塞，确保过热器和再热器冲通，冲洗时要监督出水 pH、钠离子含量、氢电导率，直至主蒸汽和再热蒸汽水样氢电导率小于 0.50μS/cm，钠离子含量小于 10μg/L。

6）高、低压加热器汽侧采用灌水方法进行冲洗，给水泵汽轮机采用临机辅助蒸汽（湿）进行冲洗。

7）汽轮机按以下方法采用开缸或不开缸方法进行清洗：

a. 汽轮机通流部分严重结盐，开缸清洗应采用加氨调整 pH 值大于 10.5 的除盐水进行高压（水压 30～80MPa）水冲洗，并检测清洗后表面的钠离子含量。

b. 汽轮机不开缸，可通过汽轮机本体疏水管灌水（加氨调整 pH 值大于 11）至中轴，维持汽轮机盘车，进行冲洗，直至排水钠离子含量小于 50μg/L。

8）机组启动时，严格按程序进行冲洗，同时投运凝结水精处理装置净化凝结水，并在锅炉升压、汽轮机冲转时加强疏水以对过热器、再热器和汽轮机进行冲洗。

2. 汽轮机大修时清洗

（1）对于沉积盐垢的汽轮机，通流部件应优先选用加氨除盐水（pH 值大于 10.5）进行高压冲洗（冲洗压力 30～80MPa），如果无法方便加氨，应使用运行机组的凝结水。

（2）如果汽轮机通流部件沉积盐垢以腐蚀产物为主，非常坚硬，需要采用喷砂方法清洗，应该使用加氨除盐水或凝结水，不应使用工业水或消防水冲洗汽轮机通流部件。

第十二章

化学仪器仪表验收和检验技术标准

🏭 第一节 一 般 要 求

（1）高参数、大容量的机组水汽品质应主要依靠在线化学仪表进行监督。

（2）应高度重视在线化学仪表的监督管理，宜实施化学仪表实验室计量确认工作，确保在线化学仪表的配备率、投入率、准确率。

（3）公司应根据在线化学仪表配备情况和 DL/T 677—2018《发电厂在线化学仪表检验规程》相关要求制订在线化学仪表维护和校验制度。

（4）公司应配备专职的在线化学仪表维护校验人员，在线化学仪表维护校验人员应参加电力行业相应培训，并取得上岗证。

（5）所有在线化学仪表信号应远传至化学监控计算机，主要水汽品质如凝结水氢电导率和钠含量、给水氢电导率和 pH 值、炉水电导率和 pH 值、主蒸汽氢电导率和钠含量还宜送至主控，并设置报警。化学监控计算机应能即时显示，自动记录、报警、储存水汽品质参数，宜自动生成日报、月报。

（6）公司应定期开展在线化学仪表校验工作或委托有资质单位对在线电导率表、pH 值表、溶解氧表、钠表和硅表进行校验。

🏭 第二节 水质分析仪器质量验收和技术要求

（1）实验室和在线电导率表、pH 值表、钠表、溶解氧表、硅表应按 DL/T 913—2005《火电厂水质分析仪器质量验收导则》相关规定进行验收，其他仪器参考 DL/T 913—2005《火电厂水质分析仪器质量验收导则》以及合同要求进行验收。

（2）新购置水分析仪器的质量验收程序如图 12-1 所示。

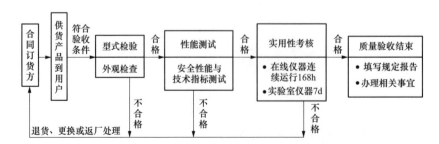

图 12-1 新购置水质分析仪器质量检查验收操作程序

（3）水质分析仪器应按表 12-1 的要求进行安全性能测试，按表 12-2 的要求进行实用性考核。

表 12-1   **分析仪器安全性能测试项目与技术要求**

测 试 项 目	技 术 要 求
绝缘电阻	$1000V/20M\Omega$
耐压试验	$2000V$ $50Hz/1min$，无击穿、无飞弧

表 12-2   **实用性考核时间与技术要求**

分析仪器形式	考核时间	技术要求
在线式工业分析仪器	连续运行 168h	不同性质的异常次数小于或等于 2 次且无故障发生
离线式实验室分析仪器	7 天，每天开机时间不少于 6h	

（4）在线化学仪表应按 DL/T 677—2018《发电厂在线化学仪表检验规程》的规定进行检验，在线仪表投入率和主要准确率应符合表 12-3 规定。

表 12-3   **在线仪表投入率和主要准确率技术要求**   （％）

投 入 率	准 确 率
≥98	≥96

（5）主要在线化学仪表包括：凝结水、给水、蒸汽氢电导率表；给水 pH 值表；补给水除盐设备出口、发电机内冷水电导率表；凝结水精除盐出口电导率表或氢电导率表；凝结水、给水溶解氧表；发电机在线湿度和纯度表。

（6）水质分析仪器实验室的工作环境条件应符合规定指标见表 12-4。

表 12-4   **水质分析仪器实验室工作环境**

序 号	项 目	指 标
1	环境温度	20℃±2℃
2	环境湿度	80%RH
3	振动幅度	5μm（规定值），2μm（理想值）
4	工作电压	220（1+7%～10%）V
5	电网频率	50Hz±0.5Hz
6	室内通风良好、无腐蚀性气体、无强电磁场干扰	

（7）当室内工作环境无法满足表 12-4 的要求时，应提供测试证明或验证报告，以说明环境影响值和构成检验误差的各种因素的控制情况。

（8）进入和使用会影响工作质量的区域，实验室应有明确的限制和控制措施。根据需要，实验室应对环境条件进监测、控制、记录，应保留其有关设备监控记录。

（9）煤质检验实验室的检测环境及设施技术要求应符合 DL/T 520—2007《火力发电厂入厂煤检测实验室技术导则》的相关规定。

🏭 第三节　化学在线仪表的校验和检定

一、在线电导率表

（1）在线电导率表检验项目、性能指标和检验周期应符合表 2-43 中整机配套检验的规定，当整机检验不合格时，再进行其他项目的检验见表 12-5。

表 12-5 电导率表检验项目与技术要求

项 目		要求	检验周期		
			运行中	检修后	新购置
整机配套检验	引用误差 δ_Z（%，满量程）	±1	1次/1个月①	√	√
	工作误差 δ_G（%，满量程）	±10	1次/1个月①	√	√
二次仪表	温度补偿附加误差 δ_t（$\times 10^{-3}$℃$^{-1}$）	±0.3	根据需要②	√	√
	引用误差 δ_Y（%，满量程）	±0.3	根据需要②	—	√
电极常数误差 δ_D（%）		±1	根据需要②	—	√
交换柱附加误差 δ_J（%）		±3	根据需要②	—	√
温度测量误差 Δ_t（℃）		±0.5	根据需要②	—	√

① 对于连续 3 个检验周期检验合格的在线电导率表，检验周期可放宽到 3 个月。

② 当整机工作误差检验不合格时，进行该项目的检验。

（2）检验工作条件应符合规定见表 12-6。

表 12-6 在线电导率表检验条件

项 目		规范与要求
水样条件	温度	5～50℃
	流量	仪表制造厂要求的流量

二、在线 pH 表

（1）在线 pH 表检验项目、性能指标和检验周期应符合的规定见表 12-7，电极的检验项目与技术要求应符合的规定表 12-8。

（2）进行 pH 表整机示值误差项目检验时，水样的选择应在 pH 值为 3～10 的范围内进行。

（3）对于测量水样电导率不大于 100μS/cm 的在线 pH 表，应采用水样流动检验法进行整机工作误差的在线检验；对于测量水样电导率值大于 100μS/cm 的在线 pH 表，应优先选择水样流动检验法进行整机工作误差的在线检验，也可采用标准溶液检验法进行离线整机示值误差检验。

表 12-7 pH 表二次仪表及电极检验项目、技术要求与检验周期

项 目		要 求	检 验 周 期		
			运行中	检修后	新购置
示值误差		±0.03	根据需要①	—	√
输入阻抗引起的示值误差		±0.01	根据需要①	—	√
温度测量误差 Δt（℃）		±0.5	根据需要①	—	√
参比电极检验	参比电极内阻（kΩ）	≤10	根据需要①	—	—
	电极电位稳定性	在±2mV/8h 之内	根据需要①	—	—
玻璃电极检验	玻璃电极内阻（MΩ）	5～20（低阻）；100～250（高阻）	根据需要①	—	—
	百分理论斜率（%）	≥90%	根据需要①	—	—

① 当发现仪表整机工作误差或仪表整机示值误差超标时进行检验。

（4）检验条件应符合表 12-8 的规定。

表 12-8 pH 表检验工作条件

项 目		规范与要求
水样条件	温度	5~50℃
	流量	仪表制造厂要求的流量

三、在线钠表

（1）在线钠表检验项目、技术要求和检验周期应符合表 12-9 的规定。

（2）当整机检验结果不合格时，进行表 12-10 所示二次仪表的检验。

（3）在线钠表检验条件应符合表 12-11 的规定。

表 12-9 钠表检验项目与技术要求

项 目		要 求	检验周期		
			运行中	检修后	新购置
整机检验[1]	工作误差 δ_G（%）	±10	1 次/3 个月[2]	√	√
	引用误差 δ_Y（%）	<10	1 次/3 个月[2]	√	√
	示值重复性（S）	<0.05	根据需要[3]	—	√

[1] 应根据 DL/T 677—2018《发电厂在线化学仪表检验规程》中 7.4.1 规定的整机检验原则进行工作误差或引用误差的检验。

[2] 当发现仪表结果可疑时，随时进行检验。

[3] 当发现仪表读数不稳定时进行检验。

表 12-10 钠表检验项目与技术要求

项 目		要 求	检验周期		
			运行中	检修后	新购置
二次仪表	示值误差 ΔC（μg/L）	±1	根据需要[1]	—	√

[1] 当发现仪表整机检验误差超标时，随时进行检验。

表 12-11 钠表检验条件

项 目		规范与要求
水样条件	温度	5~50℃
	流量	仪表制造厂要求的流量

四、在线溶解氧表

（1）在线溶解氧表检验项目、性能指标和检验周期应符合表 12-12 的规定，当整机检验不合格时，再进行其他项目检验。

（2）检验条件应符合表 12-13 的规定。

五、在线硅表

在线硅表检验项目、性能指标和检验周期应符合表 12-14 的规定，检验条件应符合表 12-15 的规定。

表 12-12 在线溶解氧表检验项目与技术要求

项　目		要　求	检 验 周 期		
			运行中	检修后	新购置
整机检验[①]	工作误差 δ_G（$\mu g/L$）	被检表测量水样氧浓度大于 $10\mu g/L$	±3	1 次/1 个月[②]	√	√
		被检表测量水样氧浓度小于或等于 $10\mu g/L$	±1	1 次/1 个月[②]	√	√
	引用误差 δ_Z（%）		±10	1 次/1 个月[②]	√	√
零点误差 δ_O（$\mu g/L$）			<1	根据需要[③]	—	√
温度影响附加误差 δ_T（$\times 10^{-2}$/℃）			±1	根据需要[③]	—	√
流路泄漏附加误差 δ_L（%）			<1.0	根据需要[③]	√	√

① 应根据 DL/T 677—2018《发电厂在线化学仪表检验规程》中 8.4.1 规定的整机检验原则进行工作误差或引用误差的检验。

② 对于连续 3 个检验周期检验合格的在线溶氧表，检验周期可放宽到 3 个月。

③ 当发现仪表工作误差或引用误差超标时随时进行检验。

表 12-13 在线溶解氧表检验条件

项　目		规范与要求
水样条件	温度	5~50℃
	流量	仪表制造厂要求的流量

表 12-14 硅表检验项目与技术要求

项　目		要　求	检 验 周 期		
			运行中	检修后	新购置
整机配套检验	整机引用误差 δ_Z（%，满量程）		<1.0	1 次/1 个月	√	√
	重复性 δ_C（%，满量程）		<0.5	1 次/12 个月[①]	—	√
抗磷酸盐干扰性能[②]			在磷酸盐含量为 5mg/L 时产生的正向误差小于或等于 $2\mu g/L$；在 30mg/L 时，误差小于或等于 $4\mu g/L$		

① 当发现仪表读数不稳定时进行检验。

② 测量炉水的硅表检验抗磷酸盐干扰性能。

表 12-15 硅表检验条件

项　目		规范与要求
水样条件	温度	5~50℃
	流量	仪表制造厂要求的流量

六、在线露点仪

（1）在线露点仪应按 JJG 499—2004《精密露点仪检定规程》规定进行检定，检定周期一般不超过 1 年。

（2）露点仪按其最大误差分为一级和二级。露点仪的示值误差为仪器测量的平均值与计量检定值之差，露点仪在露点温度−70～+40℃之间的最大误差应符合表 12-16 的要求。

表 12-16　　　　　　　　　　　　精确度等级、最大允许误差的要求

露点温度范围（℃）	−70～−50	−50～−20	−20～+40
一级（最大允许误差）	0.3	0.2	0.15
二级（最大允许误差）	0.6	0.4	0.3

（3）露点仪检定项目应符合表 12-17 的规定。

表 12-17　　　　　　　　　　　　检定项目

检定项目	首次检定	后续检定	使用中检验
外观检查	√	√	√
示值误差检定	√	√	√

注　"√"表示需要检定的项目。

（4）检验条件应符合下列要求：

1）环境温度：

a. 露点测量室和采取系统的温度应高于待测气体的露/霜点温度，当测量的露/霜点温度高于环境温度时，所有测量管路应加热，使其至少高于露/霜点温度 3℃。用自来水或循环冷却液来冷却电制冷器的散热器热端时，冷却液的温度和流量应相对恒定。使用风冷时，环境温度应相对恒定。

b. 主机工作的环境温度应在 5～35℃之间，有特殊要求者，应按其要求确定是否在恒温条件下检定。

2）测量室压力：

a. 当露点测量室出气端向大气放空时，露点测量室内的压力等于大气压。

b. 当露点测量室内样气压力的波动超过 200Pa/h 时，不能进行检定。

c. 当露点测量室内样气压力与标准大气压（101 325 Pa）的偏离值虽超过±200Pa，但相对稳定（波动小于 200Pa/h）时，可用计算的方法对检定结果加以修正（已配置了自动压力修正系统的仪器外）。

3）环境湿度：主机应在 10％～85％RH 之间使用。

4）电源：按仪器的要求供电，当电源电压超过额定值的±10％，应采取稳压措施。

第十三章

水处理材料和化学药品技术标准

第一节 水处理主要设备及材料的技术标准

一、反渗透装置验收标准

（1）反渗透水处理装置的验收应按照订货合同逐套进行。订货合同中没有明确规定的项目，按照 DL/T 951—2019《火电厂反渗透处理装置验收导则》标准进行检验和验收。检验和验收分为出厂检验、交货验收和性能试验三部分。反渗透装置处理装置的性能参数见表 13-1。

（2）反渗透处理装置的性能试验应在设备完成全部调试内容后进行，应在额定出力条件下运行 168h。

表 13-1　　　　　　　　　　　　　反渗透本体的性能参数

序号	项　　目	常规（苦咸水脱盐）反渗透	海水淡化反渗透
1	脱盐率	满足合同要求，一般第一年不小于 98％	满足合同要求，一般第一年不小于 98％
2	回收率	满足合同要求，一般不小于 75％	满足合同要求，一般不小于 40％
3	运行压力	满足设计要求，初始运行进水压力一般不大于 1.5MPa	满足设计要求，一般不大于 6.9MPa
4	能量回收装置	—	能量回收率一般不小于 65％
5	产水量	满足相应水温条件下的合同要求	
6	仪表	正确指示，精度达到合同要求	
7	联锁与保护	满足合同要求	
8	阀门	开关灵活，阀位状态指示正确；电动阀电机运转平稳，振动和噪声等指标满足电动阀技术要求	

注　用于废水处理时，根据具体水质情况来定，按照订货合同验收。

二、超滤水处理装置验收标准

（1）超滤水处理装置的验收应按照订货合同逐套进行。订货合同中没有明确规定的项目，按照 DL/T 952—2013《火力发电厂超滤水处理装置验收导则》标准进行检验和验收。检验和验收分为出厂检验、交货验收和性能试验三部分。超滤水处理装置的性能参数见表 13-2。

表 13-2   超滤水处理装置的性能参数

序号	项　目	要　　求
1	平均水回收率	达到合同要求，一般大于或等于 90%
2	产水量	额定压力时，达到相应水温条件下的设计值
3	透膜压差	满足合同要求
4	化学清洗周期	符合合同值，不小于 30 天
5	制水周期	符合合同值
6	反洗时间	符合合同值

（2）超滤水处理装置出水水质参考指标见表 13-3。超滤水处理装置的性能试验应在设备完成全部调试内容后进行，应在额定出力条件下运行 168h。

表 13-3   超滤水处理装置出水水质参考指标

序号	项　目	指　标
1	SDI15 值	<3
2	浊度	<0.4NTU
3	悬浮物	<1mg/L

注　浊度测试方法按 GB/T 15893.1—2014《工业循环冷却水中浊度的测定　散射光法》执行，悬浮物测试方法按 GB
　　11901—1989《水质 悬浮物的测定　重量法》执行。

三、离子交换树脂验收标准

（1）离子交换树脂验收应按 DL/T 519—2014《发电厂水处理用离子交换树脂验收标准》的要求进行。离子交换树脂取样按 GB/T 5475—2013《离子交换树脂取样方法》中规定的方法进行。树脂生产厂以每釜为一批取样，用户已收到的树脂每五批（或不足五批）为一个取样单元。每个取样单元中，任取 10 包（件），单独计量，其总量不应小于铭牌规定的 10 包（件）量的和。若包装件中有游离水分，应除去游离水分后计量。每包装件必须有树脂生产厂质量检验部门的合格证。

（2）发电厂按 DL/T 519—2014《发电厂水处理用离子交换树脂验收标准》标准的规定项目对收到的树脂产品进行检验，并将部分样品封存以备复验。若需复验，应在收到树脂产品三个月内向树脂生产厂提出。检验结果有某项技术指标不符合本验收标准的要求时，应重新自该取样单元中两倍的包装件中取样复验，并以复验结果为准。

（3）若发电厂对所定购离子交换树脂的技术要求超出 DL/T 519—2014《发电厂水处理用离子交换树脂验收标准》规定时，应按供货合同要求进行验收。供需双方对树脂产品的质量有异议时，由供需双方协商解决或由法定质量检测部门进行仲裁。

四、滤料的采用及其验收标准

（1）滤料的选择滤料应符合设计要求，如设计未作规定时，可根据滤料的化学稳定性和机械强度进行选择。一般要求如下：

1）凝聚处理后的水，可采用石英砂。

2）石灰处理后的水，可采用大理石、无烟煤。

3）镁剂除硅后的水，宜采用白云石或无烟煤。

4）磷酸盐、食盐过滤器的滤料，宜采用无烟煤。

5）离子交换器、活性炭过滤器底部的垫层，应采用石英砂。

（2）滤料的验收。

1）过滤器的滤料验收应满足 DL 5190.6—2019《电力建设施工技术规范 第6部分：水处理和制（供）氢设备及系统》要求。

2）对石英砂和无烟煤应进行酸性、碱性和中性溶液的化学稳定性试验。

3）对大理石和白云石应进行碱性和中性溶液的化学稳定性试验。滤料浸泡 24h 后，应分别符合以下要求：

a. 全固形物的增加量不超过 20mg/L。

b. 二氧化硅的增加量不超过 2mg/L。

4）用于离子交换器、活性炭过滤器垫层的石英砂，应符合以下要求：

a. 纯度：二氧化硅不低于 99%。

b. 化学稳定性试验合格。

5）过滤材料的组成应符合制造厂或设计要求，如未作规定时，一般应采用表 13-4 的规定。

6）过滤器填充滤料前，应做滤料粒度均匀性的试验，并应达到有关标准。

表 13-4 过滤材料粒度表

序 号	类 别		粒径（mm）	不均匀系数
1	单层滤料	石英砂	$d_{min}=0.5$ $d_{max}=1.0$	2.0
		大理石	$d_{min}=0.5$ $d_{max}=1.0$	
		白云石	$d_{min}=0.5$ $d_{max}=1.0$	
		无烟煤	$d_{min}=0.5$ $d_{max}=1.5$	
2	双层滤料	无烟煤	$d_{min}=0.8$ $d_{max}=1.8$	2～3
		石英砂	$d_{min}=0.5$ $d_{max}=1.2$	

五、活性炭验收标准

（1）水处理用活性炭的验收按照 DL/T 582—2016《发电厂水处理用活性炭使用导则》要求执行。

（2）活性炭的取样满足 GB/T 13803.4—1999《针剂用活性炭》要求。活性炭的物理性能指标的检验，按 DL/T 582—2016《发电厂水处理用活性炭使用导则》第 4.2.1 条所列试验方法进行活性炭物理性能指标检验，结果应符合 DL/T 582—2016《发电厂水处理用活性炭使用导则》第 4.2.1 条中规定。

（3）对吸附有机物的活性炭，当多样品选择时，应选择脱色率高者，也可通过测量活性炭对腐殖酸、富里酸、木质素和丹宁等有机物的吸附等温线和吸附速度进行对比选择活性炭，试验方法见 DL/T 582—2016《发电厂水处理用活性炭使用导则》附录 C。还可将待选活性炭在实际使用水质条件下进行对比试验选择，试验方法参见 DL/T 582—2016《发电厂水处理用活性炭使用导则》附录 D 或附录 E。

（4）对吸附余氯的活性炭，当多样品选择时，选择碘值高者，也可通过测定活性炭对余氯的吸附容量（吸附等温线）和吸附速度进行对比选择活性炭，试验方法参见 DL/T 582—

2016《发电厂水处理用活性炭使用导则》附录 F。

第二节　水处理用药剂的技术要求

水处理药剂应按水处理工艺的技术要求进行采购，项目公司应制定《大宗化学药品管理制度》以规范水处理药剂的管理，逐批进行质量验收，宜进行化学药剂纯度及其杂质含量的分析。

水处理和凝结水精处理用化学药剂包括：盐酸、氢氧化钠、硫酸、阻垢剂、还原剂、凝聚剂、缓蚀剂、杀菌剂等药剂；炉内处理用化学药剂包括：氨、磷酸钠、氢氧化钠等药剂。

（1）盐酸标准及验收项目应满足 GB 320—2006《工业用合成盐酸》，见表 13-5。按照 DL/T 422—2015《火电厂用工业合成盐酸的试验方法》要求处理混床再生用酸应符合优等品指标；其他水处理系统使用的酸应符合合格品及以上的指标。

表 13-5　　　　　　　　　　盐酸标准及验收项目　　　　　　　　　　（%）

序号	项　　目	优等品	一等品	合格品
1	总酸度（以 HCl 计）的质量分数		≥31.0	
2	铁（以 Fe 计）的质量分数	≤0.002	≤0.008	≤0.01
3	灼烧残渣的质量分数	≤0.05	≤0.10	≤0.15
4	游离氯（以 Cl 计）的质量分数	≤0.004	≤0.008	≤0.01
5	砷的质量分数		≤0.0001	
6	硫酸盐（以 SO_4 计）的质量分数	≤0.005	≤0.03	—

（2）电厂用工业液体氢氧化钠指标应符合 DL/T 425—2015《火电厂用工业氢氧化钠试验方法》给出的指标要求，见表 13-6。符合本标准的工业氢氧化钠，可用于发电厂水处理系统阴离子交换器的再生，精处理系统再生使用的氢氧化钠应符合 GB/T 11199—2006《高纯氢氧化钠》中优等品指标要求或用离子交换膜法生产的氢氧化钠优等品指标要求，见表 13-7。

表 13-6　　　　　　　电厂用离子交换膜法氢氧化钠产品指标

项　　目	离子交换膜法生产的液体氢氧化钠					
	I			II		
	优等品	一等品	合格品	优等品	一等品	合格品
氢氧化钠（以 NaOH 计）质量分数	≥45.0			≥30.0		
碳酸钠（以 Na_2CO_3 计）质量分数	≤0.2	≤0.4	≤0.6	≤0.1	≤0.2	≤0.4
氯化钠（以 NaCl 计）质量分数	≤0.02	≤0.03	≤0.05	≤0.005	≤0.008	≤0.01
三氧化铁（以 Fe_2O_3 计）质量分数	≤0.002	≤0.003	≤0.005	≤0.0006	≤0.0008	≤0.001

（3）硫酸标准及验收项目应满足 GB 534—2014《工业硫酸》，见表 13-8。按照 DL/T 424—2016《火电厂用工业硫酸试验方法》要求处理水处理阳树脂再生用酸应符合一等品及以上指标。

表 13-7 氢氧化钠标准及验收项目 （%）

项 目	型 号 规 格							
	HS		H					
	I		I		II		III	
	指标							
	优等	一等	优等	一等	优等	一等	优等	一等
氢氧化钠（以 NaOH 计）	≥99.0	≥99.5	≥45.0		≥32.0		≥30.0	
碳酸钠（以 Na_2CO_3 计）	≤0.5	≤0.8	≤0.1	≤0.2	≤0.04	≤0.06	≤0.04	≤0.06
氯化钠（以 NaCl 计）	≤0.02	≤0.04	≤0.008	≤0.01	≤0.004	≤0.007	≤0.004	≤0.007
三氧化二铁（以 Fe_2O_3 计）	≤0.002	≤0.004	≤0.000 8	≤0.001	≤0.000 3	≤0.000 5	≤0.000 3	≤0.000 5
二氧化硅（以 SiO_2 计）	≤0.008	≤0.010	≤0.002	≤0.003	≤0.001 5	≤0.003	≤0.001 5	≤0.003
氯酸钠（以 $NaClO_3$ 计）	≤0.005	≤0.005	≤0.001	≤0.003	≤0.001	≤0.002	≤0.001	≤0.002
硫酸钠（以 Na_2SO_4 计）	≤0.01	≤0.02	≤0.002	≤0.004	≤0.001	≤0.002	≤0.001	≤0.002
三氧化二铝（以 Al_2O_3 计）	≤0.004	≤0.005	≤0.001	≤0.002	≤0.000 4	≤0.000 6	≤0.000 4	≤0.000 6
氧化钙（以 CaO 计）	≤0.001	≤0.003	≤0.000 3	≤0.000 8	≤0.000 1	≤0.000 5	≤0.000 1	≤0.000 5

表 13-8 硫酸标准及验收项目 （%）

序号	项 目	浓 硫 酸		
		优等品	一等品	合格品
1	硫酸（以 H_2SO_4 计）的质量分数	≥92.5 或 98.0		
2	灰分的质量分数	≤0.02	≤0.03	0.10
3	铁（以 Fe 计）的质量分数	≤0.005	≤0.010	—
4	砷（以 As 计）的质量分数	≤0.000 1	≤0.005 0	—
5	汞（以 Hg 计）的质量分数	≤0.001	≤0.010	
6	铅（以 Pb 计）的质量分数	≤0.005	≤0.020	
7	透明度（mm）	≥80	≥50	
8	色度（mL）	≤2.0	≤2.0	

（4）循环水用阻垢缓蚀剂标准及验收项目应满足 DL/T 806—2013《火力发电厂循环水用阻垢缓蚀剂》，见表 13-9。

表 13-9 循环水用阻垢缓蚀剂标准及验收项目 （%）

序号	指 标 名 称	指 标		
		A 类	B 类	C 类
1	唑类（以 $C_6H_4NHN_2$ N 计）	—	≥1.0	≥3.0
2	磷酸盐（以 PO_4^{3-} 计）含量	≤20.0		
3	亚磷酸盐（以 PO_3^{3-} 计）含量	≤1.0		
4	正磷酸盐（以 PO_4^{3-} 计）含量	≤0.5		
5	固含量	≥32.0		

序号	指标名称	指标		
		A类	B类	C类
6	密度（20℃，g/cm³）	≥1.15		
7	pH值（1%水溶液）	3±1.5		

注 1. A类阻垢缓蚀剂可用于不锈钢管、钛管循环冷却水处理系统，也可用于碳钢管冲灰水系统；B类阻垢缓蚀剂可用于铜管循环冷却水处理系统；C类阻垢缓蚀剂可用于要求有较高唑类含量的铜管循环冷却水处理系统。

2. 磷酸盐含量大于 6.8% 为含磷阻垢剂；磷酸盐含量 2.0%～6.8% 为低磷阻垢剂；磷酸盐含量低于 2.0% 为无磷阻垢剂，需要时可参照 GB/T 20778—2006《水处理剂可生物降解性能评价方法－CO₂ 生成量法》对阻垢缓蚀剂的生物降解性进行分析。

（5）聚合硫酸铁剂标准及验收项目应满足 GB/T 14591—2016《水处理剂 聚合硫酸铁》，见表 13-10。

表 13-10　　　　　　　　　　　　　聚合硫酸铁剂标准及验收项目

项目	指标			
	一等品		合格品	
	液体	固体	液体	固体
全铁的质量分数 w_1（%）	≥11.0	≥19.5	≥11.0	≥19.5
还原性物质（以 Fe^{2+} 计）的质量分数 w_2（%）	≤0.10	≤0.15	≤0.10	≤0.15
盐基度 w_3（%）	8.0～16.0		5.0～20.0	
pH 值（10g/L 水溶液）	1.5～3.0			
密度（20℃，g/cm³）	≥1.45	—	≥1.45	—
不溶物的质量分数 w_4（%）	≤0.2	≤0.4	≤0.3	≤0.6
砷（As）的质量分数 w_5（%）	≤0.000 1	≤0.000 2	≤0.000 5	≤0.001
铅（Pb）的质量分数 w_6（%）	≤0.000 2	≤0.000 4	≤0.001	≤0.002
镉（Cd）的质量分数 w_7（%）	≤0.000 05	≤0.000 1	≤0.000 25	≤0.0005
汞（Hg）的质量分数 w_8（%）	≤0.000 01	≤0.000 02	≤0.000 05	≤0.000 1
铬（Cr）的质量分数 w_9（%）	≤0.000 5	≤0.001	≤0.002 5	≤0.005
锌（Zn）的质量分数 w_{10}（%）	—		≤0.005	≤0.01
镍（Ni）的质量分数 w_{11}（%）	—		≤0.005	≤0.01

注 本产品一等品用于生活饮用水处理时，应符合《生活饮用水化学处理剂卫生安全评价规范》及相关法律法规要求。

（6）氨水的标准及验收项目应满足 GB/T 631—2007《化学试剂 氨水》，见表 13-11。

表 13-11　　　　　　　　　　　　　氨水的标准及验收项目　　　　　　　　　（%）

序号	名称	分析纯度	化学纯度
1	含量（NH₃）	25～28	25～28
2	蒸发残渣	≤0.002	≤0.004
3	氯化物（Cl）	≤0.000 05	≤0.000 1

续表

序　号	名　　　称	分析纯度	化学纯度
4	硫化物（S）	≤0.000 02	≤0.000 05
5	硫酸盐（SO₄）	≤0.000 2	≤0.000 5
6	碳酸盐（CO₂）	≤0.001	≤0.002
7	磷酸盐（PO₄）	≤0.000 1	≤0.000 2
8	钠（Na）	≤0.000 5	—
9	镁（Mg）	≤0.000 1	≤0.000 5
10	钾（K）	≤0.000 1	—
11	钙（Ca）	≤0.000 1	≤0.000 5
12	铁（Fe）	≤0.000 02	≤0.000 05
13	铜（Cu）	≤0.000 01	≤0.000 02
14	铅（Pb）	≤0.000 05	≤0.000 1
15	还原高锰酸钾物质（以 O 计）	≤0.000 8	≤0.000 8

（7）氢氧化钙的标准及验收项目应满足 HG/T 4120—2009《工业用氢氧化钙》，见表 13-12。

表 13-12　　　　　　　　　工业氢氧化钙的标准及验收项目　　　　　　　　（%）

项　　目		指　　标		
		优等品	一等品	合格品
氢氧化钙		96.0	95.0	90.0
镁及碱金属		2.0	3.0	—
酸不溶物		0.1	0.5	1.0
铁		0.05	0.1	—
干燥减量		0.5	1.0	2.0
筛余物	0.045mm 试验筛	2	5	—
	0.125mm 试验筛	—	—	4
重金属（以 Pb 计）		0.002	—	—

（8）工业用阴离子和非离子型聚丙烯酰胺的标准及验收项目应满足 GB/T 17514—2017《水处理剂　阴离子和非离子型聚丙烯酰胺》，见表 13-13。阴离子和非离子型聚丙烯酰胺固体产品的固含量应符合表 13-13 的要求，阴离子和非离子型聚丙烯酰胺胶体产品的固含量不应小于标称值且烘干后满足表 13-13 要求。

表 13-13　　　　　　　　　聚丙烯酰胺的标准及验收项目　　　　　　　　　（%）

项　　目	指　　标	
	一等品	合格品
固含量（固体）	90.0	88.0
丙烯酰胺单体含量（干基）	0.02	0.05

续表

项 目	指 标	
	一等品	合格品
溶解时间（阴离子型）	60	90
溶解时间（非离子型）	90	120
筛余物（1.00mm 筛网）	2	
筛余物（180μm 筛网）	88	
水不溶物	0.3	1.0
氯化物含量	0.5	
硫酸盐含量	1.0	

注 本产品中一等品可用于生活饮用水处理，其还应符合《生活饮用水化学处理剂卫生安全评价规范》及相关法律法规要求。

（9）工业用次氯酸钠的标准及验收项目应满足 GB 19106—2013《次氯酸钠》，见表13-14。

表 13-14 次氯酸钠的标准及验收项目

项 目	型 号 规 格					
	A			B		
	Ⅰ	Ⅱ	Ⅲ	Ⅰ	Ⅱ	Ⅲ
	指标（%）					
有效氯（以 Cl 计）	≥13.0	≥10.0	≥5.0	≥13.0	≥10.0	≥5.0
游离碱（以 NaOH 计）	0.1～1.0			0.1～1.0		
铁（以 Fe 计）	≤0.005			≤0.005		
重金属（以 Pb 计）	≤0.001			—		
砷（以 As 计）	≤0.000 1			—		

注 A 型适用于消毒、杀菌及水处理等；B 型仅适用于一般工业用。

第三篇

发电厂化学监督方法

第十四章

水汽监督方法

第一节 pH 值的测定

一、方法原理

pH 值的测定方法原理指将规定的指示电极和参比电极浸入同一被测溶液中，成一原电池，其电动势与溶液的 pH 值有关，通过测量原电池的电动势即可得出溶液的 pH 值。

本方法引用自 GB/T 6904—2008《工业循环冷却水剂锅炉用水中 pH 的测定》。

二、适用范围

pH 值的测定方法适用于工业循环冷却水及锅炉用水中 pH 值在 0～14 范围内的测定，本标准还适用于天然水、污水、除盐水、锅炉给水以及纯水的 pH 值的测定。

三、试剂和材料

pH 值的测定方法中所用试剂和水，除非另有规定，应使用分析纯试剂和符合 GB/T 6682—2008《分析实验室用水规格和实验方法》三级水的规定：

(1) 草酸盐标准缓冲溶液：$c[KH_3(C_2O_4)_2 \cdot 2H_2O]=0.05mol/L$。

(2) 酒石酸盐标准缓冲溶液：饱和溶液。

(3) 苯二甲酸盐标准缓冲溶液：$c(C_6H_4CO_2HCO_2K)=0.05mol/L$。

称取 10.24g 预先于 110℃±5℃ 干燥 1h 的邻苯二甲酸氢钾，溶于无二氧化碳的水中，稀释至 1000mL。

(4) 磷酸盐标准缓冲溶液：$c(KH_2PO_4)=0.025mol/L$；$c(Na_2HPO_4)=0.025mol/L$。

称取 3.39g 磷酸二氢钾和 3.53g 磷酸氢二钠溶于无二氧化碳的水中，稀释至 1000mL。磷酸二氢钾和磷酸氢二钠需预先在 120℃±10℃ 干燥 2h。

(5) 硼酸盐标准缓冲溶液：$c(Na_2B_4O_7 \cdot 10H_2O)=0.01mol/L$

称取 3.80g 十水合四硼酸钠，溶于无二氧化碳的水中，稀释至 1000mL。

(6) 氢氧化钙标准缓冲溶液：饱和溶液。

不同温度时各标准缓冲溶液的 pH 值列于表 14-1。

四、仪器、设备

(1) 酸度计：分度值为 0.02pH 值单位。

(2) 玻璃指示电极：使用前须在水中浸泡 24h 以上，使用后应立即清洗并浸于水中保存。若玻璃电极表面污染，可先用肥皂或洗涤剂洗；然后用水淋洗几次，再浸入盐酸（1＋9）溶液中，以除去污物；最后用水洗净，浸入水中备用。

(3) 饱和甘汞参比电极：使用时电极上端小孔的橡皮塞必须拔出，以防止产生扩散电位影响测定结果。

表 14-1   **不同温度时缓冲溶液的 pH 值**

温度 (℃)	pH 值					
	草酸盐标准 缓冲溶液	苯二甲酸盐标 准缓冲溶液	酒石酸盐标准 缓冲溶液	磷酸盐标准 缓冲溶液	硼酸盐标准 缓冲溶液	氢氧化钙标 准缓冲溶液
0	1.67	4.00	—	6.98	9.46	13.42
5	1.67	4.00	—	6.95	9.39	13.21
10	1.67	4.00	—	6.92	9.33	13.00
15	1.67	4.00	—	6.90	9.28	12.81
20	1.68	4.00	—	6.88	9.23	12.63
25	1.68	4.01	3.56	6.86	9.18	12.45
30	1.69	4.01	3.55	6.85	9.14	12.29
35	1.69	4.02	3.55	6.84	9.11	12.13
40	1.69	4.04	3.55	6.84	9.07	11.98

（4）复合电极：可替代玻璃指示电极和饱和甘汞参比电极使用，按仪器使用说明书保存电极。

五、分析步骤

（1）调试：按酸度计说明书调试仪器。

（2）定位：按试剂和材料所述，分别制备两种标准缓冲溶液，使其中一种的 pH 值大于并接近试样的 pH 值，另一种小于并接近试样的 pH 值。调节 pH 值计温度补偿旋钮至所测试样温度值。按照表 1 所表明的数据，依次校正标准缓冲溶液在该温度下的 pH 值。重复校正直到其读数与标准缓冲溶液的 pH 值相差不超过 0.02pH 值单位。

（3）测定：用分度值为 1℃的温度计测量试样的温度。把试样放入一个洁净的烧杯中，并将酸度计的温度补偿到旋钮调至所测试样的温度。浸入电极，摇匀，测定。

注：冲洗电极后用干净滤纸将电极底部水滴轻轻地吸干，注意勿用滤纸去擦电极，以免电极带静电，导致读数不稳定。

六、分析结果的表述

（1）报告被测试样温度时应精确到 1℃。

（2）报告被测试样的 pH 时应精确到 0.1pH 值单位。

（3）平行测定结果的绝对差值不大于 0.1pH 值单位。

🏭 第二节　电导率的测定

一、适用范围

本方法规定了锅炉用水、冷却水、锅炉给水等电导率的测定。本方法适用于电导率在 $0.055 \sim 10^6 \mu S/cm$（25℃）的测定。本方法也适用于原水及生活用水的电导率的测定。

本方法引用自 GB/T 6908—2018《锅炉用水和冷却水分析方法　电导率的测定》。

二、仪器、设备

（1）电导率仪：根据待测水样的电导率测定范围，选择合适的电导率仪。测量电导率小于 0.1μS/cm 的水样时，仪器分辨率 0.005μS/cm。

（2）电导电极（简称电极）：根据待测水样的电导率测定范围，选择合适的电导电极。测量电导率小于 3μS/cm 的水样时，应采用金属电极或其他电导池常数不大于 0.01cm⁻¹ 的电极，并配备密封流动池。

（3）温度计：测量电导率大于 10μS/cm 的水样，测定精度为 ±0.5℃；测量电导率小于或等于 10μS/cm 的水样，测定精度为 ±0.2℃。

三、试剂和材料

（1）水：符合 GB/T 6682—2008《分析实验室用水规格和实验方法》中二级水的规定要求。

（2）氯化钾。

（3）氯化钾标准溶液Ⅰ浓度：$c(KCl)=0.1mol/L$。称取在 105～110℃ 干燥 2h 的优级纯氯化钾 7.455g，用水溶解后移入 1000mL 容量瓶中，在 20℃±2℃ 下稀释至刻度，混匀；放入聚乙烯塑料瓶或硬质玻璃瓶中，密封保存或使用市售标准溶液。

（4）氯化钾标准溶液Ⅱ浓度：$c(KCl)=0.01mol/L$。称取在 105～110℃ 干燥 2h 的优级纯氯化钾 0.7455g，用水溶解后移入 1000mL 容量瓶中，在 20℃±2℃ 下稀释至刻度，混匀；放入聚乙烯塑料瓶或硬质玻璃瓶中，密封保存或使用市售标准溶液。

（5）氯化钾标准溶液Ⅲ浓度：$c(KCl)=0.001mol/L$。在 20℃±2℃ 移取 0.01mol/L 氯化钾标准溶液 100～1000mL 容量瓶中，用一级试剂水稀释至刻度，混匀。

（6）氯化钾标准溶液Ⅳ浓度：$c(KCl)=1×10^{-4}mol/L$。在 20℃±2℃ 移取 0.01mol/L 氯化钾标准溶液 10～1000mL 容量瓶中，用一级试剂水稀释至刻度，混匀。

四、操作步骤

（1）根据待测水样的电导率范围选用合适的电极，并选用合适的标准溶液（见表 14-2）进行校正，电导率仪和电极的校正、操作、读数应按其使用说明书的要求进行。

表 14-2　　　　　　　　　　　　氯化钾标准溶液的电导率

溶液浓度（mol/L）	温度（℃）	电导率（μS/cm）
1	0	65 176
	18	97 838
	25	111 342
1×10⁻¹	0	7138
	18	11 167
	25	12 856
1×10⁻²	0	773.6
	18	1220.5
	25	1408.8
1×10⁻³	25	146.93
1×10⁻⁴	25	14.89
1×10⁻⁵	25	1.4985

注　1. 此表中的电导率已将氯化钾标准溶液配制时所用水的电导率扣除。

　　2. 如使用市售氯化钾标准溶液，则使用其相应的电导率值。

（2）将选择好的电极用二级试剂水洗净，测量电导率小于 3μS/cm 的水样时，需用一级试剂水冲洗浸泡电极。

（3）取 50～100mL 水样，放入塑料杯或硬质玻璃杯中，将电极和温度计用被测水样冲洗 2～3 次后，浸入水样中进行电导率的测定，重复取样测定 2～3 次，记录水样温度。

（4）测量电导率小于 3μS/cm 的水样时，应将测量电极插入密封流动池中，并用合适的软管连接取样管与流动池，在流动状态下测量。调整流速，排除气泡，以防产生湍流，测量至读数稳定。

（5）电导率仪若带温度自动补偿，应按仪器的使用说明结合所测水样温度将温度补偿调至相应数值；电导率仪没有温度自动补偿，水样温度不是 25℃时，测定数值应按下式换算为 25℃的电导率值。

$$S = \frac{S_t}{1+\beta(t-25)}$$

式中　　S——换算成 25℃时水样的电导率，μS/cm；

　　　　S_t——水温 t℃时测得的电导，μS；

　　　　β——温度校正系数（通常情况下 β 近似等于 0.02）；

　　　　t——测定时水样温度，℃。

（6）允许差。平行测定结果的绝对差值应满足表 14-3 的要求。

表 14-3　　　　　　　　　　　　　　电导率测定允许差

测量范围（μS/cm）	允许差（μS/cm）
$S > 1000$	≤10
$100 < S \leqslant 1000$	≤5
$10 < S \leqslant 100$	≤0.3
$1.0 < S \leqslant 10$	≤0.05
$S \leqslant 1.0$	≤0.01

第三节　碱度的测定

一、方法概要

采用指示剂法，用盐酸标准滴定溶液滴定水样。终点 pH 值为 8.3 时，可认为近似等于碳酸盐和二氧化碳的浓度并表示水样中存在的几乎所有的氢氧化物和二分之一的碳酸盐已被滴定；终点 pH 值为 4.5 时，可认为近似等于氢离子和碳酸氢根离子的等当点，可用于测定水样的总碱度。

本方法引用自 GB/T 15451—2006《工业循环冷却水 总碱剂酚酞碱度的测定》中指示剂法。

二、适用范围

本方法适用于工业循环冷却水中碱度在 20mmol/L 的范围内测定，也适用于天然水和废水中碱度的测定。

三、试剂

(1) 水（GB/T 6682—2008《分析实验室用水规格和实验方法》）三级且不含二氧化碳。

(2) 盐酸标准滴定溶液。

(3) 盐酸标准滴定溶液浓度：$c(HCl)$ 约 0.05mol/L。

(4) 酚酞指示液：5g/L 乙醇溶液。

(5) 溴甲酚绿–甲基红指示液。

四、仪器

(1) 滴定管（酸式，25mL）。

(2) 锥形瓶（200mL 或 250mL）。

(3) 移液管（100mL）。

五、分析步骤

(1) 滴定到 pH 值为 8.3 的酚酞碱度的测定（复合碱度）。

1) 移取 100.00mL 试样于 250mL 锥形瓶中，并向其中加 0.1mL±0.02mL 酚酞指示剂，若无粉红色出现，则认酚酞碱度 0；若出现粉红色，用盐酸标准滴定溶液滴定至粉红色消失。

2) 若碱度范围为 4～20mmol/L，使用 0.1mol/L 的盐酸标准滴定溶液；若碱度范围为 0.4～4mmol/L，则用 0.05mol/L 的盐酸标准滴定溶液。

3) 记录消耗的盐酸标准滴定溶液的体积。

4) 保留溶液用于总碱的测定。

(2) 总碱的测定。总碱的测定指滴加 0.1mL±0.02mL 溴甲酚绿—甲基红指示剂于滴定至 pH 值为 8.3 的测定酚酞碱度的溶液中，用合适浓度的盐酸标准滴定溶液继续滴定直至颜色由蓝绿色变咸暗红色，煮沸 2min 冷却后继滴定至暗红色，即为终点。记录消耗的盐酸标准滴定溶液的总体积。

六、结果计算

(1) 滴定至 pH 值为 8.3 的酚酞碱度（复合碱度）以 mmol/L 表示的酚酞碱度 A_p 按式（14-1）计算：

$$A_p = \frac{V_1 \times c \times 1000}{V_0} \tag{14-1}$$

式中　V_1——滴定至 pH 值为 8.3 时消耗盐酸标准滴定溶液的体积的数，mL；

　　　c——盐酸标准滴定溶液的准确浓度的数值，mol/L；

　　　V_0——试样的体积的数值，mL。

(2) 总碱度以 mmol/L 表示的总碱度 A_T 按式（14-2）计算：

$$A_T = \frac{V_2 \times c \times 1000}{V_0} \tag{14-2}$$

式中　V_2——滴定至 pH 值为 4.5 时消耗盐酸标准滴定溶液的体积的数值，mL；

　　　c——盐酸标准滴定溶液的准确浓度的数值，mol/L；

　　　V_0——试样的体积的数值，mL。

(3) 允许差。允许差指取平行测定结果的算术平均值为测定结果。平行测定结果的绝对差值不大于 0.02mmol/L。

第四节　酸度的测定

一、方法原理

本方法测定中，以甲基橙作指示剂，以氢氧化钠标准溶液滴定至橙黄色为终点（pH 值约为 4.2）。测定值只包括强酸，这种酸度称为甲基橙酸度。其反应为：

$$H^+ + OH^- \longrightarrow H_2O$$

本方法引用自 DL/T 502.5—2006《火力发电厂水汽分析方法　第二部分：水汽样品的采集》。

二、适用范围

本方法适用于氢离子交换器出水中酸度的测定。

三、试剂

（1）氢氧化钠标准溶液浓度 $c(NaOH) = 0.05mol/L$。

（2）甲基橙指示剂 1g/L：称取 0.1g 甲基橙，溶于 70℃的水中，冷却，稀释至 100mL。

四、分析步骤

（1）取 100mL 水样（V）注于 250mL 锥形瓶中。

（2）加 2 滴甲基橙指示剂，用 0.05mol/L（或 0.1mol/L）氢氧化钠标准溶液滴定至溶液呈橙黄色为止，记录所消耗氢氧化钠标准溶液的体积（V_1）。

注：水样中若含有游离氯，可滴加 0.1mol/L 的硫代硫酸钠溶液，以消除游离氯对测定的影响。

五、结果的表述

水样酸度 SD 的数量（mmol/L）按式（14-3）计算：

$$SD = \frac{V_1 \times c \times 1000}{V} \tag{14-3}$$

式中　c——氢氧化钠标准溶液的物质的量浓度，mol/L；

　　　V——水样体积，mL；

　　V_1——滴定酸度时所消耗氢氧化钠标准液的体积，mL。

 第五节　硬度的测定

一、高硬度的测定

（1）高硬度测定的方法原理。高硬度测定的方法原理是在 pH 值为 10.0 ± 0.1 的水溶液中，用铬黑 T 作指示剂，以乙二胺四乙酸二钠盐（EDTA）标准滴定溶液至蓝色为终点。根据消耗 EDTA 的体积，即可算出硬度的值。

为提高终点指示的灵敏度，可在缓冲溶液中加入一定量的 EDTA 二钠镁盐。如果用酸性铬蓝 K 作指示剂，可不加 EDTA 二钠镁盐。

本方法引用自 GB/T 6909—2018《锅炉用水和冷却水分析方法　硬度的测定》。

（2）适用范围。使用铬黑 T 作指示剂时，硬度测定范围为 0.1～5mmol/L。硬度超过 5mmol/L 时，可适当减少取样体积，稀释到 100mL 后测定。

（3）试剂：

1）氨-氯化铵缓冲溶液：称取 54g 氯化铵，溶于 500mL 浓氨水中，加入 350mL 浓氨水，加入 1g EDTA 二钠镁盐（当仅测定硬度大于 1mmol/L 水样时，可不加 EDTA 二钠镁盐），并用水稀释至 1L。配置后的溶液按本节第三条所述方法进行调整。

2）氢氧化钠溶液：50g/L。

3）盐酸溶液：1+1。

4）三乙醇胺溶液：1+4。

5）L-半胱胺酸盐酸盐溶液：10g/L。

6）乙二胺四乙酸二钠盐标准滴定溶液 I：c(EDTA) 约 0.05mol/L。

7）乙二胺四乙酸二钠盐标准滴定溶液 II：c(EDTA) 约 0.005mol/L，由乙二胺四乙酸二钠盐标准滴定溶液 I 稀释 10 倍，现用现配。

8）铬黑 T 指示剂：5g/L。

（4）分析步骤：

1）取 100mL 水样，置于 250mL 锥形瓶中。如果水样浑浊，取样前应过滤；水样酸性或碱性很高时，可用氢氧化钠溶液或盐酸溶液中和后再加缓冲溶液；当铁含量大于 2mg/L、铝含量大于 2mg/L、铜含量大于 0.01mg/L、锰含量大于 0.1mg/L 对测定有干扰，可在加指示剂前用 2mL-半胱胺酸盐酸盐溶液和 2mL 三乙醇胺溶液进行联合掩蔽消除干扰。

2）加 5mL 氨-氯化铵缓冲溶液，加 2~3 滴铬黑 T 指示剂。

注：碳酸盐硬度很高的水样，在加入缓冲溶液前应先稀释或先加入所需 EDTA 标准溶液量 80%~90%（记入滴定体积内），否则缓冲溶液加入后，碳酸盐析出，终点拖长。

3）在不断摇动下，用乙二胺四乙酸二钠标准滴定溶液 I 进行滴定，接近终点时应缓慢滴定，溶液由酒红色转为纯蓝色即为终点。水样硬度小于 1mmol/L 时，应采用乙二胺四乙酸二钠标准滴定溶液 II，或采用微量滴定管。

4）同时做空白试验。

（5）结果计算。硬度含量以浓度 c_1 计，数值以 mmol/L 表示，按式（14-4）计算：

$$c_1 = \frac{(V_1 - V_0) \times C}{V} \times 1000 \tag{14-4}$$

式中 V_1——滴定水样消耗 EDTA 标准滴定溶液体积的数值，mL；

V_0——滴定空白溶液消耗 EDTA 标准滴定溶液体积的数值，mL；

c——EDTA 标准滴定溶液浓度的准确数值，mol/L；

V——所取水样体积的数值，mL。

（6）允许差：硬度大于 1mmol/L 时，两次平行测定结果绝对差值不大于 0.05mmol/L；硬度小于或等于 1mmol/L 时，两次平行测定结果绝对差值不大于 0.005mmol/L。

二、低硬度的测定

（1）方法原理：在 pH 值为 10.0±0.1 的水溶液中，用酸性铬蓝 K 作指示剂，以乙二胺四乙酸二钠盐（EDTA）标准滴定溶液至蓝色为终点。根据消耗 EDTA 的体积，即可算出硬度的值。

（2）测定范围：本方法适合于 1~100μmol/L 的水样的硬度测定。

（3）试剂：

1）硼砂缓冲溶液：称取 40g 硼砂，加 10g 氢氧化钠，溶于水并稀释至 1L，贮于塑料瓶中。

2）酸性铬蓝 K 指示剂：5g/L。称取 0.5g 酸性铬蓝 K 与 4.5g 盐酸羟胺，在研钵中研匀，加 10mL 硼砂缓冲溶液，溶于 40mL 水中，用 95％乙醇稀释至 100mL，贮于棕色瓶中备用。酸性铬蓝 K 指示剂使用期不应超过一个月。

3）乙二胺四乙酸二钠盐滴定溶液浓度：c(EDTA) 约 0.005mol/L。

（4）分析步骤：

1）移取 100mL 水样于 250mL 锥形瓶中。水样酸性或碱性很高时，可用氢氧化钠溶液或盐酸溶液中和后再加缓冲溶液；当铁含量大于 2mg/L、铝含量大于 2mg/L、铜含量大于 0.01mg/L、锰含量大于 0.1mg/L 对测定有干扰，可在加指示剂前用 2mL-半胱胺酸盐酸盐溶液和 2mL 三乙醇胺溶液进行联合掩蔽消除干扰。

2）加 1mL 硼砂缓冲溶液，2～3 滴酸性铬蓝 K 指示剂。

3）在不断摇动下，用乙二胺四乙酸二钠标准滴定溶液进行滴定，接近终点时应缓慢滴定，溶液由红色转为蓝色即为终点。水样硬度小于 25μmol/L 时，应采用微量滴定管。

4）同时做空白试验。

注：水样硬度小于 25μmol/L 时，应采用 5mL 微量滴定管。

（5）结果计算。低硬度含量以浓度 c_2 计，数值以 μmol/L 表示，按式（14-5）计算：

$$c_2 = \frac{(V_1 - V_0) \times c}{V} \times 10^6 \tag{14-5}$$

式中　V_1——滴定水样消耗 EDTA 标准滴定溶液体积的数值，mL；

　　　V_0——滴定空白溶液消耗 EDTA 标准滴定溶液体积的数值，mL；

　　　c——EDTA 标准滴定溶液浓度的准确数值，mol/L；

　　　V——所取水样体积的数值，mL。

（6）允许差。两次平行测定结果绝对差值不大于 1.0μmol/L

三、氨-氯化铵缓冲溶液调整方法

（1）试剂：

1）镁标准溶液：0.010mol/L。称取 0.615 9g 七水硫酸镁（优级纯）用水溶解后转移至 250mL 容量瓶内，稀释至刻度，摇匀；或者用市售镁标准溶液准确稀释。

2）乙二胺四乙酸二钠标准滴定溶液浓度：c(EDTA) 约 0.01mol/L。

（2）试验步骤：

1）用移液管量取 10.00mL 已配制的氨-氯化铵缓冲溶液于锥形瓶中，加 90mL 水，再加两至三滴铬黑 T 指示液。

2）加入指示液后，若溶液呈红色，表明溶液中含硬度物质，用乙二胺四乙酸二钠标准滴定溶液滴定至刚好由红色突变为纯蓝色，然后根据乙二胺四乙酸二钠标准滴定溶液的消耗量和需调整的缓冲溶液量，计算出需添加的乙二胺四乙酸二钠标准滴定溶液的体积。

3）加入指示液后，若溶液呈蓝色，可能有两种情况：一是缓冲溶液中 EDTA 和 Mg^{2+} 均无过剩量，另一种也有可能是 EDTA 过量。用镁标准溶液来滴定，若镁标准溶液消耗量不大于 0.02mL 即转为紫蓝色，可视为两者等量，否则即为 EDTA 过量。需根据镁标准溶液消耗结果，精确地往其余的缓冲溶液中加入镁标准溶液。

4）每次调整后，都应再次检验，直到确定缓冲溶液中 EDTA 和 Mg^{2+} 均无过剩量。

第六节　钙含量的测定

一、方法原理

钙含量测定的方法原理是在强碱性溶液中（pH 值大于 12.5），使镁离子生成氢氧化镁沉淀后，用乙二胺四乙酸二钠盐（EDTA）单独与钙离子作用生成稳定的无色络合物。滴定时用钙红指示剂指示终点，钙红指示剂在相同条件下，也能与钙形成酒红色络合物，但其稳定性比钙离子和 EDTA 形成的无色络合物稍差。当用 EDTA 滴定时，先将游离钙离子络合完后，再夺取指示剂络合物中的钙，使指示剂释放出来，溶液就从酒红色变成蓝色即为终点。反应过程如下：

加氢氧化钠：$Mg^{2+}+2OH^- \longrightarrow Mg(OH)_2$

加指示剂：$Ca^{2+}+HIn^{3-}$（钙红指示剂，蓝色）$\longrightarrow CaIn^{2-}$（酒红色）$+H^+$

滴定过程：$Ca^{2+}+H_2Y^{2-} \longrightarrow CaY^{2-}+2H^+$

终点时：$CaIn^{2-}$（酒红色）$+H_2Y^{2-} \longrightarrow CaY^{2-}+HIn^{3-}$（蓝色）$+H^+$

本方法引用自 DL/T 502.32—2006《火力发电厂水汽分析方法 第三十二部分：钙的测定（容量法）》。

二、适用范围

本方法适用于测定锅炉用水和冷却水中钙离子的测定。

三、试剂

（1）乙二胺四乙酸二钠盐 [c(EDTA)＝0.02mol/L] 标准滴定溶液。

（2）氢氧化钠溶液（80g/L）。

（3）钙红指示剂：称取 1g 钙红 [$HO(HO_3S)C_{10}H_5NNC_{10}H_5(OH)COOH$] 与 100g 氯化钠固体研磨混匀。

四、分析步骤

（1）按表 14-4 取适量（体积 V）于 250mL 锥形瓶中，用水稀释至 100mL。

表 14-4　　　　钙的含量和取水样体积

钙含量范围（mg/L）	水样取量（mL）
10～50	100
50～100	50
100～200	25
200～400	10

（2）加入 5mL 氢氧化钠溶液和约 0.05g 钙红指示剂，摇匀。

用 EDTA 标准滴定溶液滴定至溶液由酒红色转变为蓝色，即为终点。记录消耗 EDTA 标准滴定溶液的体积（V_1）。

注：在加入氢氧化钠溶液后应立即滴定，以免因放置过久引起水样浑浊，造成终点不清楚；当水样的镁离子含量大于 30mg/L 时，应将水样稀释后测定；若水样中重碳酸钙含量较多时，应先将水样酸化煮沸，用氢氧化钠溶液中和后进行测定；钙红又称钙指示剂。若无钙红时，也可用紫尿酸铵试剂（依来铬蓝黑 R）代替，这些指示剂的配制和使用方法见表 14-5。

表 14-5 指示剂的配制和使用

指示剂名称	配制方法	用量	使用条件
紫尿酸铵	称取 1g 紫尿酸铵与 100g 氯化钠固体研磨、混匀	0.2g	同钙红指示剂，但终点为紫色
钙指示剂（依来铬蓝黑 R）	称取 0.2g 钙指示剂溶于试剂水中并稀释至 100mL	3～4 滴	同钙红指示剂

（3）结果计算：

水样中钙含量 $X(\mathrm{mg/L})$ 按式（14-6）计算：

$$X = \frac{c \times V_1}{V} \times 40.08 \times 1000 \qquad (14\text{-}6)$$

式中　X——水样中钙含量，mg/L；

　　　c——EDTA 标准滴定溶液的浓度，mol/L；

　　　V_1——滴定时消耗 EDTA 标准滴定溶液的体积，mL；

　　　V——水样的体积，mL；

　40.08——钙的摩尔质量，g/mol。

第七节　钠 的 测 定

一、方法原理

钠测定的方法原理是当钠离子选择性电极-pNa 电极与甘汞参比电极同时浸入溶液后，即组成测量电池对，其中 pNa 电极的电位随溶液中的钠离子的活度而变化。用一台高阻抗输入的毫伏计测量，即可获得与水样中钠离子活度对应的电极电位，以 pNa 值表示。

为了减少温度的影响，定位溶液温度和水样温度相差不宜超过 ±5℃。氢离子和钾离子对测定水样中钠离子浓度有干扰，前者可以通过加入碱化剂，使被测溶液的 pH 值大于 10 来消除；后者必须严格控制 $c(\mathrm{Na^+}：c\mathrm{K^+})$ 至少为 10：1。

本方法引用自 GB/T 14640—2008《工业循环冷却水和锅炉用水中钾、钠含量的测定》中静态法。

二、适用范围

本方法规定了原水、生活水、锅炉用水，工业用水等水样中钠离子含量测定的方法，适用于钠含量大于 230μg/L 的水样。

三、试剂

（1）氯化钠标准溶液的配制：

pNa2 标准贮备液（10^{-2} mol/L）精确称取 1.169 0g 经 250～350℃烘干 1～2h 的氯化钠基准试剂（或优级纯）溶于 I 级试剂水中，然后转入 2L 的容量瓶中并稀释至刻度，摇匀。

pNa4 标准溶液（10^{-4} mol/L）相当于 2.3mg/L。配制时取 pNa2 贮备液，用 I 级试剂水准确稀释至 100 倍。

pNa5 标准溶液（10^{-5} mol/L）相当于 230μg/L 取 pNa4 标准溶液，用 I 级试剂水准确稀释至 10 倍。

（2）碱化剂：二异丙胺母液 $[(CH_3)_2CHNHCH(CH_3)_2]$ 的含量，不应少于 98%，测定时贮存于小塑料瓶中。

四、仪器

（1）离子计或性能类似的其他表计。仪器精度应达±0.01pNa，具有斜率校正功能。

（2）钠离子选择电极（钠功能玻璃电极）：电极长时间不用时，以干放为宜，干放前应用水清洗干净。当电极定位时间过长，测定时反应迟钝，线性变差都是电极衰老或变坏的表示，应更换新电极。当使用无斜率标准功能的钠度计时，要求 pNa 电极的实际斜率不低于理论斜率的 98%；新的久置不用的 pNa 电极，应用沾有四氯化碳或乙醚的棉花擦净电极的头部，再用水清洗，浸泡在 3% 的盐酸溶液中 5～10min 用棉花擦净再用Ⅰ级试剂水洗干净；并将电极浸在碱化后的 pNa4 标准溶液中 1h 后使用。电极导线有机玻璃引出部分切勿受潮。

（3）甘汞电极（氯化钾浓度为 0.1mol/L）：甘汞电极用完后应浸泡在饱和氯化钾溶液中，不能长时间浸泡在纯水中。长期不用时应干放保存，并套上专用的橡皮套，防止内部变干而损坏电极，重新使用前，先在与内充液浓度相同的氯化钾溶液中浸泡数小时。测定过程中如发现读数不稳，可检查甘汞电极的接线是否牢固，有无接触不良现象，陶瓷塞是否破裂或阻塞，有以上现象可更换电极。

（4）试剂瓶（聚乙烯塑料制品）：所用试剂瓶以及取样瓶都应用聚乙烯塑料制品，塑料容器用洗涤剂清洗后用 1∶1 的热盐酸浸泡半天，然后用Ⅰ级试剂水冲洗干净后才能使用。各取样及定位用塑料容器都应专用，不宜更换不同浓度的定位溶液或互相混淆。

五、分析步骤

（1）仪器开始 30min 后，按仪器说明书进行校正。

（2）向分析中需使用的 pNa4、pNa5 标准溶液，Ⅰ级试剂水和水样中滴加二异丙胺溶液，进行碱化，调整 pH 大于 10。

（3）以 pNa5 标准溶液定位，将碱化后的标准溶液摇匀。冲洗电极杯数次，将 pNa 电极和甘汞电极同时浸入该标准溶液进行定位。定位应重复核对 1～2 次，直至重复定位误差不超过 pNa5±0.02；然后以碱化后的 pNa5 标准溶液冲洗电极和电极杯数次，再将 pNa 电极和甘汞电极同时浸入 pNa5 标准溶液中待仪器稳定后旋动斜率校正旋钮使仪器指示 pNa5±（0.02～0.03）则说明仪器及电极均正常，可进行水样分析。

（4）水样测定：碱化后的Ⅰ级试剂水冲洗电极和电极杯，使 pNa 计的读数在 pNa6.5 以上；再以碱化后的被测水样冲洗电极和电极杯 2 次以上；最后重新取碱化后的被测水样，摇匀，将电极浸入被测水样中，摇匀，按下仪表读数开关，待仪表指示稳定后，记录读数。若水样钠离子浓度大于 10^{-3}mol/L 则用Ⅰ级试剂水稀释后滴加二异丙胺使 pH 值大于 10 然后进行测定。

（5）经常使用的 pNa 电极。经常使用的 pNa 电极应在测定完毕后应将电极放在碱化后的 pNa4 标准溶液中备用。

（6）不经常使用的 pNa 电极以干放为宜，但在干放前应以Ⅰ级试剂水清洗干净，以防溶液浸蚀敏感薄膜。pNa 电极一般不宜放置过久。

（7）0.1mol/L 甘汞电极在测试完后，应泡在 0.1mol/L 氯化钾溶液中，不能长时间的浸泡在纯水中，以防盐桥微孔中氯化钾被稀释，对测定结果有影响。

第八节　总铁的测定

一、方法原理

总铁的测定的方法原理是铁（Ⅱ）菲啰啉络合物在 pH 值为 2.5～9.0 是稳定的，颜色的强度与铁（Ⅱ）的存在量成正比。在铁含量小于 5.0mg/L 时，铁（Ⅱ）浓度与吸光度呈线性关系，最大吸光值在 510nm 波长处。

本方法引用自 GB/T 14427—2017《锅炉用水和冷却水分析方法 铁的测定》中邻菲啰啉测定法。

二、适用范围

适用于锅炉用水和冷却水系统铁含量为 0.01～5mg/L 的水样。

三、试剂

（1）硫酸溶液：1+3。

（2）盐酸溶液：2+1。

（3）氨水溶液：1+1。

（4）乙酸缓冲溶液：乙酸缓冲溶液是指溶解 40g 乙酸铵（CH_3COONH_4）和 50mL 冰乙酸于水中并稀释至 100mL。

（5）盐酸羟胺溶液：100g/L。盐酸羟胺溶液是指溶解 10g 盐酸羟胺（$NH_2OH \cdot H_2O$）于水中并稀释至 100mL。此溶此溶液可稳定放置一周。

（6）过硫酸钾溶液：40g/L。过硫酸钾溶液是指溶解 4g 过硫酸钾（$K_2S_2O_8$）于水中并稀释至 100mL，室温下储存于棕色瓶中。

此溶液可稳定放置一个月。

（7）铁标准贮备溶液：100mg/L。铁标准贮备溶液是指称取 50.0mg 铁（纯度 99.99%），精确至 0.1mg，置于 100mL 烧杯中，加 20mL 水、5mL 盐酸溶液，缓慢加热使之溶解；冷却后定量转移到 500mL 容量瓶中，用水稀释至刻度，摇匀。此溶液贮存于耐蚀玻璃或塑料瓶中，可稳定放置一个月。也可按 GB/T 602—2002《化学试剂 杂质测定用标准溶液的制备》的规定进行配制，或采用市售标准溶液。

（8）铁标准溶液Ⅰ：20mg/L。铁标准溶液Ⅰ是指移取 100mL 铁标准贮备溶液于 500mL 容量瓶中，加入 5mL 盐酸溶液，用水稀释至刻度。使用当天制备该溶液。

（9）铁标准溶液Ⅱ：0.2mg/L。铁标准溶液Ⅱ是指移取 5mL 铁标准溶液Ⅰ于 500mL 容量瓶中，加入 5mL 盐酸溶液，用水稀释至刻度。使用当天制备该溶液。

（10）1,10-菲啰啉溶液：5g/L。1,10-菲啰啉溶液是指溶解 0.5g 1,10-菲啰啉盐酸盐（一水合物）（$C_{12}H_9C_1N_2 \cdot H_2O$）于水中并稀释至 100mL；或将 0.42g 1,10-菲啰啉（一水合物）（$C_{12}H_8N_2 \cdot H_2O$）溶于含有两滴盐酸溶液的 100mL 水中。此溶液置于棕色瓶中并于暗处保存，可稳定放置一周。

四、仪器

（1）分光光度计：可设定检测波长为 510nm。

（2）吸收池：光程长至少 10mm，铁含量小于 1.0mg/L 时，宜选择光程较长的吸收池。

五、分析步骤

（1）取样后立即用硫酸酸化至 pH 值≤1。总铁包括水体中的悬浮性铁和微生物体中的铁，测定时应于移取水样前将酸化后的水样剧烈振摇均匀，并立即吸取，以防止重复测定结果出现很大差别。

（2）用移液管量取 50mL 试样于 100mL 锥形瓶中，加 5mL 过硫酸钾溶液，微沸约 40min，剩余体积至约 20mL；冷却至室温后转移至 50mL 容量瓶中并补水至约 40mL。

（3）在容量瓶中加 1mL 盐酸羟胺溶液，并充分混匀，放置 5min。

（4）分别用氨水溶液调节溶液的 pH 值至约 3，然后加 2mL 乙酸缓冲溶液使 pH 值为 3.5～5.5，最好为 4.5；再加 2mL 1,10-菲啰啉溶液；再用水稀释至刻度，摇匀，于暗处放置 10min。

（5）用分光光度计于 510nm 处，以试剂空白为参比测定溶液吸光度。当所测水样铁离子浓度为 0.01－1mg/L 时，采用 50mm 吸收池；铁离子浓度大于 1mg/L 时，采用 10mm 吸收池。

六、结果计算

水中铁含量 X，数值以毫克每升（mg/L）计，按式（14-7）计算：

$$X = c \times \frac{50}{V} \tag{14-7}$$

式中　c——从标准工作曲线上查得的铁含量，mg/L；

　　　V——所取水样的体积，mL。

第九节　铜 的 测 定

一、方法原理

铜测定的方法原理是根据铜离子在 pH 值为 8.5～9.2 的条件下与双环己酮草酰二腙反应形成蓝色络合物，然后在 600nm 波长下测定其吸光度。

本方法引用自 DL/T 502.14—2006《火力发电厂水汽分析方法 第十四部分：铜的测定（双环己酮草酰二腙分光光度法）》。

二、适用范围

本标准规定了锅炉用水和冷却水中铜的测定方法。本标准适用于锅炉用水和冷却水中铜含量 5～200μg/L 水样的测定。

三、试剂

（1）柠檬酸氢二铵溶液（200g/L）：称取柠檬酸氢二铵 100g 溶于约 400mL 水中，加氨水（1+1），调节 pH 值至 8.5，加水至 500mL。

（2）氨水（1+1）：优级纯。

（3）硝酸（1+1）：优级纯。

（4）双环己酮草酰二腙溶液（1g/L）：称取双环己酮草酰二腙 0.5g，加乙醇 50mL，在水浴中加热溶解。有不溶解物时，过滤，加水至 500mL。

（5）铜贮备溶液（1mL 含 0.1mg Cu^{2+}）：准确称取 0.100g 高纯铜（含铜 99.9% 以上），加入 20mL 硝酸，煮沸，去除氮氧化物，冷却后定量转移至 1000mL 容量瓶中，稀释至刻度。

或用市售的铜标准溶液。

（6）铜标准溶液（1mL 含 1μg Cu^{2+}）：准确移取铜贮备溶液 10.00mL 放入 1000mL 容量瓶，加硝酸（1+1）20mL，稀释至刻度。

四、设备

分光光度计。分光光度计可在 600nm 使用，配有 100mm 比色皿。

五、分析步骤

（1）量取 100mL 水样于 300mL 烧杯中，加入 1mL 浓盐酸，加热浓缩至体积略小于 30mL；冷却后，加柠檬酸氢二铵溶液 5mL，摇匀。

（2）加双环己酮草酰二腙溶液 5mL，滴加氨水调节 pH 值至 8.5～9.2［可使用百里酚蓝（pH 值 8.0～9.6）或者甲酚红紫（pH 值 7.4～9.0）pH 试纸检验］；移入 50mL 容量瓶，加水定容至刻度摇匀，放置约 5min。

（3）以试剂空白为参比，在波长 600nm 处，用 100mm 比色皿测定吸光度。

（4）根据测得的吸光度，查工作曲线或由回归方程计算得出铜含量。

六、结果计算

铜含量以质量浓度 X 计，数值以微克每升（μg/L）表示，按式（14-8）计算：

$$X = \frac{M}{V} \times 50 \tag{14-8}$$

式中 M——从校准曲线上查出的铜含量的数值，μg/L；

V——水样的体积的数值，mL；

50——定容体积，mL。

第十节 硅 的 测 定

一、方法原理

硅测定的方法原理在 27℃±5℃下，硅酸根与钼酸盐反应生成硅钼黄（硅钼杂多酸），硅钼黄被 1-氨基-2-萘酚-4-磺酸还原成硅钼蓝，用分光光度法测定。

本方法引用自 GB/T 12149—2017《工业循环冷却水和锅炉用水中硅的测定》中硅钼蓝分光光度法。

二、适用范围

微量硅的测定适用于化学除盐水、电站锅炉给水、蒸汽、凝结水等锅炉用水中硅含量为 10～200μg/L 的测定。

三、试剂

（1）盐酸：优级纯。

（2）盐酸溶液：1+1。

（3）草酸溶液（$H_2C_2O_4 \cdot 2H_2O$）：100g/L。

（4）钼酸铵［$(NH_4)_6Mo_7O_{24} \cdot 4H_2O$］溶液：75g/L。

（5）二氧化硅标准贮备液：1mL 含 0.1mg SiO_2，该试液贮存于聚乙烯塑料瓶中。

（6）二氧化硅标准溶液：1mL 含 1μg SiO_2，用移液管量取 10mL 二氧化硅标准贮备液，置于 1000mL 塑料容量瓶中，用水稀释至刻度，摇匀。此溶液现用现配。

（7）1-氨基-2-萘酚-4-磺酸（$C_{10}H_9NO_4S$）溶液：1.5g/L。1-氨基-2-萘酚-4-磺酸（$C_{10}H_9NO_4S$）溶液的制备过程是称取 0.75g 1-氨基-2 酚-4 磺酸，用 100mL 含有 3.5g 亚硫酸钠的水溶解后加到含有 45g 亚硫酸钠的 300mL 水中，用水稀释至 500mL，混匀；若有浑浊，则应过滤；存放于暗色的塑料瓶中，于 0~4℃贮存。当溶液颜色变暗或有沉淀生成时失效。

四、仪器设备

分光光度计。分光光度计配有 1cm 的比色皿。

五、校准曲线的绘制

（1）用移液管量取二氧化硅标准溶液 0.00mL（空白）、1.00mL、2.00mL、4.00mL、6.00mL、8.00mL、10.00mL，分别置于 50mL 比色管中，用水稀释至刻度。相对应的二氧化硅量分别为 0.00mg、0.01mg、0.02mg、0.04mg、0.06mg、0.08mg、0.10mg。

（2）加入 1.00mL 盐酸溶液和 2.00mL 钼酸铵溶液，混匀，放置 5min。加入 1.50mL 草酸溶液，混匀；1min 后立即加入 2.00mL 1-氨基-2-萘酚-4-磺酸溶液，混匀，放置 10min。

（3）使用分光光度计，以试剂空白为参比，在 640nm 波长处，用 1cm 比色皿测定吸光度。

（4）以测得的吸光度为纵坐标，二氧化硅的量（mg）为横坐标，绘制校准曲线或计算回归方程。也可根据待测物含量，调整校准曲线范围。

六、分析步骤

用慢速滤纸过滤水样。用移液管量取一定量过滤后的水样，置于 50mL 比色管中，用水稀释至刻度。以下按标准曲线的绘制中方法"加入 1.00mL 盐酸溶液和……"操作。由校准曲线查得或按回归方程计算出二氧化硅的质量。

七、计算结果

硅含量（S_iO_2）以质量浓度 X 计，单位为微克每升（μg/L），按式（14-9）计算：

$$X = \frac{m}{V} \times 10^3 \tag{14-9}$$

式中　m——根据测得的吸光度从校准曲线上查得或回归方程计算出的二氧化硅的量的数值，μg；

　　　V——所取水样的体积的数值，mL。

计算结果表示到小数点后两位。

八、允许差

允许差指在同一实验室，由同一操作者使用相同设备，按相同的测试方法，并在短时间内对同一被测对象相互独立进行测试获得的两次独立测试结果的绝对差值不大于这两个测定值的算数平均值的。

第十一节　氯离子的测定

一、方法原理

氯离子测定的方法原理是以铬酸钾为指示剂，在 pH 值为 5.0~9.5 的范围内用硝酸银标准滴定溶液滴定。硝酸银与氯化物作用生成白色氯化银沉淀，当有过量的硝酸银存在时，则与铬酸钾指示剂反应，生成砖红色铬酸银，表示反应达到终点。

本方法引用自 GB/T 15453—2018《工业循环冷却水和锅炉用水中氯离子的测定》中摩尔法。

二、适用范围

适用于天然水、循环冷却水、以软化水为补给水的锅炉水中氯离子含量的测定，测定范围为 3～150mg/L。

三、试剂

(1) 硝酸溶液：1+300。

(2) 硫酸溶液：$c(1/2H_2SO_4)$ 约 0.1mol/L。

(3) 硝酸银标准滴定溶液：$c(AgNO_3)$ 约 0.02mol/L。

(4) 铬酸钾指示剂：50g/L。

(5) 酚酞指示剂：10g/L（乙醇溶液）。

四、分析步骤

(1) 用移液管量取 50mL 或 100mL 水样于 250mL 锥形瓶中，加入两滴酚酞指示液，若水样变为红色，用硝酸溶液或硫酸溶液调节水样的 pH，红色刚好变为无色。

(2) 加入 1.0mL 铬酸钾指示液，在白色背景条件下用硝酸银标准滴定溶液滴定，直至刚刚出现砖红色为止。同时做空白试验。

五、结果计算

氯离子含量以质量浓度 X 计，数值以 mg/L 表示，按式（14-10）计算：

$$X = \frac{cM \times (V_1 - V_0)}{V} \times 1000 \tag{14-10}$$

式中 V_1——试样消耗硝酸银标准滴定溶液的体积，mL；

      V_0——空白试验消耗硝酸银标准滴定溶液的体积，mL；

      V——试样体积的数值，mL；

      c——硝酸银标准滴定溶液实际浓度的准确数值，mol/L；

      M——氯的摩尔质量的数值，$M=35.45g/mol$ g/mol。

六、允许差

允许差指取平行测定结果的算术平均值为测定结果。当测定范围小于 100mg/L 时，平行测定结果的绝对值不大于 0.5mg/L；测定范围为 100～200mg/L 时，绝对值不大于 1.0mg/L；测定范围大于 200mg/L 时，绝对值不大于测定结果的 0.01 倍。

第十二节   硫酸根的测定

一、方法原理

硫酸根测定的方法原理是在控制的试验条件下，硫酸根离子转化成硫酸钡悬浊物。硫酸根测定时加入含甘油和氯化钠的溶液来稳定悬浮物并消除干扰；使用分光光度计来测定此溶液浊度，根据测得吸光度查工作曲线，得出水样中硫酸根含量。

干扰及消除：测定前必须去除水中不溶物，带色物质会干扰测定。硫酸根测定的方法在下列成分不超过其限度的情况下使用：

（1）聚磷酸盐含量小于 1mg/L。

（2）硅含量小于 500mg/L。

（3）氯含量小于 5000mg/L。

当怀疑样品中有硫酸盐还原菌时，样品应放在 4℃进行冷藏。

本方法引用自 DL/T 502.11—2006《火力发电厂水汽分析方法 第十一部分：硫酸盐的测定（分光光度法）》。

二、适用范围

硫酸根测定的方法适用于锅炉用水和冷却水中硫酸盐含量（以 SO_4^{2-} 计）1～40mg/L 水样的测定。

三、仪器

（1）分光光度计：可在 420nm 使用，配有 50mm 比色皿。

（2）秒表精度 0.2s。

（3）磁力搅拌器。

四、试剂

（1）试剂水：GB/T 6903—2005《锅炉用水和冷却水分析方法 通则》规定的 I 级试剂水。

（2）氯化钡-将氯化钡晶体（$BaCl_2 \cdot 2H_2O$）筛分至 20～30 目。在实验室制备时，将晶体平铺在一块大的表面皿上，在 105℃下干燥 4h；筛分除去不在 20～30 目的晶体，将制得的氯化钡晶体贮存在干净并烘干的容器中。

（3）条件试剂：在一容器中依次加入 30mL 浓盐酸、300mL 试剂水、100mL 95％乙醇或异丙醇和 75g 氯化钠，再加入 50mL 甘油并混合均匀。

（4）硫酸盐标准溶液（以 SO^{2-} 计）（1mL 含 $0.100mgSO^{2-}$）：准确称取 0.147 9g 在110～130℃烘干 2h 的优级纯无水硫酸钠，用少量水溶解，定量转移至 1L 容量瓶并稀释至刻度。

五、分析步骤

（1）若试样浑浊必须预先过滤，并将其温度调整至 15～30℃。

（2）工作曲线的绘制：

1）准确移取 0、2.0、5.0、10.0、15.0、20.0、30.0、40.0mL 硫酸根标准溶液至100mL 容量瓶中，用试剂水稀释至刻度。此工作溶液硫酸根浓度分别为 0、2.0、5.0、10.0、15.0、20.0、30.0、40.0mg/L。

2）将工作溶液分别转移至 250mL 烧杯中。

3）加入 5.0mL 条件试剂，用搅拌仪器进行混合。当试液开始搅拌时，加入称取的$BaCl_2$（0.3g），立即开始计时。

4）以恒定的速度准确搅拌 1.0min。

注 1：在测定的整个过程中，搅拌速度必须恒定。使用磁力搅拌子会得到较满意的效果。搅拌结束后立即将溶液倒入比色皿进行测定，在 4min 内，每隔 30s 读数一次，记录在 4min 内读取的最大读数。

5）以硫酸根离子浓度（mg/L）对吸光度绘制工作曲线或回归方程。

注 2：每台分光光度计必须绘制专用的工作曲线，当更换比色皿，灯、滤光片或仪器及试剂有任何改变时都须重新绘制工作曲线。在每次测定样品时，用两个以上已知浓度的硫酸根标准溶液校验工作曲线。

（3）水样的测定：

1）准确移取 100mL（或小于 100mL）试样至 250mL 烧杯中，此试液中含 0.5～4mg 硫酸根。若移取试样小于 100mL，将其稀释至 100mL。

2）按步骤（2）中第 2)～第 5) 项进行操作。

注 3：由于 $BaSO_4$ 有溶解度，故很难测定硫酸根浓度小于 5mg/L 的试样。可通过以下两个方法来测定硫酸根浓度小于 5mg/L 的试样，浓缩试样：①向试样中加入 5mL 硫酸根标准溶液（1mL 含 0.100mg SO_4^{2-}）后再将其稀释至 100mL，这样试样中就加入了 0.5mg SO_4^{2-}，在最后的结果中必须将其减除；②水样中硫酸盐含量大于 40mg/L 时，由于生成的硫酸钡悬浊液不稳定，可取适量水样稀释后测定。

注 4：测定水样时，温度应尽量和绘制工作曲线时温度一致，相差不能超过 ±10℃，否则影响测定结果。

注 5：比色皿经常使用时，皿壁上易附着一层白色硫酸钡沉淀，可用含有氨溶液的 0.1mol/L EDTA 溶液洗涤。

3）如果试样浑浊或带色，就需测定样品空白。测定样品空白时，除不加 $BaCl_2$ 外，其余操作步骤进行操作。

4）如果怀疑有干扰，将样品稀释 N 倍后重新进行测定。若测得的硫酸根浓度是未稀释时测得浓度的一半，可认为无干扰物质。

六、结果计算

根据测得样品的吸光度，在工作曲线上查出或根据回归方程算出水样中硫酸盐含量（以 SO_4^{2-}），单位为毫克每升（mg/L）。

七、精密度

精密度见表 14-6。

表 14-6	精密度		
水样硫酸根含量（g/L）	6.9	20.2	63.3
总体标准偏差（g/L）	0.7	2.2	4.5
单人操作标准偏差（mg/L）	0.5	1.8	1.6

第十三节　磷酸盐的测定

一、适用范围

本标准适用于锅炉用水和冷却水中正磷酸盐、总无机磷酸盐、总磷酸盐含量（以 PO_4^{3-} 计）在 0.05～50mg/L 的测定。

本方法引用自 GB/T 6913—2008《锅炉用水和冷却水分析方法　磷酸盐的测定》。

二、正磷酸盐含量的测定方法

（1）原理：在酸性条件下，正磷酸盐与钼酸铵溶液反应生成黄色的磷钼盐锑络合物，再用抗坏血酸还原成磷钼蓝，于 710nm 最大吸收波长处用分光光度法测定。

（2）试剂：

1）磷酸二氢钾。

2）硫酸溶液：1+1。

3）抗坏血酸溶液：100g/L。

溶解 10g±0.5g 抗坏血酸于 100mL±5mL 水中，摇匀，贮存于棕色瓶中，在冰箱中可稳定放置 2 周。

4）钼酸铵溶液：26g/L。钼酸铵溶液的制作过程为称取 13g 钼酸铵，精确至 0.5g，称取 0.35g 酒石酸锑钾（$KSbOC_4H_4O_6 \cdot 1/2H_2O$），精确至 0.01g，溶于 200mL 水中；加入 230mL 硫酸溶液，混匀；冷却后用水稀释至 500mL，混匀，贮存于棕色瓶中（有效期 2 个月）。

5）磷标准贮备溶液：1mL 含有 $0.5mgPO_4^{3-}$。磷标准贮备溶液的制作过程为称取 0.716 5g 预先在 100～105℃ 干燥并已恒重过的磷酸二氢钾，精确至 0.2mg，溶于约 500mL 水中，定量转移至 1L 容量瓶中，用水稀释至刻度，摇匀。

6）磷标准溶液：1mL 含有 $0.02mgPO_4^{3-}$。磷标准溶液的制作过程为取 20.00mL 磷标准贮备溶液于 500mL 容量瓶中，用水稀释至刻度，摇匀。

（3）仪器：分光光度计：带有厚度为 1cm 的吸收池。

（4）分析步骤：

1）校准曲线的绘制。分别取 0mL（空白）、1.00、2.00、3.00、4.00、5.00、6.00、7.00、8.00mL 磷标准溶液于 9 个 50mL 容量瓶中，用水稀释至约 40mL；依次加入 2.0mL 钼酸铵溶液、1.0mL 抗坏血酸溶液，用水稀释至刻度，摇匀，于室温下放置 10min；在分光光度计 710nm 处，用 1cm 吸收池，以空白调零测吸光度；以测得的吸光度为纵坐标，相对应的 PO_4^{3-} 量为横坐标绘制校准曲线。

2）样品的测定。移取适量体积的试样于 50mL 容量瓶中，加入 2.0mL 钼酸铵溶液、1.0mL 抗坏血酸溶液，用水稀释至刻度，摇匀室温下放置 10min；在分光光度计 710mm 处用 1cm 吸收池，以不加试验溶液的空白调零测吸光度。

（5）结果计算：正磷酸盐（以 PO_4^{3-} 计）含量以质量浓度 ρ_1 计，单位为毫克每升（mg/L），按式（14-11）计算：

$$\rho_1 = \frac{m_1}{V_1} \tag{14-11}$$

式中 m_1——从校准曲线上查得的 PO_4^{3-} 的量的数值，μg；

V_1——移取试验溶液体积的数值，mL。

（6）允许差。允许差为取平行测定结果的算不限与值为测定结果，平行测定结果的绝对差值不大于 0.10mg/L。

三、总磷酸盐含量的测定方法

（1）原理。总磷酸盐含量的测定方法的原理为在酸性溶液中。用过硫酸钾作分解剂，将聚磷酸盐和有机磷转化为正磷酸盐，正磷酸盐与钼酸铵反应生成黄色的磷钼锑络合物，再用抗坏血酸还原成磷钼蓝，于 710nm 最大吸收波长处用分光光度法测定。

（2）试剂：

1）磷酸二氢钾。

2）硫酸溶液：1+1。

3）抗坏血酸溶液：100g/L。溶解 10g±0.5g 抗坏血酸于 100mL+5mL 水中，摇匀，贮存于棕色瓶中，在冰箱中可稳定放置 2 周。

4）钼酸铵溶液：26g/L。钼酸铵溶液的制作过程为称取 13g 钼酸铵，精确至 0.5g，称取 0.35g 酒石酸锑钾（$KSbOC_4H_4O_6 \cdot 1/2H_2O$），精确至 0.01g，溶于 200mL 水中；加入 230mL 硫酸溶液，混匀，玲却后用水稀释至 500mL，混匀，贮存于棕色瓶中（有效期 2 个月）。

5）磷标准贮备溶液：1mL 含有 0.5mg PO_4^{3-}。磷标准贮备溶液的制作过程为称取 0.716 5g 预先在 100～105℃干燥并已恒重过的磷酸二氢钾，精确至 0.2mg，溶于约 500mL 水中，定量转移至 1L 容量瓶中，用水稀释至刻度，摇匀。

6）磷标准溶液：1mL 含有 0.02mg PO_4^{3-}。磷标准溶液的制作过程为取 20.00mL 磷标准贮备溶液于 500mL 容量瓶中，用水稀释至刻度，摇匀。

7）过硫酸钾溶液：40g/L。过硫酸钾溶液的制作过程为称取 20g 过硫酸钾，精确至 0.5g，溶于 500mL 水中，摇匀，贮存于棕色瓶中。该溶液有效期为 1 个月。

（3）分析步骤：

1）移取适量体积的试样于 100mL 锥形瓶中，加入 1.0mL 硫酸溶液，使 pH 值小于 1。

2）5.0mL 过硫酸钾溶液，小火煮沸近 30min。煮沸时，随时添加水使体积保持在 25～30mL 之间，冷却。

3）用氢氧化钠溶液将 pH 值调节至 3～10，转移至 50mL 容量瓶中。

4）加入 2.0mL 钼酸铵溶液、1.0mL 抗坏血酸溶液，用水稀释至刻度，摇匀，于室温下放置 10min；在分光光度计 710nm 处，用 1cm 吸收池，以空白调零测吸光度。

（4）结果计算。总磷酸盐（以 PO_4^{3-} 计）含量以质量浓度 ρ_2 计，单位为毫克每升（mg/L），按式（14-12）计算：

$$\rho_2 = \frac{m_2}{V_2} \qquad (14\text{-}12)$$

式中　m_2——从校准曲线上查得的 PO_4^{3-} 的量的数值，μg；

　　　V_2——移取试验溶液体积的数值，mL。

（5）允许差。允许差为取平行测定结果的算术平均值为测定结果，当总磷酸盐含量不大于 10.00mg/L 时，平行测定结果的绝对差值不大于 0.50mg/L；大于 10.00mg/L 时，平行测定结果的绝对差值小于 1.00mg/L。

第十四节　化学需氧量（chemical oxygen demand COD）的测定

一、方法概要

化学需氧量（COD）是指天然水中可被重铬酸钾氧化的有机物含量。在本方法的氧化条件下，大部分有机物（80％以上）被分解，但芳香烃环式氮化物等几乎不分解。此方法可用于比较水中有机物总含量的大小。

亚硝酸盐、亚铁盐、硫化物及一部分氯离子也会被氧化，加入硫酸高汞和硫酸银就可消除干扰。

本方法引用自 DL/T 502.23—2006《火力发电厂水汽分析方法　第二十三部分：化学需氧量的测定（重铬酸钾法）》。

二、适用范围

本方法适用于锅炉用水和冷却水中化学需氧量的测量，测定范围为 0～50mg/L（以氧计），大于 50mg/L 的试样应稀释后测定。

三、试剂和材料

（1）无还原物质的水：高锰酸钾-硫酸重蒸馏的二次蒸馏水，本标准所用的水均为此二次蒸馏水。

（2）硫酸银-硫酸溶液：称取 11g 硫酸银溶于 1L 浓硫酸中。完全溶解需要 1～2 天（可以加热进行溶解）。

（3）硫酸汞（Ⅱ）。

（4）重铬酸钾标准溶液 $[c(1/6K_2Cr_2O_7)=0.025mol/L]$：将重铬酸钾基准试剂于 100～110℃的烘箱中干燥 3～4h，取出放在干燥器中冷却至室温，称取 1.226g 重铬酸钾，溶于水，转移至 1L 容量瓶中，用无还原物质的水稀释至刻度。

（5）邻菲啰啉-亚铁指示液：称取 1.48g 邻菲啰啉和 0.70g 硫酸亚铁（$FeSO_4 \cdot 7H_2O$），用无还原物质的水溶解后定容至 100mL。

（6）硫酸亚铁铵标准滴定溶液的浓度 $c[(NH_4)_2Fe(SO_4)_2]=0.025mol/L$。硫酸亚铁铵标准滴定溶液的制作过程为准确称取 10g 六水硫酸亚铁铵，溶于 500mL 无还原物质的水，加 20mL 浓硫酸，冷却后定量移入 1L 容量瓶中，稀释至刻度。此溶液每次使用时按下法标定：

取重铬酸钾标准滴定溶液 20.00mL（V_1）于 250mL 三角瓶中，加水至 100mL，加浓硫酸 30mL；冷却后，加邻菲啰啉亚铁指示剂 2～3 滴，用硫酸亚铁铵标准滴定溶液滴定，溶液的颜色由蓝绿变成红褐色为终点，记录消耗体积为 V。根据式（14-13）计算硫酸亚铁铵标准滴定溶液的浓度：

$$c[(NH_4)_2Fe(SO_4)_2]=\frac{V_1c_1}{V} \qquad (14\text{-}13)$$

式中　V_1——重铬酸钾标准溶液的体积的数值，mL；

　　　c_1——重铬酸钾标准溶液的浓度的准确数值，mol/L；

　　　V——滴定消耗硫酸亚铁铵标准滴定溶液的体积的数值，mL。

四、仪器

（1）回流冷却器：回流冷却器指通用组合式冷却器或者球管冷却器（长 300mm）。

（2）圆底烧瓶或者三角烧瓶：与 250～300mL 的回流冷却器组合。

（3）加热板或者支架式加热器。

五、分析步骤

（1）移取适量水样（体积为 V_2）放入预先放有 0.4g 硫酸汞的 250mL 圆底烧瓶或者三角烧瓶中，加水 20mL，摇匀。

（2）加重铬酸钾标准滴定溶液 10mL，摇匀后加硫酸银-硫酸溶液 30mL，边加边搅拌，放入沸石数个。

（3）连上回流冷却器，加热回流 2h。

（4）冷却后，用约 10mL 水清洗回流冷却器，洗液流入烧瓶，加水使总体积约为 140mL。冷却至室温。

（5）加邻菲啰啉亚铁指示剂 2～3 滴，过量的重铬酸钾用硫酸亚铁铵标准滴定溶液滴定，溶液的颜色由蓝绿变成红褐色为终点。记录消耗硫酸亚铁铵标准滴定溶液的体积为 V_3。

（6）空白试验。空白试验指另取试剂水 20mL，重复上述操作。记录空白试验消耗硫酸亚铁铵标准滴定溶液的体积为 V_4。

六、结果计算

水样中化学需氧量（COD）的数值（以 O 计，单位为毫克每升 mg/L）按式（14-14）计算：

$$(COD)_{Cr} = \frac{c(V_3 - V_4) \times 8 \times 1000}{V_2} \qquad (14\text{-}14)$$

式中 （COD）——重铬酸钾需氧量（以 O 计），mg/L；

c——硫酸亚铁铵标准滴定溶液的浓度，mol/L；

V_3——滴定消耗硫酸亚铁铵溶液体积，mL；

V_4——空白消耗硫酸亚铁铵溶液体积，mL；

V_2——水样体积，mL。

第十五节　溶解氧的测定

一、方法原理

溶解氧的测定得方法原理是在 pH 值为 9 的介质中，靛蓝二磺酸钠被多孔银粒与锌粒组成的原电池电解，形成还原型黄色物质，当与水中溶解氧相遇又被氧化成氧化型蓝色物质，色泽深浅与水中溶解氧含量有关，可以用比色法测定水中溶解氧含量。锅炉给水和凝结水中常见的离子均不干扰溶解氧的测定。

本方法引用自 GB/T 12157—2007《工业循环冷却水和锅炉用水中溶解氧的测定》中内电解法。

二、试剂和材料

（1）盐酸溶液稀释比例：1+1。

（2）硫酸溶液稀释比例：1+3。

（3）氨水溶液稀释比例：1+90。

（4）苦味酸溶液。苦味酸溶液的制作过程是称取在干燥器中已干燥至恒重的苦味酸 $[C_6H_2OH \cdot (NO_3)_3]$ 0.74g，溶于水中，精确至 2mg，稀释至 1L。此溶液黄色色度相当于 20μg/mL 还原型靛蓝二磺酸钠溶液的色度。

（5）氨-硫酸铵缓冲溶液。氨-硫酸铵缓冲溶液的制作过程是称取硫酸铵 $[(NH_4)_2SO_4]$ 20g，加约 200mL 水，溶解后移入 1L 容量瓶，加 60mL 氨水，用水稀释至刻度，摇匀备用。

该缓冲溶液的 pH 值用下述方法调整：移取氨-硫酸铵缓冲溶液、酸性靛蓝二磺酸钠贮备溶液各 20mL，于 50mL 烧杯内混合均匀。用 pH 计测定其 pH 值，用加硫酸溶液或氨水溶液调节其 pH 值刚好为 9.0。

根据上述调节时加酸或氨水的体积。换算成 980mL 所需要的体积，在剩余 980mL 缓冲溶液中加入所需硫酸溶液或氨水溶液以保证以后配制的氨性靛蓝一磺酸钠溶液的 pH 值等于 9.0。

（6）酸性靛蓝二磺酸钠标准贮备溶液（1mL 相当于 40μgO₂）。

1）配制方法。配制方法是称取 0.8～0.9g 靛蓝二磺酸钠（$C_{16}H_8O_8S_2Na_2N_2$，分子

量 M 为 466.36）于 50mL 烧杯中，加 1mL 水使其润湿后，加入 7mL 浓硫酸，在 80℃左右的水浴上加热 30min，并不时搅拌，使之充分混匀；然后加入少量水，待全部靛蓝磺酸钠溶解后移入 500mL 容盘瓶中，稀释至刻度，混匀后标定。如有不溶物需过滤后再标定。

2）标定方法。标定方法是移取酸性靛蓝二磺酸钠溶液 10mL，于 100mL 锥形瓶中，加 10mL 水，10mL 硫酸溶液，用高锰酸钾标准滴定溶液滴定至恰为黄色为止。

3）计算。酸性靛蓝二磺酸钠溶液以质量浓度 ρ_3 计，单位为毫克每毫升（mg/mL），按式（14-15）计算：

$$\rho_3 = \frac{\frac{1}{2}\left(\frac{V_1}{1000}\right)c\left(\frac{M}{2}\right)}{V} \times 1000 \tag{14-15}$$

式中　c——高锰酸钾标准滴定溶液的浓度的数值，mol/L；

V_1——标定时消耗高锰酸钾标准滴定溶液的体积的数值，mL；

V——移取酸性靛蓝二磺酸钠溶液的体积的数值，mL；

M——氧的摩尔质量的数值，g/mol（$M=16.00$）；

$\frac{1}{2}$——靛蓝二磺酸钠与高锰酸钾反应换算成与溶解氧反应的系数。

根据标定结果，用水将酸性靛蓝二磺酸钠溶液稀释成 $40\mu g/mL$ 溶液，此即为酸性靛蓝二磺酸钠贮备溶液，使用期约 1 个月，有沉淀时应弃去。

（7）氨性靛蓝二磺酸钠溶液。根据需用量，取氨-硫酸铵缓冲溶液和酸性靛蓝二磺酸钠贮备溶液等体积混合即可。由于氨性靛蓝二磺酸钠溶液不稳定，该溶液使用时配制。

（8）还原型靛蓝一磺酸钠溶液。将银-锌还原滴定管上部的水排掉，注入少量氨性靛蓝二磺酸钠溶液洗涤银-锌滴定管，排掉洗涤液，然后将氨性靛蓝二磺酸钠溶液注满滴定管，待溶液由蓝色变为亮黄色，排去滴定管尖部的蓝色溶液，便可使用。如急于使用，可将银锌滴定管夹于双掌之中，轻轻地搓动，或者，将银-锌滴定管拿在手中上下摇动，也可加快靛蓝二磺酸钠的还原速度。此溶液应使用时配制。原来存放在滴定管内溶液弃去后，加入新溶液制备，使用期 4h。

（9）酸性靛蓝二磺酸钠标准溶液。移取 50mL 酸性靛蓝二磺酸钠贮备溶液，置于 100mL 容量瓶中，用水稀释至刻度。此溶液的每毫升相当于 $20\mu g O_2$。

（10）高锰酸钾标准滴定溶液：$c(1/5KMnO_4)=0.01mol/L$。

三、仪器和设备

（1）银-锌原电池（电解电池）。

1）烧结银粒（多孔银粒）的制备。称取银粉或沉淀银 50g，平铺于 100mL 瓷蒸发皿或把皿中，将表面摊平，银粉厚度为 5mm 左右；把瓷蒸发皿放入 620℃高温炉中，烧结约 30min，取出冷却后用工具把银块取出，剪成宽 10mm，长 20mm 的银条。把银条放回原蒸发皿内，再在 800℃的高温炉中灼烧 30min，取出冷却后剪成粒径为 3～5mm 的多孔银。

2）银-锌还原滴定管（银锌还原电池）的制备。取一支 50mL 酸式滴定管，底部垫上约 10mm 厚的玻璃纤维，用水灌满滴定管并将管尖的气泡排除。取粒径为 5～10mm 锌粒数粒

（通常需要7粒），按每4mL多孔银粒加一粒锌粒的比例，装填多孔银粒和锌粒，一直装到银-锌还原剂的体积约至30mL为止，最上面再覆盖4mL多孔银粒。在装填过程中应不时地振动，使银粒和锌粒充分接触，不留气泡。

银-锌还原剂的使用期限一般不超过三个月。长时间使用后，银粒颜色发暗，可倒出银锌混合物，剔除锌粒，用盐酸溶液加热将杂质溶解；然后洗去盐酸，将多孔银粒放在瓷蒸发皿内，先在电炉上烘干，再放入800℃高温炉内灼烧30min，即能恢复银白色的金属光泽。

（2）专用溶解氧测定瓶（溶氧瓶）。实际体积为300mL左右。要求为无色透明，每个瓶的容积都相同且瓶塞为通用磨口塞。

（3）水封桶。容积为15～25L，要求桶高至少比溶氧瓶高150mm。

四、分析步骤

（1）标准色的配制。由于标准溶解氧不易获得，该方法配制溶解氧标准色是按照"假色原理"配制的，即依照假定还原型靛蓝二磺酸钠（黄色）与溶解氧完全反应生成氧化型靛蓝二磺酸钠（蓝色）的数量加入酸性靛蓝二磺酸钠，未反应的还原型靛蓝二磺酸钠（黄色）用相应苦味酸代替来配制溶解氧标准色。

按上述方法，各标准色所需酸性靛蓝二磺酸钠标准溶液 $V_{靛}$ 和苦味酸溶液 $V_{苦}$ 的体积分别按式（14-16）计算：

$$V_{靛} = \frac{cV_1}{20} \times \frac{1}{1000} \tag{14-16}$$

$$V_{苦} = \frac{V_1(1.3c_{max} - c)}{20} \times \frac{1}{1000}$$

式中 c——标准色所相当的溶解氧含量，$\mu g/L$；

c_{max}——最大标准色相当的溶解氧含量，在本法中 $c_{max} = 100\ \mu g/L$；

V_1——标准色溶液体积的数值，mL；

1.3——为保证有过量（为理论量的130%）的还原型靛蓝二磺酸钠与溶解氧反应所乘的系数。

表14-7是按式（14-15）、式（14-16）计算，配制500mL标准色溶液所需酸性靛蓝二磺酸钠标准溶液和苦味酸溶液的需要量（mL）。

把配制好的溶解氧标准色溶液注入专用溶解氧瓶中，注满后用蜡密封，多余的溶液弃去。此标准色有效期为一周。

表 14-7　　　　　　　　　　　溶解氧标准色的配制

瓶号	相当于溶氧含量（μg/L）	配制标准色所取体积（mL）	
		$V_{靛}$	$V_{苦}$
1	0	0	3.250
2	5	0.125	3.125
3	10	0.250	3.000
4	15	0.375	2.875

瓶号	相当于溶氧含量（μg/L）	配制标准色所取体积（mL）	
		$V_{靛}$	$V_{苦}$
5	20	0.500	2.750
6	30	0.750	2.500
7	40	1.000	2.250
8	50	1.250	2.000
9	60	1.500	1.750
10	70	1.750	1.500
11	80	2.000	1.250
12	90	2.250	1.000
13	100	2.500	0.750

（2）水样的测定。

1）水样的采集。由于溶解氧的测定易受空气中氧的影响，因此要求现场取样、现场测定。水样按下述方法采集：将水封桶和专用溶解氧瓶预先清洗干净，然后将取样管（应使用厚壁胶管）插入溶解瓶底部，水样充满溶氧瓶后把溶氧瓶放入水封桶，使水面超过溶氧瓶，并溢流不少于 3min，水样流速保持 500～600mL/min，其温度不超过 35℃，最好比周围环境温度低 2～3℃。

2）还原型靛蓝二磺酸钠溶液加入量的计算

测定水样时所需还原型靛蓝二磺酸钠溶液的体积（V）可按式（14-17）计算：

$$V = \frac{1.3c_{max}V'}{20} \times \frac{1}{1000} \tag{14-17}$$

式中　V'——取水样的体积，即为溶解氧瓶的容积，mL。

注：其余各符号与前面的相同。

3）操作方法。水样采集好后，将银-锌还原滴定管慢慢插入溶氧瓶内，轻轻地抽出取样管，立即按上式计算量加入还原型靛蓝二磺酸钠溶液，轻轻地抽出滴定管，在水下面立即塞紧并混匀，放置 2min。从水封桶内取出溶氧瓶，立即在自然光或日光灯下，以白色背景与标准色进行比较，水样颜色与标准色相一致（或接近）的标准色相当溶解氧含量即为水样溶解氧含量。

第十六节　总碳酸盐的测定

一、方法原理

总碳酸盐（以 CO_2 计）即碳酸根、碳酸氢根离子的总量。总碳酸盐的定位应用氯化锶-盐酸滴定法，氯化锶-盐酸滴定法是将水样加入氢氧化钠溶液中，使总碳酸盐变成碳酸根离子；再加入氯化锶，使其生成碳酸锶的沉淀；加盐酸中和过量的氢氧化钠，再加一定量的盐酸，使碳酸锶沉淀溶解；通入空气，除去游离的 CO_2 后，用氢氧化钠溶液滴定过量的盐酸，求出消耗的盐酸量，定量总碳酸盐（以 CO_2 计）。

此方法在下列成分不超过其相应限度的情况下使用：

镁离子 　　　　　　　　　　　　$<$20mg/L；

铁离子 　　　　　　　　　　　　$<$25mg/L；

磷酸根离子 　　　　　　　　　　$<$5mg/L；

亚铁离子 　　　　　　　　　　　$<$5mg/L；

磷酸根离子 　　　　　　　　　　$<$10mg/L；

铁离子 　　　　　　　　　　　　$<$2.5mg/L；

磷酸根离子 　　　　　　　　　　$<$5mg/L。

此外，如果铝离子、铵离子、二氧化硅等大量共存时，会有干扰。

该方法引用自 DL/T 502.6—2006《火力发电厂水汽分析方法　第六部分：总碳酸盐的测定》。

二、适用范围

该方法适用于锅炉用水和冷却水中总碳酸盐含量（以 CO_2 计）为 10～400mg/L 水样的测定。

三、试剂

（1）无二氧化碳水。

（2）氯化锶溶液。

（3）酚酞指示剂（5g/L）。

（4）盐酸标准滴定溶液 $\{c(HCl)=0.1mol/L\}$。

（5）氢氧化钠标准滴定溶液 $\{c(NaOH)=0.1mol/L\}$。

四、分析步骤

（1）取 0.1mol/L 氢氧化钠标准滴定溶液 20.00mL 于 500mL 三角烧瓶中，加 0.2mL 酚酞指示剂。

（2）准确取水样 100mL（V）（若水样中总碳酸盐含量多，可适当减少取样量）于 500mL 三角烧瓶中，放置数分钟。

（3）加氯化锶溶液 10.00mL，重新连接后充分地混合，放置约 10min。

（4）加 0.1mol/L 盐酸标准滴定溶液 20.00mL，重新连接。

（5）按 1L/min 通氮气 5min。

（6）取 500mL 三角烧瓶，用水清洗空气导入管，用 0.1mol/L 氢氧化钠标准滴定溶液缓慢滴定，溶液的颜色变至微红为终点，记录消耗氢氧化钠标准滴定溶液的体积为 V_1。同时进行空白试验，记录消耗氢氧化钠标准滴定溶液的体积为 V_0。

注1：三角烧瓶中溶液的 pH 值尽量不低于 12，可使用碱性蓝 pH 试纸确认。水样为酸性时，加 0.1mmol/L 氢氧化钠溶液，中和至 pH 值约等于 7。

注2：如果水样中有大量的镁离子，中和时很难变色，所以要在接近终点时缓慢滴定。

五、结果计算

水样中总碳酸盐含量（以 CO_2 计）（mg/L）按式（14-18）计算：

$$c(CO_2)=(V_0-V_1)\times c\times 22\times 1000/V \tag{14-18}$$

式中　$c(CO_2)$——水样中总碳酸盐含量（以 CO_2 计），mg/L；

　　　　V_1——滴定试样消耗氢氧化钠标准滴定溶液体积，mL；

V_0——空白试验消耗氢氧化钠标准滴定溶液的体积，mL；

c——氢氧化钠标准滴定溶液的浓度，mol/L；

V——水样体积，mL；

22——$1/2CO_2$的摩尔质量，g/mol。

第十七节　浊度

一、方法原理

浊度的方法原理是光束射入水样时产生的散射光的强度与水样中浊度颗粒量成正比，通过测量散射光强度测出水样中的浊度。由于水中物质对光散射无定向，因此根据测量散射光强度的角度可分为垂直散射式、前向散射式、后向散射式三种，本标准采用垂直散射式测量方法。

本方法引用自 DL/T 809—2016《发电厂水质浊度的测定方法》。

二、适用范围

本方法适用于浊度范围在 0～40NTU 的水样，浊度大于 40NTU 的水样可稀释后进行测定。

三、试剂

（1）所用化学试剂均为分析纯试剂。

（2）空白水宜使用一级试剂水。当采用二级试剂水时，将孔径为 0.1μm 的滤膜在 100mL 二级试剂水中浸泡 1h，放置在砂芯过滤器上过滤，舍弃前 250mL 滤液，之后所获的滤液存于清洁的并用该水冲洗后的玻璃瓶中。空白水用于浊度计的零点调整和浊度储备液、标准液的稀释。

（3）400NTU 福马肼储备液制备方法如下：

1）溶液 A：称取 10.00g±0.01g 六次甲基四胺（$C_6H_{12}N_4$），用空白水溶解，然后转移到 100mL 容量瓶中并用空白水稀释到刻度。

2）溶液 B：称取 1.00g±0.001g 硫酸肼（$N_2H_6SO_4$），用空白水溶解，然后转移到 100mL 容量瓶中并用空白水稀释到刻度。

3）将 5.00mL 溶液 A 和 5.00mL 溶液 B 置于 100mL 容量瓶中，混匀，于 25℃±3℃放置 24h，然后用空白水稀释至刻度，混匀。

4）该浊度储备液在 25℃±3℃的环境中避光保存，4 个星期内使用，否则应重新制备。

四、仪器

所用仪器应符合下列要求：

（1）入射光波长 2 采用 860nm。

（2）入射光光谱半宽度小于 60nm。

（3）入射的平行光，散焦不超过 1.5°。

（4）测量角（入射光光轴与散射光方向的夹角）＝90°±2.5°。

（5）光线在水样中的孔径角小于 30°。

五、校验

按使用说明书对仪器进行校验。

六、水样测定

将水样在室温条件下摇匀，然后让水样静止至气泡消失，立即用仪器测量。

七、结果的表达

(1) 浊度低于 1NTU，精确到 0.01NTU。

(2) 浊度在 1~10NTU，精确到 0.1NTU。

(3) 浊度在 10~40NTU，精确到 1NTU。

第十八节　固体物质的测定

一、适用范围：

本方法规定了天然水、工业循环冷却水、锅炉用水中总固体、溶解性固体的测定方法。本方法适用于锅炉用水和工业循环冷却水中固体物质的测定。

本方法引用自 GB/T 14415—2007《工业循环冷却水和锅炉用水中固体物质的测定》。

二、总固体的测定

本方法适用于总固体含量大于 25mg/L 的天然水、冷却水、炉水水样的测定。

(1) 方法原理。本方法是将一定体积的水样，置于已知质量的蒸发皿中蒸干后，转入 105~110℃烘箱中烘干至恒量。所得剩余残留物为水中的总固体。

(2) 仪器和设备。一般实验室用仪器和下列仪器。

1) 蒸发皿：ϕ100（白金、石英或瓷蒸发皿）。

2) 水浴锅。

(3) 分析步骤。

1) 分析过程中遵循 GB/T 6903—2005《锅炉用水和冷却水分析方法　通则》的相关规定。

2) 将洗净的蒸发皿，置于 105~110℃烘箱中烘干至恒量，待用。

3) 移取一定量充分摇匀的水样（总固体含量大于 25mg）于已知质量的蒸发皿中，置于加热器上蒸发。当水样体积较大时，可采用低温电炉、电热板或红外加热板蒸发、浓缩（注意不要使水样沸腾），并不断补加水样直至体积减小至 20~30mL 后，移至沸腾的水浴锅里继续蒸干。

4) 为防止环境中杂质的污染，应在蒸发皿上放置三角架，并加盖表面皿或加防护罩。还应注意水浴锅的水面不能与蒸发皿接触，以免玷污蒸发皿，影响测定结果。

5) 将已蒸干的水样残留物连同蒸发皿移入 105~110℃的烘箱中，烘干至恒量。

(4) 结果计算。水样的总固体以质量浓度 X_1 计，数值以毫克每升（mg/L）表示，按式 (14-19) 计算：

$$X_1 = \frac{(m_2 - m_1) \times 10^6}{V_1} \tag{14-19}$$

式中　m_2——烘干后总固体与蒸发皿的质量的数值，g；

m_1——蒸发皿的质量的数值，g；

V_1——水样的体积的数值，mL。

(5) 允许差。允许差指取平行测定结果的算术平均值为测定结果。平行测定结果的绝对差值不大于 5mg/L。

三、溶解性固体的测定

本方法适用于溶解性固体含量大于 25mg/L 的天然水、工业循环冷却水、炉水水样测定。

（1）溶解性固体测定的方法原理。溶解性固体测定的方法原理是移取过滤后的一定量的水样于已知质量的蒸发皿内蒸干，并在 105～110℃烘干至恒量。

（2）仪器和设备

一般实验室用仪器和下列仪器。

1）慢速定量滤纸或滤板孔径为 2～5μm 的玻璃砂芯漏斗。

2）蒸发皿：$\phi100$。

3）水浴锅。

（3）分析步骤：

1）将待测水样用慢速定量滤纸或滤板孔径为 2～5μm 的玻璃砂芯漏斗过滤。

2）移取适量过滤后的水样，置于已于 105～110℃干燥至恒量的蒸发皿中。

3）将蒸发皿置于沸水水浴上蒸发至干，再将蒸发皿于 105～110℃下干燥至恒量。

（4）结果计算。水样的溶解性固体以质量浓度 X_2 计，数值以毫克每升（mg/L）表示，按式（14-20）计算：

$$X_2 = \frac{(m_2 - m_1) \times 10^6}{V_2} \tag{14-20}$$

式中　m_2——溶解性固体与蒸发皿的质量的数值，g；

　　　m_1——蒸发皿的质量的数值，g；

　　　V_2——水样的体积的数值，mL。

（5）允许差。允许差指取平行测定结果的算术平均值为测定结果。平行测定结果的绝对差值不大于 5mg/L。

第十九节　水中悬浮物的测定

一、方法原理

水中悬浮物的测定的方法原理是不可滤残渣是指不能通过孔径为 0.45μm 滤膜的固体物，用 0.45μm 滤膜过滤水样，经 103～105℃烘干后可得到不可滤残渣含量。水中悬浮物的测定的方法可以用于厂排、清水池、工业废水、脱硫废水中悬浮物含量的测定。

本方法引用自 GB/T 11901—1989《水质　悬浮物的测定　重量法》。

二、仪器

（1）全玻璃或有机玻璃微孔滤膜过滤器。

（2）滤膜，孔径 0.45μm，直径 45～60mm。

（3）吸滤瓶。

（4）真空泵。

（5）无齿扁嘴镊子。

（6）称量瓶，内径 30～50mm。

三、分析步骤

（1）滤膜的准备。滤膜的准备是指用扁嘴无齿镊子夹取滤膜放于事先恒重的称量瓶里，移入烘箱中于103～105℃烘干30min后取出，置于干燥器内冷却至室温，称其重量，反复烘干、冷却、称量，直至两次称量的重量差不大于0.2mg；将恒重的滤膜正确地放在滤膜过滤器的滤膜托盘上，加盖配套的漏斗，用夹子固定好，用蒸馏水湿润滤膜，并不断吸滤。

（2）测定。测定是指量取充分混合均匀的试样100mL抽吸过滤，使水分全部通过滤膜；再以每次10mL蒸馏水连续洗涤三次，继续吸滤以除去痕量水分；停止吸滤后，仔细取出载有悬浮物的滤膜放在原有恒重的称量瓶中，移入烘箱中于103～105℃下烘干1h后移入干燥器，使其冷却到室温，称其重量；反复烘干、冷却、称量，直至两次质量差不大于0.4mg。

四、结果计算

悬浮物含量c（mg/L）按式计算：

$$c = \frac{A-B}{V} \times 10^6 \qquad (14\text{-}21)$$

式中　c——水中悬浮物含量，mg/L；

　　　A——悬浮物＋滤膜＋称量瓶重，g；

　　　B——滤膜＋称量瓶重；g；

　　　V——试样体积，mL。

五、注意事项

（1）漂浮或浸没的不均匀固体物质不属于悬浮物质，应从采集的水样中除去。

（2）贮存水样时不能加任何保护剂，防止破坏物质在固、液相间的分配平衡。

（3）滤膜上截留过多的悬浮物可能夹杂过多的水分，除延长干燥时间外，还可能造成过滤困难，遇此情况，可以酌情减少取样。膜上悬浮物过少，则会增大称量误差，影响测定精度，必要时，可增大试样体积。一般以5～100mg悬浮物量作为量取试样体积的适用范围。

第二十节　离子色谱法

一、适用范围

离子色谱法适用于锅炉给水、凝结水、蒸汽和炉水等水样中阴离子的测定。

本方法引用自DL/T 954—2005《火力发电厂水汽试验方法 痕量氟离子、乙酸根离子、甲酸根离子、氯离子、亚硝酸根离子、硝酸根离子、磷酸根离子和硫酸根离子》。

二、试剂

（1）试剂与试剂水：所试剂均应为符合国家标准的优级纯试剂。试剂水为符合GB/T 6903—2005《锅炉用水和冷却水分析方法 通则》规定的一级试剂水。一级水中各阴离子含量应小于0.2μg/L。

（2）淋洗液：根据分析柱的特性，选择适合的淋洗液，参考分析柱使用说明书。

（3）再生液：根据所用抑制器及其使用方式，选择试剂水或适当浓度的硫酸溶液为再生液，参考抑制器使用说明书。

三、仪器

（1）离子色谱仪。

（2）容量瓶，聚丙烯材质。

（3）样品瓶，聚丙烯或高密度聚乙烯材质。

四、取样

（1）水样的采集方法应符合 GB/T 6907—2005《锅炉用水和冷却水分析方法 水样的采集方法》的规定。

（2）用聚丙烯或高密度聚乙烯瓶取样，让水样溢流，赶出空气，盖上瓶盖，不应使用玻璃瓶取样，因为玻璃瓶会导致离子污染。

（3）水样采集后应在 48h 内分析，需要分析甲酸根离子、乙酸根离子、亚硝酸根离子和磷酸根离子时，水样应于 4℃冷藏存放

（4）为防止引入离子持染，不要对水样进行防腐或过滤处理。对有杂质的水样，进样时可用一次性针筒过滤楼过滤水样。

五、测定步骤

（1）仪器的准备。

1）按照仪器使用说明书调试、准备仪器，平衡系统至基线平稳。选择合远的分析柱、抑制器及相应的工作条件。

2）根据分析柱的性能、待测水样中阴离子含量等因素，选择使用大容积样品定量环或浓缩柱进样方式，确定进样体积。

（2）混合标准工作溶液。

1）中间混合标准溶液的配制：根据待测阴离子种类和各种阴离子的检测灵敏性，准确移取适量所需的阴离子标准贮备液，用水稀释定容，制备成低毫克/升级混合标准溶液（如：1.0mg/L Cl⁻），贮于聚丙烯或高密度聚乙烯瓶中，4℃冷藏存放，此中间混合标准溶液可存放一周，若含有亚硝酸根离子，则应当天配制。

2）混合标准工作榕液的配制：混合标准工作溶液应当天配制，混合标准工作溶液的浓度范围应包括被测样品中阴离子的浓度。准确移取适量的中间混合标准溶液，用水稀释定容，配制混合标准工作溶液。准备一个空白溶液、至少五个浓度水平的混合标准工作溶液。以试剂水为空白溶液，混合标准工作溶液中各阴离子的浓度水平通常分别为 5、10、15、20、25μg/L 或更高。

（3）标准工作曲线的绘制。

1）分析空白溶液、混合标准工作溶液，记录谱图上的出峰时间，确定各阴离子的保留时间，以峰高或峰面积为纵坐标，以阴离子浓度为横坐标，绘制标准工作曲线或求出回归方程，线性相关系数应大于 0.995。

2）如果空白溶液谱图中有与某被测阴离子保留时间相同的可测峰，外推该阴离子标准工作路线至横坐标，在横坐标上的截距代表空白溶液中该阴离子的浓度。将空白溶液中所含该阴离子的浓度加入各浓度水平标准工作溶液中该阴离子的浓度中，例如：标准工作溶液中氯离子浓度为 10μg/L，空白溶液中氯离子浓度为 0.2μg/L，则该标准工作溶液氯离子浓度修正为 10.2μg/L，以修正后的该阴离子浓度对峰高或峰面积重新做标准工作曲线。

3）标准工作溶液和水粹的进样体积应保持一致。

（4）水样分析。在与分析标准工作溶液相同的测试条件下，对水样进行分析测定，根据被测阴离子的峰高或峰面积，由相应的标准工作曲线确定各阴离子浓度。

第二十一节　水质全分析结果的校核

一、校核原理

水质全分析的结果应进行校核。分析结果的校核分为数据检查和技术校核两方面。数据检查是为了保证数据不出差错；技术校核是根据分析结果中各成分的相互关系，检查是否符合水质组成的一般规律，从而判断分析结果是否准确。

本方法引用自 DL/T 502.1—2006《火力发电厂水汽分析方法 第一部分：总则》。

二、阳离子和阴离子物质的量总数的校核根据物质是电中性的原则，水中正负电荷的总和相等。因此，水中各种阳离子和各种阴离子的物质的量总数必然相等，则：

$$\sum c_阳 = \sum c_阴$$

式中　$\sum c_阳$——各种阳离子物质的量浓度之和，mmol/L；

$\sum c_阴$——各种阳离子物质的量浓度之和，mmol/L。

在测定各种离子时，由于各种原因会导致分析结果产生误差，使各种阳离子浓度总和（$\sum c_阳$）和各种阴离子浓度的总和（$\sum c_阴$）往往不相等，但是其差值应在一定的允许范围（δ）之内。一般认为 δ 小于 2% 是允许的。δ 可由式（14-22）计算：

$$\delta = \left| (\sum c_阳 - \sum c_阴) / (\sum c_阳 + \sum c_阴) \right| \times 100 < 2\% \qquad (14\text{-}22)$$

在使用式（14-22）时应注意：

（1）分析结果均应换算成以毫摩尔/升表示（mmol/L）。各种离子的浓度单位，mg/L 与 mmol/L 的换算系数列于表 14-8。

表 14-8　　　　　　　　　mg/L 与 mmol/L 的换算系数

离子名称（基本单元）	将 mmol/L 换算成 mg/L 的系数	将 mg/L 换算成 mmol/L 的系数	离子名称（基本单元）	将 mmol/L 换算成 mg/L 的系数	将 mg/L 换算成 mmol/L 的系数
Al^{3+} ($1/3Al^{3+}$)	8.994	0.1112	$H_2PO_4^-$ ($H_2PO_4^-$)	96.99	0.010 31
Ba^{2+} ($1/2Ba^{2+}$)	68.67	0.014 56	HS^- (HS^-)	33.07	0.030 24
Ca^{2+} ($1/2Ca^{2+}$)	20.04	0.049 90	H^+ (H^+)	1.008	0.9921
Cu^{2+} ($1/2Cu^{2+}$)	31.77	0.031 47	K^+ (K^+)	39.1	0.025 58
Fe^{2+} ($1/2Fe^{2+}$)	27.92	0.035 81	Li^+ (Li^+)	6.941	0.1441
Fe^{3+} ($1/3Fe^{3+}$)	18.62	0.053 72	Mg^{2+} ($1/2Mg^{2+}$)	12.15	0.082 29
CrO_4 ($1/2CrO_4^{2-}$)	58.00	0.017 24	Mn^{2+} ($1/2Mn^{2+}$)	27.47	0.0364
F^- (F^-)	19.00	0.052 64	Na^+ (Na^+)	22.99	0.0435
HCO_3 (HCO_3^-)	61.02	0.016 39	NH_4^+ (NH_4^+)	18.04	0.055 44
Sr^{2+} ($1/2Sr^{2+}$)	43.81	0.022 83	NO_3^- (NO_3^-)	62.00	0.016 13
Zn^{2+} ($1/2Zn^{2+}$)	32.69	0.3059	OH^- (OH^-)	17.01	0.0588
Br^- (Br^-)	79.90	0.012 52	PO_4^{3-} ($1/3\,PO_4^{3-}$)	31.66	0.031 59
Cl^- (Cl^-)	35.45	0.028 21	S_2^- ($1/2S_2^-$)	16.03	0.062 38
CO_3 ($1/2CO_3^{2-}$)	30.00	0.033 33	SiO_3^{2-} ($1/2\,SiO_3^{2-}$)	38.04	0.026 29
HSO_3^- (HSO_3^-)	81.07	0.012 33	$HSiO_3^-$ ($HSiO_3^-$)	77.1	0.012 98
HSO_4^- (HSO_4^-)	97.07	0.010 30	SO_3^{2-} ($1/2SO_3^{2-}$)	40.03	0.024 98
I^- (I^-)	126.9	0.007 880	SO_4^{2-} ($1/2\,SO_4^{2-}$)	48.03	0.020 82
NO_2^- (NO_2^-)	46.01	0.021 74	HPO_4^{2-} ($1/2\,HPO_4^{2-}$)	47.99	0.020 84

（2）如钠、钾离子是根据阴、阳离子差值而求得的，则式（14-22）不能应用。钾的含量可根据多数天然水中钠和钾的比例 7∶1（摩尔比）近似估算。

（3）如果 δ 超过 2%，则表示分析结果不正确，或者分析项目不全面。

水样分析由 SiO_2 换算为 SiO_3^{2-} 的系数为 1.266。

三、总含盐量和溶解固体的校核

水中总含盐量是指水中阳离子和阴离子浓度（mg/L）的总和，即：总含盐量＝$\sum P_阳$＋$\sum P_阴$。

通常溶解固体的含量可以代表水中的总含盐量。若测定溶解固体含量时有二氧化碳等气体损失，用溶解固体含量来检查总含盐量时，还需校正。

（1）碳酸氢根浓度的校正。在溶解固体的测定过程中发生如下的反应：$2HCO_3^- \rightarrow CO_2 \uparrow + H_2O \uparrow + CO_3^{2-}$。由于 HCO_3^- 变成 CO 和 HO 挥发而损失，其损失量为：$(CO_2 + H_2O)/2HCO_3^- = 62/122 \approx 1/2$。

（2）其他部分的校正。溶解固体，除包括水中阴、阳离子的总和外，还包括胶体硅酸等，因而需要校正。

$$p(RG) = p_q(SiO_2) + \sum p_阳 + \sum p_阴 - p\left(\frac{1}{2}HCO_3^-\right)$$

$$p_j(RG) = p(RG) - p_q(SiO_2) + p\left(\frac{1}{2}HCO_3^-\right)$$

式中　$p_q(SiO_2)$——全硅含量（过滤水样），mg/L；

$\sum_阳$——阳离子浓度之和，mg/L；

$\sum_阴$——除活性硅外的阴离子浓度之和，mg/L；

$p_j(RG)$——校正后溶解固体的含量，mg/L。

由于大部分天然水中水溶性有机物的含量都很小，计算时可忽略不计。

按下式校核结果时，溶解固体校正值与阴阳离子总和之间的相对误差不应大于 5%。

$$\left|\frac{p_j(RG) - (\sum p_阳 + \sum p_阴)}{\sum p_阳 + \sum p_阴}\right| \times 100\% \leqslant 5\%$$

对于含盐量小于 100mg/L 的水样，相对误差可放宽至 10%。

四、pH 值的校核

对于 pH<8.3 的水样，其 pH 值可根据重碳酸盐和游离二氧化碳的含量按式（14-23）计算出：

$$pH = 6.37 + \lg c(HCO_3^-) - \lg c(CO_2) \tag{14-23}$$

式中　$c(HCO_3^-)$——重碳酸盐的浓度，mol/L；

$c(CO_2)$——游离二氧化碳含量，mol/L。

pH 计算值与实际值的差应小于 0.2。

第二十二节　水质污染指数（silting density index，SDI）的测定

一、方法原理

水质污染指数（SDI）测定的方法原理在 207kPa 的恒定表压下，被测水样通过直径为

47mm、孔径为 $0.45\mu m$ 的微孔滤膜，水样中凡直径大于 $0.45\mu m$ 的微粒、胶体、细菌等杂质全部被截留在膜面上，使水通过滤膜的流速降低。根据收集初始透过滤膜的 500mL 体积水样所需时间 $t_0(s)$ 和过滤一段时间 $t(min)$ 后再收集 500mL 体积水样所需时间 $t_1(s)$，计算出水样的污染指数值。

本方法引用自 DL/T 588—2015《水质污染指数测定》。

二、适用范围

适用于浊度不大于 1.0NTU 的反渗透进水的污染指数测定。

三、仪器

（1）市售标准 SDI 滤膜。

（2）量筒：容量为 500mL。

（3）秒表：精度为 0.01s。

（4）压力表：精度为 1.6 级，测量范围为 $0\sim600kPa$。

（5）温度计：精度为 $\pm0.2℃$。

（6）测量装置：直接测定装置，适用于样水压力不小于 0.25MPa 的水样，样式如图 14-1 所示。

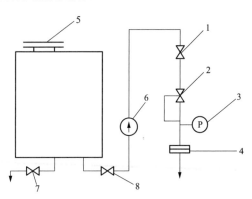

图 14-1　间接测定装置示意图
1—取样阀（球阀）；2—稳压阀；3—压力表；
4—微孔过滤器；5—样水容器（约 30L）；
6—增压泵；7—排水阀；8—出水阀

四、测定步骤

（1）接通样水，调整稳压阀的出口压力为 207kPa；间断打开和关闭取样阀 3 次，若压力表始终指示在 207kPa±10kPa 范围内，说明稳压阀工作正常。

（2）在安装过滤膜前，用样品水冲洗微孔过滤器装置，以去除已有的污染物质。

（3）测量并记录水的温度。

（4）打开微孔过滤器上端盖，用钝头镊子将滤膜正面朝上平整地放置在微孔过滤器内的支撑板上。在滤膜上面放置用于密封的"O"形胶圈，将微孔过滤器上端盖放回。

（5）调节取样阀排出系统内的空气，关闭取样阀并拧紧过滤器端盖。

（6）观察压力表指示值，在 207kPa 时打开取样阀，同时用秒表读取收集 500mL 样品水所需的时间 $t_0(s)$ 并记录；保持阀门开的状态使水持续流出，若发现微孔滤器周围有泄漏，则应重新更换滤膜进行测定。

（7）在开始计时后的第 5、10、15min 分别记录收集 500mL 水样所需时间。同时检查每次收集水样时的压力，测量并记录水温。

（8）完成测定后，将滤膜从过滤器中取出，检查滤膜周边压痕是否完整，若滤膜有损坏或偏流则应重新测定。膜片宜保留以备分析。

五、计算

水质污染指数（SDI）按式（14-24）计算：

$$SDI=\left(1-\frac{t_0}{t_1}\right)\times100/t \qquad (14\text{-}24)$$

式中　SDI——t 时间内污染指数；

　　t——两次取样的间隔时间，取 15min；

　　t_0——初始收集 500mL 过滤水所用时间，s；

　　t_1——时间 t 之后再收集 500mL 过滤水所用时间，s。

　　注：本标准所推荐的方法要求 t_1 不大于 4 倍 t_0；如 t_1 大于 4 倍 t_0 则应采用较短的时间，如 5min 或 10min；若采用 5min 时，t_1 大于 4 倍 t_0，则应采用其他方法分析水中的颗粒物和胶体物质的含量。

第十五章

燃料监督方法

第一节　煤中全水分的测定

一、原理

煤中全水分的测定方法引用自 GB/T 211—2017《煤中全水分的测定方法》。

二、方法 A（两步法）

（1）外在水分。在预先干燥和已称量过的浅盘内迅速称取小于 13mm 的煤样 500g±10g（称准至 0.1g），平摊在浅盘中，于环境温度或不高于 40℃的空气干燥箱中干燥到质量恒定（连续干燥 1h，质量变化不超过 0.5g），记录恒定后的质量（称准至 0.1g）。对于使用空气干燥箱干燥的情况，称量前需要使煤样在试验室环境中重新达到湿度平衡。

（2）内在水分。

1）立即将测定外在水分后的煤样破碎到粒度小于 3mm，在预先干燥和已称量过的称量瓶内迅速称取 10g±1g 煤样（称准至 0.001g），平摊在称量瓶中。

2）打开称量瓶盖，放入预先通入干燥空气并已加热到 105～110℃的空气干燥箱中，空气每小时换气 5 次以上。烟煤干燥 1.5h，褐煤和无烟煤干燥 2h。

3）从干燥箱中取出称量瓶，立即盖上盖，在空气中放置约 5min，然后放入干燥器中，冷却到室温（约 20min），称量（称准至 0.001g）。

4）进行检查性干燥，每次 30min，直到连续两次干燥煤样的质量减少不超过 0.01g 或质量增加为止。在后一种情况下，采用质量增加前一次的质量作为计算依据。内在水分在 2%以下时，不必进行检查性干燥。

三、方法 B（一步法）

（1）粒度小于 13mm 煤样的全水分测定。在预先干燥和已称量过的浅盘内迅速称取粒度小于 13mm 的煤样 500g±10g（称准至 0.1g），平摊在浅盘中。将浅盘放入预先加热到 105～110℃的空气干燥箱中，在鼓风条件下，烟煤干燥 2h，无烟煤干燥 3h；将浅盘取出，趁热称量；进行检查性干燥，每次 30min，直到连续两次干燥煤样的质量减少不超过 0.5g 或质量增加为止。在后一种情况下，采用质量增加前一次的质量作为计算依据。

（2）粒度小于 6mm 煤样的全水分测定。在预先干燥和已称量过的称量瓶内迅速称取粒度小于 6mm 的煤样 10～12g（称准至 0.001g），平摊在称量瓶中；打开称量瓶盖，放入预先通入干燥空气并已加热到 105～110℃的空气干燥箱中，烟煤干燥 2h，褐煤和无烟煤干燥 3h；从干燥箱中取出称量瓶，立即盖上盖，在空气中放置约 5min，然后放入干燥器中，冷却到室温（约 20min），称量（称准至 0.001g）；进行检查性干燥，每次 30min，直到连续两次干燥煤样的质量减少不超过 0.01g 或质量增加为止。在后一种情况下，采用质量增加前一次的质量作为计算依据。

煤中全水分计算式为：

$$M_t = \frac{m_1}{m} \times 100\%$$ (15-1)

式中 M_t——煤中全水分，%；

m——称取的试样质量，g；

m_1——试样干燥后的质量损失，g。

四、全水分测定结果的测定性限

全水分测定结果的测定性限见 15-1。

表 15-1   全水分测定结果的测定性限   （%）

全水分 M_t	重复性限
<10.0	0.4
≥10.0	0.5

第二节 煤的工业分析方法

一、概述

本方法引用自 GB/T 212—2008《煤的工业分析方法》。

二、水分的测定（空气干燥法）

（1）仪器、设备。

1）小空间干燥箱：箱体严密，具有较小的自由空间，有气体进、出口，并带有自动控温装置，能保持温度在 105～110℃范围内。

2）玻璃称量瓶：直径 40mm，高 25mm，并带有严密的磨口盖。

3）干燥器：内装变色硅胶或粒状无水氧化钙。干燥塔：容量 250mL，内装干燥剂。

4）流量计：量程为 100～1000mL/min。

5）分析天平：感量 0.1mg。

（2）分析步骤。

1）在预先干燥并以称量过的称量瓶内称取粒度小于 0.2mm 的一般分析试验煤样 1g±0.1g，称准至 0.000 2g，平摊在称量瓶中。

2）打开称量瓶盖，放入预先鼓风并以加热到 105～110℃的干燥箱中。

3）在一直鼓风的条件下，烟煤干燥 1h，无烟煤干燥 1.5h。可将装有煤样的称量瓶放入干燥箱前 3～5min 就开始鼓风。

注：预先鼓风是为了使温度均匀。

4）从干燥箱中取出称量瓶，立即盖上盖，放入干燥器中冷却至室温（约 20min）后称量。

5）进行检查性干燥，每次 30min，直到连续两次干燥煤样的质量不超过 0.001 0g 或质量增加为止。在后一种情况下，采用质量增加前一次的质量为计算依据。水分小于 2.00%时，不必进行检查性干燥。

（3）结果计算：

按式（15-2）计算一般分析试验煤样的水分：

$$M_{ad} = \frac{m_1}{m} \times 100\%$$ （15-2）

式中　M_{ad}——一般分析试验煤样水分的质量分数，%；

　　　m——称取的一般分析试验煤样的质量，g；

　　　m_1——煤样干燥后失去的质量，g。

（4）测定的精密度见表 15-2：

表 15-2　　　　　　　　　　　　　水分测定结果的重复性限　　　　　　　　　　　　　（%）

水分质量分数 M_{ad}	重复性限
<5.00	0.20
5.00～10.00	0.30
>10.00	0.40

三、灰分的测定

（一）缓慢灰化法

（1）仪器设备。

1）马弗炉：炉膛具有足够的恒温区，能保持温度为 815℃±10℃。炉后壁的上部带有直径为 25～30mm 的烟囱，下部离炉膛底 20～30mm 处有一个插热电偶的小孔；炉门上有一个直径为 20mm 的通气孔；马弗炉的恒温区应在关闭炉门下测定，并至少每年测定一次。高温计（包括老伙计和热电偶）至少每年校准一次。

2）灰皿：瓷质，长方形，底长 45mm、底宽 22mm、高 14mm。

3）干燥器：内装变色硅胶或粒状无水氧化钙。

4）分析天平：感量 0.1mg。

5）耐热瓷板或石棉板。

（2）分析步骤：

在预先灼烧至质量恒定的灰皿中，称取粒度小于 0.2mm 的一般分析试样煤样 1g±0.1g，称准至 0.000 2g，均匀地平摊在灰皿中，使其每平方厘米的质量不超过 0.15g。将灰皿送入炉温不超过 100℃ 的马弗炉恒温区中，关上炉门并使炉门留有 15mm 左右的缝隙；在不少于 30min 的时间内将炉温缓慢升至 500℃，并在此温度下保持 30min；继续升温到 815℃±10℃，并在此温度下灼烧 1h。

从炉膛中取出灰皿，放在耐热瓷板或石棉板上，在空气中冷却 5min 左右，移入干燥器中冷却至室温（约 20min）后称量；进行检查性灼烧，温度为 815℃±10℃，每次 20min，直到连续两次灼烧后的质量变化不超过 0.001 0g 为止；以最后一次灼烧后的质量为计算依据。灰分小于 15.00% 时，不必进行检查性灼烧。

（二）快速灰化法

（1）分析步骤。

1）在预先灼烧至质量恒定的灰皿中，称取粒度小于 0.2mm 的一般分析试样煤样 1g±0.1g，称准至 0.000 2g，均匀地平摊在灰皿中，使其每平方厘米的质量不超过 0.15g。

2）将盛有煤样的灰皿预先分排在耐热瓷板或石棉板上。

3）将马弗炉加热到850℃，打开炉门，将放有灰皿的耐热瓷板或石棉板缓慢的摊入马弗炉中，先使第一排灰皿中的煤样灰化；待5～10min后煤样不再冒烟时，以每分钟不大于2cm的速度把其余各排灰皿顺序推入炉内炽热部分（若煤样着火发生爆燃，试验作废）；关上炉门并使炉门留有15mm左右的缝隙，在815℃±10℃温度下灼烧40min。

4）从炉中取出灰皿，放在空气中冷却5min左右，移入干燥器中冷却至室温（约20min）后，称量；进行检查性灼烧，温度为815℃±10℃，每次20min，直到连续两次灼烧后的质量变化不超过0.001 0g为止。以最后一次灼烧后的质量为计算依据。

5）如遇检查性灼烧时结果不稳定，应改用缓慢灰化法重新测定。灰分小于15.00％时，不必进行检查性灼烧。

（2）结果计算：

按式（15-3）计算煤样的空气干燥基灰分：

$$A_{ad} = \frac{m_1}{m} \times 100\% \tag{15-3}$$

式中　A_{ad}——气干燥基灰分的质量分数，％；

　　　m——称取的一般分析试验煤样的质量，g；

　　　m_1——灼烧后残留物的质量，g。

（3）测定的精密度见表15-3：

表 15-3　　　　　　　　　　　灰分测定结果的重复性限　　　　　　　　　　　（％）

灰分质量分数	重复性限 A_{ad}	再现性临界差 A_d
<15.00	0.20	0.30
15.00～30.00	0.30	0.50
>30.00	0.50	0.70

四、挥发分的测定

（1）分析步骤：

1）在预先于900℃温度下灼烧至质量恒定的带盖瓷坩埚中，称取粒度小于0.2mm的一般分析试样煤样1g±0.01g，称准至0.000 2g，然后轻轻振动坩埚，使煤样摊平，盖上盖，放在坩埚架上。

注：褐煤和长焰煤应预先压饼，并切成宽度约3mm的小块。

2）将马弗炉预先加热至920℃。打开炉门，迅速将放有坩埚的坩埚架送入恒温区，立即关上炉门并计时，准确加热7min；坩埚及坩埚架放入后，要求炉温在3min内恢复至900℃±10℃，此后保持在900℃±10℃，否则此次试验作废。加热时间包括温度恢复时间。

注：马弗炉预先加热温度可使马弗炉具体情况调节，以保证在放入坩埚及坩埚架后，炉温在3min内恢复至900℃±10℃为准。

3）从炉中取出坩埚，放在空气中冷却5min左右，移入干燥器中冷却至室温（约20min）后称量。

（2）结果计算：

按式（15-4）计算煤样的空气干燥基挥发分：

$$V_{ad} = \frac{m_1}{m} \times 100 - M_{ad} \tag{15-4}$$

式中　V_{ad}——空气干燥基挥发分的质量分数，%；

m——一般分析试验煤样的质量，g；

m_1——煤样加热后减少的质量，g；

M_{ad}——一般分析试验煤样水分的质量分数，%。

（3）测定的精密度见表 15-4。

表 15-4　　　　　　　　　　挥发分测定结果的重复性限　　　　　　　　　　（%）

挥发分质量分数	重复性限 V_{ad}	再现性临界差 V_d
<20.00	0.30	0.50
20.00~40.00	0.50	1.00
>40.00	0.80	1.50

五、固定碳的计算

按式（15-5）计算空气干燥基固定碳：

$$F_{Cad} = 100 - (M_{ad} + A_{ad} + V_{ad}) \tag{15-5}$$

式中　F_{Cad}——空气干燥基固定碳的质量分数，%；

M_{ad}——一般分析试验煤样水分的质量分数，%；

A_{ad}——空气干燥基灰分的质量分数，%；

V_{ad}——空气干燥基挥发分的质量分数，%。

第三节　煤的发热量的测定方法

一、原理

煤的发热量的测定方法引用自 GB/T 213—2008《煤的发热量测定方法》中恒温式热量计法。

二、试剂和材料

（1）氧气：至少 99.5% 纯度，不含可燃成分，不允许使用电解氧；压力足以使氧弹充氧至 3.0MPa。

（2）苯甲酸基准量热物质：二等或二等以上，其标准热值经权威计量机构确定或可以明确溯源到权威机构。

（3）点火丝：直径 0.1mm 左右的铂、铜、镍丝或其他已知热值的金属丝或棉丝。

（4）点火导线：直径 0.3mm 的镍铬丝。

（5）酸洗石棉绒：使用前在 800℃ 下灼烧 30min。

（6）擦镜纸：

使用前先测出燃烧热：抽取 3~4 张纸，团紧，称准质量，放入燃烧皿中，然后按常规方法测定发热量，取三次结果的平均值作为擦镜纸热值。

三、仪器设备

（1）自动氧弹热量计。

（2）分析天平。

四、分析步骤

（1）按使用说明书安装调节热量计。

（2）在坩埚中称取粒度小于 0.2mm 的空气干燥煤样或水煤浆干燥试样 0.9~1.1g,称准到 0.000 2g。

注：燃烧时易于飞的试样，可用已知质量的擦镜纸包紧后再进行测试，或先在压饼机中压饼并切成粒度为 2~4mm 的小块使用;不易燃烧完全的试样，可用石棉绒做衬垫（先在皿底铺上层石棉绒，然后以手压实）。石英燃烧皿不需任何树垫；如加村垫仍燃烧不完全，可提高充氧压力至 3.2MPa，或用已知质量和热值的擦镜纸包紧称好的试样并用手压紧，然后放入燃烧皿中。

（3）在熔断式点火的情况下，取一段已知质量的点火丝，把两端分别接在氧弹的两个电极柱上，弯曲点火丝接近试样，注意与试样保持良好接触或保持微小的距离（对易飞溅和易燃的煤）；并注意勿使点火丝接触燃烧皿，以免形成短路而导致点火失败，甚至烧毁燃烧皿。同时还应该注意防止两电极之间以及燃烧皿与另一电极之间的短路。

（4）往氧弹中加入 10mL 蒸馏水，往氧弹中缓缓充入氧气，直至压力到 2.8~3.0MPa，达到压力后的持续时间不得少于 15s。

注：如果不小心充氧压力超过 3.2MPa，停止试验，放掉氧气后，重新充氧至 3.2MPa 以下。当钢瓶中氧气压力降到 5.0MPa 以下时，充氧时间应酌量延长，压力降到 4.0MPa 以下时，应更换新的钢瓶氧气往内筒中加入足够的蒸馏水，使氧弹盖的顶面（不包括突出的进，出气阀和电极）淹没在水面下 10~20mm。内筒水量应在所有试验中保持相同，相差不超过 0.5g。

（5）把氧弹放入装好水的内筒中，然后接上点火电极插头，装上搅拌器和量热温度计，并盖上量热计的盖子；开动搅拌器，进行试验。

（6）试验停止，取出内筒和氧弹，开启放气阀，放出燃烧废气，打开氧弹，仔细观察弹筒和燃烧皿内部，如果有试样燃烧不完全的迹象或有炭黑存在，试验应作废。两处未燃烧完的点火丝长度，以便计算实际消耗量。需要时，用蒸馏水充分冲洗氧弹内外部分，放气阀，燃烧皿内外和燃烧残渣。

五、仪器热容量的标定

（1）热容量标定一般应进行 5 次重复试验。计算 5 次重复试验结果的平均值和相对标准差，其相对标准差不应超过 0.20%；若超过 0.20%，再补做一次试验，取符合要求的 5 次果的平均值，修约至 1J/K，作为该仪器的热容量。若任何 5 次结果的相对标准差都超过 0.20%，则对试验条件和操作技术仔细检查并纠正存在问题后，重新进行标定，舍弃已有的全部结果。

（2）如果精密度不能满足要求，应查找原因，解决问题后，进行一组新的标定。

（3）热容量标定值的有效期为 3 个月，超过此期限时应重新标定。但有下列情况时，应立即重测：

1）更换量热温度计。

2）更换热量计大部件如氧弹头、连接环（由厂家供给的或自制的相同规格的小部件如氧弹的密封圈电极柱、螺母等不在此列）。

3）标定热容量和测定发热量时的内筒温度相差超过 5K。

4）热量计经过较大的振动之后。如果热量计量热系统没有显著改变，重新标定的热容量值与前一次的热容般值相差不应大于 0.25%，否则，应检查试验程序，解决问题后再重新标定。

六、测定的精密度

发热量测定结果的重复性限见表15-5。

表 15-5 　　　　　　　　　　　　　发热量测定结果的重复性限

高位发热量（J/g）	重复性限 $Q_{gr,ad}$	再现性临界差 $Q_{gr,d}$
	120	300

第四节　煤中全硫的测定

一、原理

煤中全硫测定的原理是煤样在催化剂作用下，于空气流中燃烧分解，煤中硫生成硫氧化物，其中二氧化硫被碘化钾溶液吸收，以电解碘化钾溶液所产生的碘进行滴定，根据电解所消耗的电量计算煤中全硫的含量。

本方法引用自 GB/T 214—2007《煤中全硫的测定方法》中库仑滴定法。

二、试剂和材料

（1）三氧化钨。

（2）变色硅胶：工业品。

（3）氢氧化钠：化学纯。

（4）电解液。电解液的制作方法是称取碘化钾、溴化钾各 5.0g，溶于 250～300mL 水中并在溶液中加入冰乙酸 10mL。

（5）燃烧舟：素瓷或刚玉制品，装样部分长约 60mm，耐温 1200℃以上。

三、分析步骤

（1）仪器标定：

使用有标准证书的煤标准物质，按以下方法之一进行测硫仪标定。

1）多点标定法：用硫含量能覆盖被测样品硫含量范围的至少 3 个有标准证书的煤标准物质进行标定。

2）单点标定法：用与被测样品硫含量相近的标准物质进行标定。

（2）标定程序：

1）按 GB/T 212—2008《煤的工业分析方法》测定煤标准物质的空气干燥基水分，计算其空气干燥基全硫 $S_{t,ad}$ 标准值。

2）按分析步骤，用被标定仪器测定煤标准物质的硫含量。每一标准物质至少重复测定 3 次，以 3 次测定值的平均值为标准物质的硫测定值。

3）将煤标准物质的硫测定值和空气干燥基标准值输入测硫仪（或仪器自动读取），生成校正系数。

（3）标定有效性核验。标定有效性核验是另外选取 1～2 个煤标准物质或者其他控制样品，用被标定的测硫仪按照测定步骤测定其全硫含量。若测定值与标准值（控制值）之差在标准值（控制值）的不确定度范围（控制限）内，说明标定有效；否则应查明原因，重新标定。

四、测定步骤

（1）将管式高温炉升温并控制在 1150℃±10℃。

（2）开动供气泵和抽气泵并将抽气流量调节到 1000mL/min。在抽气下，将电解液加入电解池内，开动电磁搅拌器。

（3）在瓷舟中放入少量非测定用的煤样，按（4）所述进行终点电位调整试验。如试验结束后库仑积分器的显示值为 0，应再次测定，直至显示值不为 0。

（4）在瓷舟中称取粒度小于 0.2mm 的空气干燥煤样 0.05g±0.005g（称准至 0.0002g），并在煤样上盖一薄层三氧化钨。将瓷舟放在送样的石英托盘上，开启送样程序控制器，煤样即自动送进炉内，库仑滴定随即开始。

（5）试验结束后，库仑积分器显示出硫的毫克数或质量分数，或由打印机打印。

五、结果计算

全硫质量分数按式（15-6）计算：

$$S_{t,ad} = \frac{m_1}{m} \times 100\% \tag{15-6}$$

式中 $S_{t,ad}$——一般分析煤样中全硫的质量分数，%；

m_1——库仑积分器显示值，mg；

m——煤样质量，mg。

六、方法的精密度

库仑滴定法全硫测定的重复性和再现性见表 15-6。

表 15-6 库仑滴定法全硫测定的重复性和再现性 （%）

全硫质量分数 S_t	重复性限 $S_{t,ad}$	再现性临界差 $S_{t,d}$
≤1.50	0.05	0.15
1.5（不含）～4.00	0.10	0.25
>4.00	0.20	0.35

第五节　煤粉细度的测定

一、方法概要

煤粉细度测定的方法是称取一定质量的煤粉置于规定的试验筛中，在振筛机上筛分完全，根据筛上残留煤粉质量计算出煤粉细度。

本方法引用自 DL/T 567.5—2015《火力发电厂燃料试验方法 第 5 部分：煤粉细度的测定》。

二、仪器设备

（1）工业天平：感量 0.01g。

（2）试验筛：筛直径约 200mm，筛网孔径为 90、200μm 的筛各一个，并配有底盘与筛盖。

（3）振筛机：垂直振击次数 149 次/min，水平回转次数 220 次/min 或类似的其他振筛机。

（4）槽式二分器（密封式）。

（5）秒表。

（6）软毛刷。

三、测定步骤

（1）将底盘、孔径 90μm 及 200μm 的筛子自下而上依次重叠在一起。称取煤粉样 25g±1g(称准到0.02g)，置于孔径为200m筛内，盖好筛盖；将上述已叠置好的筛子装入振筛机的支架上。

（2）振筛 10min，取下筛子，刷孔径为 90μm 筛的筛底一次，装上筛子再振筛 5min（若再振筛 2min，筛下煤粉量不超过 0.1g 时，则认为筛分完全）。

（3）取下筛子，分别称量孔径为 200μm 及 90μm 筛上残留的煤粉量，称准到 0.01g。

四、结果计算

$$R_{90} = \frac{(A_{90} + A_{200})}{G} \times 100\% \tag{15-7}$$

$$R_{200} = \frac{A_{200}}{G} \times 100\% \tag{15-8}$$

式中　R_{200}——未通过 200μm 筛上的煤粉质量占试样质量的百分数，%；

　　　R_{90}——未通过 90μm 筛上的煤粉质量占试样质量的百分数，%；

　　　A_{200}——200μm 筛上的煤粉质量，g；

　　　A_{90}——90μm 筛上的煤粉质量，g；

　　　G——煤粉试样质量，g。

五、精密度

煤粉细度测定结果的重复性限见表 15-7。

表 15-7　　　　　　　　　　　　煤粉细度测定结果的重复性限

煤粉细度	重复性限 r（%）
R_{200}	0.50
R_{90}	0.50

第六节　飞灰和炉渣可燃物测定方法

一、方法概要

飞灰和炉渣可燃物测定方法是称取一定质量的飞灰（炉渣）样品，在充足氧气供应的条件下按规定的升温程序、时间对其进行灼烧，根据其灼烧减量扣除水分含量和碳酸盐二氧化碳含量后，作为可燃物含量。

本方法引用自 DL/T 567.6—2016《火力发电厂燃料试验方法　第 6 部分：飞灰和炉渣可燃物测定方法》。

二、水分的测定

（1）仪器设备。水分的测定对仪器设备的要求同本章第二节"煤的工业分析测定方法"中水分测定的规定。

（2）分析步骤。按照本章第二节"煤的工业分析测定方法"中水分测定方法称取飞灰（炉渣）试样进行水分测定，初始干燥时间设为 1h。

（3）飞灰（炉渣）试样的水分按式（15-9）计算：

$$M_{ad} = \frac{m_1}{m} \times 100\%$$ (15-9)

式中　M_{ad}——飞灰（炉渣）试样中空气干燥基水分的质量分数，%；

　　　m_1——飞灰（炉渣）试样干燥后失去的质量，g；

　　　m——称取的飞灰（炉渣）试样质量，g。

三、灼烧减量的测定

（1）仪器设备：

1）马弗炉。

2）灰皿：瓷质，长方形，底长 45mm、底宽 22mm、高 14mm。

3）干燥器：内装变色硅胶或粒状元水氯化钙。

4）分析天平：感量 0.1mg。

5）耐热瓷板或石棉板。

（2）分析步骤：

1）在预先灼烧至质量恒定的灰皿中，称取飞灰（炉渣）试样 1g±0.1g，称准至 0.0002g，均匀地摊平在灰皿中。

2）将灰皿送入炉温不超过 100℃的马弗炉恒温区中，关上炉门并使炉门留有 15mm 左右的缝隙；在不少于 30min 的时间内将炉温缓慢升至 500℃，并在此温度下保持 30min 继续升温到 815℃±10℃，并在此温度下灼烧 1h。

3）从炉中取出灰皿，放在耐热瓷板或石棉板上，在空气中冷却 5min 左右，移入干燥器中冷却至室温（约 20min）后称量。

4）进行检查性灼烧，温度为 815℃±10℃，每次 20min，直到连续两次灼烧后的质量变化不超过 0.001 0g 为止。以最后一次灼烧后的质量为计算依据。

（3）飞灰（炉渣）试样的灼烧减量按式（15-10）计算：

$$L_{ad} = \frac{m - m_2}{m} \times 100\%$$ (15-10)

式中　L_{ad}——飞灰（炉渣）试样中空气干燥基的灼烧减量，%；

　　　m_2——飞灰（炉渣）试样灼烧后残留的质量，g。

四、可燃物的结果计算

$$CM_{ad} = L_{ad} - M_{ad} - [CO_2]_{car}$$ (15-11)

式中　CM_{ad}——飞灰（炉渣）空气干燥基的可燃物含量，%；

　　　$[CO_2]_{car}$——飞灰（炉渣）中碳酸盐二氧化碳含量，按 GB/T 218—2016《煤中碳酸盐二氧化碳含量测定方法》或 DL/T 1431—2015《煤（飞灰、渣）中碳酸盐二氧化碳的测定　盐酸分解－库仑滴定法》测定，%。

当可燃物测定结果用于锅炉运行监督时，公式中的碳酸盐二氧化碳项可省略。

五、精密度

灼烧减量测定的精密度见表 15-8。

表 15-8 灼烧减量测定的精密度 （%）

飞灰的可燃物含量	重复性
≤5	0.3
>5	0.5

第十六章

油（气）监督方法

第一节　颜色测定法

一、方法概要

颜色测定法是将试油注入比色管中，与规定的标准比色液相比较，以相等的色号及名称表示。如果找不到与试油颜色相近的颜色，而其介于两个标准色之间，则报告两个颜色中较深的一个颜色。

本方法引用自 DL/T 429.2—2016《电力用油颜色测定法》。

二、仪器与材料

（1）比色管：10mL，内径（15±0.5）mm，长 150mm，一组共 15 支。

（2）比色架。

（3）碘化钾：分析纯。

（4）碘（经升华和干燥）。

三、准备工作

母液配制。母液配制方法是称取升华、干燥的纯碘 1g（标准至 0.000 2g），溶于 100mL 含 10％（m/V）碘化钾溶液中。

标准比色液的配制见表 16-1。

表 16-1　　　　　　　　　　　标准比色液的配制

色号	颜色	母液（mL）	蒸馏水（mL）	色号	颜色	母液（mL）	蒸馏水（mL）
1	淡黄色	0.2	100	9	深橙	1.20	25
2	淡黄	0.4	100	10	橘红	1.80	25
3	浅黄	0.14	25	11	浅棕	2.80	25
4	黄色	0.22	25	12	棕红	4.50	25
5	深黄	0.32	25	13	棕色	7.00	25
6	橘黄	0.46	25	14	棕褐	12.00	25
7	淡橙	0.64	25	15	褐色	30.00	25
8	橙色	0.90	25				

按表 16-1 中规定配制比色液，将此比色液分别注入比色管中，磨口处用石蜡密封，放在避光处，注明色号及颜色。此标准比色液的使用期限，不得超过三个月。

四、试验步骤

试验步骤是将试油注入比色管中，选择与试油颜色相接近的标准比色管，同时放入比色

237

架内，在光亮处进行比较，记录最相近的标准色号及颜色。

第二节 运动黏度测定

一、方法概要

在某一恒定的温度下，测定一定体积的液体在重力下流过一个标定好的玻璃毛细管黏度计的时间，黏度计的毛细管常数与流动时间的乘积，即为该温度下测定液体的运动黏度，在温度 t 时运动黏度用符号 V_t 表示。该温度下运动黏度和同温度下液体的密度之积为该温度下液体的动力黏度，在温度 t 时的动力黏度用符号 η_t 表示。

本方法适用于测定液体石油产品的运动黏度。

本方法引用自 GB/T 265—1988《石油运动粘度测定方法》。

二、仪器

（1）黏度计。玻璃毛细管黏度计必须进行检定并确定常数。测定试样的运动黏度时，应根据试验的温度选用适当的黏度计，应使试样的流动时间不少于 200s，内径 0.4mm 的黏度计运动时间不少于 350s。

（2）恒温浴。恒温浴带有透明壁或装有观察孔，带有自动搅拌装置并能准确地调节温度。

（3）玻璃水银温度计：分格 0.1℃。

（4）秒表：分格 0.1s。

（5）试剂：石油醚，60～90℃，化学纯。

（6）95％乙醇，化学纯。

（7）铬酸洗液。

（8）溶剂油。

三、准备工作

在测定试样的黏度之前，必须将黏度计用溶剂油或石油醚洗涤，如果黏度计沾有污垢，就用铬酸洗液、水、蒸馏水或 95％乙醇依次洗涤；然后放入烘箱中烘干或用通过棉花滤过的热空气吹干。

测定运动黏度时，在内径符合要求且清洁、干燥的毛细管黏度计内装入试样。将装有试样的黏度计浸入事先准备妥当的恒温浴中，并用夹子将黏度计固定在支架上，在固定位置时，必须把毛细管黏度计的扩张部分浸入一半。

四、试验步骤

将黏度计调整为垂直状态，要利用铅垂线从两个相互垂直的方向去检查毛细管的垂直情况。将恒温浴调整到规定温度，把装好试样的黏度计浸在恒温浴内，试验的温度必须保持恒定到 ±0.1℃，恒温时间规定见表 16-2。

试样吸入扩张部分，使试样液面稍高于上标线，并且注意不要让毛细管和扩张部分的液体产生气泡或裂隙。此时观察试样在管身中的流动情况，液面刚好到上标线时，开动秒表；液面正好流到下标线时，停止秒表用秒表记录下来的流动时间，应重复测定至少四次，其中各次流动时间与其算术平均值的差数不应超过算术平均值的 ±0.5％；然后，取不少于三次的流动时间所得的算术平均值，作为试样的平均流动时间。

表 16-2   运动黏度试验温度对应恒温时间

试验温度（℃）	恒温时间（min）
80，100	20
40，50	15
20	10
0～-50	15

五、计算

在温度 t 时，试样的运动黏度 $\nu(\mathrm{mm}^2/\mathrm{s})$ 按式（16-1）计算：

$$\nu = c \times \nu_t \tag{16-1}$$

式中　c——黏度计常数，$\mathrm{mm}^2/\mathrm{s}^2$；

　　ν_t——试样的平均流动时间，s。

六、精密度

用下述规定来判断试验结果的可靠性（95％置信水平）。

（1）重复性。同一操作者，用同一试样重复测定的两个结果之差。

（2）再现性。由不同操作者，在两个实验室提出的两个结果之差。

运动黏度的重复性限见表 16-3。

表 16-3   运动黏度的重复性限

测定黏度的温度（℃）	重复性（％）	再现性（％）
100～15	算术平均值的 1.0	算术平均值的 2.2

🏭 第三节　闪点测定法

一、方法概要

闪点测定法是把试样装入试样杯到规定的刻线。首先迅速升高试样的温度，然后缓慢升温，当接近闪点时，恒速升温。在规定的温度间隔，用一个小的点火器火焰按规定通过试样表面，以点火器火焰使试样表面上的蒸气发生闪火的最低温度，作为开口杯法闪点。

本方法适用于测定润滑油和深色石油产品。

本方法引用自 GB/T 267—1988《石油产品闪点与燃点测定法（开口杯法）》。

二、仪器

开口闪点自动测定仪。

三、准备工作

（1）将油杯用溶剂油洗涤。

（2）试样向油杯注入时，不应溅出，而且液面以上的杯壁不应沾有试样。

（3）试样注入坩埚时，对于闪点在 210℃和 210℃以下的试样，应在坩埚内上刻线处。对于闪点在 210℃和 210℃以上的试样应在坩埚内上刻线处。

四、试验步骤

（1）接通电源，开机。

(2) 设置参数：预闪点、油牌号、日期时间。

(3) 选中开机界面的［启动］键，仪器进入样品分析状态。

(4) 在试样测试过程中，如果需要临时处理试样，或者人为地检查一下闪点情况，可以通过对［上升］［下降］和［开盖］键的操作来完成。

(5) 待试样闪点分析结束后，用户可以选择测试界面的［复位］键，返回到开机界面。

五、注意事项

(1) 检测环上不应有油污，需经常清洗，以免影响检测灵敏度。

(2) 更换试样时，油杯需进行清洗、烘干。

(3) 闪点测试结束后，应及时将测试油杯取出，开启通风橱。、

六、精密度

重复性指同一操作者重复测定的两个闪点结果之差不应大于表 16-4 规定的数值。

表 16-4 开口闪点的重复性限 （℃）

测定的闪点	
≤150	4
>150	6

七、报告

取重复测定两个闪点结果的算数平均值作试样的闪点。

第四节 闪点测定法

一、方法概要

闪点测定法指将样品倒入试验杯中，在规定的速率下连续搅拌，并以恒定速率加热样品。以规定的温度间隔，在中断搅拌的情况下，将火源引入试验杯开口处，使样品蒸气发生瞬间闪火，且蔓延至液体表面的最低温度，此温度为环境大气压下的闪点，再用公式修正到标准大气压下的闪点。

本方法引用自 GB/T 261—2008《闪点的测定 宾斯基-马丁闭口杯法》。

二、仪器

(1) 宾斯基-马丁闭口闪点试验仪。

(2) 温度计：包括低、中和高三个温度范围的温度计，应根据样品的预期闪点选用温度计。

(3) 气压计：精度 0.1kPa。

三、试验步骤

(1) 观察气压计，记录试验期间仪器附近的环境大气压。

(2) 将试样倒入试验杯至加料线，盖上试验杯盖，然后放入加热室，确保试验杯就位或锁定装置连接好后插入温度计。点燃试验火焰，并将火焰直径调节为 3~4mm；或打开电子点火器，按仪器说明书的要求调节电子点火器的强度。在整个试验期间，试样以 1.0~1.5℃/min（测量未用过润滑油时为 5~6℃/min）的速率升温，且搅拌速率为 250r/min±10r/min（测量未用过润滑油时为 90~120r/min）。

（3）当试样的预期闪点为不高于110℃时，从预期闪点以下23℃±5℃开始点火，试样每升高1℃点火一次，点火时停止搅拌；用试验杯盖上的滑板操作旋钮或点火装置点火，要求火焰在0.5s内下降至试验杯的蒸气空间内，并在此位置停留1s，然后迅速升高回至原位置。

（4）当试样的预期闪点高于110℃时，从预期闪点以下23℃±5℃开始点火，试样每升高2℃点火一次，点火时停止搅拌。用试验杯盖上的滑板操作旋钮或点火装置点火，要求火焰在0.5s内下降至试验杯的蒸气空间内，并在此位置停留1s，然后迅速升高回至原位置。

（5）当测定未知试样的闪点时，在适当起始温度下开始试验。高于起始温度5℃时进行第一次点火，然后按（3）或（4）进行。

（6）记录火源引起试验杯内产生明显着火的温度，作为试样的观察闪点，但不要把在真实闪点到达之前，出现在试验火焰周围的淡蓝色光轮与真实闪点相混淆。

（7）如果所记录的观察闪点温度与最初点火温度的差值少于18℃或高于28℃，则认为此结果无效。应更换新试样重新进行试验，调整最初点火温度，直到获得有效的测定结果，即观察闪点与最初点火温度的差值应在18～28℃范围之内。

四、精密度

用表16-5的规定来判断结果的可靠性（95％置信水平）。

表16-5　　　　　　　　　　　闭口闪点的重复性限

材　　料	闪点范围（℃）	重复性（℃）	再现性
馏分油和未用过的润滑油	40～250	$0.029X_1$	$0.071X_2$
用过的润滑油	170～210	5	16
表面趋于成膜的液体、带悬浮颗粒的液体或高粘稠材料	—	5.0	10.0

注　X_1为两个连续试验结果的平均值；X_2为两个独立试验结果的平均值。

五、报告

取重复测定两个结果的算数平均值作为试样的闪点。

第五节　油中水分含量测定法

一、概要

油中水分含量测定法的原理是基于有水时，碘被二氧化硫还原，在吡啶和甲醇存在的情况下，生成氢碘酸吡啶和甲基硫酸氢吡啶；产生的碘又与试油中的水分反应生成氢碘酸，直至全部水分反应完毕为止，反应终点用一对铂电极所组成的检测单元指示。在整个油中水分含量测定过程中二氧化硫有所消耗，其消耗量与水的摩尔数相等。

本方法引用自GB/T 7600—2014《运行中变压器油和汽轮机油水分含量测定法》。

二、仪器

微库仑分析仪。

三、准备工作

（1）将电解液注入电极杯至刻度范围内，打开电源开关，系统进入主画面，按"样品测量"键，若电解液显示过碘状态，通过样品注入口注入适量蒸馏水，直至仪器达到"过水"

状态。

（2）当仪器达到初始平衡点且比较稳定时，可用纯水进行标定，用 0.5μL 进样器抽取 0.1μL 的纯水，按"样品测量"键，然后把纯水注入电极杯的电解液中。

注意：应使进样器针尖插入到电解液中，针尖应避免与滴定池内壁和电极接触，注入纯水后滴定会自动开始。

（3）蜂鸣器响，信息提示"测试结束"，显示结果为 100μg±5μg（不含进样误差），一般标定 2～3 次，显示结果在误差范围内就可以进行试样的测定。

四、试验步骤

（1）打开电源开关，按"样品测量"键，确定搅拌子是否旋转，空白电流是否稳定。

（2）用注射器抽取油样再排掉，重复三次后准确量取 1mL 油样，出现"正在测定"状态时，通过进样旋塞注入电极杯内；进样后，滴定自动开始。到滴定结束，蜂鸣器响，信息提示为"测试结束"。

（3）计算完成，按"打印"键打印。

（4）同一试验至少重复操作两次以上。

注：仪器的典型测定范围是 10～10mg，为了得到准确的测定结果，要适当根据试样的含水量来控制进样量。

五、精密度

精密度指两次平行测试结果的差值不得超过表 16-6 中的数值。

表 16-6 油含水量的重复性限

样品含水范围（mg/L）	允许误差（mg/L）
10 以下	2.9
10～15	3.1
16～20	3.3
21～25	3.5
26～30	3.8
31 以上	4.2

取两次平行测试结果的算术平均值为测定值。

第六节 酸值测定（BTB）法

一、概要

酸值测定（BTB）法是采用沸腾乙醇抽出油中的酸性组分，再用氢氧化钾乙醇溶液滴定，中和 1g 试油酸性组分所需的氢氧化钾毫克数称为酸值。

本方法适用于测定运行中变压器油、汽轮机油的酸值。

本方法引用自 GB/T 28552—2012《变压器油、汽轮机油酸值测定法》。

二、仪器

（1）锥形烧瓶：200～300mL。

（2）球形或直形回流冷凝器：长约 300mm。

（3）微量滴定管：1～2mL，分度0.02mL。

（4）水浴。

三、试剂

（1）氢氧化钾溶液：配成0.02～0.05mol/L氢氧化钾乙醇溶液。

（2）溴百里香草酚蓝（BTB）指示剂：取0.5g溴百里香草酚蓝（称准至0.01g）放入烧杯内，加入100mL无水乙醇，然后用0.1mol/L氢氧化钾溶液中和至pH值为5.0。

（3）无水乙醇：分析纯。

四、试验步骤

（1）用锥形烧瓶称取试油8～10g（准至0.01g）。

（2）量取无水乙醇50mL倒入有试油的锥形烧瓶中，装上回流冷凝器，于水浴上加热，在不断摇动下回流5min，取下锥形烧瓶加入0.2mL BTB指示剂，趁热以0.02～0.05mol/L的氢氧化钾乙醇溶液滴定至溶液由黄色变成蓝绿色为止，记下消耗的氢氧化钾乙醇溶液的毫升数。BTB指示剂在碱性溶液中为蓝色，因试油带色的影响，其终点颜色为蓝绿色。在每次滴定时，从停止回流至滴定完毕所用的时间不得超过3min。

（3）取无水乙醇50mL按同样的步骤进行空白试验。

五、计算

试油的酸值按式（16-2）计算：

$$X = \frac{(V_1 - V_0) \times 56.1 \times C}{G} \tag{16-2}$$

式中　X——试油的酸值（以KOH计），mg/g；

　　　V_1——滴定试油所消耗0.02～0.05mol/L氢氧化钾乙醇溶液的体积，mL；

　　　V_0——滴定空白所消耗0.02～0.05mol/L氢氧化钾乙醇溶液的体积，mL；

　　　C——氢氧化钾乙醇溶液的浓度，mol/L；

　　56.1——氢氧化钾的分子量；

　　　G——试油的质量，g。

六、精确度

两次平行测定结果的差值不得超过表16-7规定的允许差值。

表16-7　　　　　　　　　　　　酸值（以KOH计）的重复性　　　　　　　　　　（mg/g）

酸值	允许差值
<0.1	0.01
0.1～0.3	0.02
>0.3	0.03

注　氢氧化钾乙醇溶液保存不宜过长，一般不超过三个月。当氢氧化钾乙醇溶液变黄或产生沉淀时，应对其清液进行标定方可使用。

第七节　汽轮机油破乳化度测定法

一、方法概要

汽轮机油破乳化度测定法是在规定的试验条件下，同体积的试油和蒸馏水通过搅拌形成乳浊液，测定其达到分离（即油、水分离界面乳浊液的体积等于或小于 3mL 时）所需的时间。

本标准适用于测定运行中汽轮机油的破乳化度（即油与水分离的能力），适用测定 40℃ 时运动黏度为 28.2～90mm²/s 的油品，试验温度为 54℃±1℃，也可用于测定 40℃ 时运动黏度为大于 90mm²/s 的油品，但试验温度为 82℃±1℃。

本方法引自 GB/T 7605—2008《运行中汽轮机油破乳化度测定法》。

二、仪器和试剂

（1）破乳化性时间测定器。

（2）搅拌桨。

（3）搅拌电动机。

（4）水浴缸。

（5）控温器。

（6）量筒。

（7）石油醚 60～90℃。

（8）铬酸洗液。

（9）秒表。

（10）竹镊子、脱脂棉。

三、准备工作

（1）用洗涤剂洗净量筒上的油污后，再用铬酸洗液浸泡，清水冲洗，最后用蒸馏水洗净（至器壁不挂水珠）。

（2）用竹镊子夹着蘸有石油醚的脱脂棉擦净搅拌桨，吹干。

四、试验步骤

（1）将破乳化测定器的水浴加热升温，并使之恒定在 54℃±1℃。

（2）在室温下向洁净的量筒内依次注入 40mL 除盐水和 40mL 试油，并将其置于已恒温至 54℃±1℃ 的水浴中。

（3）把搅拌桨垂直放入量筒内，并使桨端恰在量筒的 5mL 刻度处。

（4）量筒恒温 20min，即启动搅拌电动机，同时开启秒表计时，搅拌 5min，立即止搅拌，同时开启秒表迅速提起搅拌桨，并用包有耐油橡胶的玻璃棒将附着在桨上的乳浊液刮回量筒中。

（5）仔细观察油、水分离情况，可能出现几种现象：

1）当油、水分界面的乳浊液层体积至不大于 3mL 时，即认为油、水分离，从停止搅拌到油、水分离所需的时间即为该油的破乳化时间。

注：乳浊层或量筒壁上存有个别乳化泡；乳化层界面不整齐，应以平均值计；水层中或油层。

2）如果计时超过 30min，水分界面的乳浊液层体积大于 3mL 时则停止试验乳化时间记为大于 30min 然后记录油层、水层和乳化层的体积。

3）没有明显乳化层，只有完全分离的上下两层，从停止搅拌到上层体积达到 43mL 时所需的时间即为该油的破乳化时间，上层认定为油层。

4）没有明显的乳化层，只有完全分离的上下两层，从停止搅拌开始，计时超过 30min 上层体积大于 43mL 停止试验；该油的破乳化时间计为大于 30min 上层认定为乳化层，然后分期记录水层和乳化层的体积。

五、精密度

两次平行测定结果的差值，不应超过表 16-8 数值。

表 16-8　　　　　　　　　　破乳化时间测定的重复性　　　　　　　　　（min）

乳化时间	重复性
6～10	1.5
11～30	3.0

取两次平行测定结果的算数平均值作为实验结果。

第八节　润滑油泡沫特性测定法

一、方法概要

润滑油泡沫特性测定法是试样在 24℃时，用空气在一定流速下吹 5min，然后静置 10min。在这两个周期结束时，分别测定泡沫体积；取第二份试样在 93.5℃下重复试验。当泡沫消失后，再在 24℃下进行重复试验。

本方法引用自 GB/T 12579—2002《润油油泡沫特性测定法》。

二、仪器和试剂

（1）仪器：泡沫特性测试仪。

（2）溶剂油，干燥剂。

（3）丙酮：化学纯。

（4）石油醚：30～60℃，分析纯。

三、试验步骤

（1）每次试验后，必须彻底清洗试验用量筒和进气管，以除去前次试验留下的痕量添加剂。

（2）将约 200mL 试样倒入 600mL 烧杯中加热到 49℃±3℃，并使其冷却到 24℃±3℃。

（3）将试样倒入 1000mL 量筒中，使液面达到 190mL 刻线处。将量筒浸入已维持在 24℃±0.5℃浴中，至少浸没到 900mL 刻线处；当试样的温度达到浴温时，插入未与空气源连接的气体扩散头进气管，浸泡 5min。将出气管与空气体积测量仪相连；5min 后连接空气源，调节空气流速为 94mL/min±5mL/min，使清洁、干燥的空气通过气体扩散头；从气体扩散头中出现第一个气泡开始计时，通气 5min±3s，立即记录泡沫的体积，精确至 5mL，通过系统的空气总体积应为 470mL/min±5mL/min；此周期结束，从流量计上拆下软管，切断空气源，并立即记录泡沫的体积（即试样液面到泡沫顶部之间的体积）；让量筒静止 10min±10s，再记录泡沫的体积。

（4）将第二份试样倒入 1000mL 量筒中，使液面达到 180mL 刻线处。将量筒浸入 93.5℃浴中，至少浸没到 900mL 刻线处。当试样的温度达到 93.5℃±1℃时，插入气体扩散头进气管按步骤（3）进行试验，分别记录吹气结束及静止周期结束时的体积，精确到 5mL。

（5）用搅动的方法破坏试验后产生的泡沫。将试验量筒置于室温，使试样冷却至低于 43.5℃，然后将量筒放入 24℃ 的浴中。当试样的温度达到浴温时，插入气体扩散头进气管按步骤（3）进行试验，分别记录吹气结束及静止周期结束时的体积，精确到 5mL。

四、数据处理和报告

（1）报告精确到"5mL"表示为"泡沫倾向"（在吹气结束时的泡沫体积，mL）。

（2）当泡沫或气泡没有完全测定油的表面，且可见到片状和"眼睛"状的清晰油品时，报告泡沫体积为"0mL"。

第九节　润滑油空气释放值测定法

一、方法概要

润滑油空气释放值测定法是将试样加热到 25 、50 、75℃，通过对试样吹入过量的压缩空气，使试样剧烈搅动，使空气在试样中形成小气泡，即雾沫空气。停气后记录试样中雾沫空气体积减小到 0.2% 的时间。

本方法引用自 SH/T 0308—1992《润滑油空气释放值测定法》。

二、仪器和试剂

（1）仪器：耐热夹套玻璃试管、空气释放值测定仪、循环水浴、小密度计、秒表、烘箱。

（2）压缩空气。

（3）铬酸洗液，石油醚或溶剂汽油。

三、试验步骤

（1）将用铬酸洗液洗净、干燥的夹套玻璃试管按图装好。倒 180mL 试样于夹套试管中，放入小密度计。

（2）接通循环水浴，让试样达到试验温度，一般循环 30min。

（3）从小密度计上读数，读到 $0.001 g/cm^3$，用镊子动小密度计，使上下移动，静止后再读数一次，两次读数应当一致。若两次读数不重复，过 5min 再读一次，直至重复为止。记录此密度值，即为初始密度 d_0。

（4）从试管中取出小密度计，放入烘箱中，保持在试验温度下；在试管中放入通气管，接通电源，5min 后通入压缩空气，在试验温度下使压力达到表压 $0.2 kg/cm^2$，保持压力和温度，必要时进行调节；通气时同时打开空气加热器，使空气温度控制在试验温度的 ±5℃ 范围内，420s±1s 后停止通入空气，立即开动秒表并迅速从试管中取出通气管，从烘箱取出小密度计再放回试管中。

（5）当密度计的值变化到空气体积减小至 0.2% 处，即 $d_t = d_0 - 0.001 7$ 时，记录停气到此点的时间。若气泡分离在 15min 内，记录时间精确到 0.1min；15～30min，精确到 1min，如停气 30min 后密度值还未达到 d_t 值，停止试验。

注：对小密度计读数时，若有气泡附在杆上，可以轻微活动密度计，避开气泡然后读数。

（6）将第二份试样倒入清洁的 1000mL 量筒中，使液面达到 180mL 处；将量筒浸入

93.5℃±0.5℃浴中，至少浸没带 900mL 刻线处；当试样温度达到（93±1）℃时，插入清洁的气体扩散头及进气管，并按第一条所述步骤进行试验，记录在吹气结束时及静止周期结束时的泡沫体积。

（7）用搅动的方法除去 93.5℃试验所留下的所有泡沫；将试验量筒置于室温，使试样冷却到低于 43.5℃，然后，将量筒放入 24℃±0.5℃浴中；当试样达到浴温后，将清洁的进气管及气体扩散头插入试样，按第一条所述步骤进行试验，并记录在吹气结束时及静止周期结束时的泡沫体积。

四、精密度

空气释放值的精密度见 16-9。

表 16-9　　　　　　　　　　　　　　　空气释放值精密度

空气释放值	重复性（min）	再现性（min）
<5	0.7	2.1
5～10	1.3	3.6
>10～15	1.6	4.7

五、报告

报告试样在某种温度下的气泡分离时间以分表示即为该温度下的空气释放值。

第十节　运行中变压器油水溶性酸测定法

一、方法概要

运行中变压器油水溶性酸测定法是以等体积的蒸馏水和试油在 70～80℃下混合摇动，取其水抽出液，用酸度计测定其 pH 值。本法适用于测定绝缘油、汽轮机油中的水溶性酸。

本方法引用自 GB/T 7598—2008《运行中变压器油水溶性酸测定法》中海里奇比色计法。

二、仪器

（1）比色盘：pH 值为 3.8～5.4（溴甲酚绿），pH 值为 5.2～6.8（溴甲酚紫）。

（2）分液漏斗：250mL。

（3）锥形瓶：250mL。

（4）移液管：50mL。

（5）比色管：容量为 8mL。

（6）温度计：0～100℃。

（7）水浴锅。

三、试剂

（1）pH 值指示剂的配置方法见表 16-10。

表 16-10 pH 值指示剂的配置方法

指示剂名称	变色范围	配 制 方 法
溴甲酚绿	3.8～5.4	称取 0.1g 溴甲酚绿与 7.5mL 浓度为 0.02mol/L 的氢氧化钠一起研匀，用除盐水稀释至 250mL，再调整 pH 值为 4.5～5.4
溴甲酚紫	5.2～6.8	称取 0.1g 溴甲酚紫与 9.25mL 浓度为 0.02mol/L 氢氧化钠一起研匀，用除盐水稀释至 250mL，再调整 pH 值为 6.0

（2）试样用水为除盐水，煮沸后 pH 值为 6.0～7.0，电导率小于 3μS/cm（25℃）。

四、配制 pH 值标准比色液

（1）pH 值为 3.6～5.4 标准比色液的配制：分别取 pH 值 3.6～5.4 标准缓冲溶液 10mL 于 10mL 具塞比色管中，各加入 0.25mL 溴甲酚绿指示剂，并摇匀备用。

（2）pH 值为 5.5～7.0 标准比色液的配制：分别取 pH 值 5.5～7.0 标准缓冲溶液 10mL 于 10mL 具塞比色管中，各加入 0.25mL 溴甲酚紫指示剂，并摇匀备用。

注：标准比色液的有效期为 3 个月，每次配置时，必须采用新配制的标准缓冲溶液和新配制的指示剂。

五、试验步骤

量取试油 50mL，注入 250mL 的锥形瓶中，加入等体积且预先煮沸过的蒸馏水，于水浴锅中加热至 70～80℃，并摇动 5min；将锥形瓶中的液体倒入分液漏斗中，待分层冷却至室温后，取 10mL 水抽出液，加入比色管里同时加入 0.25mL 溴甲酚紫指示剂，摇匀后当呈现浅紫色或紫色时放入海里奇比色计的比色槽里与比色盘进行比色，记录其 pH 值；当呈现黄色时另取 10mL 水抽出液加入比色管，同时加入 0.25mL 溴甲酚绿指示剂，放入比色盒与标准比色液进行比色，记录其 pH 值。

六、精密度

精密度是平行测定两个 pH 值结果之间的差值，不应超过 ±0.1。

第十一节 原油凝点测定法

一、方法概要

原油凝点测定法是将经过预热的试油装入试管内，以 0.5～1℃/min 的冷却速度冷却到高于预期凝点 8℃时，每降 2℃观测一次试样的流动性，直到将试管水平放置 5s 而试样不流动时的最高温度称为凝点。

本方法适用于含水质量分数不超过 0.5% 的油品。

本方法引用自 SY/T 0541—2009《原油凝点测定法》。

二、仪器和试剂

（1）凝倾点自动测定仪。

（2）恒温水浴：控温精度 ±1℃。

（3）磨口瓶：100mL。

（4）无水乙醇。

三、准备工作

（1）预热油样，将盛有油样的磨口瓶置于恒温水浴中，并把油样预热至 50℃±1℃。

（2）按照凝倾点自动测定仪说明书要求进行开机操作。

四、试验步骤

（1）倒入油品到刻度线，拧紧油杯盖口。

（2）启动自动测定仪开始测试，试样管加热到 50℃±1℃后，将按照 0.5～1℃/min 的冷却速度对试样进行冷却。

（3）当预期凝点大于实际凝点 4℃ 以上时，自动测定仪将显示预凝点高。此时降低 4℃ 重新输入较低的预凝点值后，重新开始试验。

注：做黏度较大的油时，每次做完后，用无水乙醇冲洗一下，再用油冲洗。如放油慢，请加压力，操作方法为：按开阀键，放油后再按压力键，加压放油，然后按关阀键关上放油阀。

五、精密度

（1）重复性：同一操作者重复测定两个结果之差不应超过 2.0℃。

（2）再现性：由两个实验室提出的两个结果之差不应超过 3.0℃。

第十二节　绝缘油介电强度测定法

一、方法概要

绝缘油介电强度测定法是将油放在规定设备内，经受一个按一定速度均匀升压的交变电场的作用直至油被击穿。

适用于测定 40℃黏度不大于 $350mm^2/s$ 的绝缘油。

本方法引用自 GB/T 507—2002《绝缘油击穿电压测定法》。

二、仪器和试剂

（1）介电强度自动测定仪。

（2）油杯。

（3）石油醚。

三、准备工作

（1）试样在倒入试样杯前，轻轻摇动盛有试样的容器数次，以使试样中的杂质尽可能地分布均匀而不产生气泡。应避免试样与空气不必要的接触。

（2）试验前应用待测试样清洗杯壁、电极及其他部分。试油注入油杯时，应徐徐沿油杯壁流下，以减少气泡，在操作中，不允许用手触及电极、油杯内部和试油。

（3）在升压操作前，必须仔细检查线路的连接情况，地线的接地情况以及调压器把手是否放在起点位置。试样在室温 15～35℃、温度不高于 75% 的条件下进行。

四、试验步骤

（1）把准备好的油样置于电极架，合上盖子。

（2）按自动测定仪说明书要求启动仪器，检查电极间无可见气泡 5min 后进行加压操作，电压在电极间按 $2.0kV/s±0.2kV/s$ 的速率缓慢加压至试样被击穿。

（3）记录 6 次击穿电压的平均值。

五、报告

报告击穿电压的平均值作为试验结果，单位为 kV。

第十三节　绝缘油中溶解气体组分含量测定法

一、方法概述

绝缘油中溶解气体组分含量测定法是首先采集油样，其次取出油样中溶解的气体，然后用气相色谱仪分离、检测各气体组分，通过计算得到油中溶解气体组分含量。油中溶解气体分析结果以温度为 20℃，压力为 101.3kPa 下，每升油中所含各气体组分的微升数（μL/L）表示。

本方法引用自 GB/T 17623—2017《绝缘油中溶解气体组分含量的气相色谱测定法》。

二、仪器设备、材料

（1）恒温定时振荡器。

（2）气象色谱仪。

（3）氢空发生器。

（4）玻璃注射器：型号分别为 100、5、1.0、0.5mL。气密性好，芯塞灵活无卡涩，刻度经重量法校正。气密性检查可用玻璃注射器取可检出氢气含量的油样，应至少储存两周，在储存开始和结束时，分析样品中的氢气含量，以检验注射器的气密性。合格的注射器，每周允许损失的氢气含量应小于 2.5%。

（5）不锈钢针头：牙科 5 号针头。

（6）橡胶封帽。

（7）双头针头。

（8）标准混合气：有浓度检验合格证明及有效使用期。

（9）氢气：高纯（99.99%）。

（10）氮气或氩气：高纯（99.99%）。

三、准备工作

（1）按使用说明书设定恒温定时振荡器的控制温度与时间，升温至 50℃恒温备用。

（2）按使用说明书检查气相色谱仪性能，并使之处于稳定备用状态。

四、试验步骤

（1）取气。

1）贮气玻璃注射器的准备：取 5mL 玻璃注射器 A，抽取少量试油冲洗器筒内壁 1～2 次后，吸入约 0.5mL 试油，套上橡胶封帽，插入双头针头，针头垂直向上；将注射器内的空气和试油慢慢排出，使试油充满注射器内壁缝隙而不致残存空气。

2）试油体积调节：将 100mL 玻璃注射器 B 中油样推出部分，准确调节注射器芯至 40.0mL 刻度（V_1），立即用胶封帽将注射器出口密封。为了排除封帽凹部内空气，可用试油填充其凹部或在密封时先用手指压扁封帽挤出凹部空气后进行密封。操作过程中应注意防止空气气泡进入油样注射器 B 内。

3）加平衡载气：取 5mL 玻璃注射器 C，连接牙科 5 号针头，用氮气（或氩气）清洗 1～2 次，再抽取约 5.0mL 氮气（或氩气），然后将注射器 C 内气体缓慢注入有试油的注射器 B 内，加气速度以针尖在油中排出的气泡保持刚刚连续为宜。含气量低的试油，可适当增加注入平衡载气体积，但平衡后气相体积应不超过 5mL。一般分析时，采用氮气做平衡载气，如需测定氮组分，则要改用氩气做平衡载气。

4）振荡平衡：将注射器 B 放入恒温定时振荡器内的振荡盘上，注射器放置后，注射器头部要高于尾部约 5°，且注射器出口在下部（振荡盘按此要求设计制造）；启动振荡器振荡操作钮，连续振荡 20min，然后静止 10min；室温在 10℃以下时，振荡前，注射器 B 应适当预热后，再进行振荡。若振荡平衡后的气体量不足以分析，可适当补加平衡气，补加气量以平衡后气相总体积应不超过 5mL，重新振荡平衡。

5）转移平衡气：将注射器 B 从振荡盘中取出，并立即将其中的平衡气体通过双头针头转移到注射器 A 内；室温下放置 2min，准确读其体积 V_g（准确至 0.1mL），以备色谱分析用。为了使平衡气完全转移，也不吸入空气，应采用微正压法转移，即微压注射器 B 的芯塞，使气体通过双头针头进入注射器 A。不允许使用抽拉注射器 A 芯塞的方法转移平衡气。注射器芯塞应洁净，以保证其活动灵活。转移气体时，如发现注射器 A 芯塞卡涩时，可轻轻旋动注射器 A 的芯塞。

（2）脱气。

1）按取气步骤1要求准备注射器 A，连接到真空取气装置集气口，具有自动进样功能的真空取气装置无此步骤。

2）100mL 试油玻璃注射器 B 与真空取气装置的加油口连接，并应密封，不得渗入空气。

3）试油体积的定量应是参与取气的试油总量。具有自动定量功能的真空取气装置，试油用量应经过实测，精确至 0.5mL。

4）取气过程应按照所用装置说明书进行。

5）取气完成后记录注射器 A 中气体的体积，精确至 0.1mL。具有自动进样功能的真空取气装置无此步骤。

6）排尽残油。

（3）仪器的标定，采用外标定量法。外标定量法是指打开标准气钢瓶阀门，吹扫减压阀中的残气，用 1mL 玻璃注射器 D 准确抽取已知各组分浓度 c_{is} 的标准混合气 0.5mL（或 1mL）进样标定。从得到的色谱图上计量各组分的峰面积 A_{is}（或峰高 h_{is}）。

标定仪器应在仪器运行工况稳定且相同的条件下进行，两次相邻标定的重复性应在其平均值的 ±1.5% 以内。每次试验前均应标定仪器。至少重复操作两次，取其平均值。

（4）试样分析。用 1mL 玻璃注射器 D 从注射器 A（机械振荡法）或气体继电器气体样品中准确抽取样品气 0.5mL（或 1mL），进样分析；从所得色谱图上计量各组分的峰面积 A_i（或峰高 h_i）；重复脱气、进样操作一次，取其平均值。

样品分析应与仪器标定使用同一支进样注射器，取相同进样体积。

五、精密度

（1）重复性：

1）油中溶解气体浓度大于 10μL/L 时，两次测定值之差应小于平均值的 10%。

2）油中溶解气体浓度小于或等于 10μL/L 时，两次测定值之差应小于平均值的 15% 加两倍该组分气体最小检测浓度之和。

（2）再现性：

再现性指两个试验室测定值之差的相对偏差：在油中溶解气体浓度大于 10μL/L 时，为小于 15%；小于或等于 10μL/L 时，为小于 30%。

第十四节　绝缘油中含气量的测定

一、方法概述

绝缘油中含气量的测定方法是按 GB/T 7597—2007《电力用油（变压器油、汽轮机油）

取样方法》的规定采集被测油样，采用机械振荡法脱出油样中的气体，用气相色谱仪分离、检测各气体组分，进行结果计算，结果以体积分数（％）表示。

本方法引用自 GB/T 17623—2017《绝缘油中溶解气体组分含量的气相色谱测定法》。

二、仪器设备、材料

（1）恒温定时振荡器。

（2）气象色谱仪。

（3）氢空发生器。

（4）玻璃注射器：型号分别为 100、50、10、5、1.0mL。气密性好，芯塞灵活无卡涩。

（5）不锈钢针头：牙科 5 号针头。

（6）橡胶封帽：弹性好，不透气。

（7）标准混合气：有浓度含量、检验合格证明及有效使用期。

（8）氢气：高纯（99.99％）。

（9）氩气：高纯（99.99％）。

三、准备工作

（1）应设定恒温定时振荡器控制温度与时间，然后升温至 50℃恒温备用。

（2）气相色谱仪按照使用说明书开机并处于稳定备用状态。

四、试验步骤

（1）脱气操作步骤：

1）用 100mL 注射器 A 按照 GB/T 7597—2007《电力用油（变压器油、汽轮机油）取样方法》中全密封方式取样的有关规定进行取样，并准确调整至 40.0mL，用橡胶封帽将注射器出口密封。

2）用高纯氩气清洗 10mL 注射器 B 至少 3 次，然后抽取 10mL 高纯氩气，通过橡胶封帽缓慢注入有试油的注射器 A 内。

3）将注射器 A 放入恒温定时振荡器内，注射器头部高于尾部约 5°，且注射器出口在下部；在 50℃下连续振荡 20min，静置 10min。

4）取一支 5mL 玻璃注射器 C，先用高纯氩气清洗 3 次，再用试油清洗 1～2 次，吸入约 0.5mL 试油，戴上橡胶封帽，插入双头针头，使针头垂直向上，将注射器中的气体慢慢排出，从而使试油充满注射器 C 的缝隙而不致残留空气。

5）将注射器 A 从脱气装置中取出，立即将其中的平衡气体通过双头针头转移到注射器 C 中，室温下放置 2min，准确记录其体积（V_g），以备分析用。

（2）仪器的标定。采用外标定量法。外标定量法是准确抽取 1mL（或 0.5mL）标准气体，在气相色谱仪稳定的情况下进样，至少重复操作两次，用两次峰高 h_{sj} 或峰面积 A_{sj} 的平均值进行计算。每次试验均应标定仪器。

（3）试样分析。用高纯氩气冲洗 1mL 注射器 D 三次，然后从注射器 C 中准确抽取样品气 1mL（或 0.5mL），进行分析，重复操作两次，用两次峰高 h_{sj} 或峰面积 A_{sj} 的平均值进行计算。

五、结果计算

按式（16-3）计算含气量结果：

$$\varphi = \sum_{i=1}^{n} C_{L(i)}^{0} \times 10^{-4} \qquad (16\text{-}3)$$

式中　φ——油中含气量，%；

n——油中溶解气体组分个数，一般指 O_2、N_2、CO、CO_2 4 个组分。

第十五节　油中颗粒度的测定

一、方法概述

自动颗粒计数仪是依据遮光原理来测定油的颗粒度，适用于无可见颗粒样品的测试。当油样通过传感器时，油中颗粒会产生遮光，不同尺寸颗粒产生的遮光不同，传感器将所产生的遮光信号转换为电脉冲信号，再划分到按标准设置好的颗粒度尺寸范围内并计数。

适用于磷酸酯抗燃油、涡轮机油、变压器油及其他辅机用油颗粒度的测定。

本方法引用自 DL/T 432—2018《电力用油中颗粒度测量方法》。

二、仪器设备、材料

（1）超声波清洗器：工作频率 20～50kHz，带加热恒温功能。

（2）恒温水浴锅：室温大约为 90℃。

（3）真空泵：真空度不小于 86kPa，抽气速率 30L/min。

（4）过滤装置Ⅰ：法兰式过滤装置，供过滤清洁液用。

（5）微孔滤膜：用于过滤清洁液，孔径分别为 0.8、0.45μm 和 0.3μm，宜采用聚四氟乙烯材质。

（6）取样瓶：250mL，具塞和塑料薄膜衬垫。

（7）量筒：100mL。

（8）石油醚：分析纯，沸程 90～120℃。

（9）甲苯（或二甲苯）：分析纯。

（10）异丙醇：析纯。

（11）除盐水或蒸馏水。

（12）自动颗粒计数仪。

三、准备工作

（1）清洁液的制备：依次用孔径为 0.8、0.45、0.3μm 的滤膜过滤异丙醇、石油醚、甲苯和除盐水或蒸馏水等溶剂制得清洁液。

（2）取样瓶的准备。

1）先将取样瓶、瓶盖和塑料薄膜衬垫按 GB/T 7597—2007《电力用油（变压器油、汽轮机油）取样方法》规定的方法清洗干净。

2）向清洗干净的取样瓶中注入总容积为 45%～55% 的清洁液，垫上薄膜，盖上瓶盖后充分摇动，用自动颗粒计数仪测量每 100mL 液体中粒径大于 5μm 的颗粒数。

注：检验取样瓶所用的清洁液，应根据瓶的干燥程度选用。若取样瓶中有水存在，选用异丙醇；若取样瓶干燥，选用石油醚。

3）取样瓶的颗粒度应比被取油样至少低三级或颗粒数不超过 100 粒，并将结果记录在取样瓶的标签上。

4）经检验合格的取样瓶底部留有约 10mL 清洁液，瓶盖与瓶口之间垫上薄膜，密封备用。

（3）取样。

1）取样的基本原则应遵循 GB/T 7597—2007《电力用油（变压器油、汽轮机油）取样方法》的规定。

2）取样时，应先倒掉取样瓶中保留的少量清洁液，再取样。

3）从设备的取样阀取样时，要保证取样阀可提供大约 500mL/min（最小 100mL/min）的流量，并在取样阀下部放置污油桶。取样时应先用干净绸布蘸取石油醚擦净阀口，再打开、关闭取样阀 3～5 次以冲洗取样阀，放出足够数量的油液，至少 500mL 油液但不少于取样管路总体积的 5 倍。在不改变通过取样阀液体流量的情况下，接入取样瓶取样 200mL后，移走取样瓶并马上盖好瓶盖，再关闭取样阀，移走污油桶。

4）从油桶中取样，取样装置应用 0.45μm 滤膜滤过的清洁液冲洗干净，取样前，将油桶顶部、上盖用绸布沾石油醚擦洗干净。用取样装置从油桶中抽取约 5 倍于取样管路容积的油样冲洗取样管路，冲洗油收集在废油瓶里。从油桶的上、中、下三个部位向清洁取样瓶取样约 200mL，盖好取样瓶。

5）油样应密封保存，测量时再启封。

6）现场取样时应采取适当措施防止环境灰尘对样品影响。

四、试验步骤

（1）油样的预处理。油样的预处理可主要分为以下五种情况：

1）若油样不透明或有轻微乳化现象时，应预先将油样加热至 75～80℃，并恒温不少于30min，使油样透明后才可进行测试。

2）若油样有明显的乳化现象（用加热方法无法消除乳化现象）时，应预先向油中加入一定量适宜的清洁液，使油样透明后才可进行测试。分别记录油样（V_A）和加入清洁液的量（V_B）。

3）若油样乳化现象严重时，可考虑用显微镜法。

4）若被测油样的黏度过大，进入仪器传感器的油达不到额定流速，或者油样的颗粒浓度超过了传感器允许的极限值时，应选适宜清洁液稀释油样后，记录油样（V_A）和加入清洁液的量（V_B）。

5）若被测油样的黏度过大时，也可以采用热水浴加热油样，以便降低油样的黏度，热水浴的温度不应超过 80℃。

（2）测试前用合适的清洁液冲洗传感器和整个测试管路。

（3）充分摇动油样使颗粒分布均匀，将其置于超声浴中振荡脱气至样品中心无肉眼可见的气泡为止，然后取出取样瓶并擦干外部。将其置于仪器压力舱中，并开动搅拌器，使油样中颗粒均匀分散，注意控制搅拌速度不要产生气泡。

（4）按仪器操作说明书，启动仪器进行测定，调节压力使通过传感器的油样达到额定流速，每个油样至少重复计数三次。

（5）测试完毕，取下试瓶，用合适的清洁液冲洗仪器管道及传感器通道，冲洗完毕后宜用通过 0.45μm 过滤器过滤且无油无水的空气吹扫管道中的清洁液，避免 O 形圈等长时间暴露在有机蒸汽中。

（6）若油样未经恒温或加清洁液预处理测试结果不合格时，应考虑对油样进行预处理后，重新进行测试，报告以重新测试结果为准。

五、结果计算

测定结果按式（16-4）计算：

$$c = \frac{c_A(V_A + V_B) - c_B V_B}{V_A} \tag{16-4}$$

式中　c——被测油样中某尺寸范围的颗粒数量，个/100mL；

　　　c_A——某尺寸范围的粒径几次平行测定结果平均值，个/100mL；

　　　c_B——稀释液中某尺寸范围的颗粒数量，个/100mL；

　　　V_A——油样体积，mL；

　　　V_B——稀释液体积，mL。

第十六节　油界面张力的测定

一、方法概述

界面张力是通过一个水平的铂丝测量环从界面张力较高的液体表面拉脱铂丝圆环，也就是从水油界面将铂丝圆环向上拉开所需的力来确定。在计算界面张力时，所测得的力要用一个经验测量系数进行修正，此系数取决于所用的力、油和水的密度以及圆环的直径。测量是在严格、标准化的非平衡条件下进行，即在界面形成后 1min 内完成此测定。本方法引用自 GB/T 6541—1986《石油产品油对水界面张力测定法》。

二、仪器设备、材料

（1）界面张力仪：备有周长为 40mm 或 60mm 的铂丝圆环。

（2）圆环：用细铂丝制成一个周长为 40mm 或 60mm 圆度较好的圆环，并用同样细铂丝焊于圆环上作为吊环，必须知道两个重要的参数，即圆环的周长，圆环的直径与所用铂丝的直径之比。

（3）试样杯：直径不小于 45mm 的玻璃杯或圆柱形器皿。

三、准备工作

（1）用石油醚清洗全部玻璃器皿，接着分别用丁酮和水清洗，再用热的铬酸洗液浸洗，以除去油污。最后用水及蒸馏水冲洗干净。如果试样杯不立即使用，应将试样杯倒置于一块清洁布上沥干。

在石油醚中清洗铂丝圆环，接着用丁酮漂洗，然后在煤气灯的氧化焰中加热铂丝圆环。

（2）仪器的校正：

1）按照制造厂规定方法，用砝码校正界面张力仪。调节张力仪的零点。

2）再用砝码校正张力仪。使圆环每一部分都在同一平面上。

3）试样用直径为 150mm 的中速滤纸过滤，每过滤约 25mm 试样后更换一次滤纸。

四、试验步骤

（1）测定试样在 25℃的密度，准确至 0.001g/mL。

（2）把 50～75mm 25℃±1℃的蒸馏水倒入清洗过的试样杯中，将试样杯放到界面张力仪的试样座上，把清洗过的圆环悬挂在界面张力仪上，升高可调节的试样座，使圆环浸入试样杯中心处的水中，目测至水下深度不超过 6mm 为止。

（3）慢慢降低试样座，增加圆环系统的扭矩，以保持扭力臂在零点位置，当附着环上的水膜接近破裂点时，应慢慢地进行调节，以保证水膜破裂时扭力臂仍在零点位置，当圆环拉脱时读出刻度数值，使用水和空气密度差 $(\rho_0 - \rho_1) = 0.997g/mL$ 这个值计算水的表面张力，计算结果应为 71～72mN/m。如果低于这个计算值，可能是由于界面张力仪调节不当或容器不净所致，应重新调节界面张力仪，清洗圆环和用热的铬酸洗液浸洗试样杯，然后重新测定。若测得仍较低，就要进一步提纯蒸馏水。

（4）用蒸馏水测得准确结果后，将界面张力仪的刻度盘指针调回零点，升高可调节的试样座，使圆环浸入蒸馏水的 5mL 深度，在蒸馏水慢慢倒入已调至 25℃±1℃ 过滤过后试样至约 10mm 高度，注意不要使圆环触及油-水界面。

（5）让油-水界面保持 30s±1s，然后慢慢降低试样座，增加圆环系统的扭矩，以保持扭力臂在零点。当附着在圆环上水膜接近破裂时，扭力臂仍在零点上。上述这些操作，即圆环从界面提出来的时间应尽可能地接近 30s。当接近破裂点时，应很缓慢地调节界面张力仪，因为液膜破裂通常是缓慢的，如果调节太快则可能产生滞后现象使结果偏高。从试样倒入试样杯，至油膜破裂全部操作时间大约 60s，记下圆环从界面拉脱时的刻度盘读数。

五、计算结果

测定结果按式（16-5）计算：

$$\delta = MF \tag{16-5}$$

式中　M——膜破裂时刻度盘读数，mN/m；

　　　F——系数。

第十七节　电力用油开口杯老化的测定

一、方法概述

电力用油开口杯老化的测定方法是对补充油样进行全面检测，以确定其检测结果符合相关运行油的质量标准后，将分别装有运行油样、补充油样和混合油样（油样中均含有铜催化剂）的烧杯放入温度为 115℃±1℃ 的老化试验箱内 72h，取出后分别对老化后各油样的酸值、油泥等项目进行测试，根据相关油品运行维护管理导则判断是否可以混合使用。本方法引用自 DL/T 429.6—2015《电力用油开口杯老化测定法》。

二、仪器设备、材料

（1）老化试验箱或电热鼓风恒温箱。

（2）天平：感量 0.1、0.5 、0.1g。

（3）烧杯：400mL。

（4）量筒：100mL。

（5）锥形烧瓶：200～300mL。

（6）碱式微量滴定管：1～2mL，分度为 0.02mL。

（7）温度计：0～150℃，分度为 0.5℃。

（8）恒温水浴：室温～90℃。

三、试验步骤

（1）补充油样的检测。

1）变压器油样品应按照 GB/T 7595—2017《运行中变压器油质量》规定的项目进行检测，检测结果要符合该标准运行油质量指标的要求。

2）汽轮机油样品应按照 GB/T 7596—2017《电厂运行中矿物涡轮机油质量》规定的项目进行检测，检测结果要符合该标准质量指标的要求。

3）抗燃油样品应按照 DL/T 571—2014《电厂用磷酸酯抗燃油运行维护导则》规定的项目进行检测，检测结果要符合该标准运行油质量指标的要求。

（2）开口杯老化试验。开口杯老化试验是在清洁干燥的烧杯中，分别称取运行油样、补充油样和混合油样，混合油样应按实际混油比例进行充分混合摇匀，同时用镊子将螺旋形铜丝放入烧杯中。应将盛有油样的烧杯放在搪瓷盘上（或搪瓷缸内），然后放入老化试验箱内，待温度升至 115℃±1℃时，记录时间，恒温 72h。油样老化时，若采用电热鼓风恒温箱进行试验，则盛油样的烧杯在恒温箱里的位置应周期性地更换，应每隔 24h 更换一次位置，以减少可能出现的温差影响。取样量如下：

1）对于变压器油样品，分别称取运行油样、补充油样和混合油样各 400g（准确至 0.1g）。

2）对于汽轮机油样品，分别称取运行油样、补充油样和混合油样各 200g（准确至 0.1g）。

3）对于抗燃油样品，分别称取运行油样、补充油样和混合油样各 200g（准确至 0.1g）。

（3）老化试验后油样的测试。老化试验后油样的测试是指开口杯老化试验结束后，取出盛有油样的烧杯，冷却至室温，对这些老化后油样分别进行相关项目的测试。对变压器油，老化后各油样进行酸值、油泥和介质损耗因数的测试；对汽轮机油，老化后各油样进行酸值和油泥的测试；对抗燃油，老化后各油样进行酸值、油泥和电阻率的测试。具体测试下：

1）对于变压器油应按照 GB/T 14542—2017《变压器油维护管理导则》的相关要求进行判断。

2）对于汽轮机油应按照 GB/T 14541—2017《电厂用矿物涡轮机油维护管理导则》的相关要求进行判断。

3）对于抗燃油应按照 DL/T 571—2014《电厂用磷酸酯抗燃油运行维护导则》的相关要求进行判断。

第十七章

环境监测方法

在发电厂环境监测方面，化学化验室日常监督项目主要有废水监测、脱硫系统监测、厂界噪声、生产性粉尘、磁场监测等。限于篇幅本章主要对废水及脱硫系统的日常监督方法进行介绍，其他项目监督方法请参考相关技术标准。

第一节　石灰石浆液的化验方法

一、浆液密度测定

（1）浆液密度测定原理。浆液密度测定原理是用已知容积的密度瓶采样，通过称量采样前后的密度瓶重量，计算得出浆液密度。

本方法引用于 DL/T 1483—2015《石灰石-石膏湿法烟气脱硫系统化学及物理特性试验方法》中密度瓶法。

（2）仪器：

1）密度瓶/具塞磨口试剂瓶：50mL 及以上。

2）温度计：0～100℃，分度 0.1℃。

3）干燥箱：可控温度包含 105～110℃；控温精度±1℃。

4）天平：精确至±0.01g。

5）一般实验室仪器。

（3）测量方法：

1）测量密度瓶的准确体积。测量密度瓶的准确体积是指将密度瓶用去离子水充分洗涤干净后，放入干燥箱中烘干，取出后冷却至室温，称重（mL），连续两次称量之差应小于 0.04g。

然后用去离子水充满密度瓶，瓶内不得有气泡存在，外表面用滤纸吸干，重新称重为 m_2，连续两次称量之差小于 0.04g。记录称重时的室温，查出该温度下去离子水的密度为 ρ_0。

密度瓶体积 V 按式（17-1）计算：

$$V=\frac{m_2-m_1}{\rho_0} \tag{17-1}$$

式中　V——密度瓶容积，mL；

　　　m_2——密度瓶＋去离子水质量，g；

　　　m_1——密度瓶质量，g；

　　　ρ_0——去离子水密度，kg/L。

2）样品采集。样品采集指直接用密度瓶采样，注满密度瓶后，旋紧瓶塞，多余的浆液从瓶口溢出（瓶内不得有气泡）。

3）浆液密度测定。浆液密度测定指装有浆液样品 A 的密度瓶外表用水冲洗干净并用滤纸吸干后，称重为 m_3，连续两次称量之差小于 0.04g。

4）结果表示。浆液密度 ρ 按式（17-2）计算：

$$\rho = \frac{m_3 - m_1}{V} \tag{17-2}$$

式中　ρ——浆液密度，精确到小数点后两位，kg/L；

　　m_3——密度瓶与样品质量，g。

二、浆液细度的测定

（1）浆液细度的测定原理。浆液细度的测定原理是采用 45μm 或 63μm 方孔筛（根据系统设计需要可选用其他孔径的方孔筛）对石灰石浆液试样进行筛析试验，用筛上筛余物质量占浆液试样中固体总量的质量分数来表示石灰石浆液中石灰石的细度。

本方法引用于 DL/T 1483—2015《石灰石-石膏湿法烟气脱硫系统化学及物理特性试验方法》中水筛法。

（2）仪器：

1）干燥箱，控温精度±1℃。

2）分析天平，精确至±0.1mg。

3）称量瓶。称量瓶在 105～110℃干燥箱内烘干 30min 后，取出置于干燥器内，冷却至室温，称量。重复上述操作，直至二次称量相差不超过 0.4mg。

4）45μm 或 63μm 方孔筛，使用前用清水将筛子冲洗干净。

注：试验筛应经常保持洁净，筛孔通畅，每次使用后，试验筛要彻底清洗干净并烘干至恒重。金属框筛、铜丝网筛清洗时应用专门的清洗剂，不可用弱酸浸泡。

5）一般实验室仪器。

（3）测定方法。

1）准确量取与石灰石浆液固含量分析所用的同一浆液的实验室样品，记其体积为 v_1，倒入 45μm 或 63μm 方孔筛内，调节水龙头水压以水在筛内不溅出为合适，连续冲洗至筛底部出水清晰透明为止；筛毕，将筛内石灰石粉自然晾干后小心用药匙和毛刷将筛内剩余的石灰石粉移至称量瓶，在 105～110℃烘干，冷却至室温称量；反复烘干，直至二次质量相差不超过 0.4mg，扣除称量瓶质量即为筛余量，记为 R_1。

2）按本章测量固含量的方法测定同一实验室样品的固含量，计为 C_1。

（4）结果表示。石灰石浆液中石灰石筛余质量分数按式（17-3）计算：

$$F = \frac{R_1}{C_1 \times V_1} \times 10^5 \tag{17-3}$$

式中　F——石灰石的筛余质量分数，结果保留一位小数，%；

　　R_1——筛余物质量，g；

　　C_1——石灰石浆液固含量，g/L；

　　V_1——石灰石浆液试样的体积，mL。

三、固含量的测定

（1）固含量的测定原理。固含量的测定原理是废水、浆液和滤液中的固体物质，系指截留在过滤器上并在一定温度下烘干至恒重的物质。

本方法引用于 DL/T 1483—2015《石灰石-石膏湿法烟气脱硫系统化学及物理特性试验方法》中重量法。

（2）样品处理。

1）此法用于测定废水或滤液悬浮物含量时，漂浮或浸没的不均匀固体物质不属于悬浮物质，应从水样中除去，但测定石灰石或石膏浆液固含量时，不受此限。

2）储存水样时不能加入任何保护剂，以防止破坏物质在固、液相间的分配平衡。

（3）仪器。

1）全玻璃微孔过滤器（G4）。

注：新的过滤器使用前先用盐酸溶液（1+4）洗净，再用去离子水冲洗数次；使用后的过滤器应及时在铬酸洗涤液中浸泡一夜后冲洗干净，再置于超声波清洗器中清洗。

2）抽滤瓶、真空泵。

3）铬酸洗涤液：称取已经研细的重铬酸钾 5g 置于 250mL 烧杯中，加去离子水 10mL 加热溶解，冷却后再慢慢加入 80mL 浓硫酸，边加边搅拌，配好的溶液为深褐色，贮于磨口塞小口瓶中密塞备用，使用时防止被水稀释。

（4）测量方法。

1）将过滤器于 105～110℃（石膏浆液固含量测定，烘干温度应采用 42～48℃）下烘干至两次称量之差不大于 0.4mg；将恒重的全玻璃微孔过滤器正确地放置于抽滤瓶上固定好，以去离子水湿润过滤器，并不断抽滤。

2）准确量取一定量充分混合均匀的实验室样品，抽吸过滤，使水分全部通过过滤器；再以每次 10mL 去离子水连续洗涤三次，继续抽滤以除去残余水分；停止抽滤后，取出载有截留物的过滤器，放在干净的托盘上，移入干燥箱中，烘干温度应采用 42～48℃下烘干至两次称量之差不大于 0.4mg。

（5）结果表示。固含量按式（17-4）计算：

$$c_s = \frac{(A-B) \times 10^6}{V_{ss}} \tag{17-4}$$

式中　c_s——样品中固含量，mg/L；

　　　A——截流物＋过滤器质量，g；

　　　B——过滤器重量，g；

　　　V_{ss}——试样体积，mL。

第二节　石膏浆液的化验方法

一、pH 值测定

（1）pH 值测定原理。pH 值测定原理是以玻璃电极为指示电极，以 Ag/AgCl 等为参比电极，合在一起组成 pH 值复合电极，利用 pH 值复合电极电动势随氢离子活度变化而发生偏移来测定样品的 pH 值。复合电极 pH 计通常带有温度补偿装置，用以校正温度对电极的影响。为了提高测试结果的准确度，校准仪器时选用的标准缓冲溶液的 pH 值应与待测液的 pH 值接近。由于浆液 pH 值变化很快，应在流动的浆液中测试；不具备条件时，可在现场用采样瓶采样后，立即在采样瓶中测试。本方法引用于 DL/T 1483—2015《石灰石-石膏湿法烟气脱硫系统化学及物理特性试验方法》中 pH 计法。

（2）实验仪器及试剂：

1）pH 计，精确度在±0.1 以上。

2）pH 复合电极。

3）可购买经中国计量科学研究院检定合格的袋装 pH 值标准物质，参照说明书使用。自行配制 pH 值标准缓冲溶液时，配制方法参照 GB/T 27501—2011《pH 值测定用缓冲溶液制备方法》。

（3）实验方法：

1）电极应严格按使用说明书使用、保存，并在使用前、后进行清洗与处理。

2）pH 计使用前应先标定。pH 计使用前的标定是指用去离子水清洗过的电极经过 pH 值为 4.00、6.86 和 9.18 的单点或多点校准和标定。

3）测量前，用去离子水清洗电极头部，再用待测浆液清洗。

4）直接在采样管出口测试流动浆液的 pH 值。

5）测量后，清洗电极，按要求存放。

（4）结果表示：

1）pH 值精确到 0.1，温度精确到 1℃。

2）测试结果的表达需同时给出浆液温度。

3）取两次平行测定的算术平均值为测试结果，平行测定结果的绝对差值不大于 0.2。

二、水溶性氯离子测定

（1）原理。浆液经过滤器过滤后，取一定量的滤液，以铬酸钾为指示剂，用硝酸银标准溶液滴定。

本方法引用于 DL/T 1483—2015《石灰石-石膏湿法烟气脱硫系统化学及物理特性试验方法》中硝酸银滴定法。

（2）仪器和试剂。试验所用试剂除另有说明外均为分析纯试剂，所用水应满足 GB/T 6682—2008《分析实验室用水规格和实验方法》中二级水的要求。

1）G3 全玻璃微孔过滤器。

注：新的过滤器使用前先用盐酸溶液（1+4）洗净，再用去离子水冲洗数次；使用后的过滤器及时在铬酸洗涤液中浸泡一夜后冲洗干净，再置于超声波清洗器中清洗。

2）真空抽滤装置。

3）抽滤瓶。

4）硝酸银标准溶液，浓度为 0.01mol/L：按 GB/T 601—2016《化学试剂 标准滴定溶液的制备》中配制与标定得到的硝酸银标准滴定溶液 $c(AgNO_3)=1mol/L$ 稀释制得。

5）铬酸钾溶液，浓度为 50g/L：将 5g 铬酸钾（K_2CrO_4）溶于少量去离子水中，滴加硝酸银标准溶液至有红色沉淀生成，静置 12h 后，过滤去除沉淀，加去离子水至 100mL。

6）氢氧化钠溶液，浓度为 0.05mol/L。

7）酚酞指示剂溶液，浓度为 10g/L：将 1g 酚酞溶于 100mL 95％乙醇或无水乙醇中。

8）稀硝酸溶液，1％。

（3）石膏浆液样品处理：

1）将过滤器安装在抽滤瓶上，启动真空泵。

2）将充分摇匀的石膏浆液实验室样品，快速倒入 100mL 的量筒中（一次性倒入 100mL 量筒内，体积不少于 50mL，量筒倒入浆液后不能再次倒入），记录浆液体积 V_1；将浆液样品逐次转入过滤器中，进行抽滤；浆液全部过滤后，用少量去离子水充分洗涤过滤器。

3）取下过滤器，将抽滤瓶中的滤液全部转入 250mL 容量瓶中，并用少量去离子水充分洗涤抽滤瓶，洗涤液一并转入容量瓶，用去离子水将容量瓶定容至刻度，定容体积记为 V_2。此容量瓶中的溶液称为溶液 A，用于分析液相中水溶性成分水溶性氯化物、钙离子、镁离子、硫酸根离子等。

（4）测量方法：

1）准确量取一定体积（记为 V_3，单位为 mL）的溶液 A，放入 250mL 锥形瓶中，加去离子水至 50mL，加入 1 滴酚酞指示剂溶液，用氢氧化钠溶液调节至溶液呈红色，然后用稀硝酸溶液调节至红色刚好褪去，加入 10 滴铬酸钾溶液，用硝酸银标准溶液滴定至浅橘黄色，消耗的体积记为 V_5，单位为 mL。

2）用去离子水代替样品，同样的方法做空白滴定，消耗硝酸银标准溶液体积记为 V_4，单位为 mL。

（5）结果表示。浆液中氯离子的含量 $c(\mathrm{Cl^-})$（mg/L）按式（17-5）计算得出：

$$c(\mathrm{Cl^-}) = \frac{V_2 \times (V_5 - V_4)}{V_1 \times V_3} \times c(\mathrm{AgNO_3}) \times 33.45 \times 1000 \qquad (17\text{-}5)$$

式中　$c(\mathrm{AgNO_3})$——硝酸银标准滴定溶液浓度，mol/L。

三、水溶性硫酸盐测定

（1）原理。在盐酸溶液中，硫酸根与加入的氯化钡反应形成硫酸钡沉淀。沉淀反应在接近沸腾的温度下进行，并在陈化一段时间之后过滤，用去离子水洗涤到无氯离子，烘干或灼烧沉淀，称硫酸钡的重量。

该方法引用于 DL/T 1483—2015《石灰石-石膏湿法烟气脱硫系统化学及物理特性试验方法》中硫酸钡重量法。

（2）仪器和试剂。试验所用试剂除另有说明外均为分析纯试剂，所用水应满足 GB/T 6682—2008《分析实验室用水规格和实验方法》中二级水的要求。

1）高温炉。

2）分析天平，精确至 ± 0.1mg 以上。

3）盐酸溶液，1+1。

4）氨水溶液，1+1。

5）甲基红指示剂溶液，浓度为 1g/L：将 0.1g 甲基红钠盐溶解在 100ml 无水乙醇中。

6）二水合氯化钡溶液，浓度为 100g/L：将 100g 二水合氯化钡溶于约 800mL 去离子水中，加热有助于溶解，冷却溶液并稀释至 1L，储存在玻璃或聚乙烯瓶中。此溶液能长期保持稳定，1mL 可沉淀约 40mg 硫酸根。

（3）样品处理及测量方法

1）准确量取一定体积记为 V_3（单位为 mL）的溶液 A 置于 500mL 烧杯中，加 2 滴甲基红指示剂，用适量的盐酸溶液或者氨水调至显橙黄色，再加 2mL 盐酸，加去离子水使烧杯中溶液的总体积在 250mL 左右。

2）玻璃棒底部压一小片定量滤纸，盖上表面皿，加热煮沸，在微沸下从杯口缓慢逐滴加入 15mL 热的氯化钡溶液，继续微沸数分钟至沉淀良好的形成，然后在常温下静置 12～24h 或温热处静置至少 4h，溶液体积应保持在约 200mL；用慢速定量滤纸过滤，以热去离子水洗涤，用带胶头的玻璃棒和一小片定量滤纸分别擦洗烧杯及玻璃棒，洗涤至检验无氯离子为止。

3）将过滤滤纸连同沉淀及擦洗用滤纸一并放入已灼烧恒量的瓷坩埚中，灰化完全后，再放入 800～950℃的高温炉内灼烧 30min，取出坩埚，置于干燥器中冷却至室温，称量；反复灼烧，直至恒重两次称量之差不大于 0.4mg。

（4）结果表示。浆液中硫酸根离子的含量按式（17-6）计算得出：

$$c(SO_4^{8-}) = \frac{V_2}{V_1 \times V_3} \times G \times 411.6 \times 1000 \tag{17-6}$$

式中　G——从试样中沉淀出来的硫酸钡质量，g。

四、水溶性钙离子和镁离子的测定

（1）溶性钙离子和镁离子的测定原理。溶性钙离子和镁离子的测定原理是取浆液过滤后的溶液 A，在 pH 值 12.5 上的强碱性溶液中，以钙羧酸作指示剂，用乙二胺四乙酸二钠（EDTA）标准溶液滴定水溶性钙离子；在 pH 值约等于 10 时，以酸性铬蓝 K-萘酚绿 B 作混合指示剂，用乙二胺四乙酸二钠（EDTA）标准溶液滴定水溶性钙镁总量，用差减法求得水溶性镁离子总量。

该方法引用于 DL/T 1483—2015《石灰石-石膏湿法烟气脱硫系统化学及物理特性试验方法》中 EDTA 滴定法。

（2）试剂配制。试验所用试剂除另有说明外均为分析纯试剂，所用水应满足 GB/T 6682—2008《分析实验室用水规格和实验方法》中二级水的要求。

1）盐酸溶液，1+1。

2）氢氧化钾溶液，浓度为 200g/L。

3）三乙醇胺，1+1。

4）氯化铵—氨水缓冲溶液（pH 值约等于 10）：称取 67.5g 氯化铵溶于 300mL 去离子水中，加 570mL 氨水，移入 1000mL 容量瓶中，用去离子水稀释至刻度，摇匀。

5）乙二胺四乙酸二钠（EDTA）标准溶液，$c(EDTA) = 0.02mol/L$：按 GB/T 601—2016《化学试剂 标准滴定溶液的制备》配制与标定。

6）钙羧酸指示剂：称取 1g 钙羧酸与 100g 经 105℃烘干的氯化钠，研细，混匀，保存于磨口瓶中。

7）铬黑 T 指示剂，浓度为 5g/L：称取 0.5g 铬黑 T，溶解于 100mL 三乙醇胺溶液中（使用期为半个月）。

注 1：铬黑 T 指示剂也可配成铬黑 T 干粉指示剂，称取 0.5g 铬黑 T 与 100g 氯化钠充分混合，研磨后通过 40 目≈50 目筛，盛放在棕色瓶中，塞紧瓶盖。

注 2：铬黑 T 指示剂也可用酸性铬蓝 K-萘酚绿 B 做指示剂代替，其配制与使用参见 GB/T 15057.2—1994《化工用石灰石中氧化钙和氧化镁含量的测定》。

（3）分析步骤。

1）水溶性钙离子的测定：准确量取一定体积（记为 V_3，单位为 mL）的溶液 A，放入 250mL 锥形瓶中，加入适量氢氧化钾溶液，使溶液 pH 值大于 12.5，加入少许钙羧酸指示剂，摇匀，用乙二胺四乙酸二钠（EDTA）标准溶液滴定至溶液由暗红色变为亮绿色为终点，记录消耗体积为 V_4，单位为 mL。

注：由于待测液中镁离子浓度高于钙离子浓度，有时会出现镁离子包裹现象。当出现这种情况时，可按下述方法加以消除：滴定至指示剂变色后，加 1～2 滴稀硝酸至 pH 值小于 10，再加入数滴稀氢氧化钾至 pH 值大于 12.5，然后继续用 EDTA 标准溶液滴定至溶液由暗红色变为亮绿色为终点。

2）水溶性镁离子的测定：准确量取体积为 V_3 的溶液 A，放入 250mL 锥形瓶中，加入氯化铵—氨水缓冲溶液，使溶液 pH 值大于 10，加入几滴铬黑 T 指示剂溶液或一小勺干粉指示剂，摇匀，用乙二胺四乙酸二钠（EDTA）标准溶液滴定至溶液由紫红色变为天蓝色为终点，记录消耗体积为 V_4，单位为 mL。

（4）结果表示：

1）水溶性钙离子。水溶性钙离子的浓度按式（17-7）进行计算：

$$c(\mathrm{Ca}^{2+}) = \frac{V_2 \times V_4}{V_1 \times V_3} \times c(\mathrm{EDTA}) \times 40.08 \times 1000 \qquad (17\text{-}7)$$

式中 $c(\mathrm{EDTA})$——EDTA 标准溶液浓度，mol/L；

　　　40.08——钙离子的摩尔质量。

其他符号意义同上。

2）水溶性镁离子。水溶性镁离子的含量通过 $\mathrm{Ca}^{2+} + \mathrm{Mg}^{2+}$ 总量减去测得的 Ca^{2+} 含量计算得出。按式（17-8）计算：

$$c(\mathrm{Mg}^{2+}) = \frac{V_2 \times (V_5 - V_4)}{V_1 \times V_3} \times c(\mathrm{EDTA}) \times 24.3 \times 1000 \qquad (17\text{-}8)$$

式中 24.3——镁离子的摩尔质量。

注：V_5、V_4 必须是在同一 V_3 下消耗的体积。

五、总亚硫酸盐测定

（1）总亚硫酸盐测定原理。总亚硫酸盐测定原理是在酸性条件下，往试样中加入过量的碘溶液把亚硫酸盐氧化，用硫代硫酸钠标准滴定溶液返滴定过量的碘。

本方法引用于 DL/T 1483—2015《石灰石-石膏湿法烟气脱硫系统化学及物理特性试验方法》中碘量法。

（2）仪器和试剂。试验所用试剂除另有说明外均为分析纯试剂，所用水应满足 GB/T 6682—2008《分析实验室用水规格和实验方法》中二级水的要求。

1）碘溶液，$(1/2\mathrm{I}_2) = 0.1\mathrm{mol/L}$：称取 40gKI 溶于 200mL 去离子水中，加入 13g 碘，搅拌完全溶解后，加入 1mL 盐酸（1+1），搅匀后用快速滤纸过滤，并用去离子水稀释至 1000mL，摇匀，储存于掠色瓶中。

2）盐酸溶液，1+1：将一份体积的浓盐酸与一份体积的去离子水混合。

3）淀粉溶液，浓度为 10g/L：将 1g 水溶性淀粉置于烧杯中，加去离子水调成糊状后，在搅拌下加入 100mL 煮沸的去离子水，煮沸约 1min，冷却后使用。

4）硫代硫酸钠标准溶液，浓度为 0.1mol/L：按 GB/T 601—2016《化学试剂 标准滴定溶液的制备》配制与标定。

5）磁力搅拌器：具有调速功能，带有包着惰性材料的搅拌棒，例如聚四氟乙烯材料。

（3）测量方法。

1）往已加入碘溶液和盐酸溶液的浆液实验室样品的碘量瓶中放入磁力搅拌棒，搅拌10min，于暗处放置5min，打开瓶塞，用去离子水冲洗瓶塞和瓶壁，用硫代硫酸钠标准溶液滴定至浅黄色后，加入约2mL淀粉溶液，再继续滴定至蓝色消失，消耗的滴定液体积记为 V_{01}，单位为mL。

2）以去离子水为空白试样，按同样程序进行空白测试，消耗的滴定液体积记为 V_{02}，单位为mL。

（4）结果表示。亚硫酸盐的含量按式（17-9）计算：

$$c(SO_3^{2-}) = \frac{V_{01}-V_{02}}{V_{00}} \times c(Na_2S_2O_3) \times 40 \times 1000 \tag{17-9}$$

式中　$c(Na_2S_2O_3)$——硫代硫酸钠标准溶液的浓度，mol/L；

　　　40——$\frac{1}{2}SO_3^{2-}$ 的摩尔质量；

　　　V_{00}——样品体积，mL。

第三节　废水的化验方法

一、pH 值测定

采用 GB/T 6920—1986《水质　pH 值的测定　玻璃电极法》方法进行测定。

二、悬浮物的测定

采用 GB/T 11901—1989《水质　悬浮物的测定　重量法》进行测定。

三、化学需氧量的测定

1. 原理

在水样中加入已知量的重铬酸钾溶液，并在强酸介质下以银盐作催化剂，经沸腾回流后，以试亚铁灵为指示剂，用硫酸亚铁铵滴定水样中未被还原的重铬酸钾，由消耗的重铬酸钾的量计算出消耗氧的质量浓度。

适用于地表水、生活污水和工业废水中化学需氧量的测定。不适用于含氯化物浓度大于1000mg/L（稀释后）的水中化学需氧量的测定。

当取样体积为 10.0mL 时，本方法的检出限为 4mg/L，测定下限为 16mg/L。未经稀释的水样测定上限为 700mg/L，超过此限时须稀释后测定。

本方法引用自 HJ 828—2017《水质 化学需氧量的测定 重铬酸盐法》。

2. 试剂和材料

（1）硫酸（H_2SO_4），浓度为 1.84g/mL，优级纯。

（2）重铬酸钾（$K_2Cr_2O_7$）：基准试剂，取适量重铬酸钾在 105℃烘箱中干燥至恒重。

（3）硫酸银（Ag_2SO_4）。

（4）硫酸汞（$HgSO_4$）。

（5）硫酸亚铁铵 $[(NH_4)_2Fe(SO_4)_2 \cdot 6H_2O]$。

（6）邻苯二甲酸氢钾（$KC_8H_5O_4$）。

（7）七水合硫酸亚铁（$FeSO_4 \cdot 7H_2O$）。

（8）硫酸溶液：1+9（V/V）。

（9）重铬酸钾标准溶液，$c(1/6\ K_2Cr_2O_7)=0.250mol/L$：准确称取 12.258g 重铬酸钾溶于水中，定容至 1000mL。

（10）重铬酸钾标准溶液，$c(1/6\ K_2Cr_2O_7)=0.025\ 0mol/L$：将重铬酸钾标准溶液 9 稀释 10 倍。

（11）硫酸银-硫酸溶液：称取 10g 硫酸银，加到 1L 硫酸中，放置 1～2 天使之溶解，并摇匀，使用前小心摇动。

（12）硫酸汞溶液，浓度为 100g/L。

（13）硫酸亚铁铵标准溶液，浓度约为 0.05mol/L：称取 19.5g 硫酸亚铁铵溶解于水中，加入 10mL 硫酸，待溶液冷却后稀释至 1000mL。

（14）硫酸亚铁铵标准溶液，浓度约为 0.005mol/L。

（15）邻苯二甲酸氢钾标准溶液，浓度为 0.082 4mmol/L。

（16）试亚铁灵指示剂：溶解 0.7g 七水合硫酸亚铁于 50mL 水中，加入 1.5g 邻菲罗啉，搅拌至溶解，稀释至 100mL。

（17）防爆沸玻璃珠。

3. 仪器和设备

（1）回流装置：磨口 250mL 锥形瓶的全玻璃回流装置，可选用水冷或风冷全玻璃回流装置，其他等效冷凝回流装置亦可。

（2）加热装置：电炉或其他等效消解装置。

（3）分析天平：感量为 0.000 1g。

（4）酸式滴定管：25mL 或 50mL。

4. 分析步骤

（1）$c(COD_{Cr})\leqslant50mg/L$ 的样品。

1）样品测定：

a. 取 10.0mL 水样于锥形瓶中，依次加入硫酸汞溶液、重铬酸钾标准溶液 5.00mL 和几颗防爆沸玻璃珠，摇匀。硫酸汞溶液按质量比 $m[HgSO_4]:m[Cl^-]\geqslant20:1$ 的比例加入，最大加入量为 2mL。

b. 将锥形瓶连接到回流装置冷凝管下端，从冷凝管上端缓慢加入 15mL 硫酸银-硫酸溶液，以防止低沸点有机物的逸出，不断旋动锥形瓶使之混合均匀。自溶液开始沸腾起保持微沸回流 2h。若为水冷装置，应在加入硫酸银-硫酸溶液之前，通入冷凝水。

c. 回流冷却后，自冷凝管上端加入 45mL 水冲洗冷凝管，使溶液体积在 70mL 左右，取下锥形瓶。

d. 溶液冷却至室温后，加入 3 滴试亚铁灵指示剂溶液，用硫酸亚铁铵标准溶液滴定，溶液的颜色由黄色经蓝绿色变为红褐色即为终点。记下硫酸亚铁铵标准溶液的消耗体积 V_1。

注：样品浓度低时，取样体积可适当增加。

2）空白试验：

按 1）相同步骤以 10.0mL 试剂水代替水样进行空白试验，记录下空白滴定时消耗硫酸亚铁铵标准溶液的体积 V_0。

注：空白试验中硫酸银-硫酸溶液和硫酸汞溶液的用量应与样品中的用量保持一致。

（2）$c(COD_{Cr})>50mg/L$ 的样品。

1）样品测定：

a. 取 10.0mL 水样于锥形瓶中，依次加入硫酸汞溶液、重铬酸钾标准溶液 5.00mL 和几颗防爆沸玻璃珠，摇匀。其他操作与 1）相同。

b. 待溶液冷却至室温后，加入 3 滴试亚铁灵指示剂溶液，用硫酸亚铁铵标准滴定溶液滴定，溶液的颜色由黄色经蓝绿色变为红褐色即为终点。记录硫酸亚铁铵标准滴定溶液的消耗体积 V_1。

注：对于浓度较高的水样，可选取所需体积 1/10 的水样放入硬质玻璃管中，加入试剂，摇匀后加热至沸腾数分钟，观察溶液是否变成蓝绿色。如呈蓝绿色，应再适当少取水样，直至溶液不变蓝绿色为止，从而可以确定待测水样的稀释倍数。

2）空白试验。按 1）相同步骤以试剂水代替水样进行空白试验。

5. 结果计算

按式（17-10）计算样品中化学需氧量的质量浓度 c_1（mg/L）：

$$c_1 = \frac{c \times (V_0 - V_1) \times 8000}{V_2} \times F \tag{17-10}$$

式中　c——硫酸亚铁铵标准溶液的浓度，mol/L；

　　　V_0——空白试验所消耗的硫酸亚铁铵标准溶液的体积，mL；

　　　V_1——水样测定所消耗的硫酸亚铁铵标准溶液的体积，mL；

　　　V_2——水样的体积，mL；

　　　F——样品稀释倍数；

8000——$1/4 O_2$ 的摩尔质量以 mg/L 为单位的换算值。

四、氟化物的测定

1. 原理

适用于测定地面水、地下水和工业废水中的氟化物，最低检测限为含氟化物（以 F 计）0.05mg/L。

水样有颜色，浑浊不影响测定。温度影响电极的电位和样品的离解，须使试份与标准溶液的温度相同，并注意调节仪器的温度补偿装置使之与溶液的温度一致。每日要测定电极的实际斜率。本方法引用自 GB/T 7484—1987《水质　氟化物的测定　离子选择电极法》。

2. 试剂

（1）总离子强度调节缓冲液（TISAB）Ⅰ：称取 348.2g 柠檬酸三钠（$Na_3C_6H_5O_7 \cdot 5H_2O$），溶于水中。用盐酸溶液调节 pH 值为 6 后，用纯水稀释至 1000mL。

（2）总离子强度调节缓冲液（TISAB）Ⅱ：称取 58g 氯化钠（Nacl），3.48g 柠檬酸三钠（$Na_3C_6H_5O_7 \cdot 5H_2O$），和 57mL 冰乙酸，溶于纯水中，用氢氧化钠调节 pH 值为 5.0～5.5 后，用水稀释至 1000mL。

（3）氟化物标准储备溶液［$c(F^-)=1mg/mL$］：称取经 105℃干燥 2h 的氟化钠（NaF GR 级）0.221 0g 溶解于纯水中，并稀释至 100mL。储存于聚乙烯瓶中。

（4）氟化物标准使用溶液Ⅰ［$c(F^-)=100\mu g/mL$］：吸取氟化物标准储备溶液 10.00mL 于 100mL 容量瓶中用纯水稀释到刻度。

（5）氟化物标准使用溶液Ⅱ［$c(F^-)=10\mu g/mL$］：吸取氟化物标准使用溶液Ⅰ

10.00mL 于 100mL 容量瓶中，用纯水稀释到刻度。

3. 仪器

（1）氟离子选择电极和饱和甘汞电极。

（2）离子活度计或精密酸度计。

（3）电磁力搅拌器。

4. 分析步骤

（1）标准曲线法。分别吸取氟化物标准使用溶液 II 0.50，1.00，2.50，5.00mL，另取标准使用液 I 1.00，2.50，5.00mL 于 50mL 容量瓶内，加水至刻度。此系列的氟离子浓度分别为 0.10、0.20、0.50、1.00、2.00、5.00、10.00mg/L。

分别吸取上述标准溶液各 10.00mL，另加 10.00mL 总离子强度调节缓冲液（若水样中干扰物质较多时，用总离子强度调节缓冲液 I，较清洁水样用总离子强度调节缓冲液 II）。放入搅拌子于电磁搅拌器上搅拌水样溶液，插入氟离子电极和甘汞电极，在搅拌下读取平衡电位值（指每分钟电位值改变小于 0.5mV，当氟化物浓度甚低时，约需 5min 以上）。在半对数纸上以等距离坐标表示毫伏（mV）值，以对数坐标表示氟的质量浓度，绘制标准曲线或用电子计算机计算出回归方程。

（2）样品的测定。吸取 10.0mL 水样于 25mL 烧杯中，用乙酸钠或盐酸调节水样为中性，加入 10mL 总离子强度调节缓冲液（TISAB）II，用水稀释至标线，摇匀，分别注入 100mL 聚乙烯杯内，放入一个塑料搅拌棒，插入电极，连续搅拌溶液，在点位稳定后，在继续搅拌时读取电位值。根据测得的点位数在校准曲线上查找氟化物的含量。

用水代替试样进行空白试验。

五、总磷的测定

1. 方法原理

在中性条件下用过硫酸钾（或硝酸-高氯酸）使试样消解，将所含磷全部氧化为正磷酸盐。在酸性介质中，正磷酸盐与钼酸铵反应，在锑盐存在下生成磷钼杂多酸后，立即被抗坏血酸还原，生成蓝色的络合物。适用于地面水、污水和工业废水，本标准的最低检出浓度为 0.01mg/L，测定上限为 0.6mg/L。本方法引用自 GB 11893—1989《水质 总磷的测定 钼酸铵分光光度法》。

2. 试剂

（1）硫酸。

（2）硝酸。

（3）高氯酸：优级纯。

（4）硫酸：1:1。

（5）硫酸 $c(1/2H_2SO_4)=1mol/L$。

（6）氢氧化钠：1mol/L 溶液

（7）氢氧化钠：6mol/L 溶液。

（8）过硫酸钾：50g/L 溶液。

（9）抗坏血酸：100g/L 溶液。

（10）钼酸盐溶液：溶解 13g 钼酸铵于 100mL 水中。溶解 0.35g 酒石酸锑钾于 100mL 中。在不断搅拌下把钼酸铵溶液徐徐加到 300mL 硫酸中，加酒石酸锑钾溶液并且混合均匀。

(11) 浊度—色度补偿液：混合两个体积硫酸和一个体积抗坏血酸溶液。

(12) 磷标准贮备溶液：称取 0.2197g±0.001g 于 110℃干燥 2h 在干燥器中放冷的磷酸二氢钾，用水溶解后转移至 1000mL 容量瓶中，加入大约 800mL 水、加 5mL 硫酸用水稀释至标线并混匀。1.00mL 此标准溶液含 50.0μg 磷。

(13) 磷标准使用溶液：将 10.0mL 的磷标准溶液转移至 250mL 容量瓶中，用水稀释至标线并混匀。1.00mL 此标准溶液含 2.0μg 磷。

(14) 酚酞，10g/L 溶液：0.5g 酚酞溶于 50mL95％乙醇中。

3. 仪器

(1) 医用手提式蒸汽消毒器或一般压力锅（1.1～1.4kg/cm²）。

(2) 50mL 具塞（磨口）刻度管。

(3) 分光光度计。

4. 分析步骤

(1) 消解。

1) 过硫酸钾消解。向试样中加 4mL 过硫酸钾，将具塞刻度管的盖塞紧后，用一小块布和线将玻璃塞扎紧（或用其他方法固定），放在大烧杯中置于高压蒸汽消毒器中加热，待压力达 1.1kg/cm²，相应温度为 120℃时、保持 30min 后停止加热。待压力表读数降至零后，取出放冷。然后用水稀释至标线。

注：如用硫酸保存水样。当用过硫酸钾消解时，需先将试样调至中性。

2) 硝酸-高氯酸消解。取 25mL 试样于锥形瓶中，加数粒玻璃珠，加 2mL 硝酸在电热板上加热浓缩至 10mL。冷后加 5mL 硝酸，再加热浓缩至 10mL，放冷。加 3mL 高氯酸，加热至高氯酸冒白烟，此时可在锥形瓶上加小漏斗或调节电热板温度，使消解液在锥形瓶内壁保持回流状态，直至剩下 3～4mL，放冷。加水 10mL，加 1 滴酚酞指示剂。

滴加氢氧化钠溶液至刚呈微红色，再滴加硫酸溶液使微红刚好退去，充分混匀。移至具塞刻度管中，用水稀释至标线。

(2) 发色。分别向各份消解液中加入 1mL 抗坏血酸溶液混匀，30s 后加 2mL 钼酸盐溶液充分混匀。

(3) 分光光度测量。室温下放置 15min 后，使用光程为 30mm 比色皿，在 700nm 波长下，以水作参比，测定吸光度。扣除空白试验的吸光度后，从工作曲线上查得磷的含量。

(4) 工作曲线的绘制。取 7 支具塞刻度管分别加入 0.0、0.50、1.00、3.00、5.00、10.0、15.0mL 磷酸盐标准溶液。加水至 25mL。然后按分析步骤 4 的规定进行处理。以水作参比，测定吸光度。扣除空白试验的吸光度后，和对应的磷的含量绘制工作曲线。

(5) 空白试样。按分析步骤 4 规定进行空白试验，用水代替试样，并加入与测定时相同体积的试剂。

5. 结果的表示

总磷含量以 c(mg/L) 表示，按式（17-11）计算：

$$c = \frac{m}{V} \tag{17-11}$$

式中　m——试样测得含磷量，μg；

　　　V——测定用试样体积，mL。

6. 精密度与准确度

(1) 重复性 实验室内相对标准偏差为 0.75%。

(2) 再现性 实验室间相对标准偏差为 1.5%。

六、氨氮的测定

1. 方法原理

调节水样的 pH 值在 6.0～7.4 之间，加入轻质氧化镁使呈微碱性，蒸馏释出的氨用硼酸溶液吸收。以甲基红-亚甲蓝为指示剂，用盐酸标准溶液滴定馏出液中的氨氮（以 N 计）。

该方法适用于生活污水和工业废水中氨氮的测定。

当试样体积为 250mL 时，方法的检出限为 0.2mg/L，测定下限为 0.8mg/L（均以 N 计）。

本方法引用自 HJ 537—2009《水质 氨氮的测定 蒸馏-中和滴定法》。

2. 试剂

(1) 无氨水：市售纯水机所制纯水。

(2) 硫酸，浓度为 1.84g/mL。

(3) 盐酸，浓度为 1.19g/mL。

(4) 无水乙醇，浓度为 0.79g/mL。

(5) 无水碳酸钠（Na_2CO_3），基准试剂。

(6) 轻质氧化镁（MgO），不含碳酸盐。

(7) 氢氧化钠溶液，浓度为 1mol/L。

(8) 硫酸溶液，$c(1/2H_2SO_4)=1mol/L$。

(9) 硼酸（H_3BO_3）吸收液，浓度为 20g/L。

(10) 甲基红指示液，浓度为 0.5g/L。

(11) 溴百里酚蓝指示剂，浓度为 1g/L。

(12) 混合指示剂：称取 200mg 甲基红溶于 100mL 乙醇中；另称取 100mg 亚甲蓝溶于 100mL 乙醇中。取两份甲基红溶液与一份亚甲蓝溶液混合备用，此溶液可稳定一个月。

(13) 碳酸钠标准溶液，$c(1/2Na_2CO_3)=0.020\ 0mol/L$。

(14) 盐酸标准滴定溶液，浓度为 0.02mol/L。

(15) 玻璃珠。

(16) 防沫剂，如石蜡碎片。

3. 仪器

(1) 氨氮蒸馏装置：由 500mL 凯式烧瓶、氮球、直形冷凝管和导管组成，冷凝管末端可连接一段适当长度的滴管，使出口尖端浸入吸收液液面下；也可使用蒸馏烧瓶。

(2) 酸式滴定管：50mL。

4. 分析步骤

(1) 样品预蒸馏。将 50mL 硼酸吸收液移入接收瓶内，确保冷凝管出口在硼酸溶液液面之下。分取 250mL 水样（如氨氮含量高，可适当少取水样，加水至 250mL）移入烧瓶中，加 2 滴溴百里酚蓝指示剂，必要时，用氢氧化钠溶液或硫酸溶液调整 pH 值至 6.0（指示剂呈黄色）～7.4（指示剂呈蓝色）之间，加入 0.25g 轻质氧化镁及数粒玻璃珠，必要时加防沫剂，立即连接氮球和冷凝管加热蒸馏，使馏出液速率约为 10mL/min，待馏出液达

200mL 时，停止蒸馏。

（2）样品分析。将全部馏出液转移到锥形瓶中，加入 2 滴混合指示剂，用盐酸标准滴定溶液滴定，至馏出液由绿色变成淡紫色为终点，并记录消耗的盐酸标准滴定溶液的体积 V_s。

（3）空白试验。用 250mL 水代替水样，按（1）步骤进行预蒸馏，按（2）步骤进行滴定，并记录消耗的盐酸标准滴定溶液的体积 V_b。

5. 结果计算

水样中氨氮的浓度用式（17-12）计算：

$$c_N = \frac{(V_s - V_b)}{V} \times c \times 14.01 \times 1000 \tag{17-12}$$

式中　c_N——水样中氨氮的浓度，以氮计，mg/L；

　　V——试样的体积，mL；

　　V_s——滴定试样所消耗的盐酸标准滴定溶液的体积，mL；

　　V_b——滴定空白所消耗的盐酸标准滴定溶液的体积，mL；

　　c——滴定用盐酸标准溶液的浓度，mol/L；

　　14.01——氮的原子量，g/moL。

第十八章

入厂药品监督方法

本章规定了各类入厂材料的验收方法。

第一节 工业盐酸的测定

本方法引用自 DL/T 422—2015《火电厂用工业合成盐酸的试验方法》。

一、工业盐酸总酸度测定方法（容量法）

1. 试剂

(1) 氢氧化钠标准滴定溶液：$c(NaOH) = 1mol/L$

(2) 甲基橙指示剂：0.1%溶液，按照 GB/T 602—2002《化学试剂 杂质测定用标准溶液的制备》配制。

2. 分析步骤

向容积为 250mL 具塞锥形瓶中加入 15mL 二级试剂水，称重（称准至 0.001g）；吸取 1.5mL 试样，置于同一锥形瓶中，再称重（称准至 0.001g），两次称量值之差记为试样质量。用量筒量取 80mL 二级试剂水加入锥形瓶中，摇匀后加 1~2 滴 0.1%甲基橙指示剂，用氢氧化钠标准溶液进行滴定，溶液由红色变为橙色即为终点。记录所消耗氢氧化钠标准溶液的体积。

3. 结果计算

总酸度以氯化氢（HCl）的质量分数 X 计，单位为%，按式（18-1）计算：

$$X = \frac{c(NaOH) \times V_{NaOH} \times M_{HCl}}{m \times 1000} \times 100\% \qquad (18-1)$$

式中 $c(NaOH)$——氢氧化钠标准溶液的浓度，mol/L；

$\quad V_{NaOH}$——滴定待测试液所消耗氢氧化钠标准溶液的体积，mL；

$\quad M_{HCl}$——盐酸的摩尔质量，$M_{HCl} = 31.46g/mol$；

$\quad m$——试样质量，g。

注：盐酸含量平行测定的允许误差不大于 0.2%。

二、工业盐酸中铁含量的测定

1. 试剂的配制

(1) 盐酸羟胺，浓度为 100g/L：称取 10g 盐酸羟胺，溶于水，用水稀释至 100mL。

(2) 1,10-菲啰啉溶液，浓度为 2g/L：该溶液应避光保存，仅使用无色溶液。

(3) 盐酸溶液：1+10。

（4）氨水溶液：1+1。

（5）乙酸-乙酸钠缓冲溶液：pH 值为 4.5。

（6）铁标准溶液，浓度为 0.1g/L，按 GB/T 602—2002《化学试剂 杂质测定用标准溶液的制备》配制。

（7）铁标准溶液，浓度为 0.01g/L。

准确称量铁标准溶液（0.1g/L）用水稀释 10 倍，该溶液使用前配制。

2. 仪器

一般实验室仪器和分光光度计（可在 510nm 波长使用）。

3. 分析步骤

（1）标准绘制曲线。

1）按表 18-1 量取铁标准溶液（0.01g/L）分别置于 6 个 50mL 容量瓶中。

表 18-1 铁标准溶液对应的质量

铁标准溶液（0.01g/L）体积（mL）	对应铁质量（μg）
0	0
2.0	20
4.0	40
6.0	60
8.0	80
10.0	100

2）向容量瓶中加入 1.0mL 盐酸羟胺溶液，摇匀静置 5min，加 5.0mL 邻菲罗琳溶液，摇匀后，慢慢滴加氨水至刚果红试纸由蓝色变为紫红色（pH 值为 3.8～4.1）。再加 5mL 乙酸-乙酸铵缓冲溶液，摇匀，用二级试剂水稀释至满刻度，摇匀。

3）放置 15min 后，在波长 510nm 处用 1cm（或 2cm）比色皿，以空白溶液为参比，测定各显色液的吸光度值。

4）以铁含量（μg）为横坐标，与其对应的吸光度为纵坐标绘制标准曲线。

（2）试样溶液制备。量取 8.6mL 实验室样品，称量（精确到 0.01g）置于内装约 50mL 水的 100mL 容量瓶中，用水稀释至刻度，摇匀。

（3）试料。量取 10mL 试样溶液置于 50mL 容量瓶中空白试验不加试料，加 10mL 盐酸，采用用试料完全相同的分析步骤，试剂和用量进行空白实验。

4. 测定

向试料加水至约 20mL，用氨水调至溶液 pH 值为 2～3，然后加入 1mL 盐酸羟胺溶液，5mL 乙酸-乙酸钠缓冲溶液和 2mL 1,10-菲啰啉溶液，用水稀释至刻度，摇匀，静止 15min。用适宜的比色皿，在波长 510nm 处，用空白溶液调整分光光度计零点，测定溶液吸光度。

5. 结果计算

铁含量的质量分数以 w 计，单位为%：

$$w = \frac{m_2 \times 10^6}{\frac{10}{100} m_1} \times 100 = \frac{m_2 \times 10^3}{m_1} \tag{18-2}$$

式中　m_1——试样质量的单位数值，g；

　　　m_2——由标准曲线上查得的试样中铁的含量，g。

6. 允许差

平行测试结果之差绝对值不大于 0.000 5%。

第二节　工业硫酸的测定（DL/T 424—2016）

本方法引用自 DL/T 424—2016《火电厂用工业硫酸试验方法》。

一、硫酸含量的测定

1. 试剂

（1）氢氧化钠标准滴定溶液：$c(NaOH)＝1mol/L$，按 GB/T 601—2016《化学试剂 标准滴定溶液的制备》配制和标定。

（2）甲基红-亚甲基蓝指示剂，按照 GB/T 603—2002《化学试剂 试验方法中所用制剂及制品的制备》标定。

2. 分析步骤

（1）用干燥洁净的带磨口盖的小称量瓶称取约 0.7g 试样（精确至 0.000 1g），小心移入盛有 50mL 水的 250mL 锥形瓶中，冷却到室温，备用。

（2）在盛有水样的锥形瓶中加 2～3 滴甲基红-亚甲基蓝指示剂，用浓度为 1.0mol/L 氢氧化钠标准溶液滴定，溶液由紫红色变为灰绿色即为滴定终点，记录消耗氢氧化钠标准溶液的体积 V。

3. 结果计算

硫酸的质量分数以 X_1 计，单位为%，按式（18-3）计算：

$$X_1＝\frac{cVM}{1000m}×100\%　\qquad(18\text{-}3)$$

式中　c——氢氧化钠标准溶液的浓度，mol/L；

　　　V——滴定待测试液所消耗氢氧化钠标准溶液的体积，mL；

　　　M——1/2H$_2$SO$_4$ 的摩尔质量，$M＝31.46g/mol$；

　　　m——试样质量，g。

注：盐酸含量平行测定的允许误差不大于 0.2%。

二、灰分的测定

1. 方法提要

灼烧残渣代表工业硫酸中所含无机离子和某些不溶物的量，将试样蒸干，在 800℃±20℃下灼烧 15min，然后称量残渣质量进行测定。

2. 仪器

（1）蒸发皿：石英皿、铂皿、瓷皿均可使用，容积为 60～100mL。

（2）高温炉。

（3）干燥器：硅胶或氯化钙干燥器。

（4）沙浴或电热板。

3. 分析步骤

（1）将蒸发皿置于 800℃±20℃ 的高温炉中灼烧 15min，放在干燥器中冷却至室温，称量其质量（精确至 0.1mg），重复该过程直至恒重。

（2）用移液管移取 20mL 试样到蒸发皿中，称量其质量（精确至 0.1mg）。

（3）在通风内把蒸发皿放在沙浴或电热板上，小心加热，使硫酸蒸发至干，移入高温炉内，在 800℃±20℃ 灼烧 15min，放入干燥器中冷却至室温，称量其质量（精确至 0.1mg），重复该过程直至恒重。

4. 结果计算

灼烧残渣含量 X_2（以质量百分数表示），按式（18-4）计算。

$$X_2 = \frac{m_1 - m_2}{m} \times 100\% \tag{18-4}$$

式中　m_1——灼烧后蒸发皿和残渣的质量，g；

　　　m_2——蒸发皿的质量，g；

　　　m——试样的质量，g。

第三节　工业氢氧化钠的测定（DL/T 425—2015）

本方法引用自 DL/T 425—2015《火电厂用工业氢氧化钠试验方法》。

一、氢氧化钠及碳酸钠含量测定方法

1. 方法概要

试样溶液中先加入氯化钡，使碳酸钠转化为碳酸钡沉淀，以酚酞为指示剂，用盐酸标准溶液滴定溶液由红色变为无色即为终点，反应消耗的盐酸与氢氧化钠含量呈正比关系，根据消耗的盐酸量即可计算得出氢氧化钠含量；另取试样以甲基橙为指示剂，用盐酸标准溶液滴定，溶液由黄色变为橙色即为终点，测得氢氧化钠与碳酸钠的总和，再减去氢氧化钠含量，即可算出碳酸钠含量。

2. 试剂

（1）氯化钡溶液，浓度为 100g/L。

（2）酚酞乙醇溶液，浓度为 10g/L，配制方法见 GB/T 603—2002《化学试剂 试验方法中所用制剂及制品的制备》。

（3）甲基橙溶液，浓度为 1g/L，配制方法见 GB/T 603—2002《化学试剂 试验方法中所用制剂及制品的制备》。

（4）盐酸标准溶液，浓度为 1mol/L，配制及标定方法见 GB/T 601—2016《化学试剂 标准滴定溶液的制备》。

3. 分析步骤

（1）试样溶液的制备。用干燥的 100mL 烧杯，迅速称取液态氢氧化钠 10g（称准至 0.01g），加二级试剂水溶解后定量转移至 250mL 容量瓶中，冷却到室温后稀释至刻度，摇匀。

（2）氢氧化钠含量的测定。用移液管移取 50mL 试样溶液，注入 250mL 锥形瓶中，加

入 10mL 氯化钡溶液，加入 2～3 滴酚酞指示剂溶液，充分摇匀，用 1mol/L 盐酸标准溶液滴定，溶液由红色变为无色为终点，记录所消耗盐酸标准溶液的体积 V。

（3）氢氧化钠和碳酸钠含量的测定。用移液管移取 50mL 试样溶液，注入 250mL 锥形瓶中，加 2～3 滴甲基橙指示剂溶液，充分摇匀，用 1moL 盐酸标准溶液滴定，溶液由黄色变为橙色为终点，记录所消耗盐酸标准溶液体积 V_1。

4. 结果计算

（1）氢氧化钠含量以氢氧化钠（NaOH）质量分数 W_1 计，单位为%，按式（18-5）计算：

$$W_1 = \frac{cVM_1}{m \times \frac{50}{250} \times 1000} \times 100\% \tag{18-5}$$

式中 c——盐酸标准溶液的浓度，mol/L；

V——滴定待测试液时所消耗盐酸标准溶液的体积，mL；

M_1——氢氧化钠的摩尔质量，$M_1 = 40$g/mol；

m——试样质量，g。

（2）允许误差：氢氧化钠含量平行测定的允许误差为 0.10%。

（3）碳酸钠含量 W_2 计，单位为%，按式（18-6）计算：

$$W_2 = \frac{c(V_1 - V)M_2}{m \times \frac{50}{250} \times 1000} \times 100\% \tag{18-6}$$

式中 c——盐酸标准溶液的浓度，mol/L；

V——以酚酞为指示剂滴定时，所消耗盐酸标准溶液的体积，mL；

V_1——以甲基橙为指示剂滴定时，所消耗的盐酸标准滴定溶液的体积，mL；

M_2——Na_2CO_3 的摩尔质量，$M(Na_2CO_3) = 105.98$g/mol；

m——试样质量，g。

（4）允许误差：碳酸钠含量平行测定的允许误差为 0.03%。

二、工业氢氧化钠中铁的测定

1. 方法概要

用盐酸羟胺（NHOHHCl）与邻菲罗啉生成橘红色络合物，将高铁（三价铁）还原成亚铁（二价铁）。在 pH 值为 4～5 的条件下，亚铁用分光光度法测定氢氧化钠中铁含量。反应如下：

$$Fe^{2+} + 3C_{12}H_8N_2 - [Fe(C_{12}H_8N_2)_3]^{2+}$$

2. 试剂

（1）浓盐酸。

（2）盐酸：1+10。

（3）石肖基酚指示剂。

（4）氨水：1+10。

（5）盐酸经胺溶液（100g/L）：称取 10g 盐酸羟胺，加少量二级试剂水，待溶解后用二级试剂水稀释至 100mL，摇匀贮于棕色瓶中。

（6）刚果红试纸。

（7）邻菲罗琳溶液 1g：称取 1.0g 邻菲罗琳溶于 100mL 无水乙醇中，用二级试剂水稀释至 1L，摇匀贮于棕色瓶中（存放在冰箱中避光保存）。

（8）乙酸—乙酸钠缓冲溶液：称取 100g 乙酸按溶于 100mL 二级试剂水中，加 200mL 冰乙酸，用二级试剂水稀释至 1L，摇匀后贮存。

（9）铁标准贮备溶液（1mL 含 1mg Fe_2O_3）：称取 0.6990g 纯铁丝，加入 50mL（1＋1）盐酸溶液，加热溶解后，加少量过硫酸，煮沸数分钟，定量转移至 1L 容量瓶中，冷却后用二级试剂水稀释至刻度，摇匀，存放于聚乙烯瓶中。

（10）铁工作溶液（1mL 含 0.01mg Fe_2O_3）：用移液管取 1mL 铁标准贮备溶液至 100mL 容量瓶中，用水稀释至刻度，该溶液使用前配置。

3. 仪器

分光光度计。

4. 测定方法

（1）按表 18-2 取铁工作溶液注入一组 100mL 容量瓶中，加入约 50mL 水。

表 18-2　　　　　　　　　　　　　铁标准溶液

序　号	1	2	3	4	5	6
加入铁标准溶液体积（mL）	0	1	2	3	4	5
相当于 Fe_2O_3 的含量（mg）	0	0.10	0.20	0.30	0.40	0.50

注　可根据氢氧化钠中铁含量来选取不同浓度铁工作液制作工作曲线。

（2）加入 1mL 浓盐酸，摇匀。再加入 1mL 盐酸羟胺溶液，摇匀。静置 5min 后，加入 5mL 邻菲罗啉溶液，摇匀后向容量瓶中加入一小块刚果红试纸，慢慢滴加氨水调节 pH 值至 3.8～4.1，使刚果红试纸由蓝色转变为紫红色。

（3）各加入 5mL 乙酸—乙酸铵缓冲溶液，用二级试剂水稀释至刻度，摇匀。

（4）静置 15min 后，在分光光度计上波长 510nm 处，用 10mm 比色皿（或 20mm 比色皿）以空白溶液为参比，测定各显色液的吸光度值，按所测吸光度值和相应的铁含量绘制工作曲线。

（5）试样的测定。

1）试样溶液的制备：

用干燥的 100mL 烧杯称取 20g 样品，称准至 0.1g，置于 400mL 烧杯中，加入二级试剂水 100mL，再加入 2～3 滴对硝基酚指示剂溶液（0.25%），用（1＋1）盐酸中和到黄色消失为止，再过量 2mL，加热煮沸 5min，冷却后移入 250mL 容量瓶中，用二级试剂水稀释至刻度，摇匀。

2）试样中铁含量的测定：用移液管移取 50mL 试样溶液，注入 100mL 容量瓶中，按制备的步骤进行显色，并测定吸光度值，根据标准曲线查出试样三氧化二铁的含量（mg）。

5. 结果的计算

三氧化二铁的含量（以质量百分数表示）按式（18-7）计算：

$$W_3 = \frac{m_1}{m \times 1000 \times \dfrac{50}{250}} \times 100\% \qquad (18\text{-}7)$$

式中　m_1——标准曲线查出的三氧化二铁的含量，mg；

　　　m——试样质量，g。

6. 允许差

三氧化二铁的含量平行测定两次的允许误差应为 0.001%。

三、工业氢氧化钠中氯化钠含量的测定

1. 方法概要

在硝酸介质中，氯离子与硫氰酸汞发生反应，形成氯化汞并释放出硫氰酸根，此时在溶液中加入三价铁，三价铁与硫氰酸根形成橘红色络合物，其显色强度与氯离子含量有关，浓度与吸光度呈线性关系。

2. 试剂

(1) 试剂水：应符合 GB/T 6903—2005《锅炉用水和冷却水分析方法　通则》规定的工级试剂水的要求。

(2) 试剂纯度：试剂纯度应符合 GB/T 6903—2005《锅炉用水和冷却水分析方法　通则》的要求。

(3) 硝酸（5mol/L）：移取 380mL 浓硝酸，加入 600mL 试剂水，冷却至室温后定容至 1L。

(4) 硫酸铁按溶液：称取 60g $FeNH_4(SO_4)_2 \cdot 12H_2O$ 溶入 1L 硝酸，装入棕色瓶保存。如有浑浊必须过滤后再使用。

(5) 硫氰酸汞乙醇溶液：称取 1.5g 硫氰酸汞溶入 500mL 乙醇中，装入棕色瓶保存。

(6) 氯离子贮备液（1mL 含 1mgCl$^-$）：准确称取 1.648 0g 经 600℃灼烧 1h 的基准氯化钠，用试剂水溶解后定量转移至 1000mL 容量瓶，稀释至刻度。

(7) 氯离子标准溶液（1mL 含 0.01mg Cl$^-$）：准确移取氯离子贮备液 10.00mL 放入1000mL 容量瓶，用试剂水稀释至刻度。

3. 仪器

(1) 分光光度计：使用波长 460nm，配有 100mm 比色皿。

(2) 分析天平：感量 0.1mg。

4. 分析步骤

(1) 应按要求绘制工作曲线。

(2) 按表 18-3 用移液管分别移取氯离子标准溶液 0～5mL 至一组 100mL 烧杯中，用滴定管加水至总体积为 50.0mL。

(3) 加硫酸铁钱溶液 10mL，摇匀。

(4) 加硫氰酸汞乙醇溶液 5mL，摇匀，放置约 10min。离子工作液的配制见表 18-3。

(5) 以试剂空白为参比，在波长 460nm 处，用 100mm 比色皿测定吸光值。

(6) 绘制氯离子含量和吸光值的工作曲线或计算回归方程。

(7) 样品的测定应符合下列要求：

表 18-3 离子工作液的配制

编　号	1	2	3	4	5	6	7
加入氯离子标准溶液体积（mL）	0	0.5	1.0	2.0	3.0	4.0	5.0
相当标样氯离子含量（mg/L）	0	0.1	0.2	0.4	0.6	0.8	1.0
样品中相应氯化钠含量		0.002%	0.004%	0.006%	0.012%	0.016%	0.020%

1）用移液管移取 10mL 样品，注入 100mL 烧杯中。

注：Ⅰ型离子交换膜法生产的液体氢氧化钠（含量大于 45%）的取样量可适当减少，一般取 5mL 样品。

2）用硝酸调节样品 pH 值，至 pH 试纸显中性，加水使总体积为 50mL。

3）以测定工作曲线同样的步骤显色，测定吸光值。

4）根据测得的吸光度值，查工作曲线或由回归方程计算得出氯离子含量。

5. 结果的计算

试样中氯化钠含量 W_4（以质量百分数表示）计算公式为：

$$W_4 = \frac{a \times 50 \times 1.6490}{m \times \frac{V}{250}} \times 100\% \tag{18-8}$$

式中　a——从标准曲线上查得或由回归方程计算得出的氯离子含量，mg/L；

　　　V——移取试样的体积，mL；

1.6490——氯离子换算成氯化钠的系数；

　　50——样品的定容体积，mL；

　　　m——试样质量，g。

6. 允许差

氯化钠含量平行钡滴定的允许误差应为 0.0005%。

第四节　氨水的测定

本方法引用自 GB/T 631—2007《化学试剂 氨水》。

一、含量的测定

量取 15mL 水注入具塞轻体锥形瓶中，称量，加入 1mL 样品，立即盖好瓶塞，再称量，两次称量须精确至 0.0001g，加 40mL 水，加 2 滴甲基红一次甲基蓝混合指示液，用盐酸标准滴定溶液 [$c(HCl)=0.5mol/L$] 滴定至溶液呈红色。

氨水的质量分数 W，单位为 %，按式（18-9）计算：

$$W = \frac{VcM}{m \times 1000} \times 100\% \tag{18-9}$$

式中　V——盐酸标准滴定溶液体积的数值，mL；

　　　c——盐酸标准滴定溶液浓度的准确数值，mol/L；

　　　M——氨水摩尔质量的数值，$M(NH_3)=17.03$，g/mol；

m——样品质量的数值，g。

二、蒸发残渣的测定

1. 方法原理

利用样品主体与残渣挥发性质的差异，在水浴上将样品蒸干，并在烘箱中干燥至恒量，使样品主体与残渣完全分离，可用天平称出残渣的质量。

2. 仪器

(1) 一般实验室仪器。

(2) 蒸发皿：根据样品的性质，材质可选用铂、石英、硼硅玻璃或陶瓷。

(3) 恒温水浴。

(4) 电烘箱：温度可保持在105℃±2℃。

(5) 分析天平：分度值为0.1mg。

3. 测定

取规定量的样品，置于已在105℃±2℃恒量的、规定的蒸发皿中，在低于样品沸点温度的水浴上蒸干，并在105℃±2℃的电烘箱中干燥至恒量。

4. 计算

蒸发残渣的质量百分数W，单位为％，按式（18-10）计算：

$$W = \frac{m_2 - m_1}{m} \times 100 \tag{18-10}$$

式中　m_2——残渣和空皿质量的数值，g；

m_1——空皿质量的数值，g；

m——样品质量的数值，g。

三、氯化物的测定

1. 方法原理

在硝酸介质中，氯离子与银离子生成难溶的氯化银。当氯离子含量较低时，在一定时间内氯化银呈悬浮体，使溶液浑浊，可用于氯化物的目视比浊法测定。

本标准适用于化学试剂中微量氯化物的测定。检测范围为0.2～4μg/mL（以Cl计）。

本方法引用自GB/T 9729—2007《化学试剂　氯化物测定通用方法》。

2. 试验溶液的制备

量取68mL(60g)样品，加1mL碳酸钠溶液（50g/L），于水浴上蒸干，用水溶解残渣，稀释至30mL。

3. 测定方法

量取10mL试验溶液，稀释至20mL后，用1mL硝酸溶液（25％）酸化样品溶液，加1mL硝酸银溶液（17g/L），稀释至25mL，摇匀，于暗处放置10min。溶液所呈浊度与标准比浊溶液比较，溶液所呈浊度不得大于标准比浊溶液。

4. 标准比浊溶液的制取

标准比浊溶液是取规定量的氯化物（Cl）标准溶液，与同体积样品溶液同时同样处理。

标准比浊溶液的制备是取含下列数量的氯化物标准溶液：

分析纯0.01mg Cl；

化学纯0.02mg Cl。

稀释至 20mL，与同体积试液同时同样处理。

四、硫化物的测定

1. 方法原理

有机溶剂与氢氧化钾乙醇溶液回流，样品中的无机硫化合物以及能与氢氧化钾乙醇溶液反应生成黄原酸钾的有机硫化合物均转变成相应的盐，用合适的氧化剂能将这些盐类氧化为硫酸盐。可用硫酸钡目视比浊法测定。硫化合物的质量分数以硫酸盐计。

适用于有机溶剂中无机硫化合物和能与氢氧化钾乙醇溶液反应生成黄原酸钾的有机硫化合物总量的测定。检测范围为 $0.2\sim4\mu g/mL$（以 SO_4 计）。

本方法引用自 GB/T 9731—2007《化学试剂 硫化合物测定通用方法》。

2. 仪器和装置

（1）一般实验室仪器。

（2）磨口回流装置。量取 55mL（50g）样品，加 0.5mL 乙酸铅（碱溶液），摇匀，溶液所呈暗色不得深于标准比色溶液。

3. 标准比色溶液的制备

标准比色溶液的制备是取含下列数量的硫化物标准溶液：

分析纯 0.010mg S；

化学纯 0.025mg S。

稀释至 55mL，与同体积样品同时同样处理。

五、硫酸盐的测定

1. 方法原理

在盐酸介质中，钡离子与硫酸根离子生成难溶的硫酸钡。当硫酸根含量较低时，在一定时间内硫酸钡呈悬浮体，使溶液混浊，可用于硫酸盐的目视比浊法测定。

适用于化学试剂中微量硫酸盐的测定。检测范围为 $0.2\sim4\mu g/mL$（以 SO_4 计）。

本方法引用自 GB/T 9728—2007《化学试剂 硫酸盐测定通用方法》。

2. 操作步骤

量取 10mL（化学纯取 5mL）试验溶液，稀释至 20mL，用 0.5mL 盐酸溶液（20%）酸化后，将 0.25mL 硫酸钾乙醇溶液（0.2g/L），与 1mL 氯化钡溶液（250g/L）混合，组成晶种液，准确放置 1min，加入上述已酸化的样品溶液，并稀释至 25mL，摇匀，放置 5min。溶液所呈浊度与标准比浊溶液比较，溶液所呈浊度不得大于标准比浊溶液。

3. 标准比浊溶液的制备

标准比浊溶液的制备是取含下列数量的硫酸盐标准溶液：

分析纯 0.04mg SO_4；

化学纯 0.05mg SO_4。

稀释至 20mL，与同体积样品溶液同时同样处理。

六、碳酸盐的测定

1. 操作步骤

量取 11mL（10g）样品，用无二氧化碳的水稀释至 40mL，加 5mL 饱和氢氧化钡溶液，摇匀，放置 3min。溶液所呈浊度不得大于标准比浊溶液。

2. 标准比浊溶液的制备

标准比浊溶液的制备是取含下列数量的二氧化碳标准溶液：

分析纯 0.1mg CO_2；

化学纯 0.2mg CO_2。

与样品同时同样处理。

第五节　工业石灰石的测定

一、试样的制备

试样必须通过 $125\mu m$ 试验筛（GB 6003.1—2012《试验筛 技术要求和检验 第 1 部分：金属丝编织网试验筛》），于 $105\sim110^\circ C$ 干燥 2h 以上，置于干燥器中冷却至室温。

二、烧失量的测定

1. 方法原理

试样置于坩埚内，放入马弗炉内 $1000^\circ C$ 灼烧至恒重，失去的质量即为恒重。

本方法引用自 GB/T 15057.10—1994《化工用石灰石中灼烧失量的测定 重量法》。

2. 仪器

（1）马弗炉。

（2）带盖瓷坩埚（15~30mL）。

（3）分析天平：精确到 0.1mg。

（4）干燥器：内装变色硅胶作为指示剂。

3. 分析步骤

称取约 1g 试样，精确至 0.000 1g，置于已灼烧恒量的瓷坩埚中，将盖斜置于坩埚上并留一缝隙，放在马弗炉内。从低温开始逐渐升高温度，在 $950\sim1000^\circ C$ 下灼烧 1h，取出坩埚置于干燥器中，冷却至室温，称量。反复灼烧，直至恒量。

4. 结果计算

烧失量 X_{LOI} 用式（18-11）表示：

$$X_{LOI}=\frac{(m_3-m_4)}{m_3}\times100\%$$ (18-11)

式中　X_{LOI}——烧失量的质量百分数，%；

　　　m_3——试料的质量，g；

　　　m_4——灼烧后试料的质量，g。

5. 允许误差

同一实验室的允许差为 0.25%；不同实验室的允许差为 0.40%。

三、氧化钙和氧化镁含量的测定

1. 方法原理

试样经盐酸、氢氟酸和高氯酸分解，以三乙醇胺掩蔽铁、铝等干扰元素，在 pH 大于 12.5 的溶液中以钙羧酸为指示剂，用 EDTA 标准滴定溶液滴定钙；pH 值为 10 时，以酸性铬蓝 K-萘酚绿 B 作混合指示剂，用 EDTA 标准滴定溶液滴定钙镁总量，由差减法求得氧化镁的含量。

本方法引用自 GB/T 15057.2—1994《化工用石灰石中氧化钙和氧化镁含量的测定》。

2. 试样溶液的制备

称取约 0.2g 试样，精确至 0.000 1g，置于 100mL 聚四氟乙烯塑料烧杯中，同时做空白试验。用少许水润湿试样，盖上表面皿，沿烧杯嘴滴加盐酸溶液，待剧烈反应停止后，过量 1mL，冲洗表面皿和烧杯壁。加 4mL 氢氟酸，2mL 高氯酸，置于电热板上低温加热近干。取下烧杯，稍冷，用少许水冲洗杯壁，继续加热至白烟冒尽到干。稍冷，加 3mL 盐酸，加热溶解至清亮，冷却至室温，移入 250mL 容量瓶中，用水稀释至刻度，摇匀。

3. 氧化钙的测定

用移液管吸取 50mL 制备试样溶液加入 250mL 烧杯中。加 100mL 水、10mL 糊精溶液、5mL 三乙醇胺溶液、15mL 氢氧化钾溶液，使溶液 pH 值大于 12.5，加少许钙羧酸指示剂，搅匀，用 EDTA 标准滴定溶液滴定至溶液由酒红色变为纯蓝色为终点。

氧化镁含量小于 3% 的试样，不加糊精溶液。

4. 氧化镁的测定

吸取 50mL 制备试样溶液置于 250mL 烧杯中。加 100mL 水、5mL 盐酸羟胺溶液，5mL 三乙醇胺溶液，加 10mL 氨性缓冲溶液，2~3 滴酸性铬蓝 K 指示液和 6~7 滴萘酚绿 B 指示剂，搅匀，用 EDTA 标准滴定溶液滴定至溶液由暗红色变为亮绿色为终点。

5. 氧化钙（CaO）含量的计算

以质量百分数表示的氧化钙（CaO）含量按式（18-12）计算：

$$CaO = \frac{c(V_2 - V_1) \times 0.056\,08}{m \times \frac{V_A}{V}} \times 100\%$$
(18-12)

式中　CaO——氧化钙质量百分数，%；

c——EDTA 标准溶液浓度，mol/L；

V_2——滴定氧化钙消耗 EDTA 标准溶液的体积，mL；

V_1——滴定氧化钙空白溶液消耗 EDTA 标准溶液的体积，mL；

V——试样溶液的体积，mL；

V_A——吸取试样溶液的体积，mL；

m——试样的质量，mL。

6. 氧化镁（MgO）含量的计算

以质量百分数表示的氧化镁（MgO）含量按式（18-13）计算：

$$MgO = \frac{c[(V_4 - V_3) - (V_2 - V_1)] \times 0.04\,030}{m \times \frac{V_A}{V}} \times 100\%$$
(18-13)

式中　MgO——氧化镁质量百分数，%；

c——EDTA 标准溶液浓度，mol/L；

V_4——滴定钙镁含量消耗 EDTA 标准溶液的体积，mL；

V_3——滴定钙镁含量空白溶液消耗 EDTA 标准溶液的体积，mL；

V_2——滴定氧化钙消耗 EDTA 标准溶液的体积，mL；

V_1——滴定氧化钙空白溶液消耗 EDTA 标准溶液的体积，mL；

V——试样溶液的体积，mL；

V_A——吸取试样溶液的体积，mL；

m——试样的质量，mL。

四、石灰石粉反应速率的测定

1. 方法原理

灰石粉反应速率（$t_{pH}5.5$）是指在 pH 值为 5.5 时 80％的石灰石粉中碳酸盐与酸反应的反应时间，为烟气湿法脱硫装置使用单位选择石灰石粉原料提供依据。

本方法引用自 DL/T 943—2015《烟气湿法脱硫用石灰石粉反应速率的测定》。

2. 试剂仪器

盐酸：1mol/L；

自动滴定仪：应有恒定 pH 滴定模式，分辨率应为 0.01（pH 值），滴定控制灵敏度应为 ±0.1（pH 值）；

500mL 烧杯；

500mL 量筒；

水浴锅：温度误差应为 ±1℃；

计时表：误差应为 ±1s；

电子天平：感量应在 0.001g 以上。

3. 试样的制备

用量筒量取 250mL 0.1mol/L CaCl₂的溶液，注入烧杯中，把其放置在水浴中，控制温度 50℃并使其恒温后，用电子天平称取约 0.150g（精确到 0.001g）的石灰石粉，加入恒温的烧杯中，并插入搅拌器的搅拌桨，速度宜为 800r/min，连续搅拌 5min。

4. 数据的测定

将 pH 计电极插入到石灰石悬浮液中，注意电极不要碰到搅拌桨。设定自动滴定仪 pH 值为 5.5，用 0.1mol/L 盐酸溶液开始滴定，同时计时表开始计时，记录不同时刻 t 的盐酸溶液消耗量。本试验应重复 3 次。

5. 结果计算

灰石粉全部转化滴定所消耗的酸体积用按式（18-14）计算。

$$\frac{cV_{100\%}}{1000} = \frac{mw_{CaCO_3}}{M_{CaCO_3}} \div \frac{mw_{MgCO_3}}{M_{MgCO_3}} \tag{18-14}$$

式中　m——石灰石粉的质量，g；

w_{CaCO_3}——石灰石粉中碳酸钙的质量百分率，为实测值；

w_{MgCO_3}——石灰石粉中碳酸镁的质量百分率，为实测值；

M_{CaCO_3}——碳酸钙的摩尔质量，为 100g/mol；

M_{MgCO_3}——碳酸镁的摩尔质量，为 40g/mol；

c——酸的浓度，mol/L；

$V_{100\%}$——石灰石粉全部转化滴定所消耗的酸体积，mL。

石灰石粉转化分数应用式（18-15）计算：

$$X(t) = \frac{V_1}{V_{100\%}} \times 100\% \tag{18-15}$$

式中 $V_{100\%}$——石灰石粉全部转化滴定所消耗的酸体积，mL；

  $X(t)$——t 时刻，石灰石粉的转化分数，取 0.8；

  V_1——t 时刻，滴定所消耗的酸体积，mL。

第六节　工业氢氧化钙的测定

本方法引用自 HG/T 4120—2009《工业用氢氧化钙》。

一、氢氧化钙含量的测定

1. 方法提要

试验溶液以酚酞为指示剂，用盐酸标准滴定溶液滴定至无色。

2. 试剂

（1）盐酸标准滴定溶液：c(HCl)≈0.5mol/L。

（2）氢氧化钠溶液：4g/L。

（3）蔗糖溶液：300g/L。

称取 300g 蔗糖，溶于 1000mL 水中。加 1 滴酚酞指示液，使用前滴加氢氧化钠溶液（4g/L）至溶液刚呈微粉红色。

（4）酚酞指示液：10g/L。

3. 仪器设备

电磁搅拌器。

4. 分析步骤

称取约 0.5g 试样，精确至 0.000 2g，置于 250mL 锥形瓶中。加入 50mL 水，振摇使之混匀。加入 50mL 蔗糖溶液，用电磁搅拌器搅拌 15min 后加入 2~3 滴酚酞指示液，用盐酸标准滴定溶液滴定至溶液无色，并保持 30s。

同时做空白试验，除不加试样外，其他加入的试剂种类和量与试验溶液完全相同，并与试样同时同样处理。

5. 结果计算

氢氧化钙含量以氢氧化钙 [Ca(OH)$_2$] 的质量分数 W_1 计，单位为%，按式（18-16）计算：

$$W_1 = \frac{(V-V_0)/1000 \times c \times M}{m} \times 100\%$$ （18-16）

式中 c——盐酸标准滴定溶液浓度 的准确数值，mol/L；

  V——试验溶液所消耗的盐酸标准滴定溶液体积的数值，mL；

  V_0——空白试验溶液消耗盐酸标准滴定溶液体积的数值，mL；

  m——试样的质量，g；

  M——氢氧化钙 [1/2Ca(OH)$_2$] 摩尔质量的数值，M=37.05g/mol。

6. 精密度

取平行测定结果的算术平均值为测定结果，两次平行测定结果的绝对差值不大于 0.3%。

二、镁及碱金属含量的测定

1. 方法提要

在中性条件下，钙离子与草酸溶液生成草酸钙沉淀，过滤使钙与镁及碱金属分离，加适量硫酸后，将滤液蒸干，灼烧形成硫酸盐，称量。

2. 试剂

(1) 硫酸。

(2) 盐酸溶液：1+3。

(3) 氨水溶液：1+1。

(4) 草酸溶液 (63g/L)：称取 6.3g 草酸 ($H_2C_2O_4 \cdot 2H_2O$)，溶解在 100mL 水中。

(5) 甲基红指示液：1g/L。

3. 仪器设备

高温电炉：温度可控制在 800℃±25℃。

4. 分析步骤

称取约 0.5g 样品，精确至 0.000 2g，加入 10mL 水和 6mL 盐酸溶液使试样溶解，并煮沸 1min，迅速加入 40mL 草酸溶液，用力搅拌。加入 2 滴甲基红指示液，滴加氨水溶液，至溶液呈黄色。冷却后将此混合液转移到 100mL 容量瓶中，用水稀释至刻度，摇匀。静置4h 或过夜。用中速滤纸干过滤，弃去初始液 10mL。用移液管移取 50mL 滤液于已预先于 800℃±25℃灼烧至质量恒定的瓷坩埚中，加 0.5mL 硫酸，水浴蒸发至近干（或于电炉上低温蒸发至近干），再在电炉上细心蒸发至干，继续加热使铵盐完全分解并挥发。置于高温电炉中，于 800℃±25℃灼烧至质量恒定。

5. 结果计算

镁及碱金属含量 W_2 以质量分数计，单位为%，按式 (18-17) 计算：

$$W_2 = \frac{m_1 - m_2}{m \times 50/100} \times 100\% \tag{18-17}$$

式中　m_1——瓷坩埚和残渣的质量的数值，g；

　　　m_2——瓷坩埚的质量的数值，g；

　　　m——试样的质量的数值，g。

6. 精密度

取平行测定结果的算术平均值为测定结果，两次平行测定结果的绝对差值不大于 0.2%。

三、酸不溶物含量的测定

1. 方法提要

试样用盐酸溶解、过滤，将酸不溶物烘干、称量。

2. 试剂

(1) 盐酸溶液：1+3。

(2) 硝酸银溶液：17g/L。

3. 仪器设备

(1) 玻璃砂芯坩埚：孔径 5~15μm。

(2) 电热恒温干燥箱：温度可控制在 105℃±2℃。

4. 分析步骤

称取约 4g 试样，精确至 0.000 2g，加少量水润湿，加入 60mL 盐酸溶液使试样溶解，加热煮沸。趁热过滤于预先于 105℃±2℃ 干燥至质量恒定的玻璃砂芯坩埚中，用热水洗涤滤液至无氯离子（用硝酸银溶液检验）。置于电热恒温干燥箱中，于 105℃±2℃ 干燥至质量恒定。于干燥器中冷却至室温，称量。

5. 结果计算

酸不溶物含量 W_3 以质量分数计，单位为%，按式（18-18）计算：

$$W_3 = \frac{m_1 - m_2}{m} \times 100\%$$ (18-18)

式中　m_1——坩埚和残渣的质量的数值，g；

　　　m_2——坩埚的质量的数值，g；

　　　m——试样的质量的数值，g。

6. 精密度

取平行测定结果的算术平均值为测定结果，两次平行测定结果的绝对差值不大于 0.03%。

四、铁含量的测定

1. 方法提要

用抗坏血酸将试液中的 Fe^{3+} 还原成 Fe^{2+}，在 pH 值 2～9 时，Fe^{2+} 与 1,10-菲啰淋生成橙红色络合物合物，在分光光度计最大吸收波长（510nm）处测定其吸光度。

在特定的条件下，络合物在 pH 值为 4～6 时测定。

2. 试剂

盐酸：180g/L 溶液。

氨水：85g/L 溶液。

乙酸-乙酸钠缓冲溶液，在 20℃时 pH 值为 4～5。

抗坏血酸，100g/L 溶液。

1,10 邻菲罗琳一水合物（$C_{12}H_8N_2 \cdot H_2O$）1g/L 溶液：称取 1.0g 1,10 邻菲罗琳一水合物用水溶解并稀释至 1L，摇匀贮于棕色瓶中（存放在冰箱中避光保存）。

铁标准溶液，每升含有 0.200g 的铁。

铁标准溶液，每升含有 0.020g 的铁。

3. 仪器设备

分光光度计：带有光程为 1cm 的比色皿。

4. 分析步骤

（1）工作曲线的绘制。按 GB/T 3049—2006《工业用化工产品 铁含量测定的通用方法 1,10-菲啰啉分光光度法度法》中 6.3 的规定使用光程为 1cm 的比色皿及相应的铁标准溶液用量，绘制工作曲线。

（2）测定。称取约 1g 试样，精确至 0.01g，置于烧杯中，加入少量水润湿，加盐酸溶液至试样溶解，全部转移至 250mL 容量瓶中，用水稀释至刻度，摇匀。干过滤，弃去初始的 20mL 滤液，保留滤液。

用移液管移取 25mL 滤液，置于 100mL 容量瓶中，加水至 60mL，用氨水溶液或盐酸溶液调整 pH 值为 2，用精密试纸检查 pH。将试液定量转移至 100mL 的容量瓶。加 1mL 抗坏血酸溶液，然后加 20mL 乙酸-乙酸钠缓冲溶液和 10mL 1,10-菲啰啉溶液，用水稀释至刻度，摇匀。放置不少于 15min 后进行吸光度测量。

同时做空白试验，除不加试样外，其他加入的试剂种类和量与试验溶液的完全相同，并与试验溶液同时同样处理。

5. 计算

铁含量以铁（Fe）的质量分数 W_4 计算，单位为%，按式（18-19）计算：

$$W_4 = \frac{(m_1 - m_0)/1000}{m \times 25/250} \times 100\% \tag{18-19}$$

式中　m_1——根据测得的试验溶液吸光度从工作曲线上查得的铁的质量的数值，mg；

　　　　m_0——根据测得的空白试验溶液吸光度从工作曲线上查得的铁的质量的数值，mg；

　　　　m——试样的质量的数值，g。

6. 精密度

取平行测定结果的算术平均值为测定结果，两次平行测定结果的绝对差值不大于 0.005%。

五、干燥减量的测定

1. 仪器设备

（1）称量瓶：$\phi 40 \times 25$mm。

（2）电热恒温干燥箱：温度可控制在 105℃±2℃。

2. 分析步骤

称取约 2g 试样，精确到 0.000 2g，置于预先于 105℃±2℃下干燥至质量恒定的称量瓶中，置于 105℃±2℃电热恒温干燥箱中干燥 1h。取出，于干燥器中冷却至室温，称量。

3. 结果计算

干燥减量以质量分数 W_5 计，单位为%，按式（18-20）计算：

$$W_5 = \frac{m - m_1}{m} \times 100\% \tag{18-20}$$

式中　m——干燥前试样的质量的数值，g；

　　　　m_1——干燥后试样的质量的数值，g。

4. 精密度

取平行测定结果的算术平均值为测定结果，两次平行测定结果的绝对差值不大于 0.05%。

六、筛余物含量的测定

1. 方法提要

将试样倒入筛中，用软毛刷轻刷至无粉末试样通过，称量。

2. 仪器设备

（1）试验筛：R20/3 系列，$\phi 200 \times 50 - 0.045/0.032$（GB/T 6003.1—2012《试验筛 技术要求和检验　第 1 部分：金属丝编织网试验筛》）、$\phi 200 \times 50 - 0.125/0.050$（GB/T 6003.1—2012《试验筛 技术要求和检验　第 1 部分：金属丝编织网试验筛》）。

（2）软毛刷。

3. 分析步骤

称取约 10g 试样,精确至 0.01g。移入试验筛内(优等品、一等品移入 $\phi200 \times 50$-0.045/0.032 试验筛。合格品移入试验筛),用软毛刷轻刷试样。使粉末通过,最后在筛子下垫一张黑纸,轻刷筛子直至所垫黑纸上没有试样痕。将筛余物转移到已知质量的表面皿中称量,精确至 0.000 2g。

4. 结果计算

筛余物含量以质量分数 W_6 计,单位为%,按式(18-21)计算:

$$W_6 = \frac{m_1}{m} \times 100\% \tag{18-21}$$

式中 m_1——筛余物的质量的数值,g;

   m——试样的质量的数值,g。

5. 精密度

取平行测定结果的算术平均值为测定结果,两次平行测定结果的绝对差值不大于 0.2%。

第七节   工业聚丙烯酰胺的测定

本方法引用自 GB/T 17514—2017《水处理剂 阴离子和非离子型聚丙烯酰胺》。

一、固含量的测定

1. 试剂和仪器

(1)扁形称量瓶:$\phi60 \times 30mm$。

(2)烘箱:温度控制在 120℃±2℃。

2. 分析步骤

使用预先于 120℃±2℃下干燥至恒量的称量瓶称取约 1g 试样,精确至 0.2mg,置于电热干燥箱中,在 120℃±2℃下干燥至恒量。

3. 结果计算

固体含量 X 按式(18-22)计算:

$$X = \frac{m_2 - m_1}{m_0} \times 100\% \tag{18-22}$$

式中 m_2——干燥至恒量的试样与称量瓶质量的数值,g;

   m_1——干燥至恒量的称量瓶质量的数值,g;

   m_0——干燥前试样的质量的数值,g。

4. 允许差

取平行测定结果的算术平均值为测定结果。平行测定结果的绝对差值:固体产品不大于 0.2%,胶体产品不大于 0.1%。

二、溶解时间的测定

1. 方法提要

随着试样的不断溶解,溶液的电导值不断增大。试样全部溶解后电导值保持恒定。一定量的试样在一定量水中溶解时,电导值达到恒定所需时间,为试样的溶解时间。

2. 仪器设备

（1）电导仪：配有记录仪，量程 4mV。

（2）恒温槽：温度可控制 30℃±1℃。

（3）电动搅拌器：具有加热和控温装置，配有长度为 3cm 的搅拌子。

3. 试验步骤

将盛有 100mL 水的 200mL 烧杯放入搅拌器上的恒温槽中。将电导仪的电极插入烧杯，与烧杯壁距离 5～10mm。开动搅拌，调节液面漩涡深度约 20mm。打开加热装置，使恒温槽温度升至 30℃±1℃，恒温 10～15min。称取 0.040g±0.002g 试样，由漩涡上部加入至烧杯中。当记录仪指示的电导值 3min 内无变化时，停止试验。

4. 分析结果的表述

溶解时间以分钟（min）表示，从加入试样至电导值恒定 3min 内无变化时，停止。

5. 允许差

取平行测定结果的算术平均值为测定结果。平行测定结果的绝对差值不大于 5min。

第八节　循环水阻垢剂的测定

本方法引用自 DL/T 806—2013《火力发电厂循环水用阻垢缓蚀剂》。

一、pH 值的测定

1. 仪器设备

（1）酸度计：分度值为 0.02pH 值。

（2）天平：精度为 001g。

2. 测定步骤

称量 1.00g 试样，全部转移到 100mL 容量瓶中，用试剂水稀释至刻度，摇匀。

将试样溶液倒入 50mL 烧杯中，置于电磁搅拌器上，将电极浸入被测试液中，开动搅拌器搅拌。在已校准的酸度计上读取 pH 值。

二、密度的测定

1. 仪器和设备

（1）密度计：分度值为 0.001g/cm³。

（2）恒温水浴：温度控制在 20℃±1℃。

（3）玻璃量筒：250mL。

（4）温度计：分度值为 0.1℃。

2. 测定步骤

将阻垢缓蚀剂试样注入清洁、干燥的量筒内，不得有气泡，将量筒置于 20℃ 的恒温水浴中，待温度恒定后，用温度计测定水温。将清洁、干燥的密度计缓缓放入试样中，其下端离筒底 2cm 以上，不能与筒壁接触，密度计的上端露在液面外的部分所沾液体不应超过 2～3 分度，待密度计在试样中稳定后，读出密度计弯月面下缘的刻度（标有弯月面上缘刻度的密度计除外），即为 20℃时试样的密度。

三、固体含量的测定

1. 试剂和仪器

（1）扁形称量瓶：φ60×30mm。

（2）烘箱：恒温精度为±2℃。

（3）天平：精度精确到 0.000 1g。

2. 分析步骤

称取约 0.8 试样，精确到 0.000 1g，置于已恒重的称量瓶中，小心摇动，使试液自然流动，于瓶底形成一层均匀的薄膜。放入干燥箱中，逐渐升温至 120℃±2℃，干燥 6h，取出放入干燥器中，冷却至室温，称量。

3. 计算结果

固体含量 X 按式（18-23）计算：

$$X = \frac{m_2 - m_1}{m_0} \times 100\%$$ (18-23)

式中　m_2——干燥后试样与称量瓶的质量，g；

m_1——称量瓶的质量，g；

m_0——试样的质量，g。

4. 允许误差

两次平行测定结果之差不大于 0.3%，取其算术平均值为测定结果。

四、磷酸盐含量的测定

1. 试剂的配制

（1）钼酸铵溶液：称量 6.0g 钼酸铵溶于约 500mL 水中，加入 0.2g 酒石酸锑钾及 83mL 浓硫酸，冷却后用水稀释至 1000mL，摇匀。储存于棕色试剂瓶中，储存期 6 个月。

（2）抗坏血酸溶液：称量 17.6g 抗坏血酸溶于 50mL 水中，加入 0.2g 乙二胺四乙酸二钠及 8mL 甲酸，用水稀释至 1000mL，摇匀（现配现用）。

（3）硫酸：$c(1/2H_2SO_4)=1mol/L$ 溶液。

（4）过硫酸铵：2.4% 溶液（现配现用）。

注：也可用 4% 过硫酸钾溶液，过硫酸钾溶液贮存有效期为 1 个月。

2. 仪器设备

（1）分光光度计：波长范围为 400～800nm。

（2）可调温电热板：800W。

3. 分析步骤

（1）试液的制备方法如下：

1）称量约 2.0g（精确至 0.000 2g）试样，用水溶解后移至 500mL 容量瓶，用水稀释至刻度，摇匀，此为试液 A。

2）吸取试液 A 10.00mL 于 500mL 容量瓶中，用水稀释至刻度，摇匀，为试液 B。

（2）磷酸盐（以 PO_4^{3-} 计）工作曲线的绘制：取 7 个 50mL 容量瓶依次加入 0.00、1.00、2.00、3.00、4.00、5.00、6.00mL 磷酸盐标准溶液，各加入 20mL 水、5mL 钼酸铵溶液、3mL 抗坏血酸溶液，用水稀释至刻度，摇匀。于 25～30℃ 下放置 10min，用 1cm 比色皿在 710nm 波长处，以试剂空白为参比，测量其吸光度，以磷酸盐的质量（mg）为横坐标，对应的吸光度为纵坐标，绘制工作曲线。

（3）测定步骤如下：

1）总磷酸盐含量的测定。吸取 5.00mL 试液 B 于 50mL 锥形瓶中，加入 1mL 硫酸溶液、5mL 过硫酸铵溶液，在沸水浴中加热，保持 30min，取下冷却至室温，然后全部移至 50mL 容量瓶中，加入 5mL 钼酸铵溶液、3mL 抗坏血酸溶液。用水稀释至刻度，摇匀，在 25～30℃下放置 10min。使用分光光度计，用 1cm 比色皿，在 710nm 波长处，以试剂空白为参比，测定其吸光度。

2）正磷酸盐含量的测定。吸取 100mL 试液 A 于 50mL 容量瓶中，加入 20mL 水、5mL 钼酸铵溶液、3mL 抗坏血酸溶液，用水稀释至刻度，摇匀。在 25～30℃下放置 10min。使用分光光度计，用 1cm 比色皿，在 710nm 波长处，以试剂空白为参比，测定其吸光度。

4. 分析结果的计算

（1）总磷酸盐（以 PO_4^{3-} 计）含量 X_2（%）按式（18-24）计算：

$$X_2 = \frac{m_1 \times 10^{-3}}{m \times \frac{10}{500} \times \frac{5}{500}} \times 100 = \frac{500 \times m_1}{m} \tag{18-24}$$

式中 m_1——绘制的工作曲线查得试液中总磷酸盐的量，mg；

m——试样的质量，g。

（2）正磷酸盐（以 PO_4^{3-} 计）含量 X_3（%）按式（18-25）计算：

$$X_3 = \frac{m_2 \times 10^{-3}}{m \times \frac{10}{500}} \times 100\% = \frac{5m_2}{m} \tag{18-25}$$

式中 m_2——绘制的工作曲线查得试液中正磷酸盐的量，mg；

m——试样的质量，g。

（3）以质量百分数表示的磷酸盐含量 X_4（%）按式（18-26）计算：

$$X_4 = X_2 - X_3 - 1.203 X_5 \tag{18-26}$$

式中 X_5——从测得试液中的亚磷酸盐的含量，%；

1.203——由亚磷酸盐换算成磷酸盐的系数。

5. 允许差

取平行测定结果的算术平均值为测定结果，两次平行测定结果的绝对差值不大于 0.30%。

五、磷酸盐含量的测定

1. 试剂的配制

（1）五硼酸铵：（$NH_4B_5O_6 \cdot 4H_2O$）饱和溶液。

（2）碘：$c(1/2I_2) = 0.1mol/L$ 标准滴定溶液。

（3）酸：1+4。

（4）硫代硫酸钠：$c(Na_2S_2O_3) = 0.1mol/L$ 标准滴定溶液。

（5）可溶性淀粉：0.5% 溶液。

2. 分析步骤

称量 2.5g±0.1g 试样（精确至 0.0002g）于 250mL 碘量瓶中，加入约 20mL 水、12mL 五硼酸铵饱和溶液、15.00mL 碘溶液，立即盖好瓶塞，水封。于暗处放置 10～15min，然后加入 15mL 硫酸溶液，以硫代硫酸钠标准滴定溶液滴定至浅黄色时，加入 1mL 淀粉溶液，继续滴定至蓝色消失即为终点。

以 20mL 水代替试液，加入相同体积的所有试剂，按相同步骤进行空白试验。

3. 分析结果的计算

亚磷酸盐（以 PO_3^{3-} 计）含量 X_5（%）按式（18-27）计算：

$$X_5 = \frac{(V_0 - V_1) \times c \times 0.039\ 48}{m} \times 100 = \frac{(V_0 - V_1) \times c \times 3.948}{m} \tag{18-27}$$

式中　V_0——空白试验消耗硫代硫酸钠标准滴定溶液的体积，mL；

　　　V_1——滴定试液消耗硫代硫酸钠标准滴定溶液的体积，mL；

　　　c——硫代硫酸钠标准滴定溶液的浓度，mol/L；

　0.039 48——与 1.00mL 硫代硫酸钠标准滴定溶液 $[c(Na_2S_2O_3) = 1.000mol/L]$ 等量的亚磷酸盐的质量（以克表示）；

　　　m——试样的质量，g。

第九节　聚合硫酸铁的测定

本方法引用自 GB/T 14591—2016《水处理剂 聚合硫酸铁》。

一、全铁含量的测定

（一）重铬酸钾法（仲裁法）

1. 方法提要

在酸性溶液中，用氯化亚锡将三价铁还原为二价铁，过量的氯化亚锡用氯化汞予以除去，然后用重铬酸钾标准溶液滴定。

2. 试剂和材料

（1）盐酸溶液：1+1。

（2）硫-磷混酸：量取 150mL 硫酸，缓慢注入含 500mL 水的烧杯中，冷却后加入 150mL 磷酸，再次冷却后用水稀释到 1000mL。

（3）氯化亚锡溶液：250g/L。称取 25.0g 氯化亚锡置于干燥的烧杯中，加入 20mL 盐酸，加热溶解，冷却后稀释到 100mL，保存于棕色滴瓶中，加入高纯锡粒数颗。

（4）氯化汞饱和溶液。

（5）重铬酸钾标准滴定溶液：$c(1/6K_2Cr_2O_7)$ 约 0.1mol/L。

（6）二苯胺磺酸钠指示液：5g/L。

3. 分析步骤

称取液体产品约 1.0g 或固体产品约 0.5g，精确至 0.2mg，置于 250mL 锥形瓶中。加水 20mL，加盐酸溶液 10mL，加热至沸，趁热滴加氯化亚锡溶液至溶液黄色消失，再过量一滴，快速冷却。加氯化汞饱和溶液 5mL，摇匀后静置 1min，然后加水 50mL，再加入硫-磷混酸 10mL，二苯胺磺酸钠指示液四至五滴，立即用重铬酸钾标准滴定溶液滴定至紫色（30s 不褪）即为终点。

4. 结果计算

全铁含量以质量分数 W_1 计，单位为%，按式（18-28）计算：

$$W_1 = \frac{VcM \times 10^{-3}}{m} \times 100 \tag{18-28}$$

式中　V——滴定时消耗重铬酸钾标准滴定溶液的体积的数值，mL；

　　　c——重铬酸钾标准滴定溶液浓度的准确数值，mol/L；

　　　M——铁的摩尔质量的数值，g/mol，$M=55.85$；

　　　m——试料的质量的数值，g。

5. 允许差

取平行测定结果的算术平均值为测定结果，平行测定结果的绝对差值不应大于0.1%。

（二）三氯化钛法

1. 方法提要

在酸性溶液中，滴加三氯化钛溶液将三价铁离子还原为二价，过量的三氯化钛进一步将钨酸钠指示液还原生成"钨蓝"，使溶液呈蓝色。在有铜盐的催化下，借助水中的溶解氧，氧化过量的三氯化钛，待溶液的蓝色消失后，即以二苯胺磺酸钠为指示液，用重铬酸钾标准滴定溶液滴定。

2. 试剂和材料

（1）盐酸溶液：1+1。

（2）硫酸溶液：1+1。

（3）磷酸溶液：1+17。

（4）硫酸铜溶液：5g/L。

（5）三氯化钛溶液：量取25mL三氯化钛（15%）溶液，加入20mL盐酸，用水稀释至100mL，混匀，贮于棕色瓶中，溶液上面加一薄层液体石蜡保护。该溶液可保存15天。

（6）重铬酸钾标准滴定溶液：$c(1/6K_2Cr_2O_7)$ 约0.1mol/L。

（7）钨酸钠指示液：25g/L。称取2.5g钨酸钠，溶解于70mL水中，加入7mL磷酸，冷却后用水稀释至100mL，混匀，贮于棕色瓶中。

（8）二苯胺磺酸钠指示液：5g/L。

3. 分析步骤

称取液体产品约0.5g或固体产品约0.2g，精确至0.2mg，置于250mL锥形瓶中。加盐酸溶液10mL，硫酸溶液10mL和钨酸钠指示液1mL。在不断摇动下，逐滴加入三氯化钛溶液直至溶液刚好出现蓝色为止。用水冲洗锥形瓶内壁，并稀释至约150mL，加入两滴硫酸铜溶液，充分摇动，待溶液的蓝色消失后，加入磷酸溶液10mL和2滴二苯胺磺酸钠指示液，立即用重铬酸钾标准滴定溶液滴定至紫色（30s不褪）即为终点。

4. 结果计算

全铁含量以质量分数 W_1 计，单位为%，按式（18-29）计算：

$$W_1 = \frac{VcM \times 10^{-3}}{m} \times 100\%$$
（18-29）

式中　V——滴定试样时消耗重铬酸钾标准滴定溶液的体积的数值，mL；

　　　c——重铬酸钾标准滴定溶液浓度的准确数值，mol/L；

　　　M——铁的摩尔质量的数值，$M=55.85$，g/mol；

　　　m——试料的质量的数值，g。

5. 允许差

取平行测定结果的算术平均值为测定结果，平行测定结果的绝对差值不应大于 0.1%。

二、还原性物质（以 Fe^{2+} 计）含量的测定

1. 方法提要

在酸性溶液中用高锰酸钾标准滴定溶液滴定。

2. 试剂和材料

（1）硫酸。

（2）磷酸。

（3）高锰酸钾标准滴定溶液（Ⅰ）：$c(1/5KMnO_4)$ 约 0.1mol/L。

（4）高锰酸钾标准滴定溶液（Ⅱ）：$c(1/5KMnO_4)$ 约 0.01mol/L。将高锰酸钾标准滴定溶液（Ⅰ）稀释 10 倍，随用随配，当天使用。

3. 仪器设备

微量滴定管：10mL。

4. 分析步骤

称取液体产品约 5g 或固体产品约 3g，精确至 0.2mg，置于 250mL 锥形瓶中。加水 150mL，加入 4mL 硫酸，4mL 磷酸，摇匀。用高锰酸钾标准滴定溶液（Ⅱ）滴定至微红色（30s 不褪）即为终点。同时做空白试验。

5. 结果计算

还原性物质（以 Fe^{2+} 计）含量以质量分数 W_2 计，单位为%，按式（18-30）计算：

$$W_2 = \frac{(V-V_0)cM \times 10^{-3}}{m} \times 100\% \tag{18-30}$$

式中　V——滴定试样时消耗高锰酸钾标准滴定溶液（Ⅱ）的体积的数值，mL；

V_0——滴定空白时消耗高锰酸钾标准滴定溶液（Ⅱ）的体积的数值，mL；

c——高锰酸钾标准滴定溶液（Ⅱ）浓度的准确数值，mol/L；

M——铁的摩尔质量的数值，$M=55.85$，g/mol；

m——试料的质量的数值，g。

6. 允许差

取平行测定结果的算术平均值为测定结果，平行测定结果的绝对差值不应大于 0.01%。

三、盐基度的测定

1. 方法提要

在试样中加入定量盐酸溶液，再加氟化钾掩蔽铁，以酚酞为指示剂或以 pH 计指示终点，用氢氧化钠标准滴定溶液滴定，至溶液变为淡红色或 pH 为 8.3 即为终点。

2. 试剂和材料

（1）无二氧化碳的水。

（2）盐酸溶液：1+3。

（3）氢氧化钠溶液：4g/L。

（4）氟化钾溶液：500g/L。称取 500g 氟化钾，以 200mL 无二氧化碳的水溶解后，稀释到 1000mL。加入 2mL 酚酞指示液并用氢氧化钠溶液或盐酸溶液调节溶液至微红色，滤去不溶物后贮存于塑料瓶中。

（5）盐酸标准溶液：c(HCl) 约 0.1mol/L。

（6）氢氧化钠标准滴定溶液：c(NaOH) 约 0.1mol/L。

（7）酚酞指示液：10g/L 乙醇溶液。

3. 分析步骤

称取液体产品约 1.2g 或固体产品 0.8g，精确至 0.2mg，置于 250mL 锥形瓶中，加入 20mL 水及 25.00mL 盐酸标准溶液，盖上表面皿，置于电炉上加热至沸腾后立即取下。冷却至室温后，全部转移到 400mL 聚乙烯烧杯中，再加入氟化钾溶液 10mL，摇匀，加 5 滴酚酞指示剂，立即用氢氧化钠标准滴定溶液滴定至淡红色（30s 不褪色）为终点，或用 pH 计检测到 pH 值为 8.3 即为终点。同时做空白试验。

4. 结果计算

盐基度含量以 W_3 计，单位为%，按式（18-31）计算：

$$W_3 = \frac{\dfrac{(V_0 - V)cM_1}{M_1} \times 10^{-3}}{\dfrac{m(w_1 - w_2)}{M_2} \cdot 3} \times 100\% \tag{18-31}$$

式中 V_0——空白消耗氢氧化钠标准滴定溶液的体积的数值，mL；

  V——试样消耗氢氧化钠标准滴定溶液的体积的数值，mL；

  c——氢氧化钠标准滴定溶液浓度的准确数值，mol/L；

  w_1——5.2 试样中全铁的质量分数；

  w_2——5.3 试样中还原性物质（以 Fe^{2+} 计）的质量分数；

  M_1——氢氧根的摩尔质量的数值，$M_1 = 17.00$，g/mol；

  M_2——铁的摩尔质量的数值，$M_2 = 55.85$，g/mol；

  m——试料的质量的数值，g。

5. 允许差

取平行测定结果的算术平均值为测定结果，平行测定结果的绝对差值不应大于 0.5%。

第十节　次氯酸钠的测定

本方法引用自 GB 19106—2013《次氯酸钠》。

一、次氯酸钠溶液中有效氯含量的测定

1. 原理

在酸性介质中，次氯酸根与碘化钾反应，析出碘，以淀粉为指示液，用硫代硫酸钠标准滴定溶液滴定，至蓝色消失为终点。

2. 试剂

（1）碘化钾溶液，浓度为 100g/L：称取 100g 碘化钾，溶于水中，稀释到 1000mL，摇匀。

（2）硫酸溶液，3+100：量取 15mL 硫酸，缓缓注入 500mL 水中，冷却，摇匀。

（3）硫代硫酸钠标准滴定溶液：c(Na$_2$S$_2$O$_3$) = 0.1mol/L。

（4）淀粉指示液，浓度为 10g/L。

3. 仪器

一般实验室仪器。

4. 分析步骤

（1）试料。量取约 20mL 实验室样品，置于内装 20mL 水并已称量（精确到 0.01g）的 100mL 烧杯中，称量（精确到 0.01g）。然后全部移入 500mL 容量瓶中，用水稀释至刻度，摇匀。

（2）测定。量取试料 10.00mL，置于内装 50mL 水的 250mL 碘量瓶中，加入 10mL 碘化钾溶液和 10mL 硫酸溶液，迅速盖紧瓶塞后水封，于暗处静置 5min，用硫代硫酸钠标准滴定溶液滴定至浅黄色，加 2mL 淀粉指示液继续滴定至蓝色消失即为终点。

5. 结果计算

有效氯以氯的质量分数 X_1 计，单位为％，按式（18-32）计算：

$$X_1 = \frac{\dfrac{V}{1000} \times cM}{\dfrac{m \times 10}{500}} \times 100\% = \frac{5VcM}{m} \tag{18-32}$$

式中　V——硫代硫酸钠标准滴定溶液的体积的数值，mL；

　　　c——硫代硫酸钠标准滴定溶液浓度的准确的数值，mol/L；

　　　m——试料的质量的数值，g；

　　　M——氯的摩尔质量的数值，$M=35.453$，g/mol。

6. 允许差

平行测定结果之差的绝对值不超过 0.2％。

取平行测定结果的算术平均值为报告结果。

二、次氯酸钠溶液中游离碱含量的测定

1. 原理

用过氧化氢分解次氯酸根，以酚酞为指示液，用盐酸标准滴定溶液滴定，至微红色为终点。

2. 试剂

（1）过氧化氢溶液：1+5。

（2）盐酸标准滴定溶液：$c(\text{HCl})=0.1\text{mol/L}$。

（3）酚酞指示液：10g/L。

3. 仪器

一般实验室仪器。

4. 分析步骤

量取试料 50.00mL，置于 250mL 锥形瓶中，滴加过氧化氢溶液至溶液不冒气泡为止，加 2～3 滴酚酞指示液，用盐酸标准滴定溶液滴定，至微红色为终点。

5. 结果计算

游离碱以氢氧化钠（NaOH）质量分数 X_2 计，单位为 ％，按式（18-33）表示：

$$X_2 = \frac{\dfrac{V}{1000} \times cM}{\dfrac{m \times 50}{500}} \times 100\% = \frac{VcM}{m} \tag{18-33}$$

式中　V——盐酸标准滴定溶液的体积的数值，mL；

　　　c——盐酸标准滴定溶液浓度的准确数值，mol/L；

　　　m——试料的质量的数值，g；

　　　M——氢氧化钠的摩尔质量的数值，$M = 40.00$，g/mol。

6. 允许差

平行测定结果之差的绝对值不大于 0.04%。

取平行测定结果的算术平均值为报告结果。

第十九章

盐垢分析化验方法

本方法引用自 DL/T 1151—2012《火力发电厂垢和腐蚀产物分析方法》。

第一节　试样的采集与处理

本部分适用于热力系统内形成的水垢、水渣、盐垢和腐蚀产物的采集和溶解。

一、试样的采集

1. 采集试样的数量

采集量宜大于 4g。对于星片状、块状等不均匀的试样，破碎至规定粒度后逐级缩分的试样，取样量宜大于 10g。

2. 采集试样的方法

（1）挤压采样、割管采样时，若试样不易刮取，可用车床先将试样管的外缘车薄，然后再放在台钳上挤压变形，使附着在管壁上的试样脱落下来取得试样。

（2）刮取试样时，可用硬纸或其他类似的物品承接，随后即应装入专用的广口瓶中存放并黏贴标签。标签上应注明设备名称、设备编号、取样部位、取样日期、取样人姓名等事项。

二、分析试样的制备

（1）分析试样直接破碎成粒径 1mm 左右的试样后，用四分法进行缩分（若试样数量少于 8g 可以不缩分）。

（2）取一部分缩分后的试样（不宜少于 2g），放在玛瑙研钵中研磨到试样全部通过125m 筛网（120 目）。

（3）制备好的分析试样，应装入粘贴有标签的称量瓶中备用。其余没有研磨的试样，应放回原来的广口瓶中，妥善保存，作为复校对使用。

三、试样的溶解

试样的分解是分析过程中重要的步骤，其目的在于将试样制备成便于分析的溶液。分解试样时，试样溶解要完全，且溶解速度要快，不致造成待分析成分损失及引入新的杂质而干扰测定。常用试样分解方法有酸溶法和熔融法两种，应针对试样种类，选用不同分解试样的方法。

1. 酸溶样法

（1）方法概要。试样经盐酸或硝酸溶解后，稀释至一定体积成为多项分析试样。本方法对大多数碳酸盐垢、磷酸盐垢，可以完全溶解，但对于难溶的氧化铁垢、铜垢、硅垢，往往留有少量酸不溶物。可以用碱熔法，将酸不溶物溶解，再与酸溶物合并，并稀释至一定体积，成为多项分析试液。

（2）酸溶样操作步骤。称取干燥的分析试样 0.2g（称准至 0.2mg），置于 100～200mL 烧杯中，加入 15mL 浓盐酸（对碳酸盐垢试样应缓慢地加入，防止反应过于剧烈而发生溅失），盖上表面皿加热至试样完全溶解。若有黑色不溶物，可加浓硝酸 5mL，继续加热至接近干涸，驱赶尽过剩的硝酸（红棕色的二氧化氮基本驱赶完全），冷却后加盐酸溶液（1+1）10mL，温热至干涸的盐类完全溶解，加蒸馏水 100mL。若溶液透明，说明试样已完全溶解。将溶液倾入 500mL 容量瓶，用蒸馏水稀释至刻度，所得溶液为多项分析试液。

若经上述加硝酸处理后仍有少量酸不溶物，可测定酸不溶物含量，也可完成多项分析试样的制备。

（3）酸不溶物的测定：

1）将酸不溶物过滤出，用热蒸馏水洗涤干净（用 5％硝酸银溶液检验应无氯离子）。将滤液和洗涤液收集于 500mL 容量瓶，用蒸馏水稀释至刻度，所得溶液为多项分析试液。

2）将洗干净的酸不溶物连同滤纸放入已恒重的坩埚中，在电炉上彻底炭化，然后放入 800～850℃高温炉中灼烧 30min，取出坩埚，在空气中稍冷后移入干燥器中冷却至室温称量，如此反复操作直至恒重。

3）酸不溶物 X 的含量（％）按式（19-1）计算：

$$X = \frac{W_1 - W_2}{G} \times 100\% \tag{19-1}$$

式中　W_1——坩埚和酸不溶物的总质量，g；

　　　W_2——坩埚的质量，g；

　　　G——试样质量，g。

（4）用碱熔法将酸不溶物分解。将酸不溶物过滤出，用热蒸馏水洗涤数次。将滤液和洗涤液一并倾入 500mL 容量瓶中，洗干净的酸不溶物连同滤纸放入坩埚中，经炭化、灰化后，将酸不溶物分解，把熔融物提取液合并于上述 500mL 容量瓶中，用蒸馏水稀释至刻度，所得溶液为多项分析试液。

2. 氢氧化钠熔融法

（1）方法概要。试样经氢氧化钠熔融后，用热蒸馏水提取，用盐酸酸化、溶解，制成多项分析试液。本方法对许多垢和腐蚀产物都有较好的分解效果。

（2）氢氧化钠熔融操作步骤。

1）称取干燥的分析试样 0.2g（称准至 0.2mg），置于盛有 1g 氢氧化钠的银坩埚中，加 1～2 滴酒精润湿，在桌上轻轻地振动，使试样黏附在氢氧化钠颗粒上。

2）再覆盖 2g 氢氧化钠，坩埚加盖后置于 50mL 瓷坩埚或瓷盘，放入高温炉中，由室温缓慢升温至 700～750℃，在此温度下保温 20min 取出坩埚，并冷却至室温将银坩埚放入聚乙烯杯中，并置于沸腾的水浴锅里。

3）在水浴里加热 5～10min，充分地浸取熔块。待熔块浸散后，取出银坩埚，用装有热蒸馏水的洗瓶冲洗坩埚内、外壁及盖。

4）在不断搅拌下，迅速加入 20mL 浓盐酸，再继续在水浴里加热 5min。

5）此时熔块完全溶解，溶液透明。将此溶液冷却后，转入 500mL 容量瓶，用水稀释至刻度，此溶液为多项分析试液。

6）若有少量不溶物时，可将已溶解的透明清液倾入 500mL 容量瓶中，再加入 3～5mL 浓盐酸和 1mL 浓硝酸，继续在沸水浴里加热溶解不溶物，待所有不溶物完全溶解后，将此溶液合并于 500mL 容量瓶中，用试剂水（先用盐酸将试剂水调整 pH 值不大于（2）稀释至刻度。

3. 碳酸钠熔融法

（1）方法概要。试样经碳酸钠熔融分解后，用水浸取熔融物，加酸酸化制成多项分析试液。本法虽然费时较多，而且需用铂坩埚，但分解试样较为彻底，是常用的方法。

（2）碳酸钠熔融操作步骤。

1）称取干燥的试样 0.2g（称准至 0.2mg），置于装有 1.5g 研细的无水碳酸钠的铂坩埚中。

2）用铂丝把碳酸钠和试样混匀，再用 0.5g 碳酸钠将试样覆盖。坩埚加盖后置于 30mL 或 50mL 瓷坩埚中，放入高温炉中，由室温缓慢升温至 950℃±20℃，在此温度下熔融 2～2.5h。

3）取出坩埚，冷却至室温，将铂坩埚放入聚乙烯杯中，加 70～100mL 煮沸的蒸馏水，置于沸水浴上加热 10min 以浸取熔融块。

4）待熔块浸散后，用装有热蒸馏水的洗瓶冲洗坩埚内、外壁及盖。边搅拌熔块，边迅速加入 10～15mL 浓盐酸，再在水浴里加热 5～10min。

5）此时，溶液应清澈、透明，冷却至室温后倾入 500mL 容量瓶。用蒸馏水稀释至刻度，所得溶液为多项分析试液。试液中若有少量不溶物，可按照上方所述加盐酸和硝酸的有关操作进行处理，直到不溶物完全溶解。

4. 偏硼酸锂熔融法

（1）方法概要。试样经偏硼酸锂熔融分解后，用试剂水浸取熔融物，加酸溶解制成多项分析试液。该方法制成的待测试液除可供测定铁、铝、钙、镁、铜等氧化物外，还可供测定氧化钠、氧化钾。

（2）偏硼酸锂熔融操作步骤。

1）称取干燥的分析试样 0.2g（称准至 0.2mg），置于称量瓶中，加入 0.5g 偏硼酸锂，搅拌均匀。

2）将混合物置于已铺有一层偏硼酸锂的铂坩埚中，并在混合物上盖一层偏硼酸锂，此两部分偏硼酸锂约为 0.5g。

3）盖好盖子，将铂坩埚移入高温炉，逐渐升温至 980℃±20℃，保持 15～20min。

4）取出铂坩埚，趁熔融物还是液态时，摇动铂坩埚，使熔融物分布于坩埚壁上，形成薄层，并立即将坩埚底部浸入水中骤冷，使熔融物爆裂，再加数滴蒸馏水，水将渗入到裂缝中。

5）将坩埚盖和坩埚放入 100mL 玻璃烧杯中，在铂坩埚内放一根磁力搅棒，加入 70～80℃盐酸溶液（1+1）25mL。

6）把烧杯放在能加热的磁力搅拌器上，在加热情况下搅拌 10min。

7）待熔融物完全溶解后，用蒸馏水冲洗铂坩埚和盖，再将溶液倾入 500mL 容量瓶中，用蒸馏水稀释至刻度，所得溶液为多项分析试液。

5. 氢氟酸—硫酸溶解操作步骤

（1）称取 0.5g（称准至 000 02g）测定过水分的试样，放入 30mL 铂坩埚或铂蒸发皿中。

（2）加入 5mL 浓氢氟酸、5mL 浓硫酸，于通风橱中在低温电炉上缓慢加热，直到白烟冒完为止。

（3）将坩埚外部擦干挣，放入玻璃烧杯中，加入约 100mL、约 60℃ 的试剂水，浸取干涸物。

（4）待干涸物全部溶解，取出坩埚，用 60℃ 的试验水淋洗坩埚内外壁三次。待溶液自然冷却至室温，转入 500mL 容量瓶中，用试剂水稀释至刻度，摇匀备用。

注：若确需用酸分解时，应尽可能减少新的干扰因素。如测定氯离子的试样，不能用盐酸、王水分解试样。罚定二氧化硅试液，不能用氢氟酸分解试样。

第二节 水分的测定

一、概要

方法适用于测定垢和腐蚀产物试样所含有的水分含量。

通常，垢和腐蚀产物试样所含水分在 105℃ 干燥时脱水，通过测定试样减少的质量可测定水分。由于垢和腐蚀产物的各组成成分都是以干燥状态表示的，所以必须测定水分，并把它计入组成之中。

二、测定方法

称取分析试样 0.5～1.0g（称准至 0.2mg），置于已在 110℃ 下恒重的称量瓶中，在 105～110℃ 下烘 2h（鼓风条件下），取出称量瓶，盖好瓶盖，在干燥器内冷却至室温，迅速称其质量。再在 105～110℃ 烘箱内烘 1h，取出称量瓶，置于干燥器内，从干燥箱中取出称量瓶，立即盖好瓶盖，在空气中冷却约 2min，然 后放在干燥器内冷却至室温（约 20min），迅速称其质量（ 称准至 0.2mg）。

再在 105～110℃ 烘箱内烘 1h，取出称量瓶，按上面方法进行称量，两次称量之差不超过冷却至室温，迅速称其质量，两次称量之差不超过 0.4mg 则为恒重。

三、试样中水分

试样中水分 $X(\%)$ 按式（19-2）计算：

$$X = \frac{W_1 - W_2}{G} \times 100\%$$ （19-2）

式中　W_1——烘前试样与称量瓶的总质量，g；

　　　W_2——烘后试样与称量瓶的总质量，g；

　　　G——试样的质量，g。

四、水分测定结果的允许差

在含量范围不小于 1% 时，同一试验室不允许超过 0.01%，不同试验室不允许超过 0.02%。

第三节 灼烧减（增）量的测定

该方法适用于测定垢和腐蚀产物的灼烧减（增）量。有测 450℃ 灼烧减（增）量和测 900℃ 灼烧减（增）量两种测定方法。

一、概要

试样灼烧时，由于水分脱出、有机物燃烧、碳酸盐等化合物分解，金属或低价元素氧化等，使得灼烧后的试样质量有所变化。有的质量减少，有的质量增加。质量减少叫作灼烧减量，反之叫作灼烧增量。虽然，试样灼烧后质量变化无一定规律，但从灼烧后质量的改变，可以对垢和腐蚀产物的特征和组成做初步的判断。校核垢和腐蚀产物的测定结果时，应计入灼烧减（增）量。减量要加到测定结果总和中去，增量应从测定结果总和中减去。

二、450℃灼烧减（增）量的测定

准确称取 0.5～1.0g 分析试样（称准至 0.2mg），平铺于预先在 900℃灼烧至恒重的瓷舟内。将瓷舟放入 450℃±5℃的高温炉中，灼烧 1h，然后放入干燥器中冷却至室温，并迅速称量其质量。再将瓷舟放入 450℃±5℃的高温炉中，灼烧 20min，恒重。

450℃灼烧减（增）量 $X(\%)$ 按式（19-3）计算：

$$X = \frac{W_1 - W_2}{G} \times 100\% \tag{19-3}$$

式中　W_1——灼烧前试样与瓷舟的总质量，g；

　　　W_2——灼烧后试样与瓷舟的总质量（恒重后），g；

　　　G——试样的质量，g。

三、900℃灼烧减（增）量的测定

把已测定过 450℃灼烧减（增）量的试样（连同瓷舟）置于 900℃±5℃的高温炉中灼烧 1h，取出放入干燥器中，冷却至室温，迅速称其质量，再将瓷舟放入 900℃±5℃的高温炉中，灼烧 20min，恒重。

900℃灼烧减（增）量 $X(\%)$ 按式（19-4）计算：

$$X = \frac{W_2 - W_3}{G} \times 100\% \tag{19-4}$$

式中　W_2——测定过 450℃灼烧减量的试样与瓷舟的总质量，g；

　　　W_3——在 900℃灼烧后的试样与瓷舟的总质量（恒重后），g；

　　　G——试样的质量。

四、测定结果的允许差

同一实验室内分析结果的允许差不应大于 0.3%，不同实验室间分析结果的允许差不应大于 0.5%。

第四节　氧化铁的测定

本方法适用于测定氧化铁垢、铜垢、铁铜垢等垢和腐蚀产物中的三氧化二铁的含量。铝、锌、钙、镁等均不干扰测定。但是，在滴定溶液中，铜量大于 0.08mgCuO、镍量大于 0.03mgNiO 时，干扰测定，使测定结果偏高。磷酸根量大于 3.3mg 时，干扰测定。对于铜、镍的干扰，可用加邻菲啰啉的方法消除，对于磷酸根的干扰，可采用少取试样的方法消除。

一、概要

试样中的铁经过溶解处理后以铁（Ⅲ）的形式存在于溶液中。在 pH 值为 1～3 的酸性介质中，铁（Ⅲ）与磺基水杨酸形成紫色络合物。

磺基水杨酸与铁形成的络合物没有 EDTA 与铁形成的络合物稳定，因而在用 EDTA 标准溶液滴定时，磺基水杨酸-铁络合物中的铁被 EDTA 逐步夺取出来。滴定到终点时磺基水杨酸被全部游离出来，使溶液的紫色变为淡黄色（铁的含量低时呈无色）。

二、试剂

（1）铁标准溶液（1mL 相当于 1mgFe$_2$O$_3$）。称取优级纯还原铁粉（或者纯铁丝）0.6994g，也可称取已在 800℃灼烧恒重的三氧化二铁（优级纯）1.000g，置于 100mL 烧杯中加蒸馏水 20mL，加盐酸溶液（1＋1）10mL，加热溶解。当完全溶解后，加过硫酸铵 0.1～0.2g，煮沸 3min，冷却至室温，倾入 1L 容量瓶，用蒸馏水稀释至刻度。

（2）10％磺基水杨酸指示剂。

（3）2mol/L 盐酸溶液。

（4）氨水（1＋1）。

（5）EDTA 标准溶液：称取 EDTA［乙二胺四乙酸二钠（C$_{10}$H$_{14}$N$_2$O$_8$Na$_2$·2H$_2$O）］1.9g，溶于 200mL 蒸馏水中，溶液倒入 1L 容量瓶，并稀释至刻度。

（6）EDTA 溶液对铁的滴定度的标定：准确吸取铁标准溶液 5mL，加水稀释至 100mL，用第三条测定方法中所述的操作步骤，标定 EDTA 溶液对铁的滴定度。

EDTA 溶液对铁（Fe$_2$O$_3$）的滴定度 T 按式（19-5）计算：

$$T = \frac{CV}{a} \tag{19-5}$$

式中 C——铁标准溶液的含量，mg/mL；

　　　V——取铁标准溶液的体积，mL；

　　　a——标定所消耗 EDTA 溶液的体积，mL。

三、测定方法

吸取待测试液 V mL（含 0.5mgFe$_2$O$_3$ 以上），注入 250mL 锥形瓶中，补加蒸馏水到 100mL，加 10％磺基水杨酸指示剂 1mL，徐徐地滴加氨水（1＋1）并充分摇动。中和过量的酸至溶液由紫色变为橙色（pH 值约为 8）时，加 2mol/L 盐酸溶液 1mL（pH 值为 1.8～2.0），加 0.1％邻啡罗啉 5mL，加热至 70℃左右，趁热用 EDTA 标准溶液滴定至溶液由紫红色变为浅黄色（铁含量低时为无色），即为终点（滴定完毕时溶液温度应在 60℃左右）。

四、计算及允许差

试样中铁（Fe$_2$O$_3$）的含量 X（％）按式（19-6）计算：

$$X = \frac{Ta}{G} \times \frac{500}{V} \times 100\% \tag{19-6}$$

式中 T——EDTA 标准溶液对三氧化二铁的滴定度，mg/mL；

　　　a——滴定铁所消耗 EDTA 标准溶液的体积，mL；

　　　G——试样的质量，mg；

　　　V——吸取待测试液的体积，mL。

氧化铁测定结果的允许差见表 19-1、表 19-2。

铁（Ⅲ）与磺基水杨酸在不同的 pH 值下可形成不同摩尔比的络合物，具有不同的颜色，见表 19-2。本方法调节 pH 值，中和过量的酸，就是利用此性质进行的。

表 19-1	氧化铁测定结果的允许差	（%）
三氧化二铁的含量	同一试验室	不同试验室
≤5	0.3	0.6
>5～10	0.4	0.8
>10～20	0.5	1.0
>20～30	0.6	1.1
>30～50	0.8	1.5
50 以上	1.1	2.0

表 19-2	铁（Ⅲ）与磺基水杨酸的络合物	
pH 值	摩尔比	颜色
1.5～2.5	1∶1	紫红色
4～8	2∶1	绛色
8～11.5	3∶1	黄色

注 标定 EDTA 标准溶液时，由于铁标准溶液的含量高，故加数滴指示剂即可。测定铁含量较低的试液时，可适当地多加指示剂。试样中铁含量低时，可将 EDTA 溶液适当稀释后滴定，此时滴定终点的颜色为无色。

EDTA 溶液与铁（Ⅲ）的反应在 60～70℃下进行为宜，温度低反应速度慢，易造成超滴，使测定结果偏高。EDTA 滴定铁溶液接近终点时，应逐滴加入 EDTA 溶液，且多摇、细观察，以防过滴。

第五节　氧化铝的测定

本方法适用于测定垢和腐蚀产物中三氧化二铝的含量。垢和腐蚀产物中常见的成分（离子）均不干扰测定。在测定条件下，钛（Ⅳ）、锡（Ⅳ）干扰测定，使测定结果偏高。通常，试样中这些元素含量甚微，对测定结果无明显结果。

一、概要

在 pH 值为 4.5 的介质中，加入过量的 EDTA 溶液，除铝与 EDTA 络合外，铜、锰、亚铁、镍以及高铁、锡、钛等离子均与 EDTA 生成稳定络合物。用铜标准溶液回滴过剩的 EDTA，以 1-2-吡啶偶氮、2-萘酚（PAN）作指示剂，终点颜色由淡黄色变为紫红色。然后加入适量的氟化物，置换出与铝、钛络合的 EDTA，再次用铜标准溶液滴定，终点由黄色变为紫红色，其反应式如下：

加 EDTA：$Al^{3+} + H_2Y^{2-} \rightarrow AlY^- + 2H^+ \quad Me + H_2Y^{2-} \rightarrow MeY^{2-}$（Me 代表钙、镁、铜、锌等二价离子）

加氟化钠：$AlY^- + 6NaF + 2H^+ \rightarrow Na_3AlF_6 + H_2Y^{2-} + 3Na^+$

滴定时：$H_2Y^{2-} + Cu^{2+} \rightarrow CuY^{2-} + 2H^+$

$Cu^{2+} + PAN \rightarrow Cu-PAN$

　　　（黄色）　　　（紫红色）

二、试剂

（1）乙酸-乙酸铵缓冲溶液（pH 值为 4.5）：称取 77g 乙酸铵溶于约 300mL 蒸馏水中，

加 200mL 冰醋酸，用水稀释至 1L。

(2) 氨水（1+1）。

(3) 2mol/L 盐酸溶液。

(4) 1‰酚酞指示剂（乙醇溶液）。

(5) 0.4%PAN 指示剂（乙醇溶液）。

(6) 饱和氟化钠溶液（储存于聚乙烯瓶中）。

(7) 硼酸（固体）。

(8) 0.5%EDTA 溶液。

(9) 铝标准溶液（1mL 相当于 1mg Al$_2$O$_3$）：取少量高纯铝片置于小烧杯中，用盐酸溶液（1+9）浸泡几分钟，使铝片表面氧化物溶解。先用蒸馏水洗涤数次，再用无水乙醇洗数次，放入干燥器中干燥。准确称量处理过的铝片 0.529 3g，置于 150mL 烧杯中。加优级纯氢氧化钾 2g，蒸馏水约 10mL，待铝片溶解后用盐酸（1+1）酸化，先产生氢氧化铝沉淀，继续加盐酸溶液（1+1），使沉淀完全溶解后，再加 10mL 盐酸溶液（1+1）冷却至室温，倾入 1L 容量瓶，用蒸馏水稀释至刻度。

(10) 铝工作液（1mL 相当于 0.1mg Al$_2$O$_3$）：准确地取上述标准溶液（1mL 相当于 1mg Al$_2$O$_3$）10mL，注入 100mL 容量瓶，用蒸馏水稀释至刻度。

(11) 铜储备溶液（1mL 相当于 1mgCuO）：取硫酸铜（CuSO$_4$·5H$_2$O）3.1g（称准至 1mg），溶于 300mL 蒸馏水中，加硫酸溶液（1+1）1mL，倾入 1L 容量瓶中，用蒸馏水稀释至刻度。

(12) 铜工作溶液（1mL 相当于 0.2mgCuO）：储备液（1mL 含 1mgCuO）200mL，用蒸馏水稀释至 1L。该溶液对氧化铝的滴定度按下述测定方法标定。取铝工作溶液（1mL 相当于 0.1mgAl$_2$O$_3$）5mL 注入 250mL 锥形瓶中，加蒸馏水至 100mL，按测定方法进行标定。

铜工作溶液对铝（Al$_2$O$_3$）的滴定度 T 按式（19-7）计算：

$$T = \frac{CV}{a} \tag{19-7}$$

式中 C——铝标准溶液的含量，mg/mL；

  V——取铝标准溶液的体积，mL；

  a——标定所消耗铜工作溶液体积，mL。

三、测定方法

(1) 用移液管吸取待测试液 VmL（含 0.05mg Al$_2$O$_3$ 以上），注入 250mL 锥形瓶中，加蒸馏水至 100mL 左右，加 0.5%EDTA 溶液 10mL，加 1‰酚酞指示剂 2 滴，以氨水（1+1）中和至溶液微红，滴加 2mol/L 盐酸溶液使红色刚好褪去，再多加 4 滴。

(2) 加乙酸-乙酸铵缓冲溶液 5mL，加 0.4%PAN 指示剂 3 滴，溶液为黄色，于电炉上加热至沸腾，取下稍冷。

(3) 用铜储备溶液（1mL 相当于 1mgCuO）滴定，接近终点时（溶液呈淡黄色）改用铜工作溶液（1mL 相当于 0.2mgCuO）滴定到紫红色（不计读数，但应滴准）。

(4) 加饱和氟化钠溶液 5mL 硼酸约 0.1g，再于电炉上加热至沸腾，取下稍冷，用铜工作溶液（1mL 相当于 mgCuO）滴定至黄色变为紫红色即为终点。

（5）记录消耗铜工作溶液的体积 a mL。

四、计算及允许差

试样中氧化铝（Al_2O_3）的含量 X ％按式（19-8）计算：

$$X = \frac{Ta}{G} \times \frac{500}{V} \times 100\% \tag{19-8}$$

式中　T——铜工作溶液对氧化铝的滴定度，mg/mL；

　　　a——第二次滴定时消耗铜工作溶液的体积，mL；

　　　G——试样的质量，mg；

　　　V——吸取待测试液的体积，mL。

氧化铝测定结果的允许差见表 19-3。

表 19-3　　　　　　　　　　氧化铝测定结果的允许差　　　　　　　　　　（％）

氧化铝含量	同一试验室	不同试验室
≤2	0.3	0.6
>2~5	0.4	0.8
>5~10	0.5	1.0
10 以上	0.6	1.2

五、注意事项

（1）由于氟离子与铁离子能生成（FeF_6）$^{3-}$ 络离子，可能使 EDTA-Fe 络合物破坏，从而影响铝的测定。为避免此现象发生，需控制一定的氟量，控制煮沸时间，并加少量硼酸，使多余的氟离子形成 BF_4。

（2）本法也可用二甲酚橙作指示剂，以锌盐滴定。但是，对铁含量高的样品，以 PAN 作指示剂为好。在本测定中，每次所取试样为 4mg（取待测试液 10mL）。若取样量超过 4mg，为保证 Al^{3+}/EDTA 摩尔比不变，应适当增加 0.5％EDTA 溶液加入量。在一般情况下，取样量应增加 4mg，0.5％EDTA 溶液加入量增加 10mL。

（3）用 5％氟化铵溶液可代替饱和氟化钠溶液。

（4）用铜盐滴定时，颜色变化与试样中铜、铁含量和指示剂的保存情况有关，颜色变化有时由黄色变绿色，再变为紫蓝色。

🏭 第六节　氧化铜的测定

本方法适用于测定垢和腐蚀产物中氧化铜的含量。

铁（Ⅲ）、铬（Ⅲ）、镍（Ⅱ）干扰测定。通常，铁（Ⅲ）用柠檬酸掩蔽，消除其干扰。铬、镍含量甚微，对测定影响不大。

一、概要

在 pH 值为 8~9.7 的碱性介质中，二价铜离子与双环己酮草酰二腙（BCO）生成天蓝色的络合物，以此进行比色测定，此络合物的最大吸收波长为 600nm，但测定高含量铜时，工作波长使用 650nm。

二、仪器和试剂

（1）铜储备溶液（1mL 相当于 1mgCuO）：称取 0.798 9g 金属铜（优级纯）置于 200mL 烧杯中，加硝酸溶液（1+1）10mL，在电炉上加热使其溶解，并继续加热至冒烟为止（除尽二氧化氮），加高纯水 100mL，溶解干涸物，冷却后以高纯水稀释至 1L。

（2）铜工作溶液 I（1mL 相当于 0.01mgCuO）：取铜储备液（1mL 相当于 1mgCuO）10mL，用高纯水稀释至 1L。

（3）铜工作溶液 II（1mL 相当于 0.05mgCuO）：取铜储备液（1mL 相当于 1mgCuO）50mL，用高纯水稀释至 1L。

（4）0.5% 双环己酮草酰二腙溶液：称取 1g 双环己酮草酰二腙（$C_{14}H_{22}N_4O_2$）于 400mL 烧杯中，加乙醇 100mL，于水浴里加热溶解，待完全溶解后加高纯水 100mL。冷却至室温，过滤后使用。

（5）20% 柠檬酸溶液。

（6）0.01% 中性红指示剂。

（7）硼砂缓冲溶液（pH 值为 9）：称取 7.0g 氢氧化钠，溶于 920mL 高纯水中，加硼酸 24.8g，使其溶解即可。

（8）氨水（1+1）。

（9）分光光度计。

三、测定方法

1. 工作曲线绘制

分别于一组 50mL 容量瓶中，按表 19-4 数据加入铜工作溶液，加水 20mL，20% 柠檬酸 2mL，准确地加% 中性红指示剂 1 滴，以氨水（1+1）中和至溶液由红色变为黄色（pH 值为 8），然后加 pH 值为 9 的硼砂缓冲溶液 10mL，加 0.5% 双环己酮草酰二腙 3mL，以高纯水稀释至刻度，摇匀，于分光光度计上测其吸光度，绘制工作曲线。

表 19-4　　　　　　　　　铜的含量范围及选用的波长和比色皿长度

测量范围（mg）	工作溶液含量（mg/mL）	加入工作溶液的体积（mL）						波长（nm）	比色皿（mm）
0～0.05	0.01	0	1	2	3	4	5	600	30
0～0.25	0.05	0	1	2	3	4	5	650	10

2. 试样的测定

取待测试液 V mL（显示液的最终体积小于 50mL），注入 50mL 容量瓶中，以测定工作曲线同样的步骤显色，测定吸光度，于工作曲线上查氧化铜含量 W。

3. 计算及允许差

试样中氧化铜（CuO）的含量 X（%）按式（19-9）计算：

$$X = \frac{W}{G} \times \frac{500}{V} \times 100\%$$ （19-9）

式中　W——于工作曲线上查出的氧化铜质量，mg；

　　　G——试样质量，mg；

　　　V——取待测试液的体积，mL。

试样中氧化铜的测定结果的允许差见表 19-5。

表 19-5 氧化铜的测定结果的允许差 （%）

氧化铜含量	同一试验室	不同试验室
小于 5	0.3	0.6
>5~10	0.4	0.8
>10~20	0.5	1.0
>20~30	0.8	1.5
30 以上	1.0	1.8

注 pH 值对显色有一定影响。pH 值小于 8，颜色明显变浅，pH 值大于 10，颜色也会变浅，以 pH 值为 9 为最佳。配制中性红指示剂时，称量要准确，使用期一般不超过一个月。

第七节 钙、镁氧化物的测定

本方法适用于测定垢和腐蚀产物试样中氧化钙和氧化镁的含量。

垢和腐蚀产物的许多常见成分，如：铁（Ⅲ）、铝（Ⅲ）、铜（Ⅱ）、锌（Ⅱ）以及磷酸根、硅酸根等的离子会干扰测定。根据掩蔽措施不同，可分为两种测定方法，一是 L-半胱氨酸盐酸盐-三乙醇胺联合掩蔽法，适用于铁、铜含量较低的试样；二是铜试剂分离法，适用于铁、铜含量较高的试样，或在第一种方法效果不好时使用。

一、概要

垢和腐蚀产物中的钙和镁，经溶样处理后，以离子形式存在于待测溶液中，在 pH 值为 10 的介质中，钙、镁离子和酸性铬蓝 K 或铬黑 T 形成稳定的紫红色的络合物。但是，这些络合物没有 EDTA 和钙、镁离子形成的络合物稳定，因此，用 EDTA 标准溶液滴定时，除 EDTA 与钙、镁离子络合外，还能夺取指示剂与钙镁离子形成的络合物中的钙和镁，使酸性铬蓝 K 或铬黑 T 游离，显出其本身的蓝色，指示滴定终点。从消耗 EDTA 标准溶液的体积，便可计算钙、镁含量总和，其反应式如下：

加指示剂：In＋Me→MeIn

    （蓝色）（紫红色）

滴定过程中：Me＋Y→MeY

滴定终点时：MeIn＋Y→MeY＋In

    （紫红色）（蓝色）

在 pH 值为 12.5~13 的介质中，镁离子形成氢氧化镁沉淀，钙则仍以离子形式存在。此时，用 EDTA 标准溶液滴定，以铬蓝黑 R 等作指示剂，滴定至纯蓝色即为终点。测定值仅为钙的数量。从钙、镁总量中减去钙的数量，便可求得镁的数量。

二、试剂

（1）钙标准溶液（1mL 相当于 1mgCaO）。准确称取在 110℃烘干 2h 的碳酸钙（$CaCO_3$ 优级纯）1.785g 置于 250mL 烧杯中，用除盐水润湿，盖上表面皿，滴加盐酸溶液（1＋1）10mL，溶解完毕后，煮沸驱赶二氧化碳，用除盐水冲洗表面皿及杯壁，冷却后倾入 1000mL 容量瓶中，用除盐水稀释至刻度，摇匀备用。

（2）镁标准溶液（1mL 相当于 1mgMgO）。准确称取在 800℃下灼烧 2h 的氧化镁（优级纯）1.000g 置于 250mL 烧杯中，滴加盐酸溶液（1＋1）至氧化镁全部溶解，再滴加 4~5

滴盐酸溶液（1+1），倾入 1000mL 容量瓶中并稀释至刻度，摇匀备用。

（3）铬蓝黑 R 指示剂：称取铬蓝黑 R（$C_2H_{13}N_2O_5SNa$）0.5g 加入经 110℃ 干燥过的氯化钾 50g，在研钵中研细，混匀后放置于棕色广口瓶中备用。

（4）酸性铬蓝。

（5）K-萘酚绿。

（6）B 指示剂：称取酸性铬蓝 K（$C_{10}H_9O_{12}S_3Na_3$）0.5g、萘酚绿 B1.00g 和预先在 110℃ 干燥的氯化钾 50g，研细、混匀后放置于棕色广口瓶备用。

（7）三乙醇胺溶液（1+4）：量取浓三乙醇胺 [$HN(C_2H_4H)_3$]20mL，加除盐水 80mL，混匀即可。

（8）2.5% 铜试剂：称取铜试剂-二乙基二硫代胺基甲酸钠 [$(C_2H_5)_2NCS_2Na \cdot 3H_2O$] 2.5g，溶于 100mL 除盐水中，过滤后使用。

（9）1% L-半胱胺酸盐酸盐溶液：称取 L-半胱胺酸（$C_3H_7O_2NS$）1g 溶于 60mL 除盐水中，加 4mL 盐酸溶液（1+1），稀释至 100mL 或者直接称取 L-半胱胺酸盐酸盐 1.3g，用 60mL 除盐水溶解，加 2mL 盐酸溶液（1+1），稀释至 100mL。

（10）pH 值为 10 的氨缓冲溶液：称取 20g 氯化铵，溶于 500mL 除盐水中，加入 150mL 浓氨水，稀释至 1L。

（11）2mol/L 氢氧化钠溶液。

（12）氨水（1+1）。

（13）EDTA 标准溶液：取乙二胺四乙酸二钠（$C_{10}H_{14}O_8N_2Na_2 \cdot 2H_2O$）1.9g，溶于 200mL 除盐水中，稀释至 1L。

（14）EDTA 对氧化钙（CaO）滴定度的标定

准确吸取 5mL 钙标准溶液（1mL 相当于 1mgCaO），加水至 100mL，按测定方法中测定钙的操作步骤进行标定，同时作空白试验。EDTA 对钙（CaO）滴定度 T_{CaO} 按式（19-10）计算：

$$T_{CaO} = \frac{CV}{a_1 - a_0} \tag{19-10}$$

式中　C——钙标准溶液的含量，mg/mL；

　　　V——吸取钙标准溶液的体积，mL；

　　　a_1——标定时消耗 EDTA 标准溶液的体积，mL；

　　　a_0——空白试验时所消耗 EDTA 标准溶液的体积，mL。

（15）EDTA 对氧化镁（MgO）滴定度的标定

准确吸取钙标准溶液（1mL 相当于 1mgCaO）5mL，镁标准溶液（1mL 相当于 1mgMgO）2mL，按钙镁总量的测定操作步骤进行标定，同时做空白试验。EDTA 对氧化镁（MgO）的滴定度 TMgO 按式（19-11）计算：

$$T_{MgO} = \frac{CV}{a_2 - a_1 - a_0} \tag{19-11}$$

式中　C——镁标准溶液的含量，mg/mL；

　　　V——吸取镁标准溶液的体积，mL；

　　　a_2——标定时消耗 EDTA 标准溶液的体积，mL；

a_0——空白试验时所消耗 EDTA 标准溶液的体积，mL；

a_1——对钙标准液标定所消耗 EDTA 标准溶液体积，mL。

三、测定方法

1. L-半胱胺酸盐酸盐-三乙醇胺联合掩蔽法

（1）钙的测定。准确吸取待测试液 V mL（含 CaO 0.1mg 以上），注入 250mL 锥形瓶，加除盐水至 100mL，用 2mol/L 氢氧化钠溶液调节 pH 值约为 10（用 pH 试纸检验）。加 2mol/L 氢氧化钠溶液 3mL，三乙醇胺溶液（1＋4）2mL，1‰L-半胱胺酸盐酸盐 3～4mL，0.05g 铬蓝黑 R 指示剂。立即用 EDTA 标准溶液在剧烈摇动下滴定至溶液由紫红色变为蓝色，即为终点，同时作空白试验。

（2）钙、镁总量的测定。准确吸取待测溶液 V mL（钙、镁总量大于 0.15mg）注入 250mL 锥形瓶，加除盐水稀释至 100mL，用氨水（1＋1）调节 pH 值到 8 左右（用 pH 试纸检验）。加 pH 值为 10 的氨缓冲溶液 5mL，三乙醇胺溶液（1＋4）2mL，1‰L-半胱胺酸盐酸盐 3～4mL，酸性铬蓝 K-萘酚绿 B 指示剂约 0.05g。立即用 EDTA 标定溶液在剧烈摇动下滴定至溶液由紫红色变为蓝色，即为滴定终点，同时做空白试验。

2. 铜试剂分离法

（1）钙的测定。准确吸取待测试液 V mL（含氧化钙 0.1mg 以上，五氧化二磷量小于 1mg），注入 50mL 烧杯中，用 2mol/L 氢氧化钠将试液的 pH 值调至 5～6，加入 2.5‰铜试剂 2mL，铜、铁等干扰离子形成沉淀。沉淀物用定量滤纸过滤，用除盐水充分洗涤沉淀物。将滤液和洗涤液都收集于 250mL 锥形瓶中，用 2mol/L 氢氧化钠溶液调节 pH 值为 10 左右（用 pH 试纸检验）。然后按 L-半胱胺酸盐酸盐-三乙醇胺联合掩蔽法中钙测定的操作完成滴定，同时做空白试验。

（2）钙、镁总量的测定。准确吸取待测试液 V mL（钙、镁总量大于 0.15mg，五氧化二磷量小于 10mg）注入 50mL 烧杯中，用 2mol/L 氢氧化钠溶液将试液的 pH 值调至 5～6，加 2.5‰铜试剂 2mL，使铜、铁等干扰离子形成沉淀。沉淀物用定量滤纸过滤，用除盐水充分洗涤沉淀物。将滤液和洗涤液一并收集于 250mL 锥形瓶中，总体积约 100mL，用氨水（1＋1）调节溶液的 pH 值为 8 左右（用 pH 试纸检验）。然后按 L-半胱胺酸盐酸盐-三乙醇胺联合掩蔽法中钙、镁总量测定的操作完成滴定，同时做空白试验。

四、计算及允许差

试样中钙（CaO）的百分含量 X（％）按式（19-12）计算：

$$X = \frac{T_{CaO}(a_1 - a_0)}{G} \times \frac{500}{V} \times 100\% \qquad (19\text{-}12)$$

试样中镁（MgO）的百分含量 X（％）按下式计算：

$$X = \frac{T_{MgO}(a_2 - a_1 - a_0)}{G} \times \frac{500}{V} \times 100\% \qquad (19\text{-}13)$$

式中　T_{CaO}——EDTA 标准溶液对氧化钙的滴定度，mg/mL；

　　T_{MgO}——EDTA 标准溶液对氧化镁的滴定度，mg/mL；

　　a_2——滴定钙、镁总量所消耗 EDTA 标准溶液的体积，mL；

　　a_1——滴定钙所消耗 EDTA 标准溶液的体积，mL；

　　a_0——空白试验所消耗 EDTA 标准溶液的体积，mL；

G——试样质量，mg；

V——取待测试液的体积，mL。

钙、镁测定结果的允许差见表19-6。

表 19-6 钙、镁测定结果的允许差 （%）

氧化钙或氧化镁含量	氧化钙允许差		氧化镁允许差	
	同一化验室	不同化验室	同一化验室	不同化验室
≤2	0.3	0.6	0.4	0.8
>2~5	0.4	0.8	0.5	1.0
>5~10	0.5	1.0	0.6	1.2
>10~30	0.6	1.2	0.8	1.6
>30~50	1.0	2.0	—	—

五、注意事项

（1）测定钙时，除了用铬蓝黑 R 作指示剂外，还可采用钙红、钙黄绿素等。测定钙时，采用铬蓝黑 R 等作指示剂滴定的终点应为纯蓝色。测定钙、镁总量时，采用酸性铬蓝 K-萘酚绿 B 作指示剂滴定的终点为蓝色。但是，在不分离、直接测定情况下，滴定终点的颜色随干扰离子含量和干扰离子种类的不同，可以是蓝色、灰蓝色、绿蓝色，这些颜色均属正常。若感到终点不易观察，可采用铜试剂分离干扰离子的方法测定。

（2）采用铜试剂分离的方法时，若滴定终点颜色不正常，往往是干扰离子没有分离完全造成的。其原因是：铜试剂与干扰离子生成细小沉淀，过滤时发生穿滤。当加入 2mol/L 氢氧化钠溶液后，颜色变深（黄色加深）或不透明，应增加一张滤纸再过滤。铜试剂加入量不足。根据实践经验，试样中氧化铁、氧化铜含量与铜试剂加入量的关系见表19-7。

表 19-7 铜试剂加入量与试样中氧化铁（铜）含量

氧化铁、氧化铜总含量（%）	铜试剂加入量（mL）
小于50	2.0
50~80	3.0
大于80	4.0

（3）若发生终点颜色返回，往往是由于阴离子干扰所造成的可以采用如下一些措施：

1）增加稀释倍数，以减少干扰离子含量，即适当减少试样。

2）在酸性条件下预先加入80%~90%的 EDTA 标准溶液，络合钙、镁离子，然后再提高 pH 值，加指示剂滴定（预先加入的 EDTA 应计入滴定体积）。加过量 EDTA 标准溶液，然后用钙或镁标准溶液回滴。

3）试液温度低于20℃将影响络合滴定的反应速度，应将水样加热到30℃左右进行滴定。

4）加铜试剂沉淀时，可加热至沸腾再过滤。这样能使沉淀物聚集，易过滤和洗涤。

🏭 第八节 二氧化硅的测定

本方法适用于测定水垢、盐垢中的二氧化硅的含量。

垢和腐蚀产物中的常见成分均不干扰测定，仅磷酸根对测定有明显的干扰，加入酒石酸、氟化钠等消除其干扰。

一、概要

在 pH 值为 1.2～1.3 的条件下，硅与钼酸铵反应生成硅钼黄，进一步用 1-2-4 酸还原剂把硅钼黄还原成硅钼蓝。此蓝色深浅与试样中含硅量有关，可用比色法测定硅含量。

二、试剂和仪器

（1）分光光度计。

（2）储备溶液（1mL 含 0.1mgSiO₂）：取研磨成粉状的二氧化硅（优级纯）约 1g，置于 700～800℃的高温炉中灼烧 0.5h。称取灼烧过的二氧化硅 0.100 0g 和已于 270～300℃焙烧过的粉状无水碳酸钠 0.7～1.0g，置于铂坩埚内，用铂丝搅拌均匀，把铂坩埚放入 50mL 瓷坩埚中。把坩埚放入高温炉中，当高温炉升温至 900～950℃，保温 20～30min，继续在 900～950℃下熔融 5min，取出坩埚，冷却后放入塑料烧杯中，加煮沸除盐水 100mL，放入沸腾的水浴内，加热溶解熔融物。不断地搅拌，待熔融物全部溶解后取出铂坩埚，用除盐水仔细淋洗坩埚内外壁。待溶液冷却至室温后，倾入 1L 容量瓶中，用除盐水稀释至刻度，混匀后倾入塑料瓶中储存。此溶液应完全透明，如浑浊须重新配制。

（3）工作溶液Ⅰ（1mL 含 0.05mgSiO₂）：取储备溶液 50mL，注入 100mL 容量瓶，用除盐水稀释至刻度。

（4）工作溶液Ⅱ（1mL 含 0.01mgSiO₂）：取储备溶液 10mL，注入 100mL 容量瓶，用除盐水稀释至刻度。

（5）盐酸溶液（1+1）。

（6）20%酒石酸溶液。

（7）10%钼酸铵溶液：称取 50g 钼酸铵 $[(NH_4)Mo_7O_{24} \cdot 4H_2O]$ 溶于 400mL 除盐水中，稀释至 500mL。

（8）饱和氟化钠溶液。

（9）1-氨基-2-萘酚-4-磺酸还原剂（以下简称"1-2-4 酸还原剂"）：称 1-氨基-2-萘酚-4-磺酸 $(NH_2C_{10}H_5OHSO_3H)0.75g$ 和无水亚硫酸钠 $(Na_2SO_3)3.5g$，溶于 100mL 除盐水中。称取 45g 亚硫酸氢钠 $(NaHSO_3)300mL$ 溶于约除盐水中。然后将其与上面中所配制的溶液混合，并稀释至 500mL。若溶液浑浊，则须过滤后使用。

注：以上试剂均应储存于塑料瓶中。

三、测定方法

（1）绘制工作曲线。根据试样的含硅量，按下表的数据，吸取二氧化硅工作溶液，注入一组 50mL 容量瓶中，用除盐水稀释至刻度，倾入相应的一组聚乙烯杯中。分别加入盐酸溶液（1+1）1mL，摇匀。加 10%钼酸铵 2mL，摇匀，放置 5min。加饱和氟化钠溶液 2mL，摇匀。加 20%酒石酸溶液 3mL，放置 1min。加 1-2-4-酸还原剂 3mL，摇匀，放置 8min。

在分光光度计上，按表 19-8 所列的波长和比色皿长度，以除盐水作为参比测定吸光度，根据测得的吸光度值绘制工作曲线。

（2）试样的测定。

1）根据试样的含硅量吸取待测试液 VmL（含硅量小于 0.25mg）。

表 19-8 二氧化硅标准溶液的配制

测定范围（mg）	工作液含量（mg/mL）	工作液体积（mL）						波长（nm）	比色皿长度（mm）
0～0.05	0.01	0	1	2	3	4	5	750	30
0～0.25	0.05	0	1	2	3	4	5	660	10

2）注入 50mL 容量瓶中，用除盐水稀释至刻度，然后按绘制工作曲线的操作步骤完成测定。根据试样吸光度值从工作曲线上查出相应二氧化硅质量数值 W。

四、计算及允许差

试样中二氧化硅（SiO_2）的含量 $X(\%)$ 按式（19-14）计算：

$$X = \frac{W}{G} \times \frac{500}{V} \times 100\% \tag{19-14}$$

式中　G——试样的质量，mg；

　　　W——从工作曲线上查出的二氧化硅的质量，mg；

　　　V——取待测试液的体积，mL。

二氧化硅测定结果的允许差见表 19-9。

表 19-9 二氧化硅测定结果的允许差 （%）

二氧化硅含量范围	同一试验室	不同试验室
≤2	0.2	0.4
>2～5	0.3	0.6
>5～10	0.5	0.8
>10～20	0.6	1.0
20 以上	0.8	1.4

五、注意事项

（1）由于测定中加氟化钠，又在强酸性介质中反应，有可能生成氢氟酸，会腐蚀玻璃。为避免此现象发生，应在塑料容器内显色。室温低于 20℃时，应采用水浴加热，把溶液温度提高到 25～30℃进行测定。

（2）1-2-4-酸还原剂容易失效，有条件应储存于冰箱中。如在室温下储存，夏季使用期不得超过 10 天，冬季室温较低，使用期可延长至 2～3 周。

第九节　磷酸酐的测定

本方法适用于测定水垢、盐垢中磷酸盐（以磷酸酐计）的含量。水垢和盐垢中常见成分，均不干扰测定。

一、概要

在酸性介质中（硫酸浓度为 0.3mol/L），磷酸盐与偏钒酸铵、钼酸铵反应生成黄色杂多酸类络合物－磷钒钼黄酸。溶液颜色深度与磷酸盐含量成正比例关系。可在 420nm 波长下测定磷钒钼黄酸。

二、仪器和试剂

（1）磷标准溶液（1mL 相当于 1mgP_2O_5）：称取在 105℃ 干燥 1～2h 的磷酸二氢钾

$(KH_2PO_4)1.918g$，溶于少量除盐水中，稀释至 1L。

（2）磷工作溶液（1mL 相当于 $0.1mgP_2O_5$）：取磷标准溶液 100mL，用除盐水稀释至 1L。

（3）钼酸铵-偏钒酸铵-硫酸显色溶液（简称钼钒酸显色液）：称取 50g 钼酸铵 $[(NH_4)_6Mo_7O_{24}\cdot4H_2O]$ 和 2.5g 偏钒酸铵 (NH_4VO_3)，溶于约 300mL 除盐水中。量取 195mL 浓硫酸，在不断搅拌下徐徐加入约 300mL 除盐水中，并冷却至室温。然后将其倒入按上述配制的溶液中，用除盐水稀释至 1L。

（4）分光光度计。

三、测定方法

1. 绘制工作曲线

（1）根据待测垢样的磷酸盐（按 P_2O_5 计）含量范围，按表 19-10 中所列的数值分别把磷酸工作溶液（1mL 相当于 $0.1mg\ P_2O_5$）注入一组 50mL 容量瓶中，加除盐水 30mL。

（2）于每个容量瓶中，加钼钒酸显色液 5mL，用除盐水稀释至刻度，摇匀。放置 2min 后，以不加显色剂的待测试液的稀释液作参比，放在分光光度计上，用 420nm 波长测定吸光度，绘制工作曲线。

表 19-10　　　　　　　　　　　　　　　磷标准溶液的配制

测定范围（mg）	取工作溶液体积（mL）						比色皿长度（mm）
0~0.5	0	1	2	3	4	5	30
0~1.5	0	5	7	9	12	15	10

2. 试样的测定

取待测试液 VmL（含磷小于 $1.5mg\ P_2O_5$），注入 50mL 容量瓶中，加除盐水 30mL，加钼钒酸显色液 5mL，用除盐水稀释至刻度，摇匀。以后的操作与绘制工作曲线的相同。从工作曲线上查出五氧化二磷的质量 W。

四、计算及允许差

试样中磷酸酐（P_2O_5）的含量 $X(\%)$ 按式（19-15）计算：

$$X=\frac{W}{G}\times\frac{500}{V}\times100\%\tag{19-15}$$

式中　G——试样的质量，mg；

　　　W——从工作曲线上查出的五氧化二磷的质量，mg；

　　　V——取待测试液的体积，mL。

磷酸酐测定结果的允许差见表 19-11。

表 19-11　　　　　　　　　　　　　磷酸酐测定结果的允许差　　　　　　　　　　　　（%）

磷酸酐含量	同一试验室	不同试验室
≤2	0.2	0.4
>2~5	0.3	0.6
>5~10	0.4	0.8
>10~20	0.5	1.0
>20	0.8	1.4

五、注意事项

（1）温度增加 10℃，吸光度增加 1‰ 左右。为减少温度影响，绘制工作曲线试验的温度与试样测定时的温度应基本一致。若两者温度差大于 5℃ 时，应重新制作工作曲线或者采取加温或降温措施。

（2）采用 72 型分光光度计时，若波长在 420nm 处，空白试样（待测试样的稀释液）调不到透过率为 100‰ 时，可采用略大于 420nm 的波长进行测定。

（3）铁（Ⅲ）离子等有颜色，而且对在 420nm 附近的光有较强吸收能力。为消除此影响，可采用与试样稀释度相同的待测试液作参比进行测定。

第十节 硫酸酐的测定

本方法适用于测定水垢和盐垢中硫酸盐（以硫酸酐计）的含量。测定范围为 $0 \sim 0.5mg$ 或 $0.5 \sim 2.5mg$。在本方法的测定条件下，铁（Ⅲ）的颜色对测定有一定影响，可用不加氯化钡的待测试液作参比液，消除其干扰。

一、概要

在酸性介质中，硫酸根与钡离子作用，生成难溶的硫酸钡沉淀。其反应如下：

$$Ba^{2+} + SO^{2-} \longrightarrow BaSO \downarrow$$

在本方法中，由于在使用条件试剂和恒定搅拌的特殊条件下，生成的硫酸钡是颗粒大小均匀的晶型沉淀物，使溶液形成稳定的悬浊液，其浊度的大小与硫酸根含量成正比，据此可用比浊法测定硫酸根含量。

条件试剂中加一定量盐酸，除硫酸根以外，其他弱酸根离子如碳酸根、磷酸根、硅酸根等在此条件下以酸式盐形式存在，不与钡离子结合而产生沉淀，从而消除这些离子的干扰；条件试剂中加一定量乙醇、甘油有机溶剂，可以减少硫酸钡的溶解度，加一定量强电解质—氯化钠，可以防止硫酸钡形成胶体沉淀。

二、仪器和试剂

（1）条件试剂：称取氯化钠 30g，加水 200mL，加 95‰ 乙醇 190mL，甘油 75mL，加浓盐酸 30mL，用水稀释至 500mL，摇匀。

（2）氯化钡（$BaCl_2 \cdot 2H_2O$）固体试剂粒度为 $\phi 0.447 \sim \phi 0.745mm$（20～30 目）。

（3）硫酸盐标准溶液（1mL 含 1mgSO^{2-}）：称取 1.479g 在 $110 \sim 130℃$ 烘干 2h 的优级纯无水硫酸钠，用少量除盐水溶解后，倾入 1L 容量瓶中，并用除盐水稀释至刻度，摇匀备用。

（4）分光光度计。

（5）磁力搅拌器。

（6）秒表。

三、测定方法

1. 绘制工作曲线

（1）根据试样中硫酸盐含量，绘制工作曲线。按表 19-12 数据，分别吸取硫酸根标准溶液（1mL 含 1mgSO^{2-}）注入一组 50mL 容量瓶中，用除盐水稀释至刻度，倾入 100～200mL 锥形瓶中。

表 19-12 硫酸盐标准溶液的配制

硫酸盐测定范围（mg）	工作液体积（mL）						波长（nm）	比色皿长度（mm）
0～0.5	0	0.1	0.2	0.3	0.4	0.5	380 或 420	30
0.5～2.5	0	0.5	1	1.5	2	2.5	420	10

（2）准备好分光光度计，测定溶液要逐个"发色"，逐个测定。

（3）于锥形瓶中加入条件试剂 5mL，迅速加入 0.5g 固体氯化钡，并在磁力搅拌器上搅拌（要有较快速度，但不使溶液溅出）1min。

（4）取下放置 6min 后，将悬浮液倾入比色皿中，按上表规定的波长测定吸光度，绘制工作曲线。

2. 试样的测定

吸取待测液 VmL（硫酸盐含量应在工作曲线对应的含量范围内），注入 100mL 锥形瓶中，加除盐水稀释至 50mL，以下按绘制工作曲线的操作步骤逐个"发色"，测定吸光度。从工作曲线上查出试样中硫酸盐的质量 W。

四、计算和允许差

试样中硫酸酐（SO_3）的含量 $X(\%)$ 按式（19-16）计算：

$$X = \frac{W}{G} \times \frac{0.8334 \times 500}{V} \times 100\% \tag{19-16}$$

式中 G——试样的质量，mg；

W——从工作曲线上查出的硫酸盐的质量，mg；

V——取待测试液的体积，mL；

0.8334——硫酸盐（SO^{2-}）换算成硫酸酐（SO）的系数。

硫酸酐测定结果允许差见表 19-13。

表 19-13 硫酸酐测定结果允许差 （%）

硫酸酐含量范围	同一试验室
≤3	0.3
3～5	0.7
5～7.5	0.9

五、注意事项

（1）应快速加入固体氯化钡，一次加完。为保证氯化钡落入溶液中的角度相同，可采用漏斗作导入器。将固体氯化

（2）钡加到漏斗中，氯化钡会沿漏斗进入到溶液中，这样可使每次加入的氯化钡落入溶液的角度大致相同。

（3）本测定方法是规范性较强的试验方法，有关各试验条件，应从严控制，否则将影响数据的重现性。

（4）绘制工作曲线试验的温度与试样的温度差，不应大于 5℃，否则将增加测定误差。绘制工作曲线和测定试样，都应"逐个"发色，在规定的时间测定吸光度。

第十一节　氧化锌的测定

本方法适用于测定水垢和腐蚀产物中锌（以氧化锌计）的含量。测定下限约为 0.6mg。

铁（Ⅲ）、铜（Ⅱ）、铝（Ⅲ）等离子干扰测定。可用浓氨水沉淀分离铁（Ⅲ），用硫代硫酸钠和饱和氟化钠溶液的方法，把铜（Ⅱ）、铝（Ⅲ）干扰离子还原或掩蔽，从而消除其干扰。

一、概要

试样中的锌可以在 pH 值为 5～6 的乙酸-乙酸钠缓冲溶液中，用 EDTA 标准溶液滴定。以二甲酚橙作指示剂，溶液由红色变为亮黄色（氧化锌质量小于 1.6mg 时，溶液由橙色变为亮黄色）即为终点，其反应为：

$$Zn^{2+} + XO \longrightarrow [ZnXO]^{2+}$$
$$Zn^{2+} + H_2Y^{2-} \longrightarrow ZnY^{2-} + 2H^+$$
$$[ZnXO]^{2+} + H_2Y^{2-} \longrightarrow ZnY^{2-} + XO + 2H^+$$

［红（橙）色］　　　　　　　［黄色］

二、试剂

（1）乙酸-乙酸钠缓冲溶液（pH 值为 5～6）：称取结晶乙酸钠（$CH_3COOH \cdot 3H_2O$）200g，加 500mL 使其溶解，加冰乙酸 10mL，倾入 1L 容量瓶中，用除盐水稀释至刻度。

（2）0.5％二甲酚橙指示剂：称取 0.5g 二甲酚橙（$C_{31}H_{32}N_2O_{13}S$），溶于 40mL 除盐水，稀释至 100mL。

（3）锌标准溶液（1mL 相当于 1mgZnO）：称取于 800℃灼烧至恒重的基准氧化锌 1.000g，用少量除盐水润湿，滴加盐酸溶液（1+1），使氧化锌全部溶解，再过量滴加数滴，倾入 1L 容量瓶中，用除盐水稀释至刻度。或者称取经乙酸处理过的锌粒（标准试剂）0.803 4g，用盐酸溶液（1+1）约 10mL 溶解，倾入 1L 容量瓶，用除盐水稀释至刻度。

（4）锌工作液（1mL 相当于 0.4mgZnO）：取锌标准溶液（1mL 相当于 1mgZnO）100mL，注入 250mL 容量瓶，用除盐水稀释至刻度。

（5）EDTA 标准溶液（1mL 约相当于 0.4mgZnO）：称取 1.9gEDTA 溶于 200mL 除盐水中，稀释至 1L。EDTA 对氧化锌的滴定度按下述方法标定。吸取锌工作溶液 10mL，补加除盐水至 100mL，以下按测定方法的操作步骤完成标定，EDTA 标准溶液对锌的滴定度 T 按式（19-17）计算：

$$T = \frac{CV}{a} \tag{19-17}$$

式中　C——锌工作溶液的含量，mg/mL；

　　　V——锌工作溶液的体积，mL；

　　　a——标定时消耗 EDTA 溶液的体积，mL。

（6）10％硫代硫酸钠溶液。

（7）饱和氟化钠溶液。

三、测定方法

（1）取待测试液 100mL，注入 250mL 烧杯中，用浓氨水中和至 pH 值为 7（用 pH 试纸检验）。加浓氨水 20mL 进行沉淀，煮沸 1min，趁热过滤，将滤液收集于 250mL 容量瓶中。

（2）滤纸上的沉淀物用热盐酸溶液（1+1）溶解。待沉淀物溶解后，用热除盐水洗涤滤纸 2～3 次。把滤纸与洗涤液收集于原烧杯中，用浓氨水调节 pH 值为 7（用 pH 纸检验）。加 20mL 浓氨水再次进行沉淀，用热除盐水洗涤沉淀物 2～3 次，将第二次过滤的滤液、洗涤液一并收集于 250mL 容量瓶中，冷却至室温，用除盐水稀释至刻度。

（3）吸取上述分离、沉淀后的试液 100mL（含锌量大于 0.6mgZnO），注入 250mL 锥形瓶中。加 0.1% 甲基橙指示剂 1 滴，用盐酸溶液（1+1）中和至微红色。

（4）加 10% 硫代硫酸钠溶液 3mL，加饱和氟化钠溶液 2mL，摇匀。加乙酸-乙酸钠缓冲溶液 10mL，加二甲酚橙指示剂 1 滴，用 EDTA 标准溶液滴定至溶液由红色（锌含量小于 1.6mgZnO 时为橙色）变为亮黄色即为终点。

（5）记录消耗 EDTA 标准溶液的体积 a（mL）。

四、计算

试样中氧化锌（ZnO）含量 X（%）按式（19-18）计算：

$$X = \frac{Ta}{G} \times \frac{500}{100} \times \frac{250}{100} \times 100\%$$ （19-18）

式中　T——EDTA 对氧化锌的滴定度，mg/mL；

　　a——滴定时消耗 EDTA 标准溶液的体积，mL；

　　G——试样的质量，mg。

注：氧化铁含量超过 60% 的垢和腐蚀产物，可进行第三次沉淀。

加 1 滴 0.5% 二甲酚橙指示剂已满足测定要求，滴定终点清晰。加量多，反而妨碍终点观察。由于甲基橙指示剂带有颜色，会妨碍终点色的观察。测定时不宜多加，加 1 滴即可。

第十二节　水溶性垢待测试液的制备

本方法适用于制备盐垢试液，供多项分析使用。

一、概要

在蒸汽流通的部位，如过热器、主蒸汽门、调速汽门、汽机喷嘴、叶片等积集的盐类固体附着物有相当一部分是水溶性盐垢，对于这部分盐垢试样，在酸溶或熔融过程中，一些成分分解或起化学反应，不能测定。因此，除了测定酸溶样外，尚需测定水溶解试样，将分解或反应的成分测定出来。

二、水溶解法

用水溶解试样为了减少分析过程中离子相互干扰，避免分解试样时引入新的干扰因素，试样应充分用水溶解。若确需用酸分解时，也应尽可能减少新的干扰因素。如测定氯离子的试液，不能用盐酸、王水分解试样；测定二氧化硅试液，不能用氢氟酸分解试样。现将分解试样的方法叙述如下：称取 0.5g（称准至 0.2mg）已测定水分的试样，放入 250mL 烧杯中，加入高纯水 90～100mL，搅拌。若有不溶物，可加热至沸腾。若不溶物还未溶解，可继续加热 5～10min，冷却至室温，倾入 500mL 容量瓶，用高纯水稀释至刻度。此溶液应完全透明，否则说明有不溶物，试液应过滤，取滤液测定水溶成分。

第十三节　盐垢中碱性物质的测定

本方法适用于测定盐垢中碱性物质含量。通常测定结果以氢氧化钠、碳酸钠、碳酸氢钠的百分含量表示。

水溶性的磷酸盐和硅酸盐干扰测定。磷酸盐和硅酸盐含量小于 10%，其影响可忽略。其含量超过 10% 可采用碱度校正方法，将其影响扣除。

一、概要

水溶性盐垢中所含的碱性物质一般为氢氧化钠、碳酸钠、碳酸氢钠等，它们与酸反应，故可用适当的指示剂进行酸碱滴定，通过计算求出它们的含量。

用酚酞作指示剂滴定时，发生如下反应：

$$OH^- + H^+ \longrightarrow H_2O$$

$$CO^{2-} + H^+ \longrightarrow HCO_3^-$$

以甲基橙作指示剂继续滴定时，发生如下反应：

$$HCO^{3-} + H^+ \longrightarrow CO_2 \uparrow + H_2O$$

二、试剂

(1) 1% 酚酞指示剂（乙醇溶液）。

(2) 0.1% 甲基橙指示剂。

(3) $c(H_2SO_4) = 0.025 mol/L$。

(4) 硫酸标准溶液：$c(H_2SO_4) = 0.005 mol/L$ 硫酸标准溶液。

三、测定方法

取水溶液试样 VmL（碱、碳酸盐、重碳酸盐的总量不少于 5mg），在 250m 锥形瓶加高纯水稀释至 100mL，加酚酞指示剂 1 滴。若溶液呈红色，用 0.025mol/L 或 0.005mol/L 硫酸标准溶液滴定至恰为无色，耗酸量为 a。再加甲基橙指示剂 3 滴，继续用 0.025mol/L 或 0.005mol/L 硫酸标准溶液滴定至溶液为橙红色为止，耗酸量为 b（不包括 a）。

四、计算

滴定值 a 和 b 与氢氧根、碳酸根、重碳酸根的相互关系见表 19-14。

表 19-14　　　　　　　　氢氧根、碳酸根、重碳酸根的相互关系

滴定值	氢氧根	碳酸根	重碳酸根
$b = 0$	a	0	0
$a > b$	$a - b$	$2b$	0
$a = b$	0	$2b$	0
$a < b$	0	$2a$	$b - a$
$a = 0$	0	0	b

水溶性垢样中氢氧化钠、碳酸钠、碳酸氢钠的含量 X（%）分别按式（19-19）～式（19-21）计算：

$$X_{NaOH} = \frac{2Ma \times 40}{1000 \times G} \times \frac{500}{V} \times 100\%$$

(19-19)

$$X_{\text{Na}_2\text{CO}_3}=\frac{2M\times 2b\times 53}{1000\times G}\times\frac{500}{V}\times 100\% \tag{19-20}$$

$$X_{\text{NaHCO}_3}=\frac{2M(b-a)\times 84}{1000\times G}\times\frac{500}{V}\times 100\% \tag{19-21}$$

式中　M——硫酸溶液的摩尔浓度，mol/L；

　　　a——酚酞变色时的耗酸量，mL；

　　　b——甲基橙变色时的耗酸量，mL；

　　　V——取试样体积，mL；

　　　G——称取试样质量，mg。

五、注意事项

（1）溶样后立即测定，以减小空气中二氧化碳的影响。若需测定五氧化二磷、二氧化硅含量，应在本测定之后再进行测定。

（2）本法的计算是假定与氢氧根或碳酸根、重碳酸根结合的阳离子是钠离子为前提进行的。

（3）若水溶性垢样中磷酸盐、硅的含量超过 10%，应进行碱度校正，也可将五氧化二磷、二氧化硅质量换算成相应的磷酸盐、硅酸盐质量，分别除以磷酸根的式量（94.93）、硅酸盐的 1/2 式量（0.5×76.07），从滴定时消耗酸的总摩尔数（乘 2）中减去磷、硅酸盐相应的数量，然后进行百分含量计算。

平行测定结果的允许差不应大于 1.0%，取平行测定结果的算术平均值为测定结果。

第十四节　垢中氯化物的测定

适用测定水溶性盐垢中氯化物（以氯化钠计）的含量。水溶性盐垢中可能存在的离子不干扰测定。

一、概要

水溶性盐垢中的氯化物经水溶解后，可以转化为氯离子，因此可以用摩尔法测定其含量。其反应式如下：

$$Cl^- + Ag^+ \longrightarrow AgCl\downarrow$$

滴定至终点：

$$2Ag^+ + CrO^{2-}\longrightarrow AgCrO\downarrow\ （橙色）$$

由于摩尔法的反应要求在中性或微酸性介质中进行，因此对水溶性盐垢要注意在测定前调节其 pH 值。

二、试剂

（1）氯化钠标准溶液（1mL 含 0.5mgNaCl）：称取 0.5g（称准至 0.2mg）预先在 500℃高温炉内灼烧 10min 的基准氯化钠，溶于约 100mL 高纯水中，再用水稀释至 1L。

（2）硝酸银标准溶液（1mL 相当于 0.5mgNaCl）：称取 1.8g 硝酸银溶于约 100mL 高纯水中，再稀释至 1L。

硝酸银标准溶液对氯化钠的滴定度，用下述方法标定：

1）用吸液管准确地吸取氯化钠标准溶液（1mL 含 0.5mgNaCl）10mL 3 份，各加高纯水

90mL，加 10％铬酸钾指示剂 1mL，用待标定硝酸银溶液滴定至橙色即为终点。

2）三次滴定所消耗硝酸银溶液体积的平均值为 a，另取 100mL 高纯水做空白试验，所消耗硝酸银的体积为 b。

3）硝酸银溶液对氯化钠的滴定度（T_{NaCl}）按式（19-22）计算：

$$T_{NaCl}=\frac{10\times0.5}{a-b}\qquad(19\text{-}22)$$

式中　T_{NaCl}——硝酸银溶液对氯化钠的滴定度，mg/mL；

　　　10——取氯化钠标准溶液的体积，mL；

　　　0.5——1mL 氯化钠标准溶液含 0.5mgNaCl；

　　　a——3 次滴定消耗硝酸银溶液体积的平均值，mL；

　　　b——空白试验所消耗硝酸银溶液的体积，mL。

（3）10％铬酸钾指示剂。

（4）1％酚酞指示剂（乙醇溶液）。

三、测定方法

（1）吸取待测试液 VmL（含氯化钠大于 3.3mg），补加高纯水使总体积约为 100mL；加酚酞指示剂 1 滴。

（2）若溶液显红色，用 0.05mol/L 硫酸中和至红色恰好消失。若酚酞不显色，用 2mol/L 氢氧化钠中和至酚酞刚好显红色，再用 0.05mol/L 硫酸中和到红色消失。

（3）加 10％铬酸钾指示剂 1mL，用硝酸银标准溶液滴定至橙色即为终点。

（4）所消耗硝酸银标准溶液的体积为 a。

（5）取 100mL 高纯水作空白试验，测定值为 b。

四、计算

试样中氯化钠含量 X（％）按式（19-23）计算：

$$X=\frac{(a-b)\times T_{NaCl}}{G}\times\frac{500}{V}\times100\%\qquad(19\text{-}23)$$

式中　a——滴定试样所消耗硝酸银标准溶液的体积，mL；

　　　b——空白试验消耗硝酸银标准溶液的体积，mL；

　　　G——试样质量，mg；

　　　V——取试样的体积，mL。

水溶性盐垢中氯化钠不同含量时的允许差见表 19-15。

表 19-15　　　　　水溶性盐垢中氯化物不同含量时的允许差　　　　　（％）

氯化物含量	室内允许差	室间允许差
≤1.0	0.05	0.1
1～10	0.2	0.5
10～20	0.5	1.0
20～50	1.0	2.0

第十五节　垢中氧化钠的测定

本方法适用于测定水溶性盐垢样中钠（以氧化钠计）的含量。水溶性盐垢中可能存在离子，除氢离子外均不干扰测定。氢离子干扰可用控制待测定溶液 pH 值（大于 10）的方法消除。

一、概要

钠是水溶性盐垢中的主要阳离子，可用离子选择性电极法测定其含量，取适当水溶性盐垢试液，用固定离子强度法或标准加入法测出钠离子含量，然后再计算出氧化钠与相应阴离子结合的钠盐的百分含量。

二、试剂

（1）钠储备溶液（pNa 值为 1）。称取预先在 500℃高温炉中灼烧了 10min 的基准氯化钠 11.690g，溶于约 500mL 的高纯水中，用高纯水稀释至 2L。

（2）工作溶液。工作溶液指 pNa 值为 2、pNa 值为 3、pNa 值为 4、pNa 值为 5 的溶液，均采用逐步稀释方法配制。

注：以上溶液应在塑料瓶中储存。

（3）二异丙胺 $[(CH_3)_2CHNH(CH_3)_2]$（含量 98%）溶液和三乙醇胺 $[HN(CH_2CH_2OH)_3]$（含量大于 75%）溶液。此两种溶液可装入塑料壶中备用。

（4）2mol/L 硫酸镁或 2mol/L 乙酸镁溶液。

三、仪器

（1）离子计。

（2）钠离子选择电极。

（3）甘汞电极（0.1mol/L 氯化钾）。

四、测定方法

1. 固定离子强度法

按照有关仪器说明书进行调零、温度补偿、满刻度校正等操作，使仪器处于使用状态。取 pNa 值为 2 或 3 的标准溶液 50mL，加 2mol/L 硫酸镁或 2mol/L 乙酸镁 5mL，用二异丙胺或三乙醇胺调节至 pH 值大于 10，以此溶液定位。重复 1～2 次试验，使两次定位的 pNa 读数值的差不大于 ±0.02。再取 pNa 值为 3 或 4 的标准溶液 50mL，加 2mol/L 硫酸镁 5mL，调节至 pH 值大于 10，用此溶液校核。若 pNa 值的读数与 3 或 4 的差不大于 ±0.03 时即可进行试样测定。取待测试液 VmL（稀释至 100mL 或 50mL 时钠离子浓度为 10^{-2}～10^{-3}mol/L），用高纯水稀释至 100mL 或 50mL，加 2mol/L 硫酸镁溶液 5mL，用二异丙胺或三乙醇胺调节至 pH 值大于 10，测定溶液中钠离子浓度。重复试验 2～3 次，直至 pNa 值的读数相差不大于 0.04 为止。

2. 标准加入法

取水溶解试液 VmL（稀释至 100mL 时，钠离子浓度应为 10^{-4}～10^{-3}mol/L），注入 100mL 容量瓶，加二异丙胺或三乙醇胺溶液 2mL（pH 值应大于 10，否则应补加二异丙胺或三乙醇胺溶液），用高纯水稀释至刻度。将调好 pH 值的试液倒入 150mL 烧杯中，以 pNa 电极和 0.1mol/L 甘汞电极组成测量电池对，用离子计或 pH 计测出在试验条件下的电位 E1。用 1mL 或 2mL 的吸液管准确地加入 pNa 值为 1 的钠标准溶液 1mL，搅拌均匀（可用电磁搅拌器搅拌），再次测量电位 E2。若 pNa 电极在 pNa 值为 3 和 4 之间的极差电位（斜率）已知，可直接计算试样中钠离子的含量，若极差电位不知道，可取 pNa 值为 3 和 4 的标准溶液，用二异丙胺或三乙醇胺调节 pH 值大于 10，分别测定 pNa 值为 3 和 4 之间的极

超超临界机组化学技术监督实用手册

差电位（S）。

五、计算

（1）用固定离子强度法测定钠（Na_2O）含量 $X(\%)$ 按式（19-24）计算：

$$X=\frac{C\times1.348}{G}\times\frac{500}{V}\times100\%\tag{19-24}$$

式中 C——V mL 试样中钠离子的质量，mg（稀释至 100mL 时，$C=0.1A$，稀释至 50mL 时，$C=0.05A$，其中 A 为 pNa 计读数，mg/L）；

   V——取待测试液的体积，mL；

   G——试样质量，mg；

1.348——钠离子含量换算成氧化钠含量时的换算系数。

（2）用标准加入法测定钠（Na_2O）含量 $X(\%)$ 按式（19-25）～式（19-26）计算：

$$C=\frac{\dfrac{2300}{100}}{1g\dfrac{E_2-E_1}{S}-1}\times\frac{1}{100}\times100\%\tag{19-25}$$

$$X=\frac{C\times1.348}{G}\times\frac{500}{V}\times100\%\tag{19-26}$$

式中 C——V mL 试样中所含钠离子的质量，mg；

   V——取待测试液的体积，mL；

   G——试样质量，mg；

E_1、E_2——添加与未添加钠离子标准溶液的试样电位，mV；

   S——pNa 电极的实测斜率（级差电位），mV。

注：若待测试液的钠离子含量高，则取试液体积过小。此时先取 10mL 待测试液，稀释至 100mL，然后再取 V mL 进行测定。

水溶性盐垢中氧化钠不同含量时的允许差见表 19-16。

表 19-16   水溶性盐垢中氧化钠不同含量时的允许差   （%）

氯化物含量	室内允许差
≤1.0	0.05
1～5	0.1
5～20	0.3
20 以上	0.5

第十六节　碳酸盐垢中二氧化碳的测定

本方法适用于碳酸盐垢中二氧化碳含量的测定。

磷酸盐和硅酸盐等对测定干扰，其影响可用碱度校正方法扣除。为避免干扰，可采用气体吸收法测定碳酸盐垢中的二氧化碳。

一、概要

碳酸盐垢的主要成分往往是碳酸钙、碳酸镁，碳酸盐垢中的主要阴离子——碳酸根，可用灼烧减量粗略估算，也可以直接测定。

对碳酸盐垢中碳酸酐（CO_2）的测定，可采用较为简便的酸碱滴定法。其原理为，用一定量硫酸标准溶液分解试样，过量的酸用氢氧化钠标准溶液回滴，根据消耗的碱量计算二氧化碳含量。

二、试剂

（1）$c(H_2SO_4) = 0.05mol/L$ 硫酸标准溶液。

（2）$c(NaOH) = 0.01mol/L$ 氢氧化钠标准溶液。

（3）0.1%甲基橙指示剂。

三、测定方法

称取 0.1～0.2g 试样（称准至 0.2mg），置于 300mL 锥形瓶中，用少许水润湿试样，用移液管准确加入 0.05mol/L 硫酸标准溶液 50mL，用插有内径为 4--5mm 玻璃管的橡皮塞塞住锥形瓶，将瓶放入沸水浴内加热。待试样溶解，气泡停止发生后，再继续加热 10min，冷却至室温后用水冲洗玻璃管、瓶壁、橡皮塞，加 0.1%甲基橙指示剂 3 滴，用 0.1mol/L 氢氧化钠标准溶液滴定剩余的酸，溶液由红色变为橙色即为终点。

四、计算

碳酸盐中二氧化碳的含量 $X(\%)$ 按式（19-27）计算：

$$X = \frac{(50 \times 2 \times M_1 - aM_2) \times 44.02}{2 \times G} \times 100\% \tag{19-27}$$

式中　M_1——硫酸标准溶液浓度，mol/L；

　　　M_2——氢氧化钠标准溶液浓度，mol/L；

　　　a——滴定剩余酸所消耗的氢氧化钠溶液的体积，mL；

　　　G——试样质量，mg；

　　44.02——二氧化碳的式量。

注：本方法一般适用于测定不含磷酸盐的碳酸盐垢。若试样中含有较多的磷酸盐、硅酸盐（五氧化二磷、二氧化硅含量大于 10%）时，可采用二氧化碳气体吸收法进行测定。

碳酸盐垢中二氧化碳含量测定结果的室内允许差不大于 0.6%。